航天科技图书出版基金资助出版
航天液体动力产品保证人员培训教材

液体火箭发动机产品保证

航天推进技术研究院质量技术部　组织编写

中国宇航出版社
·北京·

图书在版编目（CIP）数据

液体火箭发动机产品保证 / 航天推进技术研究院质量技术部组织编写. -- 北京 : 中国宇航出版社, 2024. 10. -- ISBN 978-7-5159-2430-4

Ⅰ. V434

中国国家版本馆CIP数据核字第202414AX74号

责任编辑　赵宏颖　　**封面设计**　王晓武

出　版
发　行　中国宇航出版社

社　址　北京市阜成路 8 号　**邮　编**　100830
(010)68768548

网　址　www.caphbook.com

经　销　新华书店

发行部　(010)68767386　(010)68371900
(010)68767382　(010)88100613（传真）

零售店　读者服务部　(010)68371105

承　印　北京厚诚则铭印刷科技有限公司

版　次　2024 年 10 月第 1 版
2024 年 10 月第 1 次印刷

规　格　787×1092

开　本　1/16

印　张　22.25

字　数　541 千字

书　号　ISBN 978-7-5159-2430-4

定　价　98.00 元

航天科技图书出版基金简介

航天科技图书出版基金是由中国航天科技集团公司于2007年设立的，旨在鼓励航天科技人员著书立说，不断积累和传承航天科技知识，为航天事业提供知识储备和技术支持，繁荣航天科技图书出版工作，促进航天事业又好又快地发展。基金资助项目由航天科技图书出版基金评审委员会审定，由中国宇航出版社出版。

申请出版基金资助的项目包括航天基础理论著作，航天工程技术著作，航天科技工具书，航天型号管理经验与管理思想集萃，世界航天各学科前沿技术发展译著以及有代表性的科研生产、经营管理译著，向社会公众普及航天知识、宣传航天文化的优秀读物等。出版基金每年评审2次，资助30～40项。

欢迎广大作者积极申请航天科技图书出版基金。可以登录中国航天科技国际交流中心网站，点击“通知公告”专栏查询详情并下载基金申请表；也可以通过电话、信函索取申报指南和基金申请表。

网址：http：//www. ccastic. spacechina. com

电话：（010）68767205，68767805

序

时光荏苒，白驹过隙。航天推进技术研究院推行实施产品保证已经过了三个年头。回想2021年，航天推进技术研究院隆重召开产品保证体系建设启动大会，决定启动产品保证工作体系建设及实施产品保证管理。从此，产品保证这颗蕴含着巨大能量的种子正式在航天推进技术研究院落地生根。

作为航天液体动力国家队的航天推进技术研究院，成功研制了以常规运载、液氧煤油、液氧液氢、姿轨控为代表的上百种液体火箭发动机。这些发动机广泛应用于各类弹、箭、星、船、器等场景，为实施两弹一星、载人航天、北斗导航、月球探测、火星探测等国家重大工程作出了突出贡献。自“十二五”计划以来，面对日益增长的任务需求和高质量保证成功的压力，液体火箭发动机传统的质量管理模式受到了极大的挑战，急需找到适应新形势和新要求的质量管理方法，以便全面提升组织级保证任务成功的能力。为此，我们在充分学习和吸收欧空局、中国空间技术研究院等国内外单位推行产品保证管理的经验，并深入分析液体火箭发动机质量管理方面存在的薄弱环节和现有资源条件的基础上，确立了以技术风险识别和控制为核心，按照“六化”工作模式（体系化建设、机制化推进、领域化实施、精细化落地、数字化贯通、专业化支撑）推进产品保证工作体系的建设。

推行产品保证，是借鉴国内外成熟经验，结合航天推进技术研究院发展现状和业务特点而提出的质量管理改革举措。其指导理念是实现质量管理“四个转变”，即事后管理向预防控制转变、事后质量复查向过程质量确认转变、依赖个人经验向依靠规范制度转变、问题式管理向零缺陷系统工程管理转变。从方法论来说，就是重构横向到边、纵向到底的矩阵式产品保证责任体系，通过建立全级次有效衔接的产品保证组织机构，配置一支面向组织和面向项目的产品保证队伍，制定一套覆盖全要素的产品保证标准，组建一系列专业性强的技术支撑机构，在覆盖全要素、全过程、全周期的产品保证流程的规范下，做好对产品研制工作的监督、指导、评价和持续改进，从而达到“件件工作零缺陷、次次交付零疑点、台台产品零故障”的工作目标。从产品保证实施以来的效果来看，液体火箭发动机近年来交付后的质量问题数量持续下降，整个组织高质量保证成功的意识得到提升、执行质量保证体系流程的纪律性得到强化、所采取的方法和手段更加有效。

发展航天，动力先行！面对建设航天强国任务对液体火箭发动机提出的高质量保证成功的要求，面对液体动力新型工业化带来的挑战，液体动力人肩上的责任将更加艰巨。我相信，已在航天推进技术研究院扎根并茁壮成长的产品保证管理模式必将带来深远的影响，它将持续推动液体动力在“一定要赶上和超过世界先进水平”的奋斗路上，不断行稳致远。

二〇二四年七月

目　录

第1篇　基础概论篇

第 2 篇　产保要素篇

第4篇　实践案例篇

第1篇　基础概论篇

航天技术是现代科学技术中发展最快的尖端技术之一，涉及多学科的技术、复杂的过程、苛刻的运行环境、众多的参研单位，是现代科学技术和基础工业最新成就的高度综合，是高风险性和高复杂性的系统工程。液体火箭发动机作为运载火箭的核心，其技术是航天技术的典型代表之一。航天技术的先进性、复杂性、探索性、高风险性与自身小子样、高性能、高质量、高可靠等要求形成了鲜明的对比，它从诞生之日起就与质量管理密不可分。航天技术的发展史就是航天质量发展史。在对复杂高风险产品质量保证技术的探索过程中形成了产品保证思想。本篇作为液体火箭发动机产品保证的基础概论，分为3章。第1章从国外军工和航天领域、我国航天领域两方面介绍质量管理与产品保证的发展历程，对航天领域产品保证发展过程作了简要分析；第2章介绍了产品保证概念及其思想，分析了产品保证和质量管理的关系；第3章介绍了液体火箭发动机产品特点和研制管理模式，产品保证工作体系的构成，以及基于技术风险管理的产品保证方法。

第 1 章　国内外航天领域质量管理及产品保证发展历程

1.1　国外军工和航天领域质量管理与产品保证的接续发展

1.1.1　现代质量管理的发展历程

质量管理是一门科学，它是随着整个社会生产的发展而发展的。从质量管理发展的历史看，其概念和理论体系同社会生产力水平的提高、科学技术的进步密切相关，质量管理作为保障产品质量、满足顾客需求的核心工作，其理念和方法不断与变化中的环境相协调、相适应。

现代意义上的质量管理是工业文明的产物，其发展已有 100 多年的历史。一般地可将质量管理的发展划分为 3 个阶段：质量检验阶段、统计质量控制阶段和全面质量管理阶段。图 1-1 为质量管理的发展历程。

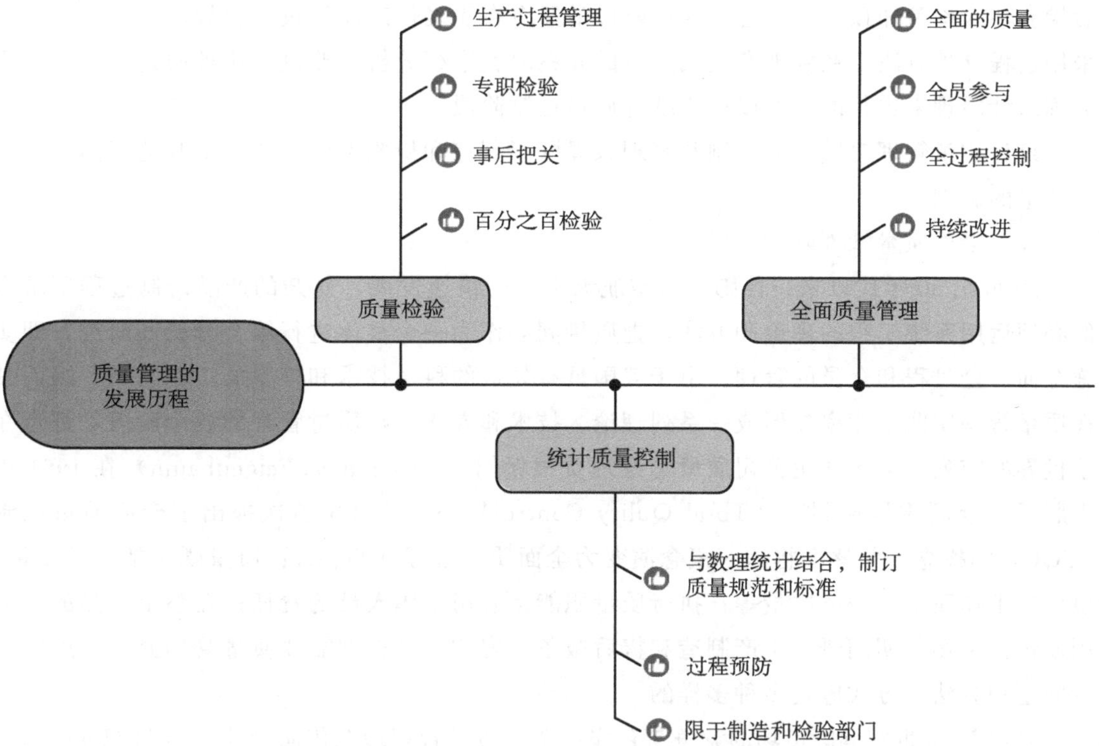

图 1-1　质量管理的发展历程

（1）质量检验阶段

20世纪初，工业产品相对比较简单，人们对质量工作的认识比较粗浅，认为质量管理就是生产过程管理。检验工作是本阶段执行质量职能的主要内容，即用必要的检测工具和方法将不合格产品剔除。质量检验方式由早期的操作者自检逐步发展为专职检验：检验标准制定人员负责制定合格标准，生产人员负责制造产品，专职检验人员按检验标准检验产品质量。通过检验，一方面保证了产品质量，另一方面反馈了质量信息，避免了以后出现同类问题产品。

质量检验属于事后质量控制：一旦出现质量问题容易发生扯皮现象，且缺乏系统的观念，责任不明；事后的检验把关难以起到预防控制的作用，很难补救，最多只能防止以后再次发生类似质量事件；质量检验要求对成品进行百分之百的检验，这样做有时从经济上看不合理，并且有些破坏性的检验方式在技术上无法实现。

（2）统计质量控制阶段

第二次世界大战爆发以后，由于战争对大量军火物资的需要，质量检验工作成了生产中最薄弱的环节；由于生产中无法有效控制质量，以及检验工作量大，军火生产商常常延误交货期，这就影响了前线军需供应。基于此，美国国防部制订了《质量控制指南》《数据分析用的控制图法》《生产过程质量管理控制图法》（ANSI/ASQCZ 1.1～1.3）等战时质量标准。这些标准以休哈特（Walter A. Shewhart）的“控制图”（Control Chart）为基础，基于数理统计的方法，使抽样检验和预防缺陷都得以标准化。这是质量管理从单纯事后检验转入检验加预防的标志。这一阶段的重点在于确保产品质量符合规范和标准，注重采用过程分析方法，在发现有废品产生的先兆时就进行分析和改进。这种质量控制是利用数理统计原理来进行的，所以称为统计质量控制阶段。

统计质量管理对质量的控制和管理只局限于制造和检验部门，忽视了其他部门的工作对质量的影响。

（3）全面质量管理阶段

20世纪50年代以来，伴随着航空航天事业的快速发展，复杂的产品研制过程要求人们必须运用系统工程的理论和方法，把质量问题作为一个整体进行综合分析和研究，即实施全面、全过程和全员的管理。由于美国具有先进的科学技术和雄厚的工业基础，因而其在质量管理实践中能率先形成一系列理论、技术和方法，在质量管理的各个阶段，都走在了世界的前列。美国通用公司质量总经理费根堡姆（Armand V. Feigenbaum）在1961年出版了《全面质量控制》（Total Qulity Control）一书。书中首次提出了全面质量控制（TQC）的概念，并逐渐将这一概念演变为全面质量管理（TQM）：质量既包括产品质量，也包括工作质量、服务质量等；执行质量职能是公司全体人员的责任；在整个产品的生命周期包括市场前期调研、生产制造和售后服务在内的全过程都需要质量管理介入，解决质量问题的方法、方式应是多种多样的。

伴随着20世纪国际市场的竞争与合作，全面质量管理理念传向全球。20世纪60年代，北大西洋公约组织制订了质量管理系列标准，其以《质量保证大纲要求》（MIL－Q－9858A）等质量管理标准为蓝本，增加了设计质量控制的要求。英国总结并制定了三级质量保证体系标准（BS5750），落实全面质量管理理念。日本的质量管理制度来源于威廉·爱德华兹·戴明（William Edwards Deming）。戴明被称为“现代质量改进之父”，他提出戴明循环（PDCA 循环），即“计划—执行—检查—处理”（Plan - Do - Check - Act），强调“持续不断地改进”，把产品和过程的改进看作永不停止及不断进步的过程。其主要特色包括：质量管理小组，质量管理监查，活用各种统计方法，质量管理教育和训练，全国性质量活动等。

20 世纪全面质量管理理论的大师除了费根堡姆和戴明外，还有约瑟夫·M. 朱兰（Joseph M. Juran）和菲利普·B. 克劳士比（Philip B. Crosby）等。朱兰认为质量管理是由质量策划、质量控制和质量改进这三个互相联系的阶段所构成的过程，质量活动是以一种螺旋式上升的方式在不断地攀登和提高，这被称为“朱兰三部曲”。克劳士比提出了“零缺陷”理论，他的主要观点是第一次就把事情做对，用质量成本来衡量产品质量，用过程预防和控制产品质量。

全面质量管理重视人的因素，运用系统工程理念，把质量作为一个有机整体进行综合分析研究，其思想、方法、理论在实践中不断得到应用和发展。1987 年，国际标准化组织在总结各国全面质量管理经验的基础上，制定了 ISO 9000 系列标准（9000～9004）。ISO 9000 系列标准是全面质量管理的典型实践，极大地促进了全面质量管理的应用。

进入 21 世纪以来，随着计算机及网络技术的广泛应用，信息技术与制造技术的深度融合成为现实。质量管理体现出更多的数字化特征，如各类文件、记录的电子化，生产流程的模块化等。质量管理中数理统计技术的应用更加普遍和深化，对复杂高技术产品研制生产过程实现大数据分析成为可能，如新产品设计过程中的仿真验证，关键生产环节的过程能力分析等。

由于产品、组织结构等环节的不同所带来管理上的差异，加上信息技术和产品实现过程结合得越来越明显，质量管理正在进一步向差异化和专业化的方向发展。特别是对多品种、小批量背景下高风险产品实现全过程质量管理问题的研究，也就是在航天领域质量与产品保证的研究和发展过程中，差异化和专业化方法研究得到了充分体现。

1.1.2　产品保证的发展

产品保证是以技术风险识别与控制为核心，针对高风险复杂产品技术特点，结合产品固有的技术特性，在产品全寿命周期内采用的一套全面、规范、科学的程序方法进行的一系列有计划的技术和管理活动，确保产品满足要求。产品保证是高风险复杂产品质量保证技术不断发展的结果。

20 世纪 50 年代，美国发布了针对军工企业的质量保证大纲要求，要求承担重大军事装备研制任务的承包商必须制定和实施质量保证大纲。20 世纪 60 年代，随着武器系统复杂程度的日益提高，复杂导弹系统研制试验屡遭挫折，美国军方开始研究推行质量与可靠性管理，形成了系统与设备的可靠性大纲要求（MIL - STD - 785）等一整套较完善的可靠性管理、设计及试验标准，用以强化设计与生产过程的质量管控。

20 世纪 60 年代至 80 年代，美国成功研制了民兵（Minuteman）系列导弹，雷神

(Tho)、大力神(Titan)和土星五号(Saturn 5)等运载火箭，双子星座(Gemini)和阿波罗(Apollo)等载人航天器。通过这些高技术复杂系统的研制，美国积累了丰富的高风险复杂系统质量与可靠性保证的经验和教训，概括为：质量控制逐步前移，趋向于对产品技术风险的识别和控制，将相关经验和教训形成产品保证技术。

1986 年，美国发布了承包商产品保证大纲要求(DOD-STD-2107)，要求负责重大军事装备研制的承包商必须策划和实施产品保证工作。保证工作的内容包括：产品保证管理，质量保证，可靠性管理，安全性管理，维修性管理，元器件管理，材料、零部件及工艺管理，软件管理，地面设备管理等。而后，美国国家航空航天局(NASA)将“产品保证”进一步发展为“安全与任务保证”(Safety and Mission Assurence，SMA)。

20 世纪 80 年代，欧空局(ESA)在欧洲宇航企业开始全面推行产品保证工作。欧空局吸收并利用美国的风险评估和概率分析技术，制订了风险管理标准《风险分析要求和方法》，ESA 强调航天项目的每个阶段都要进行风险评估，但分析重点各有侧重。

下文对国外典型航天机构 NASA、ESA 产品保证情况做一简要介绍，供读者参考。

(1) NASA 的产品安全与任务保证

为确保产品安全与任务保证工作的实施，NASA 和美国国防部组织编写了《实用空间系统项目管理》一书，书中提出：“安全与任务保证”是一种有计划、增值的系统方法，是项目管理的重要组成部分并融入整个工程项目，贯穿项目全寿命周期各阶段和系统的各产品层级，其作用是保证任务在规定的期限内无故障地实施，并满足预定的性能要求，减少寿命期内的任务风险。NASA 安全与任务保证的工作项目包括：质量保证、质量工程、技术状态管理、安全工程、可靠性工程、软件保证、元器件工程、材料工程和试验、失效分析、独立评估和评审等。NASA 的安全与任务保证工作是紧密围绕航天工程任务成功而开展的，它把管理与工程有机结合，突出系统性、规范化、工程化、专业性和独立性等特点。

NASA 建立了严密的安全与任务保证组织，维持了一支高水平的、较大规模的安全与任务保证队伍。NASA 总部设有安全与任务保证办公室(OSMA)，作为统管 NASA 的质量、可靠性、安全性的职能部门。在总部各事业办公室均设有负责安全与任务保证的专职人员，在 NASA 的各大直属中心都设有相应的保证机构，负责该中心及其外协项目的安全与任务保证。

安全与任务保证办公室根据 NASA 的战略规划、管理计划、组织制度来制定安全与任务保证战略规划和方针政策，制定一系列的指导性文件、标准、手册，形成安全与任务保证的文件体系。这些文件主要包括 NASA 政策指令(NPD)、程序要求(NPR)、技术标准(STD)、手册(HDBK)、各中心标准等方面。

(2) ESA 的产品保证

ESA 在其 1996 年 4 月发布的 ECSS-P-001A《术语》中，对产品保证提出了如下定义：产品保证是一门关于研究、策划并实施一系列活动，以保证项目的设计、控制、方法和技术使产品达到满意的质量水平的学科。ESA 产品保证的内涵和范围随着航天工程的发展也在不断发展，尤其是参加 NASA 牵头实施的国际空间站(ISS)项目以来，进一步加强了风险管理和安全性工作。ESA 产品保证的工作项目包括产品保证管理、质量保证、可信性（可靠性、可用性、维修性）保证、安全性保证、EEE（电子、电气和机电）元器件保证、材料零件和工艺保证、软件产品保证等。

经过 20 多年的实践和发展，产品保证在欧洲宇航界已经形成了一套保证高风险宇航产品质量的科学的管理模式、管理程序与管理方法。ESA 的"产品保证"以面向项目为主，其主要职责是识别和减少影响项目成功的因素。ESA 以产品保证的形式进行包括国际空间站建造任务、伽利略全球导航系统、地外火星探测任务等各类项目的质量管理。这些项目由 ESA 牵头，欧洲众多国家和企业参与并共同完成。在项目实施过程中，进行系统的产品保证策划，建立了矩阵式领导的项目产品保证工作系统。项目实施严格的全过程质量控制，依据研制合同逐级传递产品保证要求，实现全级次贯通，同时设置一系列固定的质量控制点和非固定的专项控制点，通过评审来评价各研制阶段任务的完成情况。从 ESA 到欧洲宇航界的各宇航企业，在保证宇航产品质量方面遵循统一的产品保证模式、保证标准、保证原则和保证要求，这对保证欧洲宇航产品质量和提升欧洲宇航工业的竞争力发挥了重要作用。

1.2 我国航天领域质量管理与产品保证的发展

我国航天领域的质量管理是随着国防工业的发展而发展的，同时结合航天产品更高的风险特点和更严的质量管理要求，经历了一条不断探索、不断创新实践的发展道路。在工程实践中逐渐形成了独具特色的航天质量管理制度。在学习国外先进产品保证理论的基础上，认识到产品保证理论的适应性、契合性和必要性，是建立产品保证工作体系的关键。结合自身发展实践，在应用中积累了丰富的经验，不断丰富和发展了产品保证理论。图 1-2 为我国航天领域质量管理发展的 6 个阶段。

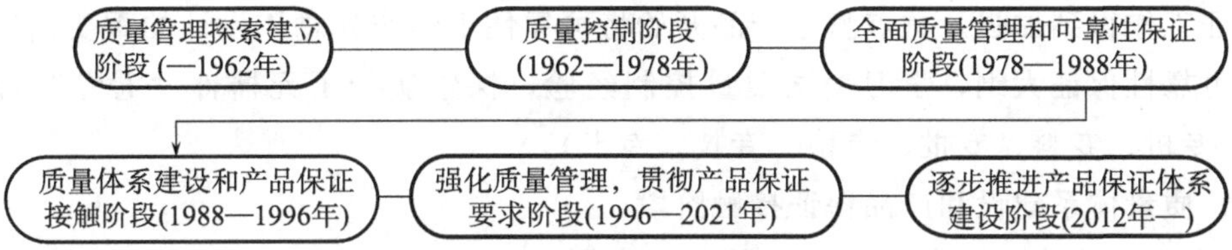

图 1-2 我国航天领域质量管理发展的 6 个阶段

1.2.1 我国航天领域质量管理与产品保证的发展历程

（1）质量管理探索建立阶段

中国航天事业建立之初，型号产品研制处于试验摸索阶段。这一阶段以自我探索、填补空白为主，产品质量在制造过程中主要靠检验保证，设计过程靠设计师保证，质量管理基本没有制度。

20 世纪 50 年代末，设计师开始实行拟制、校对、审核和批准流程管理，探索建立初步的三级审签制度。1960年，开始实施“两想”（后来的“双想”）工作法，即及时对过去的工作进行回想，做好查漏补缺；提早对未来的工作进行预想，搞好预防措施。三级审签制和“双想”工作法一直发展并沿用至今天，为预防质量风险和确保任务成功发挥了重要作用。

（2）质量控制阶段

1962年至1978年，中国航天陆续出台了一些重要的质量保证制度：确立了以周恩来总理“严肃认真，周到细致，稳妥可靠，万无一失”十六字方针为内涵的指导思想；提出并倡导“三敢”（敢想，敢说，敢干）“三严”（严肃的态度，严格的要求，严密的方法）的工作作风；以质量检验和行政管理为主线，建立设计师系统，明确技术责任制；建立了初步的质量管理制度，开始强调总体协调、研制程序、地面试验充分验证等整体质量管理理念；在生产质量管理方面，建立了专职检验、图样管理、多余物控制、工具管理、三检制、班前会制度等一系列制度。1973年中国航天发布了“质量工作管理制度”。

（3）全面质量管理和可靠性保证阶段

20世纪70年代末，我国开始引进并推广日本的全面质量管理，开展诸如全员培训、“质量月活动”、QC小组等质量管理活动，引入统计质量管理的工具和方法。液体火箭发动机研制单位在富有成效的全面质量管理活动实践中取得了一系列成果。1982年，液体火箭发动机生产单位首次在发动机涡轮泵生产中实施全过程质量跟踪管理，采用PDCA循环管理法基本解决了大发动机高频钎焊质量不稳定的问题，利用QC小组群众性活动解决了游动发动机喷管内壁胀型后焊缝变薄问题。

这一阶段推行全面质量管理，航天领域各单位逐步建立了质量管理组织，负责全面质量管理的策划和推进工作，促进了质量责任制的落实和研制过程的改进，发布了《型号产品质量保证措施》等质量保证制度。在钱学森系统工程理论的指导下，建立了设计师系统和指挥系统两条指挥线，成功指导了航天工程实践。

在这一时期，专业方法、专业机构逐渐应用于产品质量保证，以可靠性为代表的产品质量保证工作得到加强。重点型号产品开始将可靠性工作作为总体设计的重要内容，制订并实施可靠性保证大纲，学习美国质量控制经验，探索实行了元器件“七专”管理制度（专人、专机、专料、专批、专检、专技、专卡）。

（4）质量体系建设和产品保证接触阶段

20世纪80年代末，航天工业部门开始应用1987年颁布的ISO 9000系列标准，贯彻国防科技工业发布的《军工产品质量管理条例》，开始推行全面质量管理；根据“一次成功，系统管理，预防为主，实行法制”的指导思想，建设了文件化的质量体系。在此期间，航天工业部门逐步开展质量管理体系认证，设立了3.22质量日，成立了航天质量认证委员会，提出建立高水平质量管理体系和独立权威的质量监督体系。

1992年12月，国防科工委成立了新时代质量体系认证中心，航天开始全面参加培训。1996年7月，运载火箭集成生产单位率先通过质量管理体系认证。液体火箭发动机研制单位相继按照ISO 9001标准要求建立并通过了质量管理体系认证。

我国航天领域的产品保证是在学习借鉴国外“产品保证”概念的基础上形成的。20

世纪 80 年代末 90 年代初，航天领域部分国际合作型号开始接触产品保证，国际合作型号资源一号卫星全面采用 ESA 产品保证模式。1991 年，航天工业部门发布了 QJ 2171《航天产品保证大纲要求》。标准中对“产品保证”定义为：“产品保证是为使人们确信产品达到规定的质量要求，在产品研制、生产全过程所进行的一系列有计划、有组织的技术和管理活动”。1992 年，航天工业部门陆续组织翻译出版国外产品保证系列标准，航天器研制单位开始翻译国外卫星产品保证大纲。

（5）强化质量管理，贯彻产品保证要求阶段

1996 年，我国航天事业经历了较大的挫折，原中国航天工业总公司全面反思历史重大失利和质量管理问题，学习国外产品保证相关标准、实践经验。系统化出台并实施了《强化航天科研生产的若干意见》（简称“72 条”）、《关于强化型号质量管理的若干要求》（简称“28 条”）、“质量问题归零”等一系列具有中国航天特色的质量管理制度，扭转了型号产品研制的被动局面。“质量问题归零”是针对发生的质量问题，从技术方面和管理方面分别按照五项具体要求逐项落实，以避免问题重复发生的活动；“质量问题归零”是航天产品质量保证、持续改进的有效工具，是我国航天企业在质量管理领域的一项创新，被国内外系统工程类产品研制企业面对复杂质量问题的处理时广泛参考和使用，形成了国际标准 ISO 18238：2015《空间系统：闭环问题解决的管理》。

引入 ESA 产品保证模式，与德国宇航公司开展了多轮次交流学习，整理出版了《德国宇航公司产品保证培训讲义》；出台了一系列产品保证标准，产品保证顶层标准逐步系统化；建立了一系列专业产品保证技术支撑机构，有效支撑了产品保证专业技术的研究支持和专业人才的培养；在众多型号研制中推广了产品保证活动；个别研究院开始探索体系化推进产品保证工作。

本阶段航天领域开展的主要质量管理与产品保证活动具体可见表 1-1。

表 1-1　本阶段质量管理与产品保证的主要活动

质量管理与产品保证活动	专业技术支撑机构建立	产品保证标准	多型号推广与个别研究院的探索
1997 年，提出质量振兴计划，“零缺陷”目标； 1999 年，发布《关于继续执行强化型号质量管理和产品保证有关文件及相关标准的通知》； 2009 年，制定发布《航天型号精细化管理要求》28 条（2011 年修订）； 2010 年，开始实行型号独立风险评估	建立航天材料与工艺研究中心、航天软件评测中心（1 个评测中心＋2 个评测站）、航天质量可靠性与安全性研究中心； 成立航天总公司环境可靠性试验与检测中心； 发布《强化航天型号可靠性工作的若干要求》（22 条）； 成立集团公司航天元器件保证研究中心	QJ 3076—98《航天产品质量保证要求》； QJ 3057《航天用电气、电子和机电（EEE）元器件保证要求》等一系列元器件保证要求； QJ 1408A《航天产品可靠性保证要求》； QJ 3124《航天产品维修性保证要求》； QJ 3125《航天产品材料、机械零件和工艺保证要求》； QJ 3126A《航天软件产品保证要求》； QJ 3187《航天产品保证大纲编写指南》； QJ 20136《宇航产品保证管理要求》	1999 年，印发鑫诺一号卫星的“产品保证大纲要求”和“产品保证大纲”； 2002 年，运载火箭总体研究院开始推行项目管理，总指挥负责制，提出技术风险分析与控制； 2004—2008 年，尼日利亚通信卫星一号、委内瑞拉通信卫星一号等全面实施产品保证； 2005 年，中国空间技术研究院提出建设“产品保证体系”； 2009 年，国家国防科工局编制《探月工程产品保证总要求》

1996 年至 2012 年，中国航天科技集团公司圆满完成了以首次载人航天为代表的一系列重大航天任务，实现了全面质量管理能力的跃升，为后续全面体系化推进产品保证工作打下了良好基础。

（6）逐步推进产品保证体系建设阶段

2012 年至今，中国航天科技集团有限公司全面推行了技术风险分析、零缺陷管理、量化控制、供应商穿透式管理等管理举措，提出质量工作“四个转变”（图 1－3），修订并发布了《航天型号技术风险分析与控制要求》《航天型号量化控制工作要求》《航天产品保证》《航天型号精细化质量管理要求》和《航天型号科研生产质量管理规定》等一系列体系建设文件。2020 年，中国航天科技集团有限公司开始以研究院为单位全面推进产品保证体系建设。

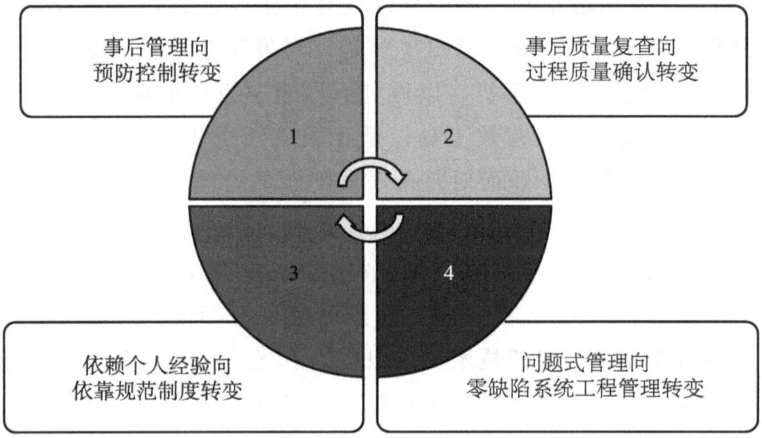

图 1－3　质量工作“四个转变”

1.2.2　航天领域产品保证发展过程解析

（1）产品保证理论对航天产品的适应性和契合性

本章前面的内容系统地介绍了产品保证产生和发展的历程。图 1－4 是从发展历程中总结出的产品保证产生的重要节点。从图中可以看出，质量控制随着质量管理和产品保证的发展逐步前移，趋向于对技术风险的识别和控制。

欧美宇航企业从 20 世纪 80 年代推行产品保证模式，通过实施全要素、全过程的产品保证工作，控制了技术风险，很好地解决了航天多品种、小批量生产模式的质量管理问题。产品保证的理论和方法适用于复杂高风险的航天产品。

航天技术由于其自身的先进性、复杂性、探索性、高风险性以及经济方面的高成本，产品的高质量、高可靠成为其内在的必然要求。“成功”主题在航天领域各企业的质量文化中占据重要的地位。而产品保证的概念是为保证产品成功执行任务而实施的一系列技术和管理活动，产品保证的目标是保证最终成功执行任务，这与航天领域“成功”的质量文化相契合。

中国航天不同时期的成功文化内涵如下。

❖用成功报效祖国，用卓越铸就辉煌

❖一切为载人，全力保成功

❖高质量保证成功，高效率完成任务，高效益推动国防建设和航天强国建设

❖唯有成功才能专注发展，唯有奋斗才能实现发展，唯有创新才能持续发展

❖一次成功，预防为主；精细精益，持续改进；顾客满意，追求卓越

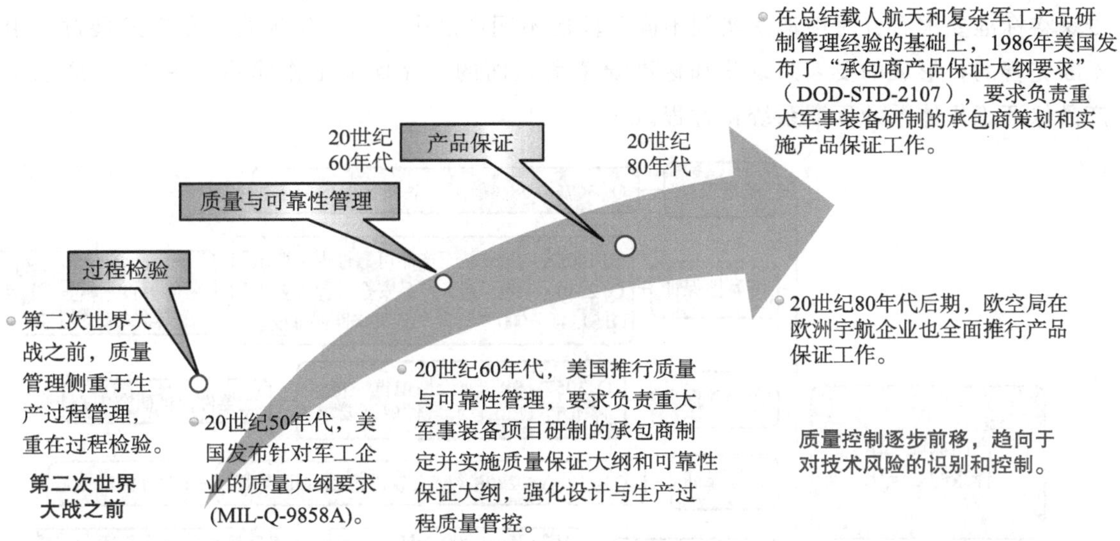

图 1－4　产品保证产生的重要节点

对于航天事业来说，重大失利、重大挫折一定程度上促进了航天领域对保证成功方法的探索研究。1986 年，美国和欧洲遇到了一系列失败：1 月，美国挑战者号航天飞机发射过程中机毁人亡；4 月，美国大力神火箭发射卫星起飞后爆炸；5 月，美国德尔塔火箭起飞后主发动机熄火自毁，欧空局阿里安火箭第三级发动机点火失败爆炸。在这之后，美国国家航空航天局和欧空局开始探索推行产品保证模式。1996 年我国航天事业在经历重大挫折后，开始学习国外产品保证相关标准、实践经验，引进并推行了 ESA 产品保证模式。“十一五”到“十三五”期间，航天器领域、运载火箭领域相继出现了重大失利，以相关领域总体院为代表的航天主要研制单位开始了产品保证工作模式的深化研究和全面推行。

航天领域各企业在每次遇到重大挫折后进行反思，寻求高风险产品保证成功的有效方法，在不断的学习和研究中，认识到了产品保证适用于航天多品种、小批量的质量管理问题，是保证复杂高风险产品质量的一套科学的方法。

(2) 产品保证工作体系对质量管理工作的系统性和关键性的影响

我国航天领域产品保证的发展历程是从 20 世纪 90 年代开始的，如果从相关联的产品保证要素看就更早了。质量保证是产品保证要素中最先开始建设的，从初步的检验制度、图样管理制度到系统化的《航天产品质量保证要求》（QJ 3076—98），再到可靠性保证、元器件保证、软件保证和工艺与材料保证等通用技术要素保证，这些内容从 20 世纪 70 年

代开始逐步探索研究，逐步建立了相对应的专业技术支撑机构。

初期的质量保证工作要素，有些是点状分布的，有些是线状分布的，这些点状、线状分布的要素无疑促进了质量管理水平的发展，提升了航天产品质量，但是在发展过程中，仍然经历了数次较大的挫折。虽然这些挫折都有技术原因、管理原因，但作为质量管理来讲，究其背后的原因，和这些要素没有体系化的串联关联有较大的关系。试举几个简单的例子：产品保证要素确定后，需要对应的专业技术支撑机构来开展研究并建立标准化的规范体系；产品保证顶层标准和要求建立后，需要不同型号领域不同单位的产品保证队伍和专家将标准要求有针对性地落实到不同阶段的不同产品中。产品保证要素是在发展过程中不断完善的，形成的要素系统化和标准要覆盖全面的产品保证工作体系。图 1-5 展示了产品保证工作体系的逐渐系统化过程。

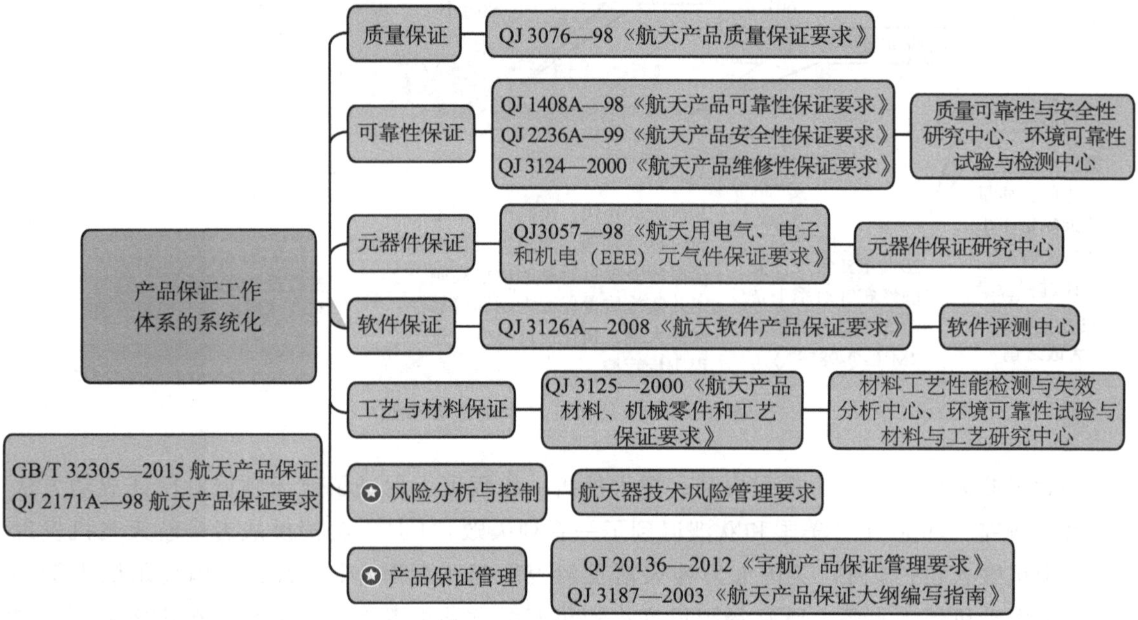

图 1-5 产品保证工作体系的系统化

中国空间技术研究院是我国航天领域较早开始系统化推进产品保证体系的研究院之一。20 世纪 90 年代中期，中国空间技术研究院开始在载人飞船、通信卫星等部分航天器项目研制任务中探索产品保证技术和方法的应用。2005 年，中国空间技术研究院提出了文件体系、队伍体系、标准体系三项“产品保证体系”的具体建设内容。2012 年 7 月，中国空间技术研究院开始全面推行产品保证，建立了包含产品保证组织机构、标准体系、人员队伍在内的系统化的产品保证工作体系，并延伸至外协供方管控。“十三五”期间，中国空间技术研究院在航天器发射数量大幅增加的情况下，卫星在轨异常数量较“十二五”期间显著降低。

第 2 章　产品保证思想与特点

2.1　产品保证概念及思想

产品保证是为保证高风险复杂产品成功执行任务，结合产品固有技术特性，而在产品的研制、生产、交付等全过程实施的一系列技术和管理活动。

基于不同的科研生产模式或者行业特点，其定义有所区别。NASA 的产品保证概念是“项目管理的重要组成部分，贯穿项目全寿命周期和各层级，保证任务在规定的期限内无故障地实施，减少寿命期内任务风险”。ESA 的产品保证概念是“关于研究、策划并实施系列活动，以保证项目的设计、控制、方法和技术使产品达到满意的质量水平的学科”。我国 GB/T 32305—2015《航天产品保证》中产品保证概念是“关于研究、策划并实施一系列活动，以保证项目的设计、控制、方法和技术能使产品达到满意质量水平的一门专业”；QJ 2171A—98《航天产品保证要求》中产品保证概念是“产品保证是为使人们确信产品达到规定的质量要求，在产品研制、生产全过程，所进行的一系列有计划、有组织的技术和管理活动”。总的来看，产品保证的核心思想和理念是技术风险的分析与控制，其方法是通过建立一套完整的工作体系，依靠权威、专业的组织与团队，对产品全系统、全周期、全要素技术风险进行有效识别和控制，其中的管理工作也主要是围绕技术风险管控展开的。

高风险复杂产品的过程复杂、各环节风险因素众多，仅靠单个型号研制队伍有限零散化的知识经验来实现过程可控的目标难度较大。产品保证就是着力于实现产品过程控制，通过建立专业的产品保证队伍和严密规范的产品实现过程保证程序、标准、工具，并由产品保证队伍根据严密规范的程序、标准、工具，指导和监督型号研制队伍在过程中正向识别和控制风险，避免技术与管理问题发生，保证产品满足任务要求。

产品保证队伍与产品保证标准是产品保证实施的关键，需要从型号研制队伍中抽出部分有丰富工程经验且对质量工作有浓厚兴趣的同志，成为专业化、职业化的产品保证人员，专注于产品风险识别与控制规律研究和应用，专心对组织的经验、教训进行系统全面的分析研究，转化为正向风险防控的产品保证标准、知识、程序和方法，并保证其在型号产品研制生产过程中得到全面、规范和严格的实施和应用。

通过产品实现过程的正向风险识别与管控，实现产品一次开发成功和生产稳定高效，并通过组织知识的系统全面规范运用，杜绝一般性问题和重复性问题的发生，让队伍的精力聚焦于吃透新技术特性和开展新技术、新产品风险控制方法研究。通过产品保证队伍能力的不断提升，标准规范的不断完善，程序、方法、工具的不断改进，实现组织的产品保证能力不断提高，牵引组织的质量基础技术、设施设备、手段方法不断得到改进和发展。

产品保证工作具有以下特点：

1）专业化、职业化的产品保证队伍是产品保证工作有效开展的前提；

2）注重经验的固化、问题的转化，建立专业化、系统化的产品保证程序和方法；

3）通过严谨科学的技术性程序和方法有效识别和控制过程风险；

4）注重源头风险识别和产品保证要求与措施的正向落实到位；

5）产品保证组织对产品实现过程的正确性和结果的可信性进行独立评价，产品保证人员代表组织对产品实现过程进行监督、检查、评价。

2.2 产品保证和质量管理的关系

质量管理体系是一个单位的管理体系，产品保证是保证复杂产品质量的一套工作模式或方法。质量管理体系面向组织，侧重于通用性要求，强调基本面的要求和维护，是提升组织管理能力、建立质量要求运行机制的坚实基础。产品保证体系面向具体的型号产品或项目，强调具体技术风险的识别和控制，是提升项目管理能力、推进质量要求一线落实的有效方法。

一个单位只有一个质量管理体系，但针对不同复杂程度和风险特点的产品，可以采用不同的质量工作模式。在一个单位质量体系内，针对高风险的航天产品可以采用产品保证模式；针对比较简单的通用化产品，可以采用其他简便、经济的质量工作模式。表 2-1 列出了产品保证体系和质量管理体系在依据、目的、实施对象、责任主体、工作理念、人员要求、工作要素等方面的区别。

表 2-1　产品保证体系和质量管理体系的区别

项目	产品保证体系	质量管理体系
依据	顾客或上级单位提出的产品保证要求	GB/T 9001—2008、GJB 9001C—2017、单位质量管理体系文件等
目的	保证型号产品(项目)的设计、控制、手段和技术能使产品达到用户满意的质量水平	证实单位有能力稳定地提供满足顾客和适用的法律法规要求的产品，通过体系的有效应用，旨在增强顾客满意度
实施对象	型号产品(项目)	组织(单位)
责任主体	项目直接相关人员：项目或产品负责人、产品保证工程师等	非项目直接相关人员：单位法人或组织负责人、质量管理者代表等
工作理念	侧重于型号产品(项目)全过程技术风险的识别和控制	侧重于经验性管理、事后归零型管理
人员要求	“管理+技术”：丰富的型号研制和产品开发工程经验，预先提出系统的、清晰的产品保证要求，制定严密的风险识别和控制方法	“管理”：熟悉质量管理程序，具备质量问题分析处理能力等
工作要素	面向项目、产品，管理要素和技术要素的集合	面向组织，管理要素的集合

（1）质量管理体系是建立和实施产品保证工作的基础

我国航天企业普遍基于 GJB 9001C—2017《质量管理体系要求》标准，建立了贯彻军用产品特殊要求的质量管理体系。质量管理体系的作用就是将影响产品质量的单位、机构、程序、各项质量活动的过程和资源等诸多因素综合起来，形成一个相互关联的或相互作用的有机整体，并应用过程方法使这些影响产品质量的因素处于受控状态，以确保产品的实物质量，提高单位的整体绩效能力。

一个单位可以为不同需求的用户承制不同用途、不同类型、不同特性的产品，但单位依据 GJB 9001C—2017《质量管理体系要求》标准只能建立一个质量管理体系。因而质量管理体系的单位结构、体系文件规定的职责与权限、过程及顺序和相互关系，以及各项质量活动，都必须能够适应本单位不同的型号产品（项目）和用户需求。为保证其通用性，它相对于一个型号产品（项目）“产品保证要求”及“产品保证大纲”的规定是原则性的、宽泛的。单位的质量管理体系文件（质量手册、程序文件等）及标准，仅从管理方面对文件和记录控制、管理职责、资源管理、产品实现、测量、分析和改进等各个过程提出相应的要求和规定。

质量管理体系是管理要素的集合，它不涉及型号产品（项目）的技术性工作，也不对一项工作具体控制过程提出操作性的要求或给出具有针对性的规定。一个有效运行的质量管理体系是建立产品保证体系的重要基础，型号产品（项目）只有依托单位的质量管理体系，才能行之有效地开展产品保证工作。

（2）产品保证工作是质量管理体系有效运行的重要表征

产品保证工作要求是根据用户或型号总体、单位质量管理等方面的要求，结合型号产品（项目）研制的具体特点，从质量保证、通用质量特性、工艺、材料、元器件等各个方面，提出覆盖整个研制周期的有针对性和可操作性的管理和技术工作规定。

在实际运行过程中，型号产品（项目）产品保证管理与单位的质量管理是不可分割、紧密融合的。产品保证管理工作是在质量管理基础上面向具体型号产品（项目）的延伸与拓展。特别是对于复杂高风险的航天型号产品（项目），要依据质量管理的通用性要求，同时结合自身特点及各项技术标准或产品规范的针对性要求开展产品研制工作，保证型号产品（项目）的设计和开发、生产、试验、交付、发射等全过程始终处于受控状态。

总之，产品保证工作就是将 GJB 9001C—2017《质量管理体系要求》标准与单位的质量管理体系文件的通用性要求，以及结合产品特点开展的针对性策划要求，转化为型号产品（项目）的各项管理与技术工作计划并组织实施到位。型号产品（项目）的各项产品保证活动是质量管理体系有效运行的重要表征。

第 3 章　液体火箭发动机产品保证概述

3.1　液体火箭发动机产品特点及研制管理模式

3.1.1　液体火箭发动机介绍

火箭发动机是利用自身携带的推进剂介质通过能量转换而产生推力的一种动力装置，不依赖外界的空气，能够在大气层中及大气层以外的空间工作，是运载火箭飞行、航天器控制的动力来源。火箭发动机通常按照所用能源的形式分类，见图 3 - 1 所示。化学能火箭发动机是当前使用最广泛的火箭发动机。化学能火箭发动机用化学推进剂作为能源和工质，按所用推进剂的物理状态分为液体火箭发动机、固体火箭发动机以及固-液混合火箭发动机。

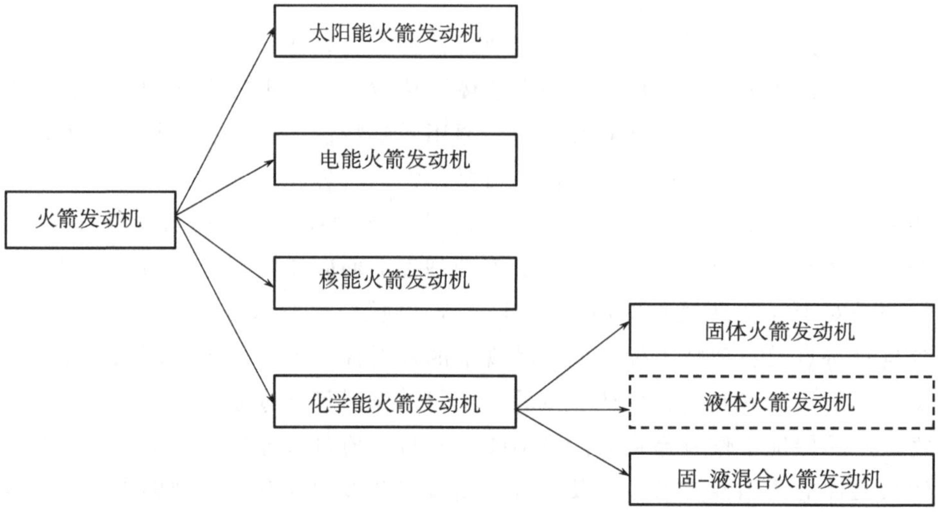

图 3 - 1　火箭发动机分类

（1）液体火箭发动机的组成

典型的液体火箭发动机由推力室、推进剂供应系统、阀门和调节器、发动机总装元件等组成。液体火箭发动机具有比推力高、推力可以调节、可以多次启动等特点，可用作助推发动机、主发动机、游动发动机、姿态控制发动机等，单台推力可从几克到几百吨。

推力室是将推进剂的化学能转化为气体动能并产生推力的组件，主要由喷注器、燃烧室和喷管等组成；当使用非自燃推进剂时，在推力室头部还设置点火装置，用于在发动机起动时点燃推进剂。

推进剂供应系统是将液体推进剂按照规定的压力、流量要求从贮箱输送到推力室，一般分为挤压式和泵压式两种。挤压式供应系统通常使用高压气瓶的惰性气体经减压器引入推进剂贮箱，将贮箱内的推进剂挤压到推力室，如图 3－2（a）所示。泵压式供应系统是用涡轮泵给贮箱内的推进剂增压以输送至推力室。泵压式供应系统一般对应燃气发生器循环，通常由涡轮泵、燃气发生器和火药起动器等组成，供应至燃气发生器的推进剂燃烧产生燃气驱动涡轮为泵提供动力，如图 3－2（b）所示；泵压式供应系统中有一种特殊的循环方式为膨胀循环，通常应用于液氧/液氢的低温推进剂发动机，这种循环方式也可以不需要燃气发生器、火药起动器，通常由液氢作为冷却剂，以低温通过推力室冷却套吸热汽化后用作涡轮工质，驱动涡轮为泵提供动力。

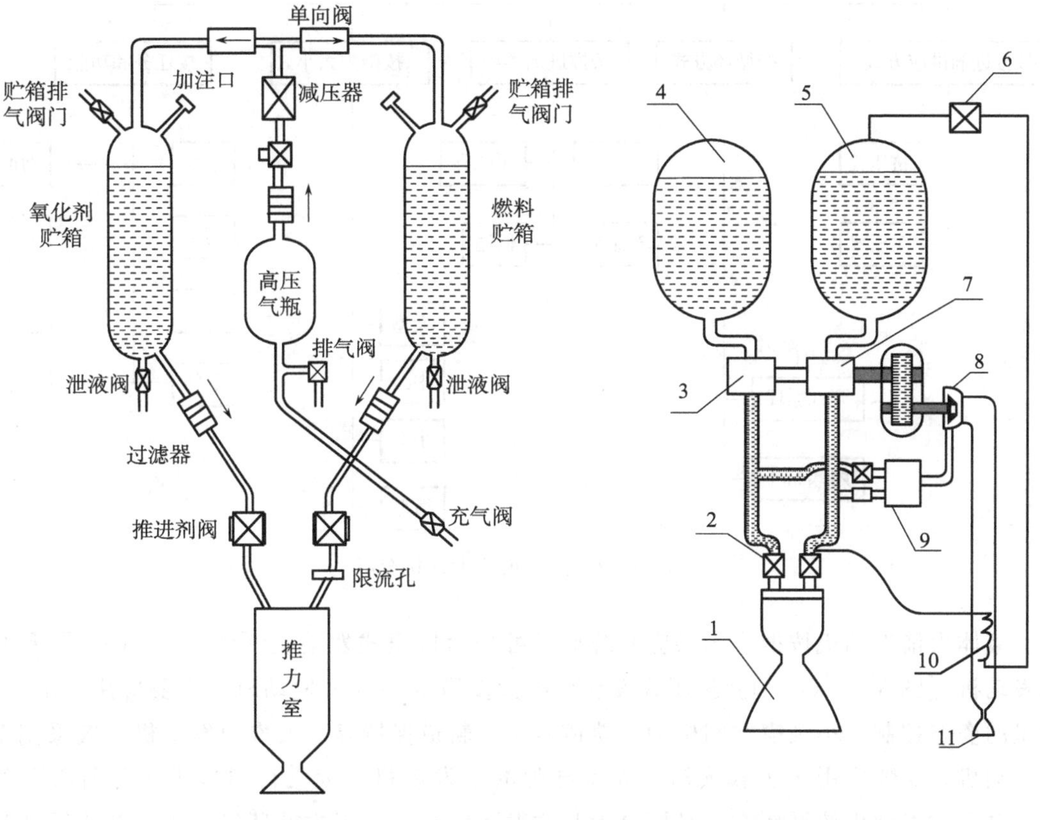

(a) 挤压式发动机　　(b) 泵压式发动机

图 3－2　典型的挤压式与泵压式发动机系统简图

1—推力室；2—推进剂主阀；3—燃料泵；4—燃料贮箱；5—氧化剂贮箱；6—贮箱增压阀；7—氧化剂泵；8—涡轮；9—燃气发生器；10—加热器；11—涡轮排气管

阀门和调节器是对发动机的工作程序和工作参数进行控制和调节的组件；在推进剂和气体输送管路中装备的各类阀门按预定程序开启或关闭，实施对发动机的起动、转级和关机等工作过程的程序控制；发动机的工作参数（如推力、流量和混合比等）使用推力调节器、混合比调节器等各类调节器进行调节。

发动机总装元件是将发动机各主要组件组装成整台发动机所需的各种部件的总称。推进剂贮箱、高压气瓶和减压器等，通常属于运载火箭的一部分，在辅助推进系统中归属于发动机系统。

（2）液体火箭发动机的分类

液体火箭发动机可以按照不同的原则进行分类，如图 3－3 所示。例如，按推进剂类型进行划分，可依据推进剂的种类分为单组元发动机和双组元发动机，也可按推进剂在常温下的贮存性能分为可贮存推进剂发动机和低温推进剂发动机。

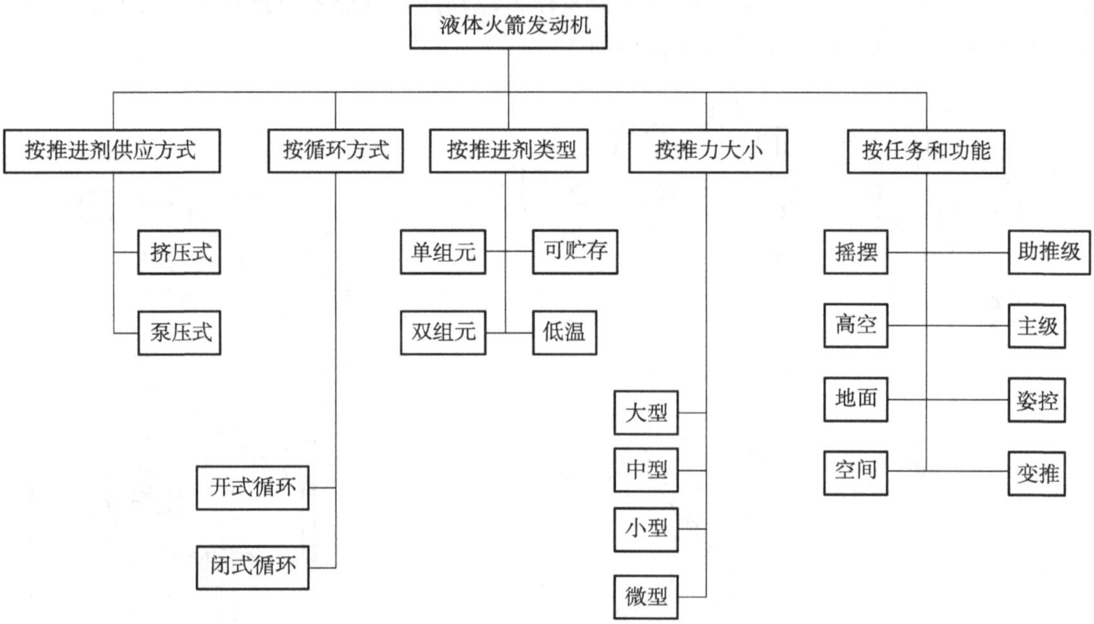

图 3－3　液体火箭发动机分类

液体火箭发动机按推进剂供应系统形式可分为挤压式发动机［图 3－2（a）］和泵压式发动机［图 3－2（b）］。挤压式发动机绝大多数为小推力发动机，主要应用于航天器、卫星的姿态控制，小规模空间机动，轨道修正、轨道保持等。大推力发动机一般采用泵压式发动机，主要应用于运载火箭、大型导弹的主发动机，为飞行器提供飞行所必需的推力。泵压式发动机按循环方式又可分为开式循环发动机和闭式循环发动机。开式循环是指通过涡轮排出的工质不再参与燃烧，直接排向外界，开式循环系统组成相对简单；但由于燃气发生器内的工况偏离发动机最佳工况，工质直接排出使发动机的性能受到一定的损失，随着涡轮流量的增加性能损失急剧放大。在涡轮内做功的工质进入推力室继续参与燃烧的系统称之为闭式循环，这种循环使进入发动机的全部推进剂都能在接近最佳的混合比下燃烧，推进剂的化学能利用比较充分。

液体火箭发动机通常使用的推进剂可分为双组元推进剂和单组元推进剂。双组元推进剂由分开贮存的氧化剂和燃料组成，大多数液体火箭发动机均为双组元，应用最为广泛。单组元推进剂在正常状况下是稳定的，在加热或与催化剂接触时能急剧分解放热，生成高温燃气，单组元推进剂发动机的供应系统均为挤压式，由于其比冲较低，通常用于较小的辅助推进系统。

液体推进剂按其贮存性能可分为可贮存推进剂和低温推进剂。可贮存推进剂在常温常压下呈液态，能长期贮存。常见的可贮存推进剂发动机所采用的推进剂组合为四氧化二氮/偏二甲肼，四氧化二氮在常温常压下为气体（沸点 21 ℃）；偏二甲肼在常温常压下为液体（沸点 63 ℃）。这种推进剂组合混合即可燃烧，在液体火箭发动机上得到了大量应用。低温推进剂实际上是液化的气体，只有在低温下才呈液态，不能长期贮存。常见的低温推进剂发动机采用的推进剂组合有液氧/煤油、液氧/液氢、液氧/甲烷等。

液体火箭发动机按发动机功能不同分为用于发射有效载荷并使有效载荷的速度显著增加的主推进液体火箭发动机和用于轨道修正和姿态控制的辅助推进液体火箭发动机。主推进液体火箭发动机一般为泵压式发动机，通常用于运载火箭的助推级、芯级（一、二、三级）；辅助推进发动机一般为挤压式发动机，通常用于各级运载火箭的姿态控制和卫星等空间飞行器的轨道修正。

（3）中国液体火箭发动机的发展应用

中国液体火箭发动机技术的发展是随着导弹事业的创立于 20 世纪 50 年代中期开始的。经过 60 多年的发展，研制了涵盖常温可贮存介质、液氧/煤油、液氧/液氢等推进剂的运载火箭主发动机以及肼类、新型 HAN 基等推进剂的姿轨控发动机等上百种发动机。这些火箭广泛应用于各类弹、箭、星、船、器上，托举长征系列运载火箭实现 500 余次发射，成功地将包括东方红一号卫星在内的广播通信、气象海洋、地球资源、导航定位、科学技术试验等系列卫星，神舟一号至十八号飞船，嫦娥一号至六号月球探测器，天问一号探测器等推举升空，并为其提供空间推进系统，支撑了我国载人航天工程、空间站建设、北斗导航、月球探测工程、深空探测等重大工程任务，为我国航天技术和空间科学的快速发展提供了强有力的动力支撑。

3.1.2　液体火箭发动机研制特点

液体火箭发动机是一种系统级热工机械产品。其工作原理是通过把化学推进剂增压输送至燃烧装置进行分解或燃烧反应，将化学能转换为动能，表现为高风险复杂产品特点：

一是其工作过程与机理复杂。它是多种复杂物理和化学过程的融合，集燃烧学、结构力学、流体力学、材料学等多学科于一体，对相关基础理论和共性技术研究的支撑需求强烈，深层次机理问题工程解决难度大，高空发动机天地差别大，发动机真实环境条件验证覆盖难、代价高，产品研制及成熟度提升周期长。

二是发动机工作条件苛刻。它在高压（60 MPa）、高温（3 000 ℃以上）、高转速（泵转速可达 40 000 r/min）、高速喷气（4 km/s）、超低温（−200 ℃）和强腐蚀性条件下工作，既有自身燃烧、流体输送过程产生的声学振动、流体振动、机械振动等多种环境组合，还有包括真空、羽流、辐射、电磁场及其他振动环境，还要尽量减小结构尺寸和质量，是所有热工机械中工作条件最苛刻的一种发动机。

三是产品实现过程复杂。从工艺技术来说，既包含了传统的铸造、锻造、切削加工、热表处理、焊接、装配等制造技术，又包含了电火花加工、激光加工、电子束加工、离子束加工、超声加工、超塑成形、特殊功能涂层等新的工艺技术，还涉及尺寸测量、性能检测、结构强度、无损检测等多种检验测试技术；特殊性能新材料的应用也增加了制造技术的难度，特种制造技术，手工装配环节多是其明显特征，信息化条件下的数字化制造实现难度大。

四是运载火箭和航天器对发动机性能要求高。与一般的热工机械有所不同，液体火箭发动机对材料性能要求高，对重量、强度和刚度等指标要求高。因此，材料的使用性能裕度小，物资选用、材料性能检测、新材料的应用研究需要做大量细致的工作，物资保证至关重要。

五是其可靠性安全性要求高。星箭主动力发动机及其各部、组件配置无法实现冗余和冷热备份，本质上属于单点失效设备；起动及工作过程不可逆，其主要功能、性能在点火工作前基本不可测，使用过程不可维修与保障，一旦发动机功能退化或失效，就会对任务造成重大影响；此外，与固体火箭发动机相比较，推力调节范围大，可多次起动或关机，工作时间长，对可靠性提出了更高的要求。

3.1.3　液体火箭发动机研制模式

在液体火箭发动机研制过程中，以航天推进技术研究院为代表的研制单位，建成了覆盖液体火箭发动机的设计、生产、试验、计量、检测等全过程的研制体系，形成了“研究设计—研制集成—试验验证—改进设计”的研制流程，探索出一条符合当时我国工业基础和管理特点的发展道路。

液体火箭发动机的研制通常由航天推进技术研究院进行顶层统筹并抓总，研究院下属的发动机设计、生产、试验等承研单位分别开展具体的研制工作，工作组织架构见图 3-4。设计单位主要负责发动机技术抓总、成品验收与交付，针对产品实现过程对生产、试验单位等提出具体的工作要求；生产单位主要负责发动机生产及总装，承担通用物资采购、零部件和组件生产、发动机集成测试等工作；试验单位主要负责发动机热试车及组件联合试验，承担试验用推进剂介质的采购、研制与贮存。

液体火箭发动机的研制主要有两种模式：一类为研发任务，符合“项目”的特征，有资源、进度约束，有明确的研制目标和完成标准，有完整的项目周期，具备单件、离散性、订货型运作特点，产品设计、工艺工作量较大，试验验证需求较强，外部环境和要求变化多，不确定度较高，管理及运作过程协调工作量大，需要紧密协作的项目团队来管理和执行；另一类为批产任务，其产品设计、工艺均较为成熟，产品状态相对固化，产品品种、需求及产量基本稳定，具备批量、连续性、备货型生产运作特点，不完全符合“项目”的特征，生产组织可按业务职能进行精细分工。同一型发动机在不同研制阶段，其管理特点也分别呈现出项目管理和生产运作管理的差异。

近年来，液体火箭发动机研制在原各级承研单位作为产品研制主体的基础上，参照项目管理的方法，逐步探索并实施了发动机领域化管理模式。发动机领域划分依据发动机专业技术与产品特点，将相近的产品归类为同一领域，比如常规发动机、液氧/煤油发动机、液氧/液氢发动机、姿轨控发动机等不同发动机领域（见图3-4），并在各发动机领域层面建立了相应的发动机领域化管理组织。

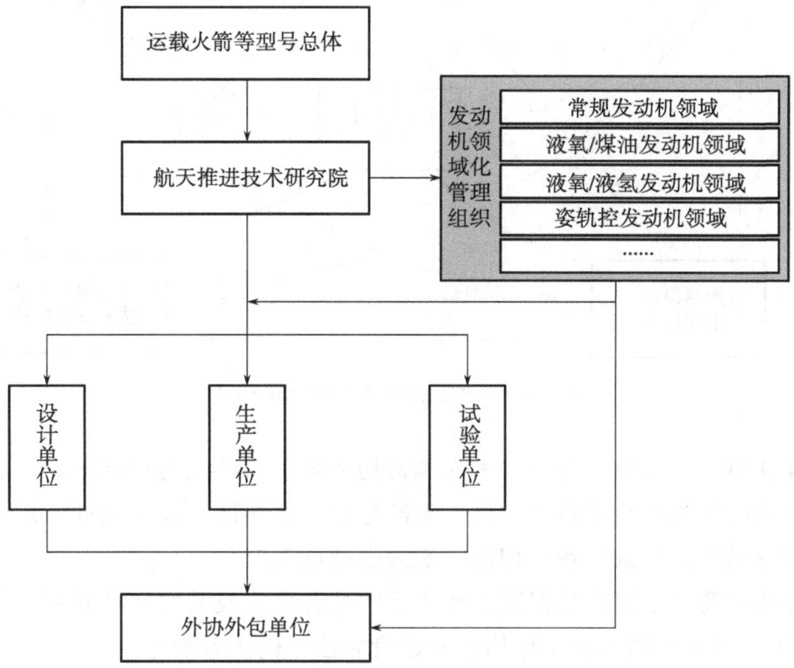

图3-4 工作组织架构简图

各发动机领域对所管理发动机的研制策划、计划管理、质量管理、风险管理、技术发展规划和研究等工作进行顶层抓总，促进各发动机研制单位在各产品层级（整机、组件、零部件等）、全过程（设计、生产、试验等）等方面的纵向集约高效管理。发动机领域下属的各发动机产品设置产品总师作为技术抓总。各级承研单位作为组织更多地关注能力建设提升和资源保障，组织实施和落实领域化管理模式中的各项工作策划。

3.2 液体火箭发动机产品保证工作体系

完整的产品保证活动必须通过产品保证组织机构、产品保证队伍、产品保证文件来实现，并以相应的产品保证专业技术和标准来加以规范，保证其系统性、权威性、专业性、规范性、独立性。航天推进技术研究院通过建立系统化的液体火箭发动机产品保证工作体系（图3-5），确保了各项产品保证活动有效实施。

图3-5中，产品保证队伍是实施产品保证活动的核心和主体，依据产品保证标准，通过产品保证文件实现产品保证工作要求的分解、传递和确认；产品保证专业技术支撑机构为产品保证活动和产品保证队伍提供专业的技术支撑，同时开展相关工具方法的研究与应用；产品保证组织机构负责上述活动和过程的统一管理，确保其流程规范、统一协调。

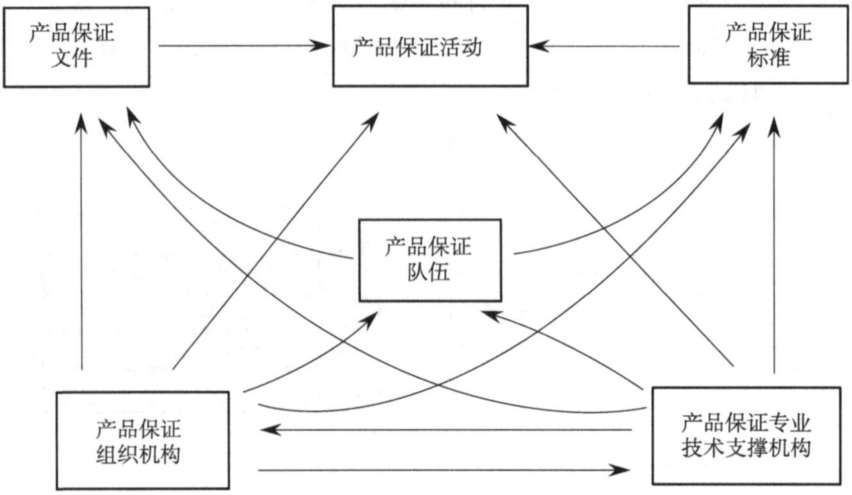

图 3-5　产品保证工作体系的组成

同时，产品保证组织、队伍和专业技术支撑机构在统一的组织与协调下，总结并提炼产品保证活动中形成的知识经验和技术成果，不断健全产品保证标准和文件，用于进一步指导和规范产品保证活动，实现实践—理论—实践的螺旋上升。

本节对液体火箭发动机产品保证工作体系中的各要素及其之间的联系作简要介绍，本书第 20 章具体介绍了产品保证工作体系的建设方法，供读者参考。

（1）产品保证组织机构

产品保证组织机构是指与产品保证体系建设和实施相关的机构，是单位规范实施产品保证的基础。产品保证组织机构负责建设并维护本单位的产品保证工作体系和工作机制，通过建立产品保证工作的程序、标准、方法与工具，为产品保证活动提供方法、工具等方面的支持，组织对具体型号产品（项目）的产品保证工作实施过程中的规范性和符合性进行监督，支撑和监督本单位的产品保证工作全面规范开展。在组织产品保证工作规范开展的同时，还应对产品保证工作中的经验和方法进行总结和固化，开展产品保证技术研究，改进产品保证工作方法，进一步完善本单位的产品保证工作体系和工作机制。

产品保证组织机构一般包括产品保证体系管理部门和产品保证型号实施管理部门。产品保证体系管理部门是产品保证工作的归口管理部门，主要负责组织产品保证体系的建立、运行与维护，负责产品保证工作体系和机制的策划和组织实施，确保产品保证工作全面规范开展。产品保证型号实施管理部门是产品保证工作的业务部门，负责各型号发动机产品保证具体实施过程的管理工作，确保产品保证工作要求在发动机全寿命周期中的落实。

产品保证组织机构之间一般通过制度或文件等方式，对机构的工作项目与流程、工作界面、责任分工等进行明确，确保各个产品保证组织机构的工作开展衔接流畅、协调有序，同时与其他部门能够全面协同推进与实施各项工作。

（2）产品保证队伍

产品保证队伍是具体开展产品保证工作策划与实施的人员，是项目或产品工程研制队伍的重要组成部分。根据产品保证管理模式及实践经验，结合液体火箭发动机产品结构特点，产品保证队伍一般设置发动机产品保证（副）经理、发动机产品保证助理、发动机各级产品的产品保证工程师、各产品保证专业要素的专业产品保证工程师等岗位。

产品保证队伍人员的专业技术能力决定了产品保证工作开展的水平。液体火箭发动机产品保证队伍人员是承担一定管理职能的专业化工程技术人员，一般具有丰富的发动机产品研制经验，熟悉产品保证程序和方法，能有效识别与控制技术风险。通过配置专业的产品保证队伍人员，保证产品保证活动的专业化开展，解决传统质量管理工作中管理人员与产品技术人员联系不密切、参与产品研制生产活动不够、对产品研制和产品生产活动的支持和管理不到位等问题。

（3）产品保证标准

产品保证标准是产品保证工作体系的重要组成部分，也是液体火箭发动机研制单位整个企业标准体系（图 3-6）的一部分，与企业内部其他管理类、工程类标准等统一体系、相互支撑。

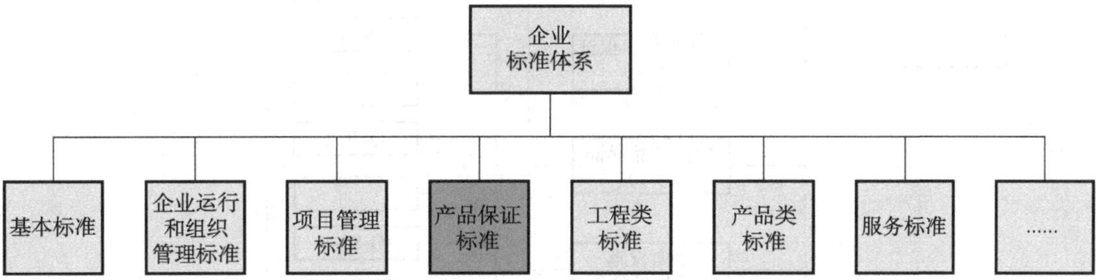

图 3-6　企业标准体系

液体火箭发动机产品保证标准体系（图 3-7）是按照发动机产品保证专业要素构建的，从上至下按层次进行体系架构，研究院及下属的产品承研单位统一实施一致的前三个层次的产品保证标准体系。其中，第一层次标准为液体火箭发动机产品保证的目标和原则；第二层次标准是产品保证管理、质量保证等九大产品保证要素的顶层要求；第三层次标准是第二层次标准实施所需的支撑性标准及各工作项目操作依据，对产品保证活动提出指导操作的具体要求；第四层次及以下标准是开放式的，由承研单位根据需要建设和实施适用于本单位的产品保证标准。

（4）产品保证文件

产品保证文件是液体火箭发动机产品保证工作体系运行的基础和规范性依据，包括策划类、过程实施类和总结类三类文件。各类文件编写的要求、文件模板等，通过产品保证标准的形式予以明确，由产品保证队伍使用。

典型的液体火箭发动机产品保证文件体系如图 3-8 所示。

产品保证策划类文件包括产品保证大纲、产品保证计划和产品保证要求，其编制目的、传递路径和接口关系见表 3-1。

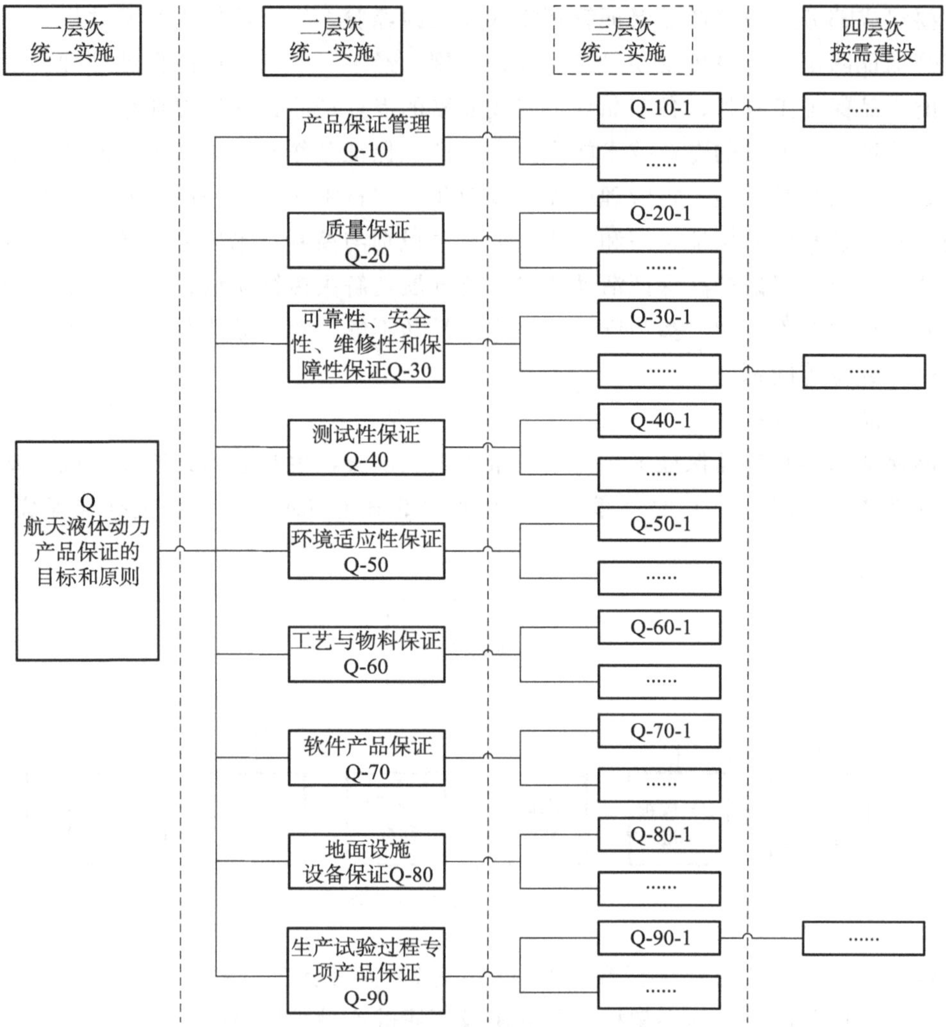

图 3-7 液体火箭发动机产品保证标准体系框架结构

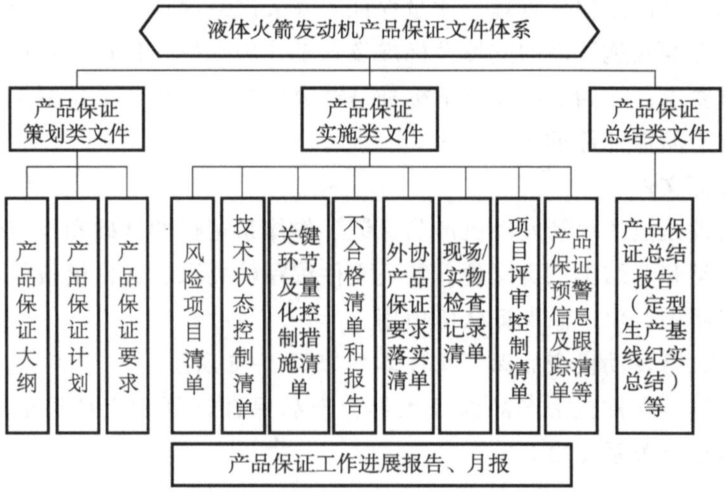

图 3-8 典型的液体火箭发动机产品保证文件体系

表 3－1　策划类文件汇总表

名称	目的及要求	传递路径	接口关系
产品保证大纲	根据型号总体或用户的产品保证要求、本单位质量管理体系文件、相关标准和规范以及任务的特点进行系统策划形成的文件，是对型号总体或用户的承诺，也作为发动机研制的质量行为准则	型号总体、上级单位；生产单位、试验单位、外包供方等各承研单位	对上承诺
产品保证计划	将本级产品保证大纲和上一级产品保证要求中规定的各项产品保证工作项目，融入发动机研制技术流程，并明确每一项产品保证项目开展的时机、责任人、责任单位、输入输出等，形成可操作的产品保证计划，确保各项产品保证要求在科研生产中得到全面落实	生产单位、试验单位、外包供方等各承研单位	本级实施：逐级分解（单机/组件产品保证计划；生产、试验阶段产品保证计划）
产品保证要求	产品保证要求用于落实上一级产品承研单位的产品保证要求和本单位产品保证有关制度和要求，向下一级供方（包括生产、试验、外包等）提出产品保证通用要求和针对具体产品特点的产品保证专用要求	生产单位、试验单位、外包供方等各承研单位	对下指令：逐级分解（单机/组件产品保证要求）

产品保证过程类文件是对发动机产品保证工作实施情况进行监管或记录的重要载体，通过过程类文件的实施，可以确保关键或重要环节按要求开展，各项参数能够完整记录并满足相关要求，在产品实现的每一个环节和过程做到对风险的及时管控。典型的过程类文件包括风险项目控制表、技术状态控制表、产品保证评审项目表、产品保证信息报告等。

产品保证总结类文件主要为发动机各级产品的产品保证总结报告，在产品转阶段、交付或出厂等重要节点进行编制。

（5）产品保证专业技术支撑机构

产品保证专业技术支撑机构是液体火箭发动机产品保证专业技术研究、技术支持和人才培养的责任主体，负责产品保证相应专业技术的发展规划和标准规范建设、产品专业技术的支持服务、专业技术培训和人才培养、专家组管理等工作，支撑液体火箭发动机产品保证专业能力的发展。

承研单位一般根据发动机的产品保证技术要素研究需求（如可靠性）和自身条件建立相应的专业技术支撑机构，配备专业产品保证工程师，同时建立技术专家组，开展具有液体火箭发动机特点的通用质量特性研究和业务指导工作。航天推进技术研究院针对液体火箭发动机的研制特点，分析发动机通用质量特性设计分析验证、工艺与材料选用风险识别与控制、发动机过程检验与测试体系、产品测试覆盖性管理等方面的短板和薄弱环节，明确了液体火箭发动机需要专门研究的三大技术要素：可靠性保证、工艺与材料保证和测试性保证，并成立了相应的专业技术支撑机构，如图 3－9 所示。

专业技术支撑机构一方面以历史上或现在发生的重大共性通用质量问题为研究导向，另一方面依据专业技术的发展牵引液体火箭发动机通用质量特性方面保证能力的提升，实现对航天液体动力领域复杂工程系统的专业技术支撑。专业技术支撑机构的建设方法在本书第 20 章有具体阐述，作用发挥则在本书第 23 章以可靠性保证中心为例作了系统介绍，供读者参考。

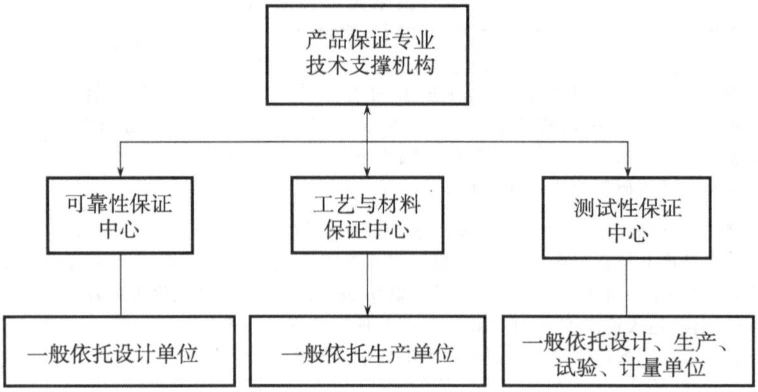

图 3－9　产品保证专业技术支撑机构布局

（6）产品保证活动

液体火箭发动机产品保证与工程研制同步策划、同步计划、同步实施、同步输出，产品保证活动贯穿产品研制的全寿命周期。依据组织的质量管理体系要求和产品保证通用要求、产品保证专用要求和用户特殊要求，基于产品的研制技术流程和计划流程，识别产品保证活动，嵌入产品研制流程并规范实施，实现过程可控、产品可信，如图 3－10 所示。液体火箭发动机产品研制流程中的产品保证活动在本书第 3 篇过程流程篇有详细介绍。

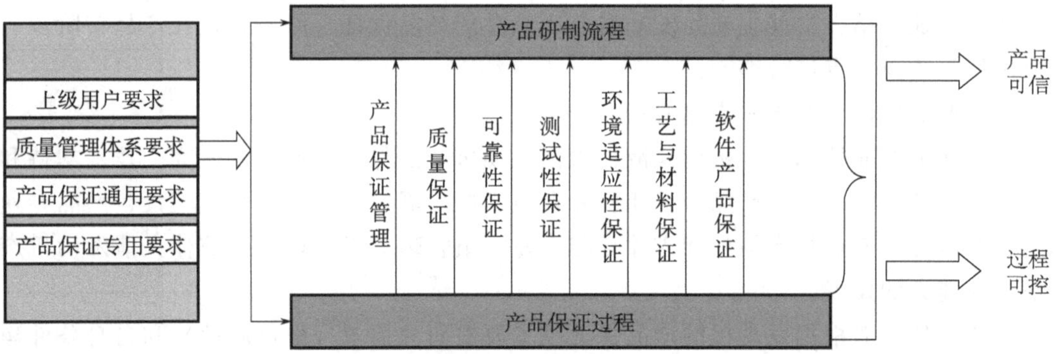

图 3－10　产品保证活动示意图

3.3　基于技术风险管理的液体火箭发动机产品保证方法

液体火箭发动机产品保证工作的核心就是技术风险的识别分析与控制，采用的是规范的风险管理程序与方法，风险管理理论是产品保证的重要理论基础。产品保证实施过程就是通过不断总结，使研制经验得到固化、教训得到转化，杜绝已经认识的风险变成问题、已经发生的问题再次发生，有效提升发动机可靠性保证能力、风险防控能力和型号产品（项目）保证成功的能力。

3.3.1　液体火箭发动机技术风险的特征

液体火箭发动机是复杂高风险的航天产品，其高风险核心是较高的技术风险。产品研制进度风险、任务实现风险、成本风险等主要是由较高的技术风险引起的。液体火箭发动机的技术风险又是由其产品技术特点决定的，主要体现在以下几个方面：工作过程机理复杂，产品实现过程复杂，工作环境严酷等。相对应的其技术风险呈现出以下特征：

1）多学科耦合的深层次机理难以深入掌握带来的技术风险。表现为对液体火箭发动机技术与规律认识不够透彻，特别是对发动机工作过程的流动、传热及燃烧等能量转化过程的基本规律的研究不够深入，对发动机结构动静力学特性和力热环境适应性掌握不够全面。

2）试验子样数少、可靠性裕度难以准确掌握带来的技术风险。表现为液体火箭发动机及其关键部组件难以形成大规模工业化应用，导致其生产成本相对高昂；涡轮泵、推力室等组件级的力热耦合环境与边界工况考核条件不足、验证不够充分，与发动机设计原理、功能性能指标紧密相关的燃气发生器-涡轮泵联试、推力室燃烧稳定性评定等实物验证子样数较少，产品可靠性裕度难以准确掌握。

3）天地差别大、地面试验难以覆盖真实环境条件验证带来的技术风险。表现为在试验能力和大型液体火箭发动机试验的安全风险等约束下，难以真实模拟上天状态、难以开展实际工作条件下多因素耦合的发动机寿命、边界工况摸底验证，特别是对于高空发动机难以模拟近真空、微重力试验环境开展验证。

4）新材料、新技术带来的技术风险。针对新一代航天装备大推力、轻质化、可重复使用等发展趋势，对发动机结构轻量化、耐高温、高强度、高韧性等提出了更高的技术要求，在新技术、新材料的应用中可能存在难以充分吃透新技术特性、不掌握新材料失效特性等潜在风险因素。

以发动机及部组件产品为对象，以故障现象和发动机技术风险特征为线索，识别出的液体火箭发动机典型技术风险见表 3－2。

表 3－2　液体火箭发动机产品典型技术风险

产品类别	典型技术风险
通用	结构尺寸、重量不满足；对外接口不满足；多余物
发动机总体	不能正常起动、转级、关机；性能（推力、比冲、混合比）不满足要求；工况调节不满足要求；力、热、空间等环境适应性不满足要求
热力组件	不能正常点火；燃烧不稳定；结构破坏导致漏火、漏液
涡轮泵	性能不满足；密封失效、摩擦副严重磨损；叶片断裂、叶片烧蚀
阀门与自动器	阀芯卡滞无法正常动作；调节精度不满足要求；泄漏量不满足要求
起动器、点火器、火工品	误工作；不工作；输出性能超偏差
机架、摇摆机构	结构干涉；疲劳破坏；摇摆机构卡滞
蒸发器、降温器	内部串腔；换热量不足

续表

产品类别	典型技术风险
导管、金属软管、节流元件	断裂；密封泄漏
贮箱、气瓶	密封失效；强度裕度不足
控制器	环境适应性不满足；测试覆盖性不满足
软件	指令执行异常；工作参数异常
电缆	断路、短路；接插件固定不良
传感器、变换器	精度不满足要求、零漂；环境适应性不满足
推进剂、催化剂	推进剂夹气、结冰；催化剂活性下降

3.3.2 技术风险管理与液体火箭发动机产品保证活动

在液体火箭发动机研制过程中，产品保证工作遵循风险管理程序与方法，通过风险识别、风险评估、风险控制、残余风险评价、风险决策等严格的风险管理程序，实现对液体火箭发动机产品高技术风险的有效管控。其遵循的原则是：在详细分析发动机产品的技术特性和风险特点后开始相关研制工作；在验证材料、工艺、技术与过程方法符合使用要求、相关风险能够得到有效控制后使用这些材料与工艺；在产品质量与可靠性等满足用户的要求和期望后将产品交付用户。

液体火箭发动机技术风险管理程序一般包括技术风险管理工作策划、技术风险的识别与分析、技术风险的控制与评估。产品保证活动的策划过程，本质就是风险管理规划、风险识别和风险分析过程；产品保证计划执行过程，就是风险应对、风险监视和风险控制过程；产品保证总结过程的实质就是风险控制效果评价和风险控制结果的评估过程。

液体火箭发动机在研制过程中，一般根据各研制阶段不同的产品保证要求和侧重点，分研制阶段、产品层次开展技术风险管理工作，随型号研制各阶段迭代进行。

3.3.3 不同类型技术风险的差异化产品保证工作方法

根据对液体火箭发动机产品技术风险的认识程度、风险识别与风险控制工作的难度，可以将液体火箭发动机产品有关风险分为显性技术风险、半显性技术风险和隐性技术风险三种类型。显性技术风险是风险源和风险后果都非常明确的风险；半显性技术风险是风险后果明确，但风险源是否存在并不明确的风险；隐性技术风险是风险源和风险后果都不明确的风险。针对不同类型的技术风险需要差异化的产品保证工作方法。

（1）显性技术风险的产品保证工作方法

在液体火箭发动机长期以来的研制、生产、试验和飞行试验任务实施过程中，研制队伍积累了非常丰富的显性技术风险识别与控制方面的知识经验，如设计禁忌、禁限用工艺、禁限用材料等。在这些知识经验的基础上，产品保证队伍总结提炼了液体火箭发动机产品保证的技术要素，构建了围绕技术要素的专业产品保证标准体系，形成了以产品保证标准规范为核心的产品保证工作方法。

这些产品保证标准对显性技术风险的风险点和风险控制措施给出了明确的管控要求，只要研制工作按要求规范开展，过程确认到位，显性技术风险在产品实现过程中就可以得到有效控制。

（2）半显性技术风险的产品保证工作办法

在液体火箭发动机产品研制过程中，半显性风险的识别具有一定难度。对于这类风险，需要按照一套科学的程序与方法进行识别、分析与控制。在多年的研制历程中，形成了丰富的半显性技术风险识别与分析方法，包括应用最广泛的故障模式、影响与危害性分析［FME（C）A］法，故障树/风险树分析法，针对力学环境、热环境等环境因素带来技术风险和故障模式的专业分析方法等。这些方法都形成了相关的产品保证工作要求和实施指南，可以用以指导研制队伍规范开展半显性技术风险的识别与控制。系统的技术风险识别、分析与控制方法在本书 5.6 节系统介绍。

（3）隐性技术风险的产品保证工作方法

隐性技术风险主要体现在对液体火箭发动机深层次机理认识不足引发的风险，新材料、新任务和极端环境应用可能存在的未知特性引发的风险等。在液体火箭发动机研制过程中，最困难的是隐性技术风险的识别与控制，一般的方法很难将隐性技术风险识别到位、控制到位。对于隐性技术风险，一方面需要通过多个专业的技术支撑力量和产品研制队伍一起，共同开展特性分析、设计裕度分析、试验矩阵设计、测试覆盖性分析等工作，利用覆盖完整的地面研制试验和跨专业的数据分析充分暴露和掌握风险；另一方面对于在研制阶段难以快速暴露的未知风险，通常采用产品实物状态控制、数据包络分析、“九新”分析等方法来识别和控制隐性技术风险。

这些方法都建立了相应的产品保证实施规范和操作指南，在本书的第 2 篇产保要素篇和第 4 篇实践案例篇有相关的内容介绍，供读者参考。

第2篇 产保要素篇

产品保证是为保证高风险复杂产品成功执行任务，在产品的研制、生产、交付等全过程实施的一系列科学的工程技术方法。不同的高风险复杂产品，所实施的产品保证方法也不相同，而且随着技术研究的深入以及人们对该产品风险特性认识的深入，产品保证方法将不断深化发展。本篇详细讲述了国内航天产品保证要素的研究与发展，以及液体火箭发动机产品保证要素的研究与构建，并针对构建的产品保证管理，质量保证，可靠性、安全性、维修性和保障性保证，测试性保证，环境适应性保证，工艺与材料保证，软件产品保证，地面设施设备保证，生产试验过程专项产品保证等9个产品保证要素的工程技术方法进行了系统和详细地讲解。

第 4 章　液体火箭发动机产品保证要素构建

4.1　国内外产品保证要素研究

产品保证要素是产品保证具体实施方面的技术与管理工作要求。不同特点的产品则有不同的产品保证要素：比如电气产品更加侧重于测试性、元器件等方面，机械产品更加侧重于工艺、材料等方面。在前面第 1 章我们已经讲到，美国、欧空局（ESA）在推行并实施产品保证过程中以及我国航天领域引入产品保证的发展过程中，都围绕所关注的重点内容，研究和明确了相应的产品保证要素。

4.1.1　国外产品保证要素研究

美国在产品保证实施之初以可靠性管理为重点，特别注重电子设备的可靠性，而后逐步涵盖了可靠性设计与试验、安全性等方面。NASA 的安全与任务保证内容，包含了质量保证、质量工程、技术状态管理、安全工程、可靠性工程、软件保证、元器件工程、材料工程和试验等要素，较为全面地实施了产品保证。

欧空局（ESA）结合欧洲航天企业特点和实际，以面向项目为主，明确了以产品保证管理、质量保证、可信性保证、EEE（电子、电气和机电）元器件保证等为重点的产品保证要素，并经过 20 多年的发展，产品保证逐步成熟；同时为支撑各产品保证要素规范实施，建立了一套完整的产品保证标准体系（ECSS - Q）。目前欧洲航天企业实施的产品保证要素包括 7 个方面，分别为：产品保证管理、质量保证、可信性保证、安全性保证、EEE 元器件保证、材料与机械零件及工艺保证、软件质量保证。这 7 个方面覆盖了产品保证各方面的工作。其中，产品保证管理主要包括关键项目控制、不合格控制系统等方面要求；质量保证主要包括空间试验中心的质量和安全、航天器存储运输、空间系统货架产品使用等方面要求；可信性保证主要包括故障模式影响分析、可用性分析、元器件降额等方面要求；安全性保证主要包括危险分析、故障树分析等方面要求；EEE 元器件保证主要包括微波单片集成电路的设计选用与采购、元器件替换要求、抗辐射要求等方面的要求；材料与机械零件及工艺保证主要包括洁净度、材料测试、材料工艺、焊接工艺、行星保护等方面要求；软件质量保证主要包括需求分析、设计开发、测试与评测、使用维护等。

4.1.2　国内产品保证要素研究

我国从 20 世纪 90 年代初逐步实施产品保证以来，在可靠性、维修性、元器件失效分析、材料工艺性能检测与失效分析等方面的一些点状或线状要素分布研究的基础上，逐步开展了相关产品保证要素的系统性专业研究。针对软件产品开展了软件研制管理、成熟度模型等研究工作。通过借鉴欧洲经验实施了产品保证综合性管理要求。在21世纪初针对型号风险分析与控制研究发布了相关评估方法和要求，发展并形成了包含质量保证、可靠性等“六性”保证（可靠性、维修性、保障性、测试性、安全性、环境适应性）、元器件保证、软件产品保证、工艺与材料保证、产品保证管理、型号风险管控等全方面的产品保证要素。1998年，中国航天工业总公司发布的QJ 2171A—98《航天产品保证要求》标准中，明确产品保证要素主要包括：产品保证管理，质量保证，可靠性保证，维修性保证，安全性保证，机械零件、材料和工艺保证，软件产品保证。2015年，由中国航天科技集团公司提出并发布的GB/T 32305—2015《航天产品保证》标准中，明确了航天项目软硬件产品包括：产品保证管理，质量保证，安全性保证，可信性（可靠性、可用性、维修的）保证，电气、电子和机电元器件保证，机械零件保证，材料和工艺保证等。

产品保证管理是在20世纪90年代我国引入产品保证以后，在航天领域逐步研究和发展起来的，主要是对产品保证各项工作项目进行计划、组织、指挥、协调、控制和检查监督，确保合理、有效、高效地协调和实施产品保证活动。

质量管理在第1章已进行了详细介绍。我国航天领域在引入实施产品保证以后，以面向产品为主，对产品保证要素进一步开展了深化研究，并发布了QJ 9000—98《航天工业质量管理和质量保证要求》、QJA16—2004《航天产品质量检查确认要求》等相关文件，主要是在产品设计与研制、采购、制造装配和总装、试验、接受与交付各个过程中，保证各项工作和产品都能达到规定的要求。

可靠性保证主要是在产品开发寿命期内开展可靠性管理、可靠性设计与分析、可靠性试验与验证等技术与管理活动。我国航天领域的可靠性保证专业主要在20世纪80年代后逐步发展起来，先是针对重点航天领域型号制订并实施可靠性保证大纲，此后相继成立了质量与可靠性专业委员会和创立相关期刊，中国航天工业总公司在1993年发布《航天型号可靠性管理规定》，中国航天科技集团公司在2004年、2009年均提出了强化航天型号可靠性的工作要求，2009年发布的GJB 9001B—2009《质量管理体系》，提出了可靠性等“六性”要求。

元器件保证是通过对元器件的选择、采购和使用等方面进行控制，以确保性能、质量、可靠性等满足规定要求。在20世纪70—80年代，我国航天领域先后提出了“七〇一条件”、“七专”元器件目录和技术条件等要求，并成立了元器件失效分析中心，发布了航天型号电子元器件选用管理办法。1997年中国航天工业总公司提出了型号用元器件统一标准选用、统一采购、统一监制验收、统一筛选复验、统一失效分析的“五统一”管理办法，并研究出台了QJ 3065.1—98《元器件选用管理要求》等选用、采购、监制验收、筛选复验、失效分析一系列要求，以及QJ 3057—98《航天用电气、电子和机电（EEE）元器件保证要求》。

工艺与材料保证主要是通过对工艺、材料等的选择、采购和使用控制来保证产品质量。在20世纪80—90年代。我国航天领域先后成立了航天部材料工艺性能检测和失效分析中心、航天无损检测工艺技术中心，并研究发布了 QJ 3125—2000《航天产品材料、机械零件和工艺保证要求》等相关文件。

软件产品保证包括软件寿命期内的技术状态管理、质量管理、可靠性、维护等活动，确保新开发或重复使用的软件符合全部要求。在 20 世纪 90 年代，我国航天领域研究出台了《载人航天软件研制管理办法（试行）》，并成立了软件评测中心，而后进一步研究并发布了 QJ 2098A—2005《航天型号软件评审与审查》、GJB 5000A—2008《军用软件研制能力成熟度模型》、QJ 3027A—2016《航天型号软件测试规范》等相关要求。

4.2　液体火箭发动机产品保证要素研究与构建

前述国内外航天领域产品保证要素基本包括管理要素和技术要素两个方面。管理要素包括产品保证管理、质量保证，技术要素主要包括可靠性、安全性、维修性、EEE（电子、电气和机电）元器件、软件、机械零件、材料、工艺等方面。

液体火箭发动机实施产品保证，同样需开展策划、计划、组织、协调、控制、检查和监督等一系列产品保证管理活动来确保各项产品保证工作有序和协调展开，而且各项工作的开展必须依赖于组织质量管理的基本保障。因此液体火箭发动机产品保证要素的构建也离不开产品保证管理、质量保证两个要素。首先在通用质量特性方面，由于发动机工作原理和机构非常复杂，大部分发动机产品特性都得靠相关试验测试来验证，而且发动机产品质量和工作过程的情况也需要准确的数据测试来表征，同时还需要适应高低温、振动、真空等各种复杂环境。因此发动机产品研制过程对可靠性、测试性、环境适应性方面的要求较高，从而将测试性、环境适应性设置为独立的产品保证要素，将对安全性、维修性和保障性等要求相对低一些的要素与可靠性合并为一个产品保证要素。其次，发动机产品生产制造工艺复杂并涉及多种特种工艺，而且为满足高低温等不同工况的使用需求，对发动机产品所使用的材料、机械零件也要求较高，同时 EEE（电子、电气和机电）元器件方面液体火箭发动机涉及相对较少，主要是一些发动机用传感器、测试仪等相关产品，因此将元器件与工艺、材料、机械零件合并设置为工艺与物料保证要素。另外，液体火箭发动机各项性能指标、产品裕度、可靠性等基本参数，均需要通过地面试验进行考核验证，且对相关的地面设施设备要求较高。这样一来，无论是在发动机总装厂房，还是在发射场/靶场，都需要地面设备进行支持，因此设置了地面设施设备保证要素。再者，液体火箭发动机批量生产时，不同于一般产品的生产，其产品零部件较多、生产过程和环节复杂、检查测试项目多、产品实物状态管控难度大，从而对生产过程控制、试验验证控制等方面要求较高，因此专门设置了生产试验过程专项产品保证要素。另外，同样设置了软件产品保证要素，以确保发动机配套使用的软件产品满足任务要求。

因此，通过借鉴欧美国家和我国航天领域产品保证的实践经验和做法，并结合液体火箭发动机产品研制特点，确定了适用于液体火箭发动机产品保证的 9 个产品保证要素。这 9 个要素包括：产品保证管理，质量保证，可靠性、安全性、维修性和保障性保证，测试性保证，环境适应性保证，工艺与物料保证，软件产品保证，地面设施设备保证，生产试验过程专项产品保证。

各个产品保证要素具体介绍如下：

（1）产品保证管理

产品保证管理属于管理性要素，对产品保证相关管理活动进行规定，是实施产品保证的一个基本要素。本要素重点是对发动机产品保证各项工作进行计划、组织、指挥、协调、控制、检查和监督等相关的管理活动，实现产品全层级、产品全过程、产品保证全要素的集成。主要工作任务包括产品保证目标、原则等顶层要求，以及组织、队伍、技术支撑机构等综合管理，产品保证关键环节控制等工作要求，具体要求详见第 5 章。

（2）质量保证

质量保证同样属于管理性要素。它是以 GJB 9001C 质量管理体系中产品实现相关要求为基础，对发动机某一层级产品提出的设计、验证、采购、生产、试验、交付、使用等全过程提出的质量控制要求，以及提出不合格品管理、质量问题管理、多媒体记录、检验控制等要求。本要素与传统质量管理要求不同，侧重于面向具体产品提出要求。实现方法是将质量管理体系文件中的要求与具体产品进行结合后，转化为这类产品在研制生产过程中切实可行的具体要求。质量保证的重点是解决过程质量控制精细化程度不高的问题，具体要求详见第 6 章。

（3）可靠性、安全性、维修性和保障性保证

众所周知，液体火箭发动机作为航天器的动力装置，要求具有较高的可靠性，而且发动机研制、生产、试验的过程就是一个不断提高可靠性、不断与故障斗争的过程。可靠性、安全性、维修性和保障性保证要素，是对发动机各级产品相关通用质量特性进行分析、设计、验证、评价的技术与管理活动，保证产品在规定的寿命周期和任务剖面下完成规定的任务。该类要素保证工作包括定量的工作项目（可靠性计算），以及定性的工作项目（本质是设计层面的共性风险）。其中，可靠性保证包括工作策划、可靠性预计、可靠性设计与分析、可靠性措施确定与实施、可靠性关键项目管理、可靠性增长，各种工况下可靠性验证、寿命试验、裕度试验，以及可靠性定量评估等要求；安全性保证包括识别和分析危险源与危险因素，确定和控制安全性关键项目，制定和实施安全性保证措施，开展安全性设计与验证等，重点解决发动机可靠性分析、设计、验证不充分的短板；维修性保证包括明确维修性定性和定量要求，开展维修性管理、分析、设计与验证；保障性保证包括明确保障性定性和定量要求，开展保障性管理、分析、设计、分析和规划等，具体要求详见第 7 章。

（4）测试性保证

液体火箭发动机不仅结构和工作原理复杂，生产过程和实际工作过程也很复杂，需要发动机各级产品具有较好的可测试性。同时，需要对生产过程和工作过程中大量的参数和数据进行测试，以便及时判定产品质量是否存在问题，工作过程是否正常。测试性保证要素是在发动机各级产品的“可测试性”要求基础上，提出的作为过程控制要求的检验和测

试覆盖性控制要求，重点是解决发动机及其零部件和组件的功能、性能、可靠性以及发动机使用维护过程中相关指标的可测试性问题，以及发动机制造过程的可检验、可测量问题。本要素工作内容主要包括测试性模型、分析、预计，测试性设计与分析，诊断设计，测试性验证与评价，以及发动机制造过程中的检验测试保证和测试不到、验收不到、工序检验不到、工艺保证不到等如何保证方面，此外还包括焊接等特殊过程的检测与控制，极性测试与控制等方面，具体要求详见第 8 章。

(5) 环境适应性保证

液体火箭发动机不仅需要满足高温、低温、加速度、振动、噪声、冲击、电磁等工况环境要求，还需满足地面的潮湿、盐雾、霉菌、淋雨、砂尘等自然环境要求，以及高能带电粒子、太阳辐照、地磁场、真空环境等空间环境要求。航天器实际运行中，往往因为一个密封圈材料不满足低温环境或一个传感器不适应某个电磁环境要求而导致发动机工作异常，进而导致工作任务受到影响，因此环境适应性要求对液体火箭发动机非常重要。环境适应性保证要素重点是解决发动机对力、热、振动等综合环境适应性不足，综合环境边界考核不充分、不适应的问题。工作内容包括抗力学环境设计、热设计、环境适应性设计、抗污染（多余物）设计与验证，具体要求详见第 9 章。

(6) 工艺与物料保证

工艺与物料保证要素包括工艺保证、材料保证、机械零件保证、EEE 元器件保证四个部分，涵盖了工艺的选用、验证等的风险控制要求，以及材料、机械零件、元器件的选用、验证及使用过程的风险控制要求。重点解决工艺风险识别与控制不足、工艺鉴定不充分、特殊过程管控不到位的问题。包括清单管理，禁限用管理，工艺选用，新工艺控制，新工艺技术攻关，工艺设计与工艺验证，工艺鉴定与定型，工艺技术状态控制，特殊过程控制，关键过程控制，不可检（测）项目工艺控制，洁净度及多余物工艺控制，质量问题多发工艺控制，工艺文件与信息、原材料、机械零件、标准紧固件、EEE 元器件保证等，具体要求详见第 10 章。

(7) 软件产品保证

液体火箭发动机软件产品主要用于航天器飞行时的各种姿态调整控制，同时对发动机工作安全与健康进行监测等，因此软件的产品质量对工作任务十分关键。软件产品保证要素是以软件工程化要求为基础，针对软件产品开发与运行维护全过程提出风险控制要求，按照各级标准及型号要求提出得证方案，重点落实软件产品保证要求，具体要求详见第 11 章。

(8) 地面设施设备保证

发动机在研制生产过程中将进行半系统试车、整机试车、工艺试车、鉴定试验等各种大型试验。每一次试验对发动机都很重要，而且每一次试验的成本都很高，容不得失败。否则，若测试不到想要的数据参数，发动机就无法充分地得到考核与验证，这往往影响发动机的研制进程或后续交付任务。尤其是在型号总装厂房、发射场/靶场等使用的地面设备，一旦出现问题将直接影响整个任务的成功执行。因此，地面设施设备的可靠性对发动机研制及相关执行任务成功的保证非常重要。地面设施设备保证主要针对发动机总装完成后用于测试、吊运、加注、试验、发射与发动机有机械或电气接口关系，影响发动机功能、性能的地面支持设施设备，提出专门的风险控制要求；而交付用户的地面测、发、控设备按照发动机正式产品进行管理，不按本要素要求执行，具体要求详见第12章。

（9）生产试验过程专项产品保证

当发动机各级产品经过方案、初样等研制阶段以后，将进入试样或定型研制阶段，并开始进行大批量生产。发动机的大批量生产过程中主要包括生产过程和试验过程，因此需对这两个过程进行重点控制。生产试验过程专项产品保证是针对进入试样以后的产品生产、试验基线的建立和控制，产品生产、试验过程风险的识别和控制提出的专门要求，具体要求详见第13章。

上述明确的9个产品保证要素是面向液体火箭发动机的全流程、全过程、全要素进行明确的。因此，涉及各层级的产品（整机、组件、零部件等）、各承研单位（设计、生产、试验单位及外包供方）、各研制过程（方案、初样、试样、定型），都要对于某个产品、某个分承研单位、某个研制过程有针对性地识别相关要素要求，并进行实施。

第 5 章　产品保证管理

5.1　概述

产品保证管理是液体火箭发动机 9 个产品保证要素的第一个要素，是对液体火箭发动机各级产品的产品保证各项工作进行计划、组织、指挥、协调、控制、检查和监督等相关的管理活动，目的是确保各项产品保证工作要求得到有效落实，实现规定的各层级任务目标。

液体火箭发动机各级产品的承研单位应系统规范地开展产品保证管理相关活动，根据用户合同或研制任务书的要求，结合任务特点和本单位产品保证有关制度和要求，尽早全面开展发动机各级产品的产品保证工作策划，制定产品保证工作目标，组建产品保证队伍，明确各级产品保证人员的职责和权限，明确各级承研单位分工，识别发动机各级产品对型号（项目）安全和任务成功的潜在风险，实施技术状态管控，保障各项产品保证活动所需的资源，对产品保证要求进行逐级分解和传递，组织策划和实施产品保证各项活动，并对实施过程进行有效地监督和检查。

本章主要介绍液体火箭发动机为在产品保证目标、队伍、流程、策划、信息、总结，以及技术风险分析与控制、关键项目、产品鉴定状态、技术状态、生成和试验基线、评审、对外包的要求与控制、产品数据包等方面管理活动的要求和相关做法。

5.2　产品保证目标

产品保证目标是某个项目或产品在一定时期产品保证活动所要达到的预期成果，是发动机各级产品、各级组织开展各项产品保证活动策划的基本依据。产品保证目标制定的是否合适，往往直接影响整个发动机寿命周期内产品保证工作的有效性。

液体火箭发动机应根据型号总体或本级组织的研制要求，制定本发动机整个研制周期的产品保证总目标，并在规定的研制周期、研制经费和资源等约束条件下，制定方案、初样、试样、定型等不同研制阶段的产品保证目标。各承研单位应根据发动机产品保证总目标和各研制阶段产品保证目标，结合产品特点和组织管理模式，制定分层次、分阶段的产品保证目标。

所制定的各层次、各阶段的产品保证目标要充分结合本项目或本产品的产品保证活动实际情况，尽量可检可视，而且随着研制过程的推进要及时纠偏和更新。在发动机转阶段、出厂交付等重要节点或按年度对所制定各层次、各阶段目标的可达性进行评估，对于目标实现存在明显偏差的应明确相应的补充措施，或结合实际及时修正目标。

5.3 产品保证队伍

产品保证队伍是产品保证工作实施的关键，指导、监督型号研制队伍在产品实现过程中对各环节、各方面的风险进行全面深入地识别和控制，并对风险控制结果进行评价和确认有重要意义。

在研制初期，液体火箭发动机各级产品就应建立完善的产品保证队伍，保证队伍成员要覆盖发动机各层级产品和相关专业。通常由发动机领域办/项目办提出发动机产品保证队伍需求，各单位人力资源部门负责选聘，并经过相应培训，经考核合格后上岗。对于相似发动机研制任务，可以综合考虑发动机任务特点等因素，按发动机类型合并设置某些岗位的产品保证人员，专业产品保证工程师可以跨发动机兼任，经验丰富的设计师可以跨专业兼任，这种方式也能够促进具有相似发动机经验的人员相互借鉴和融合。产品保证队伍具体组建方式与工作实践详见第 20 章。

5.4 产品保证流程

产品保证流程是将所需要开展的产品保证工作按照流程图的方式进行管理，确保所有工作按计划有序开展。液体火箭发动机研制全过程应实施产品保证流程管理，以发动机产品通用研制技术流程为基础，结合各发动机自身产品特点，识别覆盖全部产品保证要素的产品保证工作项目，并将产品任务阶段特点、难点及技术风险作为重点，编制适用于本发动机的产品保证流程，明确产品保证活动的工作时机、工作内容、工作条件等。发动机各阶段产品保证流程详见本书第 3 篇过程流程篇。

发动机各级产品根据需要，可按照产品研制层级分类（整机、组件、零部件等）、研制阶段（方案、初样、试验、定型）和专项要求（制造装配、发动机总装测试、发动机热试车等）分别编制产品保证流程。各层级产品的产品保证流程由本级产品的产品保证工程师负责编制，对产品设计、生产、试验等环节有重大影响的产品保证工作项目应做出标识，确定为质量控制点。

产品保证活动工作时机需与发动机研制技术流程相互关联和匹配，产品保证工作项目及控制点应纳入产品保证计划，并确保产品保证流程与发动机研制技术流程、研制计划的协调与实施。

5.5 产品保证策划

5.5.1 一般要求

液体火箭发动机各级产品承研单位在研制初期或批投产前，需根据型号总体或用户、上级单位以及本单位相关要求和所承担任务特点，系统全面地对产品各研制阶段的产品保证活动及所需要的资源进行策划，以满足各级产品保证要求，实现产品保证目标。

产品保证策划应涵盖发动机产品各层级（整机、组件、零部件等）、产品实现全过程（设计、生产、试验等）、各产品保证要素、各研制阶段、各承研单位等维度，并针对各维度开展风险识别及措施制定，策划相应的产品保证活动，将产品保证活动转化成具体的工作项目及产品保证计划，并纳入研制技术流程，对产品保证工作进行正向实施、过程监督、闭环管理和及时总结与改进。

对于初样及以前研制阶段，发动机各级产品的产品保证策划应以风险识别和控制为重点，加强以可靠性为重点的通用质量特性设计、分析和验证，对技术风险、产品风险、操作风险、管理风险等进行综合分析和控制，支持通用产品可靠性不断提升，开展面向批生产要求的工艺流程和工艺布局优化，在确保产品实现功能性能指标的同时，提升产品的可制造性、可测试性和经济性。对于试样及以后阶段，发动机各级产品的产品保证策划应以产品质量稳定性与一致性控制为重点。这一阶段主要关注薄弱环节治理、可靠性提升、生产和试验过程产品保证等工作，促进产品成熟度和生产效率提升，加强生产过程各要素的管理，在持续提升产品合格率和稳定性的同时，减少生产过程中产生的缺陷和浪费，提高批生产工作效率和效益。

产品保证策划完成后，应编制相应的产品保证大纲、产品保证计划、产品保证要求等策划文件。原则上，发动机各级产品均应编制产品保证大纲以落实上一级的产品保证要求和本级组织有关要求，并制定产品保证计划以落实本级产品保证大纲策划的产品保证工作，并向下一级产品编制和传递产品保证要求。各发动机产品保证队伍要结合不同的产品特点、研制阶段、组织模式等充分研究建立差异化的产品保证策划类文件，并在完整承接上一级要求和落实有关通用要求的基础上，充分策划体现本产品特点情况的专用或针对性要求。

5.5.2　产品保证大纲

产品保证大纲是产品保证策划最重要的载体，是对用户提出的产品保证要求的承诺，也是对产品研制全周期的产品保证工作系统全面的策划。产品保证大纲需明确本级产品的产品保证工作目标、思路与措施，产品保证队伍及职责，包括程序、方法、工具、标准等，以保证完成规定的任务和产品保证目标，满足用户要求。

液体火箭发动机各级产品应根据型号总体或用户的产品保证要求、本级组织有关要求等，在对本级产品任务特点和研制风险进行深入分析的基础上制定产品保证大纲。原则上只要上级产品或单位下发了独立的产品保证要求，本级产品就应该编制相应的产品保证大纲。产品保证大纲一般应包括发动机全部产品保证要素，但发动机各级产品可根据自身产品特点及研制阶段对产品保证要素进行裁剪。但是，在裁剪时需说明裁剪的合理性，避免因非技术因素随意裁剪相关产品保证要素。

新研发动机在启动研制时就应制定发动机的产品保证大纲，对整个研制周期进行策划，并对当前研制阶段进行详细策划。批产发动机应结合投产任务批次等制定产品保证大纲，并在一定时期内保持稳定，以确保产品状态一致可控。同时，产品保证大纲应结合产品成熟度提升情况，不断完善升级。

发动机整机应独立编制产品保证大纲，同一系列发动机根据执行任务、产品状态的相似性可编制本系列通用产品保证大纲，但应结合各型发动机产品特点，围绕不同产品保证要素策划差异化、有针对性的产品保证工作项目；差异较大的或者型号总体有要求的，应编制独立的产品保证大纲。

针对发动机组件及以下层级产品，可根据产品研制难度、风险等级、质量稳定性等方面确定是否单独编制产品保证大纲。发动机配套通用组件或零部件产品，可按产品规范并结合任务要求制定产品保证大纲。对于发动机核心、重要外包产品以及特殊过程等外协工序，可根据需要向外包供方下发专门的产品保证要求，要求其编制独立的产品保证大纲。各单位可根据组件（单机）特点，按产品种类制定通用的产品保证大纲，针对具体产品根据需要在通用产品保证大纲的基础上编制专用产品保证大纲。

5.5.3 产品保证计划

产品保证计划是开展产品保证工作的直接依据，液体火箭发动机各产品层级以及其所属的各产品实现过程（设计、生产、试验等）、各阶段等，均应根据发动机产品保证大纲、上一级产品承研单位的产品保证要求，针对具体任务按阶段/年度/批次等分解制定相应的产品保证计划。针对外包产品或外协工序，外包委托单位应监督外包供方依据产品保证大纲制定相应的产品保证计划。

产品保证计划应明确产品保证活动项目、内容、工作输入、工作输出、责任单位/责任人、时机、措施等，形成可操作的工作计划，并建议采用表格化管理。对于重要的发动机产品保证要素或工作项目可制定专题计划，如评审专题计划、试验验证专题计划、可靠性保证专题计划等。

对于处在方案、初样等研制阶段的发动机而言，产品保证计划应在研制工作启动时制定。针对试样及以后阶段发动机，产品保证计划应在投产前制定。产品保证计划应结合发动机研制技术流程进行制定，将策划的产品保证活动全部融入发动机研制流程，确保产品保证工作与研制工作协调进行，尤其需要注意的是要把在产品研制进程中闭环确认的产品保证工作项目纳入产品研制计划相关节点。

各级产品保证计划必须被纳入到本级产品研制和生产计划中进行统一管理。在重新编制或修订更新产品保证计划时，应在发动机前一阶段产品保证工作的基础上开展工作，编制时应针对发动机本阶段/批次/发次/年度产品保证工作特点，对用户要求及前一阶段的产品保证工作进行分析、评价和总结，需重点关注前一阶段遗留的工作和残留的风险。

5.5.4 产品保证要求

发动机各级产品在落实上一级产品承研单位的产品保证要求及本单位产品保证有关制

度和要求，并充分分析研究下一级产品或任务特点的基础上，面向下一级产品或任务承研单位提出具体化、可操作、针对性的产品保证要求。

一般来说，为确保研制阶段在各产品层级之间传递的要求明确且清楚，研制发动机整机单位应对具备独立功能的组件等产品下发单独的产品保证要求，同时根据需要对跨单位承担生产、试验任务的单位下发产品保证要求；对于批产发动机可结合产品质量控制情况，重点对风险等级高、质量稳定性不足、成熟度低的组件等产品提出产品保证要求。另外，也可以考虑采取“产品保证通用要求＋产品保证专用要求”的形式，针对某一类产品提出通用的产品保证要求，在有特殊要求时针对具体产品制定产品保证专用要求，特别是对发动机配套的通用部组件产品、外包产品等。

应对发动机的核心、重要外包产品考虑下发专门的产品保证要求，特殊过程等外协工序可根据需要下发专门的产品保证要求，并经外包供方会签确认，作为外包合同中的必备附件传递到外包供方。其他外包产品和外协工序，可考虑将产品保证要求纳入技术协议或合同中且有效传递至外包供方，并监督落实。

5.5.5　产品保证工作机制

产品保证工作机制是产品保证工作是否能有效运行的关键，各发动机研制单位应在承研单位组织层面已建立的产品工作机制的基础上，结合本发动机研制特点建立适合于本发动机产品保证工作的工作机制，包括责任体系、文件体系、信息传递机制、计划管理机制等，特别是跨承研单位的协同机制，应明确各项产品保证工作程序、责任分工等。

在发动机领域/产品两总的领导下，由产品保证经理统一组织，各级产品保证人员逐级负责，确保发动机产品保证大纲、产品保证计划、产品保证要求在各级产品承研单位和研制全过程得到有效贯彻和落实。发动机各级产品的产品保证工程师应协同科研生产管理人员，将策划的产品保证工作项目全面纳入研制技术流程，统筹制定科研生产计划。在科研生产管理中，对产品保证工作项目的实施情况进行监督、考核，确保产品保证各要素规定的工作项目在发动机研制过程中得到全面、及时、有效地落实。承研单位在产品保证工作项目完成后，要及时组织检查和确认工作，对存在的问题要及时整改，确保相关工作及时闭环。

5.5.6　产品保证重要资源策划

在发动机各研制阶段和产品投产批产时，领域办/项目办、各承研单位应开展产品保证重要资源策划，重点关注对支持产品可靠性、安全性设计、产品设计验证等需要的重要设施、设备和工具、人员等方面的资源保障的充分性。产品保证重要资源策划应纳入产品保证大纲，必要时撰写单独的产品保证重要资源策划报告，并将相关工作项目纳入产品保证计划。

根据策划对现有资源的不足进行分析，对可能存在的问题和风险提出针对性的措施，特别是对发动机各级产品的验证条件和手段、重要检测设备、生产条件、试车条件等。产品保证经理、产品保证副经理、各级产品保证工程师以及各专业产品保证工程师应根据产品保证工作开展需要，提出重要资源保障需求。发动机领域/产品总指挥是发动机产品保证重要资源保障的第一责任人，各承研单位负责人是对所承担任务产品的产品保证重要资源保障的直接责任人。产品保证重要资源的策划应作为有关单位或部门进行基础设施建设、各项保障资源调配的输入条件，由相应责任单位或部门进行配置。

5.6 技术风险分析与控制

5.6.1 一般要求

技术风险指发动机不能达到技术条件要求或因对环境、状态、机理和规律等方面的技术认识局限，致使不能实现发动机功能、性能指标的可能性及导致危害后果的一种度量。液体火箭发动机的技术风险识别分析与控制就是对发动机的全系统、全组件，设计、生产制造、试验和使用维护全过程的技术风险开展分析，识别出发动机研制技术风险，并对风险发生可能性及后果严重性进行分析，明确风险综合等级，对风险项目采取必要的应对和监控措施，将风险降低到可接受的水平，并随发动机研制工作的深入迭代开展。

液体火箭发动机工作过程机理复杂，工作环境严酷、地面试验条件难以覆盖所有运行环境，产品实现过程复杂、制造流程长，火箭对发动机的性能及可靠性、安全性要求高。发动机各级产品在各研制阶段均应结合产品特点开展技术风险管控，进行技术风险策划、识别、分析、控制等工作。

技术风险管控应贯穿于发动机研制全过程并且不断迭代和完善，每个阶段都需要产品上下各级多次迭代，并对上一阶段控制结果进行总结，对迭代进行识别、分析与控制，详见图 5－1。

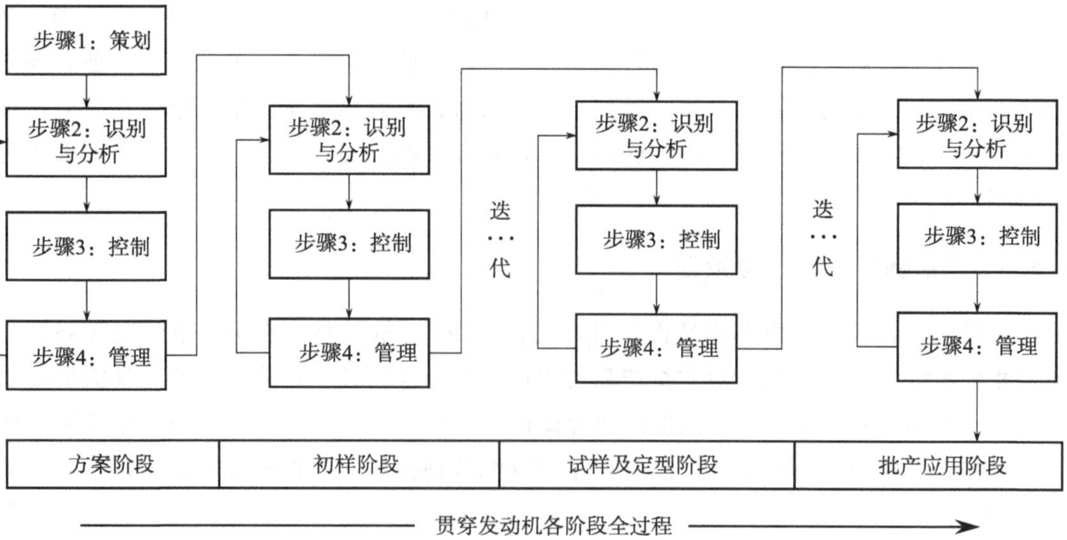

图 5－1　技术风险迭代管控示意图

5.6.2　技术风险策划

发动机各级产品应在研制阶段初期对技术风险分析与控制工作的目标、原则、组织、职责、程序、方法、判别准则、接受准则、风险应对策略、风险监控方式等开展系统策划，并将相关工作纳入发动机研制生产计划，将策划结果编写成技术风险分析与控制工作策划报告。技术风险项目应结合任务和产品特点，与用户共同协商，确定具体的风险判别准则和接受准则。一般来说，应将发动机技术风险策划结果形成独立的报告，也可以将其纳入研制大纲等文件中。

5.6.3　技术风险识别与分析

发动机各级产品应对影响产品质量和实现任务目标的技术风险进行全面地识别和梳理，重点关注固有风险、技术验证不足带来的风险和过程控制不到位产生的风险等。发动机研制过程中，在方案阶段、转研制阶段前、设计方案或工艺方案发生重大变化时、发动机半系统或整机等大型试验前、发动机参加首飞前等重要时间节点，均应开展技术风险识别与分析。改型或改进的发动机，应对改进部分及其影响开展技术风险分析；对于借用发动机或借用组件，如果使用条件未发生变化可使用原发动机分析结果，如果使用条件发生变化应针对变化情况进行识别与分析。在发动机各研制阶段，型号总体对发动机交付、总装总测、参加飞行试验等有特殊技术风险分析要求时应依据型号的要求进行风险分析。

发动机技术风险分析可按发动机整机和组件两级分别开展。组件分析后应形成独立的技术风险分析与评估报告，亦可纳入组件的设计方案报告或转阶段研制报告中。在组件技术风险分析与评估的基础上，开展发动机整机技术风险分析与评估，并形成整机专题报告。

发动机技术风险识别主要从产品保证要素、风险来源类别（技术、产品、队伍、组织）、产品层级及构成（整机、组件、零部件、材料级等）、产品实现过程（设计、生产、试验、交付等）、任务剖面、“九新”等维度展开分析。技术风险源识别线索主要包括功能和性能指标要求不符合要求、设计理论和技术方法不成熟、试验考核不充分项目、重大技术状态变化、接口匹配性、可靠性设计不够项目、地面试验未覆盖、质量问题频繁发生等方面的设计风险，工艺攻关不彻底和不稳定、关键外包过程、多余物控制、不可检不可测项目、可制造型难度大、新设备、新工艺等方面的生产风险，新人员、易错难操作、难检测、关键环节操作、接插件连接、极性等方面的操作风险，以及测试方法未充分考核、试验流程变化、测试系统多余物等方面的测试及试验风险等。

对于识别的每项风险源，应分析并评估其发生的可能性和后果的严重性，确定风险综合等级，形成相应的技术风险项目清单，并制定有针对性的控制措施，形成技术风险项目控制检查表。技术风险项目清单用于识别和确定技术风险项目，明确其风险综合评级和需要采取的控制措施；技术风险项目控制检查表用于在技术风险控制过程中，动态评估通过技术风险项目清单确定的各技术风险项目控制措施的实施效果，并对采取措施后的技术风险项目重新进行风险综合评级。

各级产品技术负责人编制本级产品的技术风险项目清单和技术风险项目控制检查表。发动机整机应以各级产品的技术风险项目清单和控制检查表单为基础，结合发动机技术风险分析工作，形成发动机技术风险项目清单和控制检查表单。

5.6.4 技术风险控制

根据技术风险分析与评价结果，梳理出高风险项目、中风险项目和低风险项目，从发动机设计、生产、试验等环节中分别有针对性地提出消除、降低、转移或可接受的应对措施，通过研究把不确定性转化为确定性，从而达到规避、降低风险的目的。

对于发动机高风险项目，应专题制定消除或降低风险的应对措施，建立独立的技术风险项目控制表，明确风险减缓或控制措施、风险控制计划安排、风险控制结果及检查方式、风险控制责任单位等，并落实在产品研制生产的各个环节中。对于中风险项目，应将其作为节点质量控制和里程碑评审的重点内容，重点监控、密切关注，并结合研制流程采取有效措施，保证在产品交付前降低至可接受水平。对于低风险项目，应进行必要的监控，跟踪并记录其后续状态变化情况，防止风险程度上升。

发动机承研单位应全面收集和掌握技术风险项目状态信息、风险趋势信息、风险应对措施及实施效果信息，对风险管理过程信息进行动态监控，及时动态更新技术风险项目清单和技术风险项目控制检查表。

对技术风险控制措施实施后的效果应进行验证和评估，判断是否消除了风险源或使技术风险综合评价指数降低至预先确定的可接受水平以下。在转初样阶段时，原则上不能有遗留的高风险项目；在初样转试样阶段时，原则上不能有遗留的中风险项目；在转批产阶段时，原则上不能有遗留的低风险项目。如果残余风险没有降低到可接受的级别，则必须反复迭代，尽可能地将风险降低到可接受级别。对于必须通过实际飞行考核来验证降低风险等级的发动机残余风险项目要制定风险应对预案。对于新认识到的风险，应及时补充到技术风险项目清单中，确保每项风险控制措施得到落实。

对于重大的技术风险，特别是影响型号飞行任务成败的，在发动机研制队伍管控基础上，单位组织层面也要进行管控与治理，采取重大风险清单式管控。研究院、各发动机领域、各承研单位、各设计室/车间等均应梳理出本组织层面的重大风险清单，然后集中优势力量和资源进行重点管控和治理，及时评估措施的控制效果，如果效果不达标应采取相应的补救措施，确保风险得到控制，每年度均应迭代梳理和识别，上一年度未完成治理的要持续进行。

5.6.5 发动机技术风险分析与控制重点

发动机各级产品（含外协外包产品）应针对关键特性识别与量化控制、设计裕度量化分析和确认、“九新”分析、故障预案充分性及其验证、质量交集分析识别与控制、单点失效产品不可检不可测项目控制、成功包络线分析等方面重点开展技术风险分析与控制工作。

设计裕度量化分析与确认应以各级产品的分析和鉴定试验结果为基础，并经发动机整机级综合分析后对其设计裕度及鉴定试验充分性进行确认；初样阶段结束前应完成关键特性参数及其裕度的100％验证工作，首飞产品交付出厂前应对产品关键特性参数的设计裕度及其鉴定试验的充分性进行100％确认。

对关键项目、关键特性、新研产品，存在重要技术状态更改、单点故障模式、可靠性指标偏低、曾经发生过质量问题、存在不可检不可测项目等方面有质量交集的产品，特别是设计裕度偏低且生产一致性不良的产品或环节，应开展特性关联分析，制定技术风险控制措施并落实。

发动机各级产品应识别单点失效产品涉及的不可检不可测项目，制定设计、生产、试验、装配、交付、发射前测试等各个环节的加严控制措施，控制措施应详细、量化，并形成可检查的过程记录，定期梳理和更新。对于不可检不可测项目，产品研制队伍应强化设计源头控制工作，通过优化结构设计、采用先进的生产加工手段等方法，消除不可检不可测项目，做到单点失效产品相关功能、性能的全检全测。

关键特性、重要特性及单点故障模式涉及的特性参数等关键参数应开展成功包络分析工作，对超出成功数据包络的参数应开展风险分析。重大型号在产品交付和型号出厂前，应100％完成成功数据包络线分析，作为产品验收和型号出厂的依据。

5.7　关键项目管理

关键项目是指故障发生后导致的风险对于系统（或分系统）不能接受的项目（一般指硬件、软件产品），即：当该项目发生故障后，造成人身伤害或财产严重损失，导致系统（或分系统）功能、性能不能满足用户要求的项目。发动机各级产品应根据型号总体的明确要求，开展关键项目管理工作。

在方案阶段，发动机各级产品的设计人员需配合型号总体开展关键项目的分析与识别工作，通过发动机研制特点、难点分析、风险点分析、FME（C）A 分析等工作，形成关键项目清单。随着初样、试样等阶段研制工作的不断深入，对关键项目应进行动态管理，及时补充、更新与调整。

根据分析和识别结果确定的关键项目清单，应结合产品自身特点和研制流程，开展产品全过程技术风险识别与分析，制定有针对性的加严控制措施，明确责任单位，并组织有关专家对发动机关键项目清单和控制措施进行审查、确认，形成关键项目清单及控制措施文件。对关键项目实施动态控制、评估、跟踪和报告，并配合发动机整体风险管理活动，消除或降低相关风险。

关键项目的方案评审、设计评审、工艺评审、转阶段评审等环节应加严控制。设计单位应将关键项目清单及其控制措施包括强制检验点、多媒体记录等要求，受控传递至生产单位。生产单位应确定关键项目的关键工序（或关键过程），制定详细的、可操作的工艺方法，纳入关键工序工艺规程进行落实；在关键项目研制或实施过程中，设置必要的关键检验点，并应在工艺文件、测试及专项试验细则中进行明确，在生产过程中进行落实；对关键项目涉及的有关产品工艺文件、测试或专项试验文件应进行审查或评审。

转入试样研制阶段后，对关键项目的超差让步和偏离应提高审批要求。试样阶段以后，对关键项目的设计关键特性一般不允许超差让步使用。

关键项目在研制或实施过程中应形成完整、详细、有效、可追溯的过程质量记录，所有过程记录除给出合格判定外应细化到数值，并纳入发动机数据包进行管理。对于特殊装配、测试和试验项目按制定的措施进行监控，对于关键生产环节和关键工艺过程，根据需要可采取多媒体记录。关键项目的重要特性参数应进行包络分析，对超出成功数据包络线的项目必须要开展风险分析。

对涉及外包供方的关键项目管理要求和措施由任务提出单位负责组织落实，在产品外包合同的质量保证条款中应明确有关要求，并负责对外包供方有关要求的贯彻落实情况进行监督检查，在产品研制过程、产品验收和产品转阶段时进行把控。

5.8 产品鉴定状态管理

产品鉴定状态管理是在液体火箭发动机的产品研制过程中，对产品进行分类管理和控制的活动，通过对产品开展技术状态继承性分析及成熟度评价，进行产品鉴定状态的识别和确认，判定其鉴定状态类别，有针对性地开展鉴定或补充鉴定工作。其目的是全面了解液体火箭发动机产品地面验证、飞行验证情况，掌握产品成熟度等级，从产品的各个要素进行分析，最大限度地选择验证充分、成熟度等级较高的产品，以保证研制进度，减少新变化带来的技术风险和研制过程风险；同时，确定新产品或部分继承产品应开展的全面鉴定试验或补充鉴定的试验项目和条件。

完全继承已经通过鉴定的产品，在设计、制造、元器件、材料、工艺、生产单位等方面没有更改，并且已在其他任务中有了应用和成功的飞行经历，产品的设计规范和技术要求（包括性能、可靠性、设计寿命、环境条件等）均不高于被继承的产品，这类产品一般不需进行鉴定试验，只需进行验收试验。继承已经通过鉴定的产品，在设计、制造、元器件、材料、工艺、生产单位等方面均没有较大的更改，但应用环境和使用条件与产品要求可能存在一定的差异，当产品的环境条件和性能要求不高于被继承产品时需要进行验收试验或准鉴定试验，当产品的环境条件和性能要求高于被继承产品时需要进行准鉴定试验或补充鉴定试验。继承已经通过鉴定的产品，但在设计、制造、元器件、材料、工艺、生产单位等方面有较大更改，需要进行相应的补充鉴定试验或全面鉴定试验。而对于完全新研制的产品，需要进行全面的鉴定试验，应严格按照产品研制程序进行研制。

发动机各级产品应根据型号总体要求及发动机研制需求开展产品鉴定状态管理。为确保各级产品的技术状态明确和验证充分全面，产品保证经理应组织各级产品保证工程师在方案阶段和初样阶段开展继承产品的继承性分析（任务要求、使用条件、服役环境等）和成熟度评价，进行产品鉴定状态的识别和确认。

根据产品鉴定状态的识别和确认结果，制定产品鉴定状态清单和鉴定计划，并明确产品研制过程的鉴定试验项目，建立鉴定试验矩阵，制定质量控制措施，由领域办/项目办组织评审，确保产品研制过程控制到位。

5.9　技术状态管理

技术状态管理应贯穿于产品研制生产的全过程，各承研单位应依据 GJB 3206《技术状态管理》的要求实施技术状态管理，并从技术状态管理与监督、技术状态标识、技术状态控制、技术状态记实、技术状态验证与审核等方面策划技术状态工作项目，形成管理计划，为发动机技术状态管理提供依据和指导。

5.9.1　技术状态管理策划与监督

在发动机各研制阶段，领域办/项目办、承研单位应组织科研计划管理部门协同质量管理部门按照 GJB 3206《技术状态管理》要求进行技术状态管理策划，发动机级产品及用户要求的产品应按要求编制技术状态管理计划，并纳入发动机各研制阶段产品保证工作计划，明确输入、输出、时机和责任人等。

技术状态管理计划应实行版本化管理，根据产品寿命周期各阶段的特点和要求进行必要的修订。应对技术状态管理过程的实施进行监督检查，特别是转阶段、产品出厂、验收交付等关键阶段，以及出现严重质量问题时；同时，应对外包供方的技术状态管理开展监督检查，特别是关键外包产品、新研外包产品、转厂生产产品、合格率低外包产品等。

5.9.2　技术状态标识

发动机承研单位应按照 GJB 3206《技术状态管理》开展技术状态项确立、产品和文件标识、技术状态基线建立等技术状态标识工作。在方案设计初期，承研单位应在发动机产品分解结构的基础上，选择技术状态项目，编写产品配套表，并确定技术状态项目和文件标识号。一般来说，除工序保护件、工序铅封等不参加飞行试验或不随整机交付的零件之外，发动机及其他航天产品的各级零部件和组件均应被确定为技术状态项；随装的备件、工具、设备或使用维修保障方面需着重考虑的工具、设备也应确定为技术状态项。并且技术状态项应形成清单，体现在技术状态管理计划中。

在发动机产品寿命周期中，应按 GJB 3206《技术状态管理》、QJ 3118《航天产品技术状态管理》等规定的时机建立功能基线、分配基线和产品基线（即本书的生产基线和试验基线）。对于直接进入工程研制阶段的发动机产品，技术状态基线建立工作可相应顺延，但不允许删减。在技术状态基线确定后，对相应基线发生的技术状态更改、偏离和超差应按 GJB 3206《技术状态管理》等相关要求执行。

5.9.3 技术状态控制

发动机各级产品的技术状态正式确立后，应在产品各研制阶段对技术状态更改进行严格控制，落实 GJB 3206《技术状态管理》等相关要求。确因需要必须更改技术状态时，应分类准确，充分考虑变化带来的综合影响，确保变化内容的正确性、合理性、经济性和协调一致性，严格执行技术状态更改“分类准确、充分论证、各方认可、试验验证、审批完备、落实到位”的六项原则。

技术状态控制主要包括技术状态更改的控制（含设计更改和工艺更改）、偏离许可的控制、超差让步的控制、代料的控制等方面。工艺更改应纳入产品技术状态更改，将工艺方法变化、工艺装备变化、计量检验测试方法变化、生产定点变化、关键岗位人员变化等纳入技术状态控制范围。发动机产品技术状态控制应重点关注发动机系统参数及调节方法、结构布局（包括导管走向、安装固定方式）、密封结构及配合间隙、安装拧紧力矩、气密和电性能等测试判据、热处理制度、焊接工艺、喷注器喷注参数及加工工艺参数、产品接口尺寸等方面。对于经过多次飞行试验验证的关键点，一般不允许更改，因特殊原因需要更改的，应按要求严格控制。

技术状态的更改验证方案和验证结果应按分级把关原则，通过相应层级技术状态控制委员会分级评审；对属于质量问题技术归零且涉及技术状态更改的，其已被批准的技术归零报告，可视为论证报告。对于Ⅰ类技术状态更改和状态鉴定（或运载火箭首飞或航天器正样）后Ⅱ类技术状态更改，应经发动机总师审定并报型号总体批准；对于状态鉴定（或运载火箭首飞或航天器正样）前Ⅱ类技术状态更改和Ⅲ类技术状态更改，可以直接编制更改单实施。

技术状态更改应充分考虑发动机选用的借用件或通用产品是否需要连带更改，借用件或通用产品确实无法更改的，应采取重新设计等方式，取消借用或选用关系。

发动机产品在制造前偏离技术状态文件规定的项目，应按要求办理相应的偏离审批手续，不得使用技术通知单、工艺通知单或其他临时性技术文件明确偏离要求，特别是交付、典试、抽检等正式产品。涉及产品性能、可靠性、互换性、维修性、使用性、保障性、重量和重要尺寸以及关键和重要特性的偏离，在被偏离的技术文件审批人员基础上提高一级审批。

发动机产品超差让步及返修使用必须严格履行不合格品审理程序，重要指标超差放行和返修使用，须经相应层级不合格品审理委员会审议通过方可放行；涉及影响成败的产品，由型号总体审查把关后方可放行。

5.9.4 技术状态记实

技术状态记实应全面记录并跟踪技术状态，掌握发动机各级产品研制、评审、验收各环节技术状态变化情况和交付产品的技术状态更改项目、偏离和超差情况、现行技术状态基线情况。各类技术状态记实性表格内容包括：

1）文件更改控制类（技术状态更改申请表、技术状态更改检查落实表、更改单等）；

2）不合格审理类（不合格品审理单、不合格品分析评审结论等）；

3）原材料或物资替代类（物资代用分析报告评审、目录外选用审批、代料单等）；

4）例外放行类（例外放行审批表、临时合格证、情况记录等）；

5）产品验收类（偏离许可申请、超差让步审批单、验收记录、产品交接记录）等。

5.9.5　技术状态验证与审核

在技术状态审核前，发动机各级产品应采取分析、技术、仿真、试验、检查等方式对技术状态项（含技术状态更改后）实施必要的验证，确保设计或实物符合功能基线、分配基线规定的要求。功能技术状态审核一般可与转阶段评审、设计和开发评审等结合进行，物理技术状态审核可与产品交付验收时的质量评审等结合进行。对于产品的转产、复产，应重新进行功能技术状态审核和物理技术状态审核。对于不能完全通过试验进行验证的要求，应重点审核其分析或仿真试验的充分性及完整性，并确认分析或仿真试验的结果满足功能要求。

5.10　生产和试验基线管理

为确保发动机各级产品质量的稳定性和一致性，对进入试样或定型阶段开始批量生产的发动机应实施生产基线管理。但考虑试验系统和流程的复杂性以及试验的重要性，对于发动机整机热标、验收、抽检、校准试验，动力系统例行试验等大型试验，应考虑单独建立试验基线进行管控；其他小型试验或生产过程检查试验，可纳入生产基线进行统一管控。

发动机生产基线应涵盖产品生产所涉及的全部要素，包含生产研制流程中各环节所需的人、机、料、法、环、测等相关内容。试验基线涵盖受试产品试验所涉及的各环节所需的人、机、料、法、环、测等相关内容，是受试产品状态、试验系统状态、试验流程、关键过程、特殊过程等要素的有机组合。

发动机各级产品应在试样或定型阶段投产前，以及在产品技术状态基本固化后建立生产基线。在产品投产前应组织生产准备状态检查，确认生产状态与生产基线的符合性，在生产过程中开展生产基线的记实，根据产品成熟度提升情况适时对生产基线进行升级。对于生产基线和试验基线具体的建立与管控要求详见本书第 13 章，生产基线实践案例详见本书第 22 章。

5.11　评审管理

专业的评审是发动机产品设计合理性、生产和试验环节要求落实正确性等方面工作的一种非常重要的管理手段。液体火箭发动机承研单位应结合产品特点，确定各阶段各级产品需要进行的评审项目、类型和要求，并明确评审的级别、要求、时机、责任单位，形成项目评审清单，列入产品保证计划，按规定要求完成评审，作为转入下一阶段工作的前提条件。

发动机研制过程复杂、环节众多，需要评审的项目也非常多，一般包括产品保证评审、设计评审、工艺评审、基线评审、试验数据评审、技术状态更改评审、产品质量评审、质量问题归零评审等。对于确定需要评审的项目应按发动机产品级别和管理级别实施分级负责、分级管理的方式，具体的评审工作程序由各承研单位按相关要求制定。对于重要、复杂的设计类评审，可考虑采取集中、集同审查的方式；对于专业技术评审应以承研单位的技术部门为基础，邀请相关技术专家组成评审组，专家应覆盖所涉及所有相关专业，对设计分析和计算的正确性、技术程序与方法的符合性等方面进行评审，加强关联性审查，识别技术风险。

评审组长一般应由经验丰富的同行专家担任，评审组成员由具备资格的有关方面专家担任，应广泛邀请其他领域、其他发动机、其他单位的相关专家参加，必要时邀请顾客代表（用户）参与。对于确定的评审组组长和成员名单要经过评审组织方的相关审查或把关，确保评审组成员组成符合要求，能力满足评审要求等。

5.11.1 产品保证评审

液体火箭发动机的产品保证评审是指产品保证相关文件评审，主要包括产品保证大纲、产品保证计划、产品保证要求、过程实施类文件、产品保证总结等，还包括技术风险分析与控制方案及技术总结报告等。

产品保证大纲评审主要内容包括技术风险分析及控制措施策划情况，可靠性、测试性、环境适应性保证等产品保证要素的策划情况，生产试验阶段产品保证的针对性、有效性，符合各级质量体系要求或标准规范情况等。产品保证计划评审主要内容包括与研制技术流程、产品保证大纲等内容的协调性，计划内容与型号产品研制实际情况的针对性、符合性和可操作性等。产品保证要求评审主要包括是否结合产品特点和研制特点提出具体要求，内容的完整性、正确性和有效性情况，要求承制方执行的标准是否可以获得。

技术风险分析与控制（方案及总结评价报告）的评审主要是对形成的技术风险项目清单和技术风险项目控制检查表内容进行专家确认，重点包括技术风险识别的全面性，控制措施的合理性与有效性（措施是否落实到研制生产的各个环节），措施验证的覆盖性和充分性（包括计算、分析、试验等的验证），技术风险等级的正确性（高风险项目、中风险项目、低风险项目），是否为可接受风险，是否得到转移、降低或消除。

5.11.2 设计评审

发动机设计评审是指为保证产品设计质量，根据研制合同、设计任务书和有关标准、规范及法规要求，评价设计结果达到规定目标的能力，进行综合的、有系统的审查。设计评审工作一般实行研究院、所/厂两级管理，研究院级评审一般包括整机级（如型号总体设计输入、型号研制大纲、整机设计方案等）、重要单机（组件）、重大试验（如整机力学环境试验、整机热试车等）；所/厂级评审一般包括单机级（组件）、组件级试验。评审项目主要包括：

1）技术条件/技术任务书/设计规范/技术要求评审；

2）设计报告/技术状态基线报告评审；

3）关键特性、重要特性；

4）流程（技术流程、总装流程等）评审；

5）大纲（测试、试验大纲，产品验收大纲等）评审；

6）接口文件评审；

7）程序/准则评审；

8）故障预案与对策评审；

9）研制转阶段评审。

5.11.3　工艺评审

工艺评审应对工艺设计的正确性、先进性、经济性、可行性、可检验性进行分析、审查和评议。工艺评审工作同样一般实行研究院、所/厂两级管理，研究院级评审主要包括重大工程型号研制工艺总方案、整机转阶段工艺总结、重大工艺攻关方案等，其他一般为所/厂级评审。工艺评审项目一般包括：

1）工艺总方案；

2）大型复杂工装及非标准设备设计方案；

3）关键件、重要件、关键工序工艺文件；

4）特殊过程工艺文件；

5）禁用工艺和限用工艺应用；

6）新技术（工艺、材料、设备、环境）应用；

7）批生产过程（工艺）能力；

8）研制转阶段工艺总结；

9）工艺技术攻关、工艺改进方案、重大工艺更改、工艺鉴定。

5.11.4　生产基线评审和生产准备状态检查

发动机各级产品在生产基线编制完成后正式确定前，应由产品承研单位组织开展评审，同时应邀请质量监督代表（必要时）、产品保证经理、产品保证副经理（生产）、设计师、工艺师、产品保证工程师等参加。评审内容主要是生产基线的完整性、准确性、合理性等方面。试样及以后阶段的发动机整机或关键部组件在批生产投产前，应进行生产准备状态检查。

5.11.5　试验基线评审和试验准备状态评审

发动机整机试车和环境试验、单独交付部组件产品等专门建立试验基线的应在正式确定前，由试验任务承担单位组织评审，同时应邀请质量监督代表（必要时）、产品保证经理、产品保证副经理（试验）、设计师、产品保证工程师等参加。评审内容主要是试验基线的完整性、准确性、合理性等方面。发动机试验单位应在发动机首次试验、重大试验和发生重要状态更改的试验前开展试验准备评审。

5.11.6 试验数据评审

发动机研制试车、鉴定试车、验收试车或参加型号总体动力系统联合试车等大型试验后，领域办/项目办一般应组织对试验结果数据进行判读和确认，形成试验总结报告，并组织评审。各级产品承研单位对产品各阶段的试验数据进行判读和确认，并将各阶段的试验数据和试验项目形成矩阵表，分析设计关键特性数据的趋势，作为产品研制总结的内容之一，并组织评审。

5.11.7 技术状态更改评审

技术状态更改经过充分论证、各方认可、试验验证等工作后，应提交相应层级的技术状态控制委员会进行评审。针对Ⅰ类技术状态更改和状态鉴定（或运载火箭首飞、航天器正样）后的Ⅱ类技术状态更改，应按照技术状态更改“分类准确、论证充分、试验验证、各方认可、审批完备、落实到位”六项原则编制技术状态更改论证报告，提交相应层级的技术状态控制委员会评审。发动机产品技术状态更改评审一般包括以下内容：

1）发动机产品更改类别是否正确；

2）发动机产品更改必要性、更改理由的描述是否清楚、充分；

3）发动机产品更改方案是否正确；

4）发动机产品更改方案所选择的技术途径是否可行；

5）发动机产品更改方案是否满足可靠性、安全性、保障性、维修性技术指标要求；

6）发动机产品更改论证相关验证试验是否全面、充分、有效；

7）发动机产品更改对其他相关联产品和已交付产品带来的影响是否清楚；

8）发动机产品实施更改方案的风险分析及费效分析结果；

9）发动机产品更改对在制品和已制品的影响分析等。

5.11.8 产品质量评审

产品质量评审是在发动机产品检验合格之后、交付之前，对产品的质量及其质量保证工作所做的全面与系统的审查。发动机各级产品质量评审应按照型号总体或用户和单位相关要求执行，并在产品质量评审通过后形成产品质量证明书。发动机整机的质量评审一般由领域办/项目办组织，各级产品的质量评审由承研单位的相关部门组织。质量评审的要求一般包括以下内容：

1）产品的性能、可靠性、维修性、安全性和保障性符合情况；

2）产品性能的一致性和稳定性；

3）产品技术状态控制情况；

4）偏离、超差（含原材料、元器件）的控制情况；

5）关键项目、关键过程、特殊过程控制情况；

6）缺陷、故障的分析、处理及质量问题归零情况；

7）外包产品质量控制情况；

8）新工艺、新技术、新设备及技术攻关成果的应用情况；

9）设计评审、工艺评审及首件鉴定遗留问题的处理情况；

10）产品质量证明文件和质量记录的完整性。

5.11.9　质量问题归零评审

质量问题归零是在航天工程的实践中总结经验后形成的具有中国航天特色的质量问题闭环管理方法。液体火箭发动机各级产品的质量问题归零应严格按要求开展。技术归零按照“定位准确、机理清楚、问题复现、措施有效、举一反三”的要求进行归零。管理归零按照“过程清楚、责任明确、措施落实、严肃处理、完善规章”的要求进行归零，并定期汇总和清理质量问题归零情况，监督归零措施的全层级落实。

发动机各级产品的技术归零和管理归零一般实行研究院、所/厂两级评审。技术归零评审主要内容是液体火箭发动机产品质量问题定位是否准确，是否具有唯一性，产品问题的机理是否明确，是否含有不确定因素，纠正措施是否经过验证，并已落实到产品设计、工艺和检验等文件汇总中。管理归零评审主要内容是液体火箭发动机产品质量问题的原因和性质、责任人是否明确，是否对相关规章制度或标准进行了完善。

5.12　对外包的要求与控制

5.12.1　外包供方选择

液体火箭发动机的产品外包实行合格供应商名录管理，外包委托单位应按“谁外包，谁负责”的原则建立合格供应商名录并严格供应商的准入和选择管理，外包供方的准入评定应履行审批手续。选择“合格供应商名录”外的外包供方时，应按要求对新选择的外包供方从基本条件、质量管理体系改进能力、过程质量控制能力、质量基础能力等方面进行产品保证能力的认定，并按照级别履行审批手续。

发动机各级产品的委托单位需建立供应商“黑名单”管理机制，针对交付用户后出现批次质量问题经整改后年度内再次发生同类批次质量问题的、连续三年无合作或列入上级机关黑名单的，以及重新被认定为不合格的供应商等，应取消其合格供应商资格。针对受型号技术状态管理限制，无法直接剔除合格供应商名录，按照“三限”原则（限原选用单位、限原使用型号、限已选用品种规格），建立限用供应商名录，并同步用开展产品替代研制的方式逐步从合格供应商名录内剔除。

原则上外包产品初样、试样应在同一供方进行，以保证产品质量的稳定性。试样阶段以后更换或新增供方的产品，应重新开展产品的试制、鉴定和基线变更审批等工作。严格控制外包供方的二次外包，确需二次外包的，供方应向二次外包方传递产品的技术要求、产品保证要求及其他管理要求。外包供方不得将外包产品整体转包，特别是关键、重要配套产品原则上不得再次外包，确需外包的应履行审批手续，并征得委托方和用户的同意。

承研单位应组织外包供方开展其外包产品的梳理、分析、确认，做到“配套关系清楚、责任关系清楚、执行规范清楚”，将相关要求逐级传递到全级次供应商，监督相关要求在“全领域、全级次、全过程、全要素”的范围内得到覆盖和执行。自方案阶段起，承研单位就应梳理各级产品外包情况，形成全级次供应商配套情况表，并定期进行更新，实行动态管理。

5.12.2 外包供方审核与监督

液体火箭发动机各级产品的外包委托单位原则上每年应按要求对外包供方开展产品保证能力审核，对于外包供方组织结构发生重大变化等情况，及时开展产品保证能力审核工作。外包委托单位应对问题多发供方进行现场监督检查、约谈整改和技术交流，并通过驻厂支援和现场辅导，加强质量要求培训，对关键环节实施监控与确认等工作，对多发问题实施“诊断”，对薄弱环节进行指导并帮助其改善，帮助供方提升产品质量。

外包委托单位应对外包产品研制进度进行监控，及时协调处理进度问题，并负责组织对外包产品实现过程和产品交付验收过程进行控制并监督落实技术协议、产品保证要求。必要时组织对关键、重要的生产环节进行下厂监制。对于关键项目和关重件涉及的外包产品，以及质量不稳定、合格率低等外包产品，外包委托单位应组织设计人员、产品保证人员等定期到外包供方生产现场进行监督和交流，必要时邀请发动机领域/产品两总参加。外包委托方可采取对供方的骨干操作人员、检验人员和质量管理人员采用交流学习、视频会议、现场指导等方式进行培训，提升供方对产品生产过程的质量保证能力。

5.12.3 外包产品保证要求的提出和传递

液体火箭发动机各级产品的外包委托单位应根据外包产品的外包类型、等级及产品特点制定通用或专用的产品保证要求，重要外包产品的产品保证要求应经过评审，由产品保证副经理或产品保证经理批准，外包产品保证要求应作为外包任务合同或技术协议中的必备条款传递到外包供方，并要求其逐条确认，监督和支持外包供方开展产品保证工作。关键项目、关重件的产品保证要求应由产品保证经理批准，关键工序的产品保证要求应由产品保证副经理批准；必要时，生产、试验单位的外包产品保证要求应提交设计单位会签。选择外包供方后，应以签订合同的方式进行确定，并将外包产品保证要求纳入合同附件中进行管理。

外包供方需明确产品保证负责人和相应产品保证人员，对产品保证要求逐条进行确认，在此基础上对要求进行分解，根据需要编制产品保证大纲、产品保证计划，并纳入本单位科研生产计划进行管理，确保产品保证要求得到有效落实。

发动机外包委托单位应对其直接配套和次级配套的外包供方进行管控，结合产品验收、工艺纪律检查、质量监督审核、专项审核等方式，对各项要求落实情况进行检查，保证相关要求切实执行到位。而且应将供方拟用于液体火箭发动机产品的新技术纳入产品保证的技术状态管控范围，支持供方新技术、新产品、新工艺、新器材等方面的技术研究与创新，紧密跟踪其质量控制情况并及时确认，在鼓励产品设计和生产质量改进的同时严格控制技术状态变化风险。

5.12.4　外包供方技术文件控制

外包委托单位提供给外包供方的技术文件，包括外包产品保证要求、产品技术要求、设计图样、验收大纲（或细则）等，必须经过签署、批准，并需经双方相关人员会签确认，同时应符合保密规定。

外包供方应建立和健全与液体火箭发动机的产品保证要求相适应的、能够有效保证产品质量、支持产品实现过程的产品保证标准和规范，应将外包委托单位明确要求形成的产品保证大纲、产品保证计划等报外包委托单位审查确认。将Ⅰ类和Ⅱ类技术状态更改、目录外元器件、目录外原材料、未经飞行验证的工艺等报外包委托单位批准确认；将关重件清单、三类关键特性指标、技术风险项目清单、技术状态更改汇总表、关键检验点和强制检验点清单、评审/验收计划等报外包委托单位备案。

5.12.5　外包过程质量控制

外包委托单位应梳理并形成发动机各级产品的外包产品清单，将其纳入生产基线进行管控。针对外包产品质量控制工作开展策划，并纳入各阶段产品保证工作计划中实施。外包委托单位应根据外包产品关重特性的分析结果，对外包产品提出关键检验点或强制检验点，明确检验指标、检验方法、检验记录和合格判据等要求，并通过合同等形式明确外包供方须提供的数据包项目，包括过程数据包和交付数据包的清单和内容。另外，需通过强制检验点检查、过程跟产、产品过程质量确认等形式，加强对外包产品质量过程的管控。加强对核心、重要产品的设计、工艺协同，参与并支持供方产品实现关键过程，从识别与控制风险的角度，深入供方过程管控，避免产品实现过程反复。

外包委托单位应监督外包供方建立完整的质量控制记录，实行批次管理制度，确保产品质量的可追溯性。经检验、试验合格的产品必须有合格证明或识别标志，测试和试验数据、报告、记录（含多媒体记录）齐全，及时整理归档。针对外包产品的二次外包项目开展风险识别与控制工作，对涉及关键过程和表面处理、焊接、电装、热控涂层涂覆等特殊过程的工序外协，应审查二次外协供方是否具备相应的资质和能力，并参加外包供方对二次外包项目的验收活动。外包产品验收时，必须对产品数据包的完整性、正确性、可追溯性进行检查，对不符合要求的产品应坚决拒收。针对单一供方，应实现双定点或多定点配套；针对同专业多供方，应及时剔除能力不足或者管理不善的供方。

5.13 产品数据包管理

5.13.1 产品数据包的策划

液体火箭发动机各级产品应将产品各阶段应开展的工作项目和要求，及其实现过程和实现结果的客观记录进行系统策划，建立产品数据包清单，明确发动机整机、各组件产品数据包的建立、收集和审查等工作及各级人员职责，应按照发动机层级逐级策划，逐级传递并明确产品数据包建立、健全的阶段。

在对产品生命周期各阶段要求系统梳理的基础上，将数据包策划的要求转化为所需开展的工作项目，并将工作项目系统化、规范化、表格化。在此基础上对每一个工作项目，特别是关重特性实现过程、生产阶段产品保证实施过程等提出明确、具体的数据采集要求，并明确其记录要求及形式，使每一个工作步骤都有细化、量化的要求，形成数据包模板。

产品数据包一般包含交付和备查两个部分。其中，备查数据包由承研单位留存并归档管理，项目及内容必须涵盖产品在设计、生产、制造、测试、试验、验收和交付等环节中形成的所有文件、记录、数据和影像等信息。数据包应随产品一并交付，其项目及内容应满足上一级产品承研单位的要求。

为提高数据包建立和使用的效率，承研单位最好能开展电子数据包系统建设与应用工作，推动产品采用结构化的电子数据包形式进行交付和验收。承研单位负责建设电子数据包管理系统，采集研制过程中的设计、生产、测试、试验等全过程质量数据，最终形成电子数据包。外包委托单位负责向外包供方传递电子数据包管理要求，并在验收后将其电子数据包导入本单位的电子数据包管理系统。

5.13.2 产品数据包的建立及流转

产品数据包的建立及流转应能充分地反映产品研制及生产过程中的质量控制情况及其结果。产品数据包中的每一项内容应有标识，确保具有可追溯性，数据包文档应纳入技术档案管理系统管理并按相关规定及时存档和流转。

应将确定的产品数据包清单和模板通过管理文件、设计文件、工艺文件、测试细则等分解到不同的岗位。在产品研制各阶段均应按照数据包模板内容要求记录，有量化要求的部分应记录实测数值，并保证数据包内容受控、正确、完整、可追溯。产品交付前生成的数据包文档原则上应进行归档，产品交付后在归零和返修过程中形成的信息，由产品责任单位将其补充到产品数据包中。

5.13.3 产品数据包的审查

在发动机各级产品交付验收前，各承研单位应对产品数据包进行审查，可结合质量评审、过程质量确认等活动分级组织实施。对在数据包内容进行检查和确认过程中发现产品数据包不满足相关要求的，接收单位应拒收产品。

在发动机出厂前，要对数据完整性、有效性和可追溯性做出明确结论。关键特性参数的记录要做到100%量化并进行量化分析。对于数据记录不完整的情况，必要时进行实物检查，完善数据。发动机出厂前和进场后，应对数据判读和比对情况进行复查，检查数据的一致性，对数据偏离和差异的机理进行分析，对让步使用的超差项进行影响分析和确认，对数据临界项进行变化趋势及风险分析。

5.14 产品保证信息

产品保证信息包括所有产品保证工作的情况信息，以及研制生产过程中的质量问题信息。承研单位应依据相关要求和产品保证信息报送机制，通过质量信息快报、质量问题报告单、产品保证信息报告等形式，及时传递与发动机产品保证要求有关的各种质量信息，确保产品保证信息报送的及时性、准确性和全面性。

各发动机领域要负责收集、分析和统一管理本领域各型发动机的质量问题信息，并对本领域质量问题信息报送的及时性、准确性和全面性进行监督管理。各单位车间、研究室的产品保证队伍人员应协助开展本单位的质量信息收集和报告工作。

除技术研究性试验造成的产品损坏外，其余任何原因造成的产品故障或缺陷均要作为产品质量问题进行管理，并及时上报研制过程中出现的质量问题、设计偏离、不合格、技术状态更改等情况。发动机各级产品承研单位应定期编写产品保证信息简报，按实际研制情况阐明产品保证计划执行情况，包括产品保证重要活动（评审、强制/关键检验、鉴定、验收、审核等）开展情况，可靠性、安全性设计、分析、验证工作开展情况，目录外元器件、材料及工艺控制情况，技术风险项目清单和技术风险项目控制检查表建立和动态管理/变化情况，关重项目和关重件控制措施落实情况，产品保证要求传递及外协产品保证活动情况，外协供方的质量审核情况等。

5.15 产品保证总结

发动机各级产品在转阶段、产品交付或出厂等重要节点应对产品保证工作进行阶段性总结，编制产品保证总结报告，编制各级产品的产品保证总结报告，以检查、确认、分析和评价各级产品保证大纲和计划规定的全部产品保证工作项目的落实情况。报告内容应涵盖产品保证大纲和计划规定的全部产品保证活动开展情况，原则上产品保证总结报告与产品保证计划一一对应，对产品保证工作目标达成情况、技术风险项目控制情况、关键环节及量化控制清单要求落实情况、技术状态控制情况、现场/实物检查完成情况、项目评审计划完成情况、基线固化和控制情况、过程质量确认等工作结果进行分析和评价，并作为产品交付数据包的内容。产品接收单位在产品验收时对报告中涉及的产品保证工作落实情况、客观证据及产品质量的符合性结论进行检查和确认。

发动机整机产品保证总结报告由发动机产品保证经理牵头编制，发动机产品保证副经理、发动机产品保证助理、发动机专业产品保证工程师参加编写。总结报告由发动机领域/产品总师审核、发动机领域/产品总指挥审批，由研究院科研生产管理部门组织评审。组件或单机的产品保证总结报告由相应层级产品保证工程师负责编制，由相应层级产品保证负责人审批。

5.16 标准化要求

液体火箭发动机应按照相关要求，在发动机各研制阶段实施标准化工作，并结合产品特点执行产品保证相关标准的要求，确保标准化工作能保障发动机任务成功，组织保证能力作用得到充分发挥。在方案设计时应编制发动机标准化大纲，并在各研制阶段不断迭代完善。现役产品可按批次或年度制定标准化大纲，同时应通过相关文件传递到各级产品承研单位，并针对本发动机各级各类人员开展针对性的宣贯和培训，确保相关标准化要求得到贯彻执行。标准化实施的监督检查应与发动机研制同步开展，在发动机产品研制各阶段应对选用标准、贯彻标准、标准落实的情况进行确认，同时开展标准化工作总结工作，客观反映研制过程中标准化工作的情况。

5.17 重复投产产品的工作迭代要求

对于重复投产的发动机各级产品，承研单位应对设计、生产、试验、交付、使用等产品实现全过程持续迭代开展风险识别工作，对相关要求和控制措施进行分析完善，不断迭代改进，持续提升产品成熟度。产品成熟度提升工作应结合发动机可靠性增长、薄弱环节专项治理工作、产品化工作等，围绕“老设计、老产品、老标准”升级、不可检不可测项目、长期超差项目、禁（限）用工艺、合格率低环节、结构可靠性和疲劳寿命薄弱环节等方面开展工作。

试样阶段以后的发动机各级产品，发动机领域两总应负责牵头抓总本发动机领域薄弱环节治理工作，要面向领域内各型发动机产品机制化地开展此项工作。对发动机产品梳理出的问题及改进措施逐项审查确认，强化推进措施落实和问题闭环管理。禁（限）用工艺的治理工作要逐项组织研究分析，制定替代措施和治理计划，持续开展替代工艺技术研究，杜绝禁用工艺、逐步减少限用工艺使用，同时要积极借助行业内相应专业技术支撑机构的力量替代禁、限用工艺。

第6章 质量保证

6.1 概述

质量保证作为第二个要素，与第一个要素产品保证管理同属于管理要素。发动机的质量保证工作侧重于面向具体产品提出全过程的质量控制要求，将质量管理体系文件的要求与具体产品进行结合，用以提升质量管控工作的有效性和规避相关风险。

各承研单位应结合各单位的质量管理体系，建立并实施覆盖液体火箭发动机各级产品设计和开发、验证、采购、外包、生产、试验、交付、发射、使用等全过程的质量保证程序，确保所有的质量保证要求都通过充分、具体的方法予以明确和落实，所有决定和影响产品质量的人员都经过培训和/或认证，从而保证发动机产品的质量。

质量保证要素主要包括设计和验证、发动机试验要求、采购和外包、产品标识和可追溯性、精细量化控制要求、关重件及关键工序控制、洁净度与污染控制、多余物控制、极性控制、静电防护、特殊产品控制、生产控制、试验控制、验收与交付、外场质量控制、不合格品管理、质量问题归零及举一反三、多媒体记录要求、检验控制等。另外，采购和外包、产品标识和可追溯性、文件和资料控制、记录控制、人员培训和资格认证等通用要求，主要依据各级标准和组织的质量管理体系文件执行。质量保证要素与 GJB 9001C—2017 相关条款对应情况见表 6-1 所示。

表 6-1 质量保证要素与 GJB 9001C—2017 对应条款

序号	质量保证要素		与 GJB 9001C 对应条款
1	6.1 概述		8.3.1
2	6.2 设计与验证	6.2.1 设计和开发策划	8.3.2
3		6.2.2 设计和开发输入	8.3.3
4		6.2.3 设计和开发输出	8.3.5
5	6.3 发动机试验要求		8.3.8
6	6.4 精细量化控制要求		8.5.1c)
7	6.5 关重件及关键工序控制		8.5.7
8	6.6 洁净度与污染控制		8.5.1l)
9	6.7 多余物控制		8.5.1m)
10	6.8 极性控制		8.5.1g)
11	6.9 静电防护		8.5.1l)
12	6.10 特殊产品控制		8.5.4

续表

序号	质量保证要素		与 GJB 9001C 对应条款
13	6.11 生产控制	6.11.1 人机料法环测(5M1E)	8.5.1 a) b)e) d) j)
14		6.11.2 特殊过程控制	8.5.1 f)
15		6.11.3 总装过程控制	8.5.1
16		6.11.4 生产易错难操作控制	8.5.1 g)
17		6.11.5 批次控制	8.5.2
18		6.11.6 搬运、贮存、包装、防护	8.5.4
19	6.12 试验控制		8.3.8
20	6.13 验收和交付		8.6
21	6.14 外场质量控制		8.5.5
22	6.15 不合格品管理		8.7
23	6.16 质量问题归零及举一反三		10.2.1
24	6.17 多媒体记录要求		7.5.3
25	6.18 检验控制		8.5.1 c)

质量保证要求是基础性的规范要求，适用于所有在研、在役的液体火箭发动机各级产品及其他航天产品，包括具有明确型号背景的关键技术攻关、演示验证产品。

6.2 设计和验证

6.2.1 设计和开发策划

设计和开发工作策划是将要求转换为产品、过程或体系规定的特性或规范的一组过程。发动机各级产品的设计和开发，不但包括通常意义上的硬件设计、软件开发，也包括制造过程的工艺设计和开发。设计和开发策划的输出，应明确在设计开发时做什么、谁来做、何时做、如何做等，以及需要依据的相关设计准则。目的是确保通过策划，对具体产品的设计和开发活动做出有序安排，为设计过程提出可依据性和纲领性的框架。策划质量如何，在一定程度上对后续设计质量会产生很大的影响。

设计和开发过程是发动机各级产品实现过程的关键，它将决定产品的特性（功能、性能、可靠性、安全性、维修性、保障性、测试性、环境适应性等），产品的规范（图样、技术条件、验收规范、工艺规范、材料规范等），为产品实现的其他活动和过程（如采购、外包、生产、监视和测量等）提供依据。

液体火箭发动机的系统结构复杂、工作环境严酷、产品定制化程度高、专业覆盖面广，其设计和开发的技术难度大。在研制过程中，因前期考虑不周而造成的方案反复、设计更改、薄弱环节治理等现象，屡见不鲜。究其原因，大部分是因为设计和开发策划不完善而引起的。

发动机设计和开发的策划，应重点确定以下内容：

1）根据发动机研制程序、各级产品的复杂程度及所采用的技术成熟程度，确定设计和开发的阶段划分，如方案、初样、试样、定型等；

2）确定适用于每个设计和开发阶段的评审、验证和确认/鉴定活动，如评审的项目、需要开展的设计分析项目、仿真项目以及试验矩阵等；

3）明确设计和开发过程涉及的职责与权限，包括参与设计和开发的单位、部门、人员、外部供方之间的职责、权限、接口关系，以及控制要求；明确发动机项目参与人员相互之间的组织接口和技术接口控制要求及沟通方式，确保型号总体、发动机、各级产品设计意图贯穿一致；

4）设计、工艺、产品保证、生产和服务等专业人员共同参与设计和开发活动；

5）在设计和开发过程中，均需通过与型号总体和顾客（用户）协商和沟通，明确其参与的活动项目、时机、方式，包括参与设计和开发评审、验证、确认等工作，参与监督和评价活动；

6）明确对参与设计和开发的外包供方质量控制方式和措施，包括下发技术要求和产品保证要求，参与审查设计方案，审查产品保证大纲、计划和要求，对产品研制生产过程实施监造等。

设计和开发策划时，还应确保：

1）在编制产品设计和开发计划过程中，需要时应对产品改进做出安排；

2）实施技术状态管理相关标准和要求，制定技术状态管理计划，编制技术文件清单，落实管理要求和措施；

3）根据产品特点开展技术风险识别、分析与控制工作，对设计和开发中采用的“九新”等进行分析，识别影响和制约产品设计和开发的关键因素和薄弱环节，并制定相应的控制措施，必要时，须进行论证、试验和鉴定；

4）实施产品标准化要求，确定在设计和开发过程中使用的标准和规范，明确标准件、元器件、材料的选用范围要求；

5）开展产品化工作，优先选用型谱中成熟度高的产品；

6）运用优化设计和可靠性、维修性、保障性、测试性、安全性、环境适应性（抗力学环境、强度、疲劳、热）、降额、电磁兼容、静电防护等专业技术，落实产品保证的各项要素后进行设计和开发，并明确设计确认要求；

7）按照 GJB 190 相关要求，开展产品特性分析工作，结合故障模式与影响分析（FMEA）、故障树分析（FTA）等，确定关键特性（关键件）和重要特性（重要件），形成清单并制定控制措施；识别和确定设计关键特性、工艺关键特性和过程关键特性等三类关键特性，建立三类关键特性表，明确量化的控制要求，对生产和服务提供的关键过程、重要环节进行重点控制；

8）在策划中要考虑产品设计的可制造性、可检测性等，以确保设计和开发的产品质量、进度、经济等符合要求；

9）开展测试覆盖性分析工作，确定研制和生产过程中的各类不可检、不可测项目，并制定相应的控制措施；

10）对标准件、元器件、原材料等外购件的选用、采购、监制、验收、筛选、复验以及失效分析等活动进行策划，明确质量控制要求；

11）实施软件产品工程化管理，对需求分析、设计、实现、测试、验收、交付和使用的全过程进行策划，落实需求管理、策划与跟踪、文档编制、测试、质量保证、配置管理等工作；

12）确定产品交付时需配置的保障资源，并随产品的设计和开发同时进行；

13）对采用数字化设计、制造的产品，确定信息传递、数据转换、技术状态等过程控制要求；

14）应将策划结果形成适当的输出文件，包括研制策划、研制技术流程、试验验证矩阵、设计和开发计划、技术文件清单、产品数据包清单等；

15）随着设计和开发的进展，适时地对策划的输出文件予以更新。

6.2.2 设计和开发输入

对设计和开发输入的分析和确认，是策划过程中同步开展的一项重要工作。发动机各级产品开发单位对上一层级产品或分系统提出的所有输入文件开展分析，特别是发动机与型号总体确认的飞行任务剖面，以及全寿命周期使用条件，分析设计输入的全面性、正确性和有效性。航天型号任务的顶层设计准则和规范文件、型号总体对发动机及发动机对各级产品的设计要求、产品保证要求等文件，应一并作为设计输入。

6.2.3 设计和开发输出

设计和开发策划的输出文件是后续研制过程的重要依据，在 QJ 1714《航天产品设计文件管理制度》等要求的基础上，发动机还应以风险管控为核心，开展以下分析工作：

1）明确发动机各级产品 FMEA 分析的约定层次，形成清单并制定控制措施；

2）处在不同研制阶段的发动机，均应开展技术、产品、操作、管理等维度的风险分析和识别，确定风险项目、风险等级，制定针对性的控制措施，形成风险分析报告或风险管控清单；

3）开展测试覆盖性分析，形成测试覆盖性分析报告，确定可测试项目和各类不可测试项目，形成不可测试项目清单，明确测试时机、方法等控制措施；

4）开展设计验证分析，确定发动机各级产品的试验矩阵及相关要求。

6.3 发动机试验要求

近十多年来，我国液体火箭发动机在试车、飞行过程中暴露出来的试验验证不充分问题占比突出，发现问题时机滞后，究其原因：一是发动机各级产品的前期可靠性设计、验证准则不够完善，对照飞行任务剖面的产品力热环境适应性分析、验证、评估要求不量化，可靠性工作开展不深入，难以在研制过程中保证各层级产品可靠性设计的完整性、正确性及考核验证的充分性；二是可靠性设计验证基础设施能力和资源投入不足，试验验证基础设施能力、资源投入、研制周期等条件与试验项目、内容、子样、验证条件等覆盖性需求差距较大，特别是推力室、涡轮泵、阀门等组件产品研制试验开展不充分、鉴定试验不够充分、对发动机整机热试车依赖性较强。

针对液体火箭发动机整机及其重要组件，有必要分别研究产品试验验证项目的充分性和有效性，提出研制、鉴定和验收有关的试验和评估的最低要求，为液体火箭发动机研制过程的试验计划和结构分析提供依据和指导。对于试验能力和资源投入不足导致暂时无法开展的试验项目，应以技术风险识别和控制的管理方法，在发动机研制过程中充分考虑对策。

对发动机提出试验要求应以“像飞行一样试验，像试验一样飞行”的原则，建立发动机整机、核心重要组件乃至各层级产品的试验矩阵。建立试验矩阵的目的，是根据全任务剖面工作条件及环境，结合发动机研制的复杂程度和技术难度，在充分仿真分析的基础上，合理确定试验项目、试验条件和试验方法，保证试验验证项目的充分性、有效性和覆盖性。

试验矩阵表中应明确发动机整机和各级产品的试验考核项目，以试验类别（研制试验、鉴定试验、验收试验）、验证项目（功能/性能项目、六性验证项目等）、试验层级（整机或分系统、组件、零部件等）、试验策划时机（方案阶段、初样阶段、试样阶段、首飞前、批生产）、明确验证发动机各级产品的最小试验子样数量和最低试验要求。依据试验矩阵，结合发动机研制策划，合理安排在方案阶段、初样阶段和试样阶段开展的试验活动。设计师系统编制试验任务书（批产后可考虑形成试验技术条件），试验承担单位编制试验大纲，共同明确试验目的、内容、条件、方法、程序、职责、受试产品技术状态、质量要求、结果评定准则等。

6.3.1　各级产品试验

在发动机整机试验前，充分策划发动机核心组件和重要组件的试验方案，如涡轮泵、燃烧装置、阀门、电器以及总装件等产品的独立试验考核。并充分运用仿真手段，采取虚实结合的验证方式，尽量覆盖整机工作状态，以降低整机级试验的风险。对确实不能独立进行真实或拉偏工况考核和环境试验的核心、重要组件，建立搭载发动机整机试验和型号首飞验证的方法与评价准则，确保试验验证充分有效。发动机核心、重要组件的试验矩阵示例见表 6－2 所示。

表 6-2　发动机核心、重要组件试验矩阵表

试验层级	产品名称	试验项目				试验目的	验证项目						试验类别及样本量（全样或填写最小样本量）						试验进行时机			
							功能/性能	可靠性	环境适应性	测试性	安全性	…	研制试验及样本量		鉴定试验及样本量		验收试验及样本量		方案	初样	试样	首飞前
		试验名称	工况	环境	试验时间								研制试验	样本量	鉴定试验	样本量	验收试验	样本量				
零部件																						
组件																						
整机																						

6.3.2 整机试验

发动机整机试验要求包括性能试验、功能特征、结构试验、压力和泄漏检查、环境、寿命、控制系统、使用、工艺控制和特定要求等，重点强调发动机整机试验的必要性、重要性和不可替代性。

整机试验要求如下：

1）整机试验类型分为研制试验、鉴定试验和验收试验三类，对各类试验的目的、条件、要求和各阶段完成的试验项目进行规定；

2）性能试验包括推力、流量、混合比、压力等静态参数的要求，以及对一致性、运行趋势、分析模型的修订、性能拉偏和裕度验证及一些重要的发动机性能表征，包括点火性能、涡轮泵性能、燃烧组件性能等验证；

3）针对表征结构承载能力的静力试验、表征承压能力和密封性的压力试验和检漏试验提出试验要求；

4）在环境适性方面针对热环境、自然环境、动态力学环境、接口载荷环境和电磁兼容环境提出试验要求，并结合鉴定试验和验收试验，开展环境试验验证；

5）针对寿命试验方面，需要在多台发动机上展示每种工作条件下的使用寿命；对发动机的使用寿命和耐久性要求在预期的工作条件下应具有适当的裕度；对寿命裕度试验的条件、样本数、试验时间等提出要求，特别针对出现疲劳损伤的发动机样本进行额外的试车考验，以确认发动机的耐久性；对特定的组件（如推力室、喷管）提出耐久性试验要求，并对起动次数提出验证要求；

6）针对发动机自带的控制系统，作为发动机整机的组成部分，提出具体的试验要求；

7）在整机试验时，需要对发动机的检查、操作、外部条件的控制、准备流程、飞行时序、重复使用等进行演示验证。

为充分验证发动机与总体的接口匹配关系和工作状态，承研单位也可以联合型号总体单位，策划系统级试验，如发动机多级并联试验、与总体联合的动力系统试验、火箭合练等，验证系统之间的匹配关系、真实箭体状态下使用维护流程等，发动机整机试验矩阵表格式可参考表 6-2。

6.3.3 研制试验

研制试验的目的是通过“试验-分析-改进”过程，消除产品的设计缺陷，确定产品实现工艺方法，充分验证产品设计和工艺方案的正确性，完善设计模型，验证工作包络线之外的裕度，暴露新故障模式，提高产品的固有可靠性。研制试验应满足以下要求：

1）试验项目覆盖产品功能、性能、裕度、寿命等各项设计要求，覆盖产品飞行试验所有工作状态（包括正常工作状态、故障工作状态、极限工作状态）和工作模式（含各项正常工作模式和安全工作模式）的设计验证要求；

2）试验工况覆盖产品动态特性和静态特性验证要求，包括实际使用中可能出现的最恶劣工况条件，但研制试验的条件应该是合理、可接受的；

3）试验系统搭建模拟产品的接口、负载等真实状态；

4）试验条件覆盖所有经历的力、热、磁，地面、发射、空间运行、返回等工作环境，选择的环境力能有效地暴露产品设计缺陷、诱发故障，薄弱环节；

5）试验方法的选择能充分摸清产品功能、性能、裕度等特性；

6）研制试验在鉴定试验前完成，试验项目不少于鉴定试验项目，试验量级不小于鉴定试验量级；当同一组件级产品用于不同发动机时，按发动机要求的最大包络进行试验。

6.3.4 鉴定试验

鉴定试验一般在研制阶段后期进行，以保证用于鉴定试验的发动机状态与飞行状态一致，以及鉴定试验的成功率。根据型号安排的发动机可靠性增长试验可被认为是鉴定试验的补充。鉴定试验满足以下要求：

1）鉴定试验要求使用飞行状态产品进行试验验证，用来证明已达到飞行要求；根据试验项目的不同，也可采用一定的研制产品用于鉴定试验，但要保证其与飞行状态的差异不影响鉴定项目的验证；

2）根据试验需要，鉴定产品允许存在一定的对产品性能无影响的状态变化（如增加仪器以记录用于工程评估的功能参数）；

3）供管路的状态尽可能地与飞行状态相同，尤其是在集成的推进系统级别试验中；

4）鉴定试验条件包括实际使用中可能出现的最恶劣工况条件和工作寿命裕度、推力裕度、混合比裕度等；

5）确定鉴定试验验证对技术要求的满足情况，特别是尚未验证过的技术、裕度和产品的健壮性；

6）鉴定试验全面验证策划的验收程序、过程力筛选及因故障和返工导致的再次试验环境力，预期工况范围内发动机技术要求、与总体接口要求的符合性；

7）鉴定试验从验收试验顺序开始，以确认将用于生产的试验技术、过程、流程、设备、仪表和软件，以及潜在的允许返工和重复试验周期；

8）鉴定试验确认（研制试验已完成时除外）试验后使用的检验程序和阶段性检查的节点，包括但不限于对损伤进行目视检验，对装配件和间隙进行目视检验，对燃烧室和喷管进行检查，确认是否存在异常的高温点或腐蚀，并对燃烧室裂纹和泄漏进行评估；

9）确定的检查在验收试验、使用寿命试验、混合比试验和推力及混合比裕度验证试验后进行，并对发动机的状况与其试验情况进行关联分析；

10）鉴定产品完成全部鉴定试验和相关的功能/性能、精度、漏率、质量特性等检测后（例如单台发动机的所有鉴定试验），进行详细的分解和检查，分解到零件级。

6.3.5 验收试验

发动机工艺验收试车、热标试车、校准试车、抽检试车等均属于验收试验，其目的是对发动机的推力、混合比和流量（用于计算混合比）等性能参数进行校准和测量，同时对规定的关键工作条件、接口条件和其他要求进行验证，也是检验工艺状态的稳定性，以便在飞行前发现与零件、工艺、材料、加工等相关的缺陷导致的突发故障。验收试验满足以下要求：

1）对每台发动机都要进行验收试验，包括热试车，以验证性能状况和预定的校准目标；

2）部分类型的发动机允许采用批抽检的方式进行，发动机抽检试车产品状态须覆盖飞行产品设计、工艺技术状态；

3）验收试车包括试车前和试车后检查，其结果与热试车数据一起使用，以验证产品的退化速度，不能超过在鉴定过程中所经历和接受的速度。

4）涡轮泵、燃烧装置、阀门、电器以及总装件等核心、重要组件产品，依据相关标准规范开展验收试验。

6.4 精细量化控制要求

对发动机研制全过程所有执行的设计文件、生产和试验工艺文件等产品实现依据性文件，实施精细量化控制工作，是消除非技术因素风险的重要手段之一。结合发动机研制转阶段、批生产总结、建立生产、试验基线之前等时机，组织专项的精细量化检查，不断审视设计文件（图样、技术条件等）、工艺文件及过程记录文件，是否可按照“四可”（可操作、可检查、可量化、可重复），实现“三不同”（不同时间、不同地点、不同人员可以重复），以达到“文需一致”“文文一致”和“文实一致”的目的，具体实施要求及实践详见本书第 21 章。

产品承研单位应对下一级配套产品或工序提出量化的验收要求，并对其量化控制的充分性和科学性进行检查、确认，重点关注产品风险项目、质量波动和急需成功复制的项目、不可检不可测项目、测试覆盖性不充分项目。

在精细量化控制工作过程中，设计人员、工艺人员应将型号总体或用户、上级单位及本单位最新的相关规章制度、标准规范等要求全面落实到相关的文件中。设计人员、工艺人员应充分征集操作和检验等人员关于提升产品质量稳定性的意见和建议，优化和完善设计文件，将经过验证的操作方法和经验固化到工艺文件中。利用定期或不定期自查、专题检查等方式，充分识别各类文件存在的不符合量化控制要求的环节，持续对标改进和完善各类文件。

特别是研制生产过程中经过验证与考核但仍以临时性表单形式存在的，以及经过充分风险分析的长期稳定存在的偏离单、超差单、代料单等，应按照技术状态控制相关要求及时固化、落实到正式文件中。

6.5 关重件及关键工序控制

发动机设计单位应开展产品特性分类分析，明确关键件和重要件质量控制要求。生产单位确定关键工序及质量控制程序，并在产品制造、装配、总装和试验过程中落实。关重件、关键工序过程控制应从人员上岗、设备使用、材料和外购、外协件复验和筛选、工艺文件、工作环境等方面严格控制。

6.5.1 设计过程控制

在产品设计时，对关键件和重要件产品的关键特性、重要特性进行分析，在产品设计图样和设计文件上对关键件、重要件进行标识；设计部门编制关键件（特性）、重要件（特性）明细表，并经工艺、质量部门会签。设计评审时，同时对关键件、重要件明细表进行评审。

6.5.2 生产过程控制

工艺人员根据设计文件确定的关键件、重要件清单及质量控制要求，在工艺文件、测试或专项试验操作文件中明确具体的质量控制措施。根据关键件（特性）、重要件（特性）及生产工艺的实际情况确定关键工序，编制关键工序明细表。关键工序实行三定（定人员、定设备、定工艺方法），对影响产品质量的人员、设备、器材、方法和环境提出明确的控制要求。三定具体要求如下：

1）人员具有上岗合格资质证明，操作者和检验者保持稳定，必要时实行双岗制；

2）设备控制方面应明确设备型号、规格和精度，工艺装备方面应明确产品型号、工装图号、鉴定类别等；

3）工艺方法控制方面应明确工艺流程，规定工艺参数、检验方法及加工注意事项，复杂零件应有工艺实施简图，必要时开展工艺验证试验；对于关键特性和重要特性实施100％检验，并记录实测数据。

在实施前应开展关键工序工艺文件评审，关键工序的工艺控制措施和可检验性为评审时的重要内容。关键工序实施前，生产单位需对人员、设备、环境条件和文件进行检查，确认符合要求。

关键件和重要件应编制随产品周转的加工、检验记录单或跟踪卡，加工过程严格按工艺文件进行，操作人员和检验人员认真填写记录表格并签字或盖章。加工、检验记录单或跟踪卡作为过程质量记录进行保存、归档。

对关键件、重要件各项控制措施实施结果和相关数据应有记录，有量值要求的指标、参数等记录实测值，并具有可追溯性；对不能用文字和数值记录的关键控制过程，采用照相、录像等措施进行记载。

关键件、关重件或关键工序需要到外单位协作时，任务协出单位应提出产品保证要求，制定相关的外协质量控制措施（含交付的过程记录及客观凭证），必要时可考虑纳入合同管理。对关键工序实施现场监控，严格按合同规定的技术、质量条款进行验收，检查有关质量记录和客观凭证。

6.6　洁净度与污染控制

洁净度与污染物控制是多余物防控的主要工作之一，生产和装配环境、产品表面、试验和工作介质等的洁净度不满足要求时有可能导致多余物问题发生，影响产品的工作可靠性。因此，设计单位应在图样、规范等文件中注明产品的洁净度等级、污染控制要求。生产单位制定并执行洁净度与污染物控制程序，在产品设计、制造、装配、总装、测试、检验和试验、贮存、包装和搬运等过程中，对洁净度和污染源进行预防和控制。

对洁净度、温度、湿度敏感度高，污染后会影响发动机或组件可靠工作的产品，如发动机表面张力贮箱、空间用的各种零部件及发动机生产装配过程，在生产过程中应针对环境洁净度、温度、湿度及试验介质洁净度等方面，采取相应的预防和控制措施，确保生产厂房、试验设备、介质等环境条件符合设计要求，并做好定期监测工作。

在发动机装配厂房进出通道应设置风淋间。装配过程中发动机产品经历锯切、打磨等易产生粉尘的工序应在专门的锉修间进行。在对发动机零部件和组件产品进行表面处理、热处理、电子束焊接前，需保证产品表面、喷涂环境、热处理炉膛内气氛、电子束真空室等满足洁净度要求，防止因表面处理前产品表面不洁净导致阳极化膜层、镀覆层、涂层不完整、夹杂多余物、疏松或鼓包脱落，热处理前产品不洁净或炉膛污染导致热处理后表面质量存在色差或污染物，电子束焊前产品表面不洁净、真空室污染或湿度不满足要求将导致焊缝表面氧化或污染、气孔超标等问题。

在发动机产品装配前应对螺纹连接部位试装、零部件和组件进行清洗检查，对待焊部位焊接前进行打磨清洗、激光清洗或除油酸洗以避免焊接气孔等问题产生；在产品进行液、气压试验时应对试验台管路出口设置精度等级符合要求的过滤器，使试验介质洁净度满足要求，防止污染产品；在发动机产品周转、贮存、运输环节也要做好防护，确保环境条件满足要求。

6.7　多余物控制

多余物是影响液体火箭发动机可靠工作的最大质量隐患，其所导致的堵、磨、卡、漏等问题，轻则导致性能下降、部分功能失效、紧急关机或发射延误，重则将导致液体火箭发动机完全失效，进而导致弹、箭、星、船、器等不能正常工作，载荷不能送入预定轨道，甚至造成飞行任务失败或星箭俱毁等。因多余物而造成的灾难性航天事故在国内外航天史上多不胜举。

多余物的产生因素众多，来源广泛，种类繁多，形式多样，大小不一。部分多余物出现的伴有偶然性和随机性，从某种意义上讲，无法绝对保证清除干净。因此，多余物预防和控制，一直是液体火箭发动机研制生产中极其重要的质量工作之一。

结合发动机产品全寿命周期流程，设计单位应从产品设计源头分析产品对多余物的敏感性和健壮性，以预防为主、源头控制、防检结合的原则，开展全过程、全要素的多余物预防和控制。结合液体火箭发动机涡轮泵、燃烧装置、阀门、气瓶、贮箱、发动机总装、机械产品相交孔以及电子产品的结构特点和生产制造流程，从各因素入手，认真剖析实现发动机产品的各环节，制定经济有效的防控和检查确认措施，将多余物的预防与控制工作贯穿于发动机各级产品的产品设计、工艺设计、生产、装配、试验、周转、贮存、运输、预包装加注、交付及使用维护等全过程，落实好“防、控、检、除、记”要求。

针对易产生多余物的各类产品实现过程，设计单位和生产单位在设计图样、产品规范、工艺规程等文件中规定多余物的控制要求、控制措施和检查确认环节。对于关键部位的多余物检查确认采取多种确认手段，比如液流试验、内窥镜检查以及多媒体拍照记录等。特别是，针对精密零件微细相交孔部位、密封装配部位、电子产品高密度焊点区域等多余物敏感环节，明确防控措施和检验要求，设置关键检验点。

试验单位应按照 QJ 3062《液体火箭发动机试验系统清洁度和多余物控制要求》等规定，明确试验系统多余物的控制要求，在试验阶段各个环节对多余物进行预防和控制，对发动机气液管路的机械接口、电气接口对接等环节，明确防控措施和检验要求，设置关键检验点。

6.8 极性控制

极性是指产品特定的安装方向、连接对应关系，介质流向关系等。液体火箭发动机极性控制包括喷管极性、电缆极性、火工品极性、液体流动方向性，以及其他产品安装位置、方向、角度、刻线等。

产品安装极性是否正确，对液体火箭发动机可靠、正确地工作有着极其重要的作用，如气蚀管、节流圈等有介质流动方向的产品装反，有可能导致截流功能错误，因流量不足或异常导致发动机不能正常工作；若姿轨控发动机电缆分支连接对应关系错误或推力室极性错误，将导致实际调姿方向与控制系统输出指令偏离或相反的情况，这样一来，箭体、导弹或航天器将偏离预定轨道，甚至自毁；若氧化剂和燃料路导管安装错误，有可能导致推进剂充填错误，导致推力室不能正常工作。因此，产品极性检查确认对液体火箭发动机可靠、正确地工作极为重要。

发动机产品极性控制及检查，应以预防为主，从设计源头，采用非对称、非等距等极性防差错结构，在产品表面标识介质流动方向，有不同介质流通的产品应采用不同颜色或标记明示等，过程检验确认内容应完整全面、不应出现缺项与漏项。极性检查方法应具有可操作性，优先采用常见的直接测量方法进行极性检查确认，亦可采用自动化和数字化方法辅助开展极性检查工作，如双岗逐路确认、单通道动作、电磁吸附法、吹气法、仪器检测等，不能仅依靠人员采用“手、摸、耳、听”方法进行极性结果确认。极性检查时可考虑设置强制检验点。各级产品验收和评审时，应将产品极性的测试检查或结果的正确性作为验收项目。

对发动机产品极性要求较复杂的项目，应分阶段完成极性检查工作，有极性安装方向要求的产品应有明显极性标识，完成一项确认一项。至少包括以下环节：

1）产品装配前；

2）产品最终状态确定后；

3）专项测试和发动机试车前；

4）产品实物验收时。

发动机在参加总体试验、测试过程中可考虑编制专用的极性测试细则，通过现场检测、数据判读等方式对极性项目进行验证和确认，测试要满足安全性、全面性、时效性、记录完整性。产品状态变化后，分析状态变化带来的影响，对影响涉及的产品极性进行复测，如设备的拆装、电缆的插拔等。

6.9　静电防护

液体火箭发动机中的电子产品主要有电缆、传感器、变换器、电点火器、控制驱动器等。静电放电会形成强烈的电磁脉冲，可以进入电子设备或通过机箱孔隙、连接导线等耦合进入设备的敏感电路，引起敏感器件的损坏、翻转，造成直接干扰和损伤，还可能形成潜在的危害。因此静电防护工作对于电子产品来说至关重要。

承研单位应根据型号总体要求，结合产品特点制定静电防护控制措施，覆盖从元器件交付、验收、保存、领取、焊装到电路板以及电子产品调试、试验、检验、转运等全过程；提出对静电放电敏感电子产品的静电防护方法和措施，以及确保措施达到有效的检测要求，并对措施的落实情况进行监督检查和过程记录。对发动机的电爆管、点火剂、预包装贮箱等静电敏感产品，应开展静电放电敏感电子产品的静电防护技术选用、实施静电敏感器件操作。

对发动机产品的防静电工作区，应进行防静电标识，配置防静电地面、工作台、腕带、椅子、储存架（柜）等设施，人员按要求穿着防静电服（包括鞋、帽），使用防静电包装等，开展防静电系统安装后的验收及现场测试的检查、周期测试等工作。

对外协外包供方同样也要提出相关静电防护控制要求，并检查要求的落实情况。要求其提供静电防护控制工作有效开展的证明，并在产品验收时对外协外包产品的静电防护过程记录进行确认。

6.10　火工装置和推进剂控制

6.10.1　火工装置控制

液体火箭发动机常用的火工装置一般包括电爆管、非电传爆、点火药盒、药柱、点火导管等，这些都是发动机起动系统中的重要部件。火工装置决定着发动机能否正常启动、点火、关机，直接关乎飞行试验成败。火工装置作为化学类的特殊产品，从设计、生产、试验到使用、销毁、包装、运输、贮存各环节，全流程都有着严格的标准和规范。特别是火工装置为易燃易爆品，生产过程中必须严格控制装药量和成分，在周转运输及贮存保管过程中，必须严格做好人员的安全防护。在火工装置的贮存容器内，可充惰性气体保护、防静电、轻拿轻放，防止磕碰损伤或引起误爆、泄露起火等情况发生。

与发动机配套的火工装置在进入发射场等入场交接时，需确认对应的试验代号和产品代号，确认包装完好，无磕碰或包装已打开等情况；对火工装置的种类、数量分别进行确认，并在交接验收表上进行记录，验收完成后交接双方在交接验收表上签字。交接后按航天火工装置安全技术要求规定的环境要求进行存放。

对火工装置产品进行验收时，应根据发动机使用要求和环境条件，分析验收试验要求的测试覆盖性，按照相关标准规定的子样数执行验收工作，并针对每个批次都充分开展验收试验和数据比对。对火工品生产过程中，涉及更换药剂成分关键原材料的批次，应加强理化性能覆盖性测试，开展多批次对比验证试验。并根据使用条件，充分开展拉偏摸底试验，确保药剂发火感度的一致性。

采用电点火器的火工装置，应分别针对箭上电路、发动机试车试验的电路以及产品验收试验电路，开展电路分析，研究各种电路与火工品自身特性的匹配规律，对电路薄弱环节进行优化和改进，提升发动机点火可靠性。

6.10.2　推进剂控制

液体推进剂具有比冲高，可多次起动，推力可调节的优点，是液体火箭的重要组成部分，在火箭起飞质量中占很大比重，对于大型运载火箭的占比约为70％～90％。推进剂性能的优劣、质量的稳定性和一致性，直接影响到液体火箭发动机的性能。试验单位根据型号总体、发动机设计单位的要求，结合产品特点制定推进剂控制措施，覆盖到液体推进剂产品设计开发、定型批产、包装、贮存、运输等全过程，保证推进剂满足型号任务需求。

液体推进剂产品研制定型包括设计定型、工艺定型和性能鉴定，应依据军工产品定型程序和要求的相关规定执行。进行性能鉴定时，依据任务书规定的鉴定项目和方法进行评定，试样配方及生产工艺应与定型推进剂一致。推进剂通过定型鉴定后，承研单位应启动生产基线的建立。再次生产前，生产单位应组织开展生产状态的确认工作，按生产基线文件清单逐项确认生产状态的符合性。

按照液体推进剂产品规范，对全部检验项目进行分析检验，检验过程必须形成检验记录，检验记录必须完整、客观、真实，并可追溯。对推进剂产品的包装、贮存和运输等应按照相关标准中的安全使用准则执行，并符合我国执行的法律、法规、标准的要求。发动机试验和发射场用推进剂、气体介质使用前需进行分析化验，保证其指标满足任务书或专用技术条件的要求。

针对有长期贮存要求的液体推进剂，应在发动机和推进剂研制阶段开展材料相容性、贮存稳定性评价等工作。相容性评价试验条件应覆盖使用过程中环境和时间的边界条件，试验内容包含推进剂对材料的影响评价、材料对推进剂的影响评价。

6.11　生产控制

液体火箭发动机的生产过程，涵盖各级产品的零件生产制造、部组件装配测试、发动机整机装配测试，交付总体总装，以及靶场的保留工序等过程。液体火箭发动机生产过程应严格按照设计图样、技术条件、工艺规程及有关质量文件要求进行投料、加工、装配、试验、检验等，使产品自始至终处于受控状态，确保产品质量全面符合设计文件规定的要求。

为加强生产过程质量管理，发动机进入工程研制阶段投产前，应制定生产质量保证措施，从人员质量职责、人员培训和资格考核、物资采购、外包（外协）产品、生产过程、质量信息管理、文件和记录控制、风险分析与控制、基础设施及环境的控制、产品质量检查确认及评审、产品出厂放行准则等方面系统地全面明确质量控制要求。对试样阶段生产或批生产开始前的液体火箭发动机产品，应建立生产基线管理的各项要求，并严格落实。

6.11.1　人机料法环测（5M1E）

从事发动机各级产品生产过程的各类人员均应通过岗位培训考核并持证上岗，熟知本岗位的质量职责及相关质量体系文件、操作要求和禁忌，严格遵守工艺纪律和各项质量管理制度。

对各类通用或专用设备、计量器具、工艺装备等应建账管理，其精度、功能性能、安全性应满足使用要求，按要求进行周期鉴定，粘贴检定/测试有效期内的合格（准用/完好）证明或标志，使用前确认完好性、鉴定有效期和精度满足要求，发现不合格的设备、计量器具应对其进行维修、降级、报废、限用或标识等。对高精度、大型、重型、关键、贵重设备应按专用使用维护说明书实施控制，并实行“五定”管理（定操作人、定维修人、定管理制度、定操作规程、定关键备件），多人操作的设备应有专人负责。

发动机生产及装配所使用的所有物料均应复验合格方可入库，并做好牌号、炉批号、状态等相关信息的标识，防止混批，经检验确认无误后定额发放。在工序流转及产品交接过程中要确认所使用的材料、元器件、标准件、外购件、成品件等物料的物、证、数量相符，质量状态符合设计及工艺文件要求后方可使用。

设计文件（图样、模型、技术条件等）、工艺文件（工艺方案、工艺路线表、工艺规程、标准作业指导书、检验规程等)、产品保证文件(产品保证要求、产品保证大纲、产品保证计划等)和生产所需的其他依据性文件等按生产基线进行确认，并确保现行有效。

生产现场环境条件(温度、湿度、净化、照明、防静电、通风、噪声、振动、防火措施等环境因素)应符合设计、工艺文件和文明生产要求，并对影响产品质量、需要控制的工作环境应进行监视、测量、控制，做好改进措施记录。射线防护和有毒废液废水处理等环境保护措施符合国家法规、法令及有关标准的规定。

对产品研制生产过程中使用的检测仪器(仪表)等应分类建账管理、定期检定(校准)，确保在有效期内使用。对产品的特殊检测要求(如X射线、超声波、氦检漏、精度测量、质心测量等)，在生产依据文件中明确检测手段(检测方法)、判定准则等，必要时还应明确检测人员资质和检测环境的具体要求，测试前按要求检查，确认合格后方可进行。

6.11.2 特殊过程控制

液体火箭发动机产品工艺过程复杂，在产品质量特性形成过程中往往伴随着大量的特殊过程，而且特殊过程的结果(产品)通常无法直接、不易或不能经济地检测到，必须采用特殊的测量手段或进行破坏性检测才能控制和检查产品的内在质量。加强特殊过程的质量控制，对产品质量保证有着重要意义。

生产单位应对特殊过程做好全面准确识别、合理系统策划、完善细化文件、有效实施到位，建立完整的特殊过程确认和再确认流程，确保从人、机、料、法、环、测等方面有效落实特殊过程质量控制和确认工作，进一步提升特种工艺、特殊过程产品的可靠性，可以在不易直观发现、不易或不能经济地测量产品内在质量特性的情况下，达到有效控制产品质量的目标。当人、机、料、法、环、测等某一要素或多个要素随着时间或空间的客观变化，导致过程出现一定差异性时，应当对该特殊过程进行“再确认”，以保证过程质量特性受控、合格、稳定输出和产品质量的一致性。

特殊过程控制要求主要有：

1) 特殊过程生产中产品特性依靠设备、工艺装备等进行保证时，所使用的设备、工艺设备等经过检查和验证，并按要求定期进行校验、检测和维护保养。

2) 特殊过程生产中涉及依靠设备程序保证的要求时，对生产、检验、测量和试验设备的程序或程序版本的有效性进行确认，使其技术参数、测量准确度、使用状态等满足工艺和检测要求。

3) 特殊过程中使用的原材料或影响产品性能的主要辅助材料应符合有关工艺规程或技术条件的要求，对生产过程中涉及的影响产品性能的辅助材料按要求定期进行监视和测量，使其处于合格状态。

4) 对识别出的特殊过程，明确判定过程能力的方法和准则，工艺要求及其参数明确、具体，符合可操作、可检查、可量化、可重复的原则，并配置相应的量化记录表格。

5) 对特殊过程加工工艺进行工艺试验验证，多种产品的材料、结构、制造过程、工艺参数、特殊要求、过程能力判定的方法和准则均相同，且与特殊要求相关的操作者、设备和工艺装备、原材料、工艺方法、生产环境、检测和鉴定方法、生产运作管理方法等也相同，允许合并进行。

6）特殊过程的工艺文件应经过评审，并进行特殊过程标识。

7）凡是涉及需用旁证方法对特殊过程进行验证的，按工艺过程要求对旁证试样进行管理和检验，确保旁证试样与所验证产品工艺状态的一致性。

8）特殊工艺过程所需的设备仪表、工作介质经检定合格，工作环境符合工艺要求。

9）焊接、热处理、表面处理等特殊过程实施前应按工艺规程要求通过试验验证，确保其稳定性；验证试件按规定建档入库保存，保存时期不短于产品寿命。

10）特殊过程中使用的设备、监视和测量装置及工艺方法等过程能力要素发生变更时，或生产停产对产品质量有影响时，应重新进行过程确认。再确认时根据变更后的情况重新进行策划和实施，并做好相的过程记录。

11）特殊过程尽量不外包或外协，但外协工序、外协产品中包含特殊过程时，委托单位应将特殊过程要求纳入产品保证要求，及时传递并开展监督检查。

6.11.3　总装过程控制

液体火箭发动机总装过程一般包括零部件和组件配套、管路弯制、装配拧紧、焊接、有关空间包络尺寸或间隙检测、气密、电性能检查、热防护等工艺流程。总装过程质量控制措施是否有效，如，产品状态控制、装配质量、螺纹拧紧量化控制、焊缝检测、多余物防控及检查测试系统、全面、量化，控制结果得到及时准确判读，控制质量波动得到及时质量波动分析，以及质量问题得到闭环处理等方面，直接决定了发动机的出厂质量和工作可靠性，决定了发动机是否带隐患出厂、带隐患试车和飞行。因此，总装质量控制对发动机顺利交付、可靠工作尤为重要。

为保证液体火箭发动机总装质量，一般采取以下控制措施：

1）零部件和组件的配套发放过程控制。零部件和组件的配套应严格按设计文件和工艺配套表进行，严格执行批次管理规定，并经核实物、证、数量相符后方可发放使用。

2）零部件和组件装配过程控制。零部件和组件进入组装现场后，经检查确认后方可进行装配工作；在发动机总装工作中，对有方向性要求的阀门、内部组装的限流圈、密封圈、管路等，严格实行操作、检验、工艺共同过目，确认无误后方可组装。对各导管接头装配紧度的控制，应严格落实螺纹连接部位量化控制要求，并按照表格化管理要求在跟踪卡上签字盖章。

3）多余物防控要求。装配前应清理工作现场，导管等零部件在装配前用汽油、酒精进行清洗并用压缩空气吹除，必要时借助内窥镜检查内腔，无多余物后方可装配；气密试验台由专人维护，对过滤器及管路定期进行清洗，充气前对气源出口用白绸布进行洁净度检查。

4）过程质量记录要求。对发动机装配过程质量记录应采用表格管理和多媒体记录的方式，规范和细化过程装配要求，出厂交付前对外观、对外接口（IDS）状态及相关包络尺寸进行确认，检查测试结果应及时、准确判读。

5）提交各方验收要求。涉及强制检验点、顾客（用户）检验验收项目，在装配过程中、检验合格后按要求提交相关人员检查验收。

总装过程控制要求主要有：

1）有禁油要求的发动机产品，装配文件中明确装配用的工装、量具、仪器、仪表和试验、测试设备在装配前需严格除油，气密试验台不允许和其他型号发动机混用。

2）发动机组件产品交接检查，应明确检查项目、检测顺序，易变形产品应明确外形检查要求，有镀层、漆层、阳极化层的产品应明确镀层、漆层、阳极化层检查要求。

3）有涂润滑脂要求的部位，明确润滑脂的涂抹量、涂抹方法及多余物控制要求。

4）螺纹连接部位在装配前，应明确进行螺纹跑合，跑合过程采取多余物防控措施，成组螺纹连接件装配时应明确对称均匀拧紧，通过不断增加力矩值的方式使其满足要求。

5）焊接装配时应采取可靠措施，防止焊接变形，明确焊后检查要求及焊接缺陷的修整与补焊要求。

6）粘接装配时应明确粘接前的清理要求，根据粘接部位尺寸大小及形状，明确粘接要求；根据粘接部位材料，明确胶液种类、胶液用量、涂覆方法、粘接过程中温湿度影响及粘接后胶液固化时间等。

7）对电气元件测试，应明确检查项目、检查方法、检查工量具及合格判据，电气元件安装明确安装位置、走向、固定位置、对正安装及锁紧要求等。

8）对电性能测试，应明确测试项目、测试顺序及测试要求，测试时发动机状态、接地要求，测试过程中极性检查及多媒体记录要求等。

9）对发动机总装过程所使用的测试设备、测试用电缆、工装夹具、标准漏孔等，都应进行标识管理，均按规定进行校准、检定，并在检定合格的有效期内使用。

10）在总装和试车完成后、交付出厂前，完成对外接口数据复检、复测工作，包括总装过程形成的对外接口、总装过程使用过的组件产品对外接口、总装过程可能产生影响的对外接口、总装直属件的对外接口等。

11）对发动机或各级产品进行临时性分解再装时，应明确技术要求和检查确认项目，编制专用工艺文件，办理审批手续后方可实施相关工作，同时需建立并保存分解再装记录。

6.11.4 生产易错难操作控制

液体火箭发动机生产装配及检查测试过程中通常涉及的易错项目包括电缆分支与电磁阀（电爆阀、传感器等）连接关系错误、带截流功能的气蚀管、节流圈、限流部件装配位置错误、同一槽内的两挡圈的剖切口位置的相错、电（气）爆阀切刀初始位置、推进剂加注种类错误、特殊安装部位密封垫材料错误（如某发动机火药起动器与电爆管之间用铝垫密封、高压气瓶模块高压路采用铜垫密封、燃气增压路采用石墨密封）等。涉及的难操作项目包括狭小空间装配、存在盲操作环境的装配、加热器非平面粘贴、气瓶或贮箱模块焊接后返工返修时的锯切等。

设计人员和工艺人员，从源头系统识别产品生产、装配及检查测试过程中的易错环节，进行防差错设计、增加工装防差错措施、增加防差错标识和控制、明确和细化检查确认要求、增加检验确认环节、增加多媒体记录，并对相关操作者和检验人员做好技术交底。同时，根据同类产品研制过程中出现的问题，做好易错难操作项目的迭代完善工作。难操作项目的控制措施主要包括定岗定人员、细化装配操作要求、增加工装保证、强化人员技能培训、增加产品防护、编制难操作过程标准作业指导书等。

6.11.5　批次控制

承研单位应根据总体和上级要求制定批生产质量保证措施并将其纳入产品保证策划，明确产品批次及质量控制要求，实施从原材料、元器件、零件加工、组件及发动机装配、测试、试验、保管、运输及交付等各环节的全过程质量控制，产品保证策划经验收方会签后下发，保证落实好各项要求。

发动机按批次划分原则要求进行组批生产。根据生产批次数量的大小，结合交付计划、零部件、组件及发动机整机批次验收要求合理组织生产。批生产产品正式投产及发动机总装开装前，按照零部件、组件和发动机生产基线进行生产准备状态检查（或评审），有明确可以投产或开装结论方可进行批生产。

批生产产品在生产过程中，技术状态一致时，可以根据生产需要转批使用，转批必须按要求履行审批程序，审批后方可使用。非金属零件及含非金属材料的零、部、组件转批时应关注周转期产生的风险，避免装配后出现超贮存期问题。批次抽检试验要求的抽检原则和比例按设计文件或批次管理文件要求进行，抽检试车发动机应具有批次代表性。

发动机批次管理应做到“五清六分批”，即“产品批次清、质量状态清、原始记录清、数量清、炉（批）号清，分批投料、分批加工、分批转工、分批入库、分批装配、分批出厂”，建立批次凭证，不得混批。发动机按产品层级进行批次标识，体现在产品实物、文件、记录上，并随产品同步流转，在产品装配前后记录零件、标准件等待装件的批次号、使用部位，保证可追溯性。装配前检查各待装产品的批次号、质量状态，保证与生产依据性文件一致，避免混批、装错。

6.11.6　搬运、贮存、包装、防护

液体火箭发动机应按照 GJB 1443《军品包装、装卸、运输、贮存的质量管理要求》要求，对产品的搬运、贮存、包装、防护实施控制，保持记录及可追溯性。工艺文件应按设计文件要求，结合工序安排，明确对产品及半成品的包装、贮存、运输过程的控制要求。必要时，根据产品的特定贮存环境条件、搬运和防护等要求，设计专用包装箱。产品包装箱的设计满足产品力学环境和静电防护的要求。在产品包装箱使用前全面检查其功能和性能，搬运前进行状态确认。

产品贮存区（含库房）的洁净度、温湿度和安全性等满足有关要求，有明显的标识且只允许被授权的人员进入；对有限寿命要求和环境敏感等特殊要求的材料和产品按要求提供贮存环境，确保满足要求。

在产品设计时就应在产品开发策划中考虑产品的防护要求。在产品的工艺文件里明确规定产品的防护要求和控制措施，以及产品研制全过程以及吊装、搬运、贮存、包装等各个环节各项防护措施，确保各项措施落实到位。

对有防静电要求的产品，在搬运、贮存、包装过程中采取防静电措施。对静电、水分、冲击、污染等敏感的产品在相关文件中明确符合寿命时间要求的防护要求，确保产品不受损伤，性能不降低。

6.12 试验控制

试验是检验发动机生产工艺可靠性和稳定性的主要手段，研制中遇到的大部分问题都要靠试验来解决。只有通过各种试验，取得大量数据，才能不断修正、改进设计，提高发动机可靠性。试验过程既有技术风险也有安全风险，既有产品风险也有试验系统风险，确保试验质量、真实反映发动机产品的实际性能与状态，需要通过严格的质量保证方法才能达到目的，试验控制是发动机产品保证质量控制的重要环节。

发动机试验包括发动机整机试验和各级产品试验。从试验介质划分，可分为冷态试验（水、模拟介质、低温推进剂介质）和热试验（一般指发动机点火热试车）；从试验类型划分，可分为流体试验、力学环境试验、热真空环境试验等。各级产品在生产过程中开展的冷态试验、环境试验等，一般纳入生产单位的生产过程控制。发动机整机试验（主要指发动机点火热试车），一般由专业试验单位承担。试验单位对试验过程涉及的要素，包括试验大纲、试验操作规程、发动机交接、防护、试验准备、试验测试、试验过程、试验安全等应提出控制要求，确保规范实施。

6.12.1 产品交接控制

试验单位策划产品交接过程的产品保证工作，明确交接内容、方法、验收标准、责任界面、记录事项，形成交接记录。发动机“到台”“离台”交接时，生产、试验单位双方均到现场确认，必要时设计单位一同参加。发动机在试验台期间遵循属地管理原则，由试验单位负责做好保管、防护工作，防止产品磕碰、产生多余物、受潮、功能失效等。

6.12.2 试验易错难操作控制

试验单位结合产品以往试验过程中出现的问题，并依据试验任务书、技术条件、操作规范等技术文件，识别试验过程的易错难操作项目并制定控制措施，对实施易错难操作环节的人员开展培训，明确操作时机、方法和检查验证手段，同时开展工艺方法优化和流程优化研究，逐步减少或消除易错难操作环节。

6.12.3　产品防护控制

试验前临时存放在厂房的发动机应放置在专用运输箱中，厂房的环境条件满足临时存放要求。发动机转运前对转运车辆状态进行检查确认，转运过程中保证产品固定牢固，发动机表面配置防护罩衣。发动机在试验间待试过程中，按照发动机技术条件进行防护，防止过程操作对产品造成损坏。对发动机薄弱部位（如喷管）采取专门的保护措施。发动机吊装前检查吊车、吊具、吊绳状态、清理工作区域，防止发动机磕碰。同时，应考虑点火状态下的力、热环境，对发动机自带传感器、电连接器、测控电缆等进行防护。

6.12.4　试验测试控制

试验单位根据试验任务书、发动机试验技术条件和试验流程，策划试验系统及发动机的测试项目和测试细则，形成测试文件。用于测试的传感器、电源等计量设备在检定有效期内使用。测试前对被测系统、测量设备进行检查，确认测量链路极性正确，确认测试条件满足，测试人员到位。测试过程中按照测试细则规定的方法和要求进行操作，依据合格判据进行确认。对测试数据进行判读和分析，发现异常分析原因后进行相应处理。

6.12.5　试验质量分析或事故预想与回想

试验单位在试验系统准备工作结束后、试验前召开试验质量分析或事故预想与回想会，对试验中可能出现的隐患、薄弱环节及疑点提出处理意见，会议的内容及处理措施等形成记录，会议产生的待办事项在规定的时间内闭环落实。质量分析、事故预想与回想的内容，一般包括：

1）试验单位汇报试验环节准备质量检查确认情况及风险分析情况；

2）设计单位汇报产品设计情况、试验目的和试验参数调整状态；

3）生产单位或设计单位汇报产品制造质量检查确认情况；

4）分析讨论存在的问题、关键技术状态；

5）确定状态以及现场应急情况处理预案；

6）形成试验能否按时进行的书面意见。

发动机试验质量评审与事故预想会中有发现重大疑点或隐患的，应暂停试验，并针对出现异常的产品处置后的风险进行充分、全面分析，重点对异常点和异常数据进行深入分析，查清原因，明确风险。采取有效预防措施或排除风险后方可进行后续工作。

6.12.6　试验过程控制

试验单位应在发动机试车前，对发动机状态和试验系统状态进行确认，开展试验工艺文件梳理和复查，对工艺文件清单进行再确认，确保工艺规程和操作规程覆盖试验全流程，且完整无漏项。严格按照试验大纲、有关规程及相关技术文件组织实施试验，对影响试验过程的因素进行控制，做好试验的数据采集和记录工作，确保数据真实、有效、完整、准确。应保持试验过程、结果及必要措施的记录，按规定的表格形式记录、收集、整理原始记录。

试验过程出现异常情况不能达到试验目的时，按照试验预案规定的程序中断试验，待问题解决后，试验方可继续进行。出现预案之外的问题需中断试验时，应与设计单位达成一致。试验单位对试验中发生的故障，应按相关规定报告，并采取有效的纠正措施予以排除，并进行试验验证。试验过程中一旦发生危及发动机或试验系统安全的爆炸、起火、严重泄漏等异常情况时，应立即实施关机，按照预案进行应急处理。

6.12.7 试验安全管理

试验单位在发动机首次试验及发生重要状态更改的试验前开展安全专项评审。设计单位、试验单位应根据安全管理相关要求，分别对发动机、试验系统与试验过程开展安全性分析，明确危险源和安全性关键项目清单，制定安全措施和安全预案。试验安全性分析、应急预案及安全处置措施应通过评审。

6.12.8 重复使用的关键设备控制

试验单位应对试验系统中影响试验成败的关键连接件、测压管、阀门、传感器、流量计、电连接器等重复使用的设备设施统计使用频次或使用时间，在规定的寿命时间内使用，每次使用前进行状态检查。对试验准备过程中设备设施状态的自检、专检、强制检验及试前总检查的检查项目、要求、应急处理措施及技术文件（检查表单）进行确认，确保检查项目无遗漏，要求量化可操作。

6.13 验收与交付

以“谁提产品任务书（研制合同）谁验收”的原则，在发动机各级产品交付前，由产品的直接上游（用户）负责产品验收。发动机产品验收应依据研制合同、产品任务书（技术要求）及验收规范等技术文件进行，对产品设计及验证、生产、试验等全过程的要素进行确认，确保产品功能、性能、过程控制及实物质量满足要求，验收工作完成后才能将符合要求的发动机产品交付用户或上级单位。

6.13.1 产品数据包检查

根据数据包策划结果，生产单位在产品实现过程中做好质量记录、数据包整理等与数据包相关工作的落实。在产品验收交付前，检查数据包的完整性和有效性，确保数据包的信息能够证实产品实现过程和产品质量符合要求的程度。

设计师或产品保证人员对每批/台/件产品数据包的完整性、正确性、可追溯性进行全面检查。其中，重点检查：

1）将关重件、关键工序和不可检、不可测项目控制措施落实于检查记录；

2）强制检验点的检验、确认记录；
3）技术状态更改控制是否符合“六项原则”；
4）质量问题归零是否符合归零标准要求；
5）偏离/超差审批记录；
6）材料目录外/代料/超期复验审批记录及使用情况；
7）元器件目录外/不一致/超期复验审批记录及使用情况；
8）工艺鉴定和禁限用工艺控制情况；
9）特殊过程控制情况；
10）是否对常见工艺质量问题与隐患进行有效控制；
11）设计仿真、试验验证情况数据；
12）验收试验数据。

发动机整机重点检查：
1）确认发动机配套的部组件等各级产品数据包的验收结果；
2）对整机试验、测试结果进行检查确认；
3）对各级产品数据包落实情况进行抽查；
4）产品数据包不符合要求的，坚决拒收产品。

6.13.2　产品验收

6.13.2.1　分级验收要求

发动机产品总师是接受型号总体验收的责任人，也是发动机交付型号总体验收前单位内部验收的责任人。发动机主任设计师是各级产品验收的责任人，发动机各级产品技术负责人组织制定产品验收实施细则，明确验收项目和职责，逐级开展产品验收工作。

对于产品化的通用部组件产品由产品承研单位进行组织级统筹验收。针对批量生产且按批或成组验收的组件产品，应执行全样验收要求，原则上不得抽样验收，确保每件产品按要求开展相同的检查、确认、数据包审查、质量评审，实施相同的验收检验、验收测试和验收试验（破坏性典试除外）。

验收过程中，必须对产品原始过程质量记录，以及产品验收试验（测试）环境、条件和结果指标进行眼见为实的确认；产品承研单位应配合验收代表落实产品验收要求，对于产品数据包和质量证明材料不完整、分歧或疑点未形成明确处理意见、质量问题归零和举一反三措施未落实、产品技术状态变化未经验证和审批、超差让步和返修未经不合格品审理、验收意见和待办事项未闭环的情况，验收代表不得放行产品。

6.13.2.2　质量确认制验收

质量确认是由各级产品、发动机等各级质量确认责任人，按照各自职责和工作流程，依据表格化形式固化的确认项目，在产品实现全流程各个环节及验收关键节点，对形成的产品质量量化数据的符合性进行核查、分析，并签字确认的工作过程。

质量确认应充分融入产品研制流程执行，覆盖发动机配套各层级产品生产、交付、飞行的全过程，包括：发动机配套各级产品投产前的状态确认、生产过程质量确认、装配与试验过程质量确认，发动机总装前的总装状态确认、总装总测过程质量确认，发动机参加抽检试车质量确认，抽检试车结果确认，交付型号总体前的产品质量确认，外场工作过程质量确认，靶场工作过程质量确认以及飞行试验结果确认等过程。

质量确认制形式的验收即在确认把关的基础上对产品实物质量进行验收，是以通过逐级质量确认代替验收评审会的形式，实现由确认结果为主的验收评审活动转变为“过程数据＋结果数据”的新模式，通过表格化形式固化确认项目，突出对关键数据、关键过程、关键环节的及时确认把关，在确认把关的基础上对产品实物质量的验收，确保工作一次做对、做到位。该方式可实现验收与技术流程的紧密结合，将质量工作重心前移，同时可提高验收工作效率，压实各岗位、各级质量验收职责的落实。

6.13.3 产品交付

发动机各级产品交付，按规定附有产品证明书（或产品合格证）、产品履历书、产品质量评审证明书，随产品交付的配套件、备附件、工具等配套齐全；提供有关检测及试验结果、质量问题归零、最终产品技术状态更改情况报告和使用维护文件。交付的软件产品出自产品库。

产品交付时保证所用包装材料、方法、程序能防护产品。合同要求时，这种防护延续到交付的目的地。

6.13.4 备附件管理

发动机各类备附件的配套、出入库、验收、追溯性等同交付产品进行统一管理、全面确认。设计阶段，承研单位要形成备附件配套清单，并逐级传递至总装实施单位编制备附件状态检查表；验收阶段，按产品验收相关规定对备附件实施验收及入库；发射场阶段，制定备附件出库、领用、检查、安装、检验程序，要求过程记录清楚、准确、可追溯，必要时与总装单位在现场共同完成检查、确认，确保产品安全。

6.14 外场质量控制

发动机外场工作一般包括型号总装厂房工作和发射场工作，主要包括喷管安装、火工品安装等保留工序及与发动机相关的电缆测试、极性测试、单元测试、综合测试、总检查等工作。发动机外场操作质量控制，实施全流程、全要素精细化管控，从“人、机、料、法、环、测”各个方面，做到外场操作要求完整、明确，设备与工装状态受控、完好，操作人员能力与岗位要求匹配，检查确认有效覆盖，记录完整、量化、可追溯等，全面强化过程风险识别与控制。

针对发动机最终使用状态开展测试覆盖性分析，确保发动机与总体其他分系统、其他单机之间的结构接口、电接口、气液接口在发射场前的时机“握手见面”，确保发动机连接方式及总装测试过程，如管理焊接热影响、电连接器多次插拔等，不会对接口的功能性能产生影响。同时，应开展全过程技术风险管控，编制外场技术流程和产品保证流程，规范质量管理工作，落实外场准备、技术区准备、总装、电测、加注、转场、发射等阶段的质量过程控制要求以及“四查”“双想”等专项质量要求。

6.14.1　“四查”

结合发动机特点、任务特点开展“四查”工作，查找技术薄弱环节和隐患，识别控制风险，具体要求为：

（1）查文件

查外场工作的依据文件、操作文件、记录文件是否完整、版本是否有效，是否符合量化记录、量化控制要求。

（2）查岗位

1）查各岗位人员上岗资质是否符合要求；

2）查各岗位的各项规定动作责任是否落实到人；

3）查各岗位人员对执行依据文件学习情况，是否熟悉、掌握文件内容。

（3）查设备

1）查地面设备及工装是否齐套；

2）查各操作过程中，所用设备级工具在相关文件中是否规定清楚；

（4）查状态

1）查产品状态是否符合最终状态要求；

2）查外场出现的新状态落实、验证情况；

3）查外场发生的技术状态更改落实情况和试验验证的充分性（含工艺状态更改）；

4）查发动机与其他系统接口关系是否已经协调清楚。

6.14.2　“双想”

回想前阶段和现阶段工作中是否存在问题及隐患，预想下阶段工作中可能出现的问题和隐患。对于存在的问题和隐患，及时分析和识别其影响范围和程度，制定相应的控制措施和应急预案，确保每一项内容均采取有效措施并得以落实，形成闭环。

6.14.3　外场保留工序质量控制

发动机外场保留工序一般有：发动机测试、发动机组件装配、推进剂加注、气瓶充气等。

1）保留工序开展前，对保留工序操作过程开展风险分析，制定预案及控制、防范措施。

2）保留工序实施人员为从事相关产品装配、测试、试验、检验的人员，这些人员必须具备相应资质、持证上岗，现场工作严格按照相工艺文件要求进行操作，禁止超越文件操作。

3）保留工序涉及的仪器、设备按照靶场设备计量要求实施控制。

4）保留工序质量记录实施表格化管理要求，对拧紧力矩（拧紧角度）、测试数据等进行表格记录；对火工品、电缆、总装部组件的外观、装配情况等进行多媒体记录。

5）保留工序有设计人员（产品保证工程师）现场把关确认。

6.14.4 测试数据判读

发动机在外场的测试数据包括火工品性能数据、发动机电磁阀性能数据、发动机电缆网电性能数据、发动机系统密封性能数据、发动机参加全箭综合测试的时序、温度、压力数据等。

外场测试完成后，参试人员按照发动机设计文件要求及时对各阶段试验数据进行判读并形成结论上报型号总体。对于数据中的异常点进行原因分析，采取措施排除异常情况。

开展本产品各阶段测试数据的纵向比对和产品间的横向比对。对于超过产品成功数据包络的参数，进行理论分析和地面试验验证，给出是否会给后续各项任务带来风险的明确结论。

6.15 不合格品管理

不合格品管理是质量问题闭环管理的方式之一。通过对不合格品处置的实施可以有效识别质量体系和过程控制中存在的薄弱环节，并采取相应措施，完善规章制度，提升管理能力。在不合格品处置过程中要坚持“原因找不出不放过，责任查不清不放过，纠正措施不落实不放过”的原则。

不合格品管理不只是质量检验，也是整个质量管理工作中重要的组成部分。为了对不合格品做出及时处置，同时为了及时了解制造过程中产生不合格品的系统因素，对症下药，使制造过程恢复到受控状态，航天领域各级组织均提出了不合格品处置的相关要求，体现了对不合格品处置的重视。交付产品的不合格品审理由单位不合格审理委员会进行，涉及发动机与总体接口的应经总体认可。

6.15.1 不合格品预防

各级承研单位制定不合格品预防工作程序，如质疑单、检验预防、质量改进等，在产品制造前或过程中消除隐患，防止产品的超差、返修、返工、报废和质量问题发生。措施包括：

1）发现设计图样、技术条件错误后提出改正建议并采纳，避免产品超差、返修、返工、报废；

2）发现施工不协调或工艺规程中规定的技术要求不符合设计文件，指出后对工艺文件进行更改；

3）发现工装设备等质量不符合要求进行处置；

4）发现人员操作不当进行纠正；

5）发现产品质量隐患进行消除。

6.15.2　不合格品审理和控制

按照 GJB 571《不合格品管理》的规定，发动机承研单位应结合实际情况建立并保持不合格品审理系统，制定工作程序，对不合格品的标识、隔离、审理、处置和记录实施控制，并按规定通报不合格品信息。

不合格品审理实行研究院、各承研单位分级审理原则，研究院不合格审理委员会负责对影响发动机（分系统）整机指标重要偏离许可及影响交付使用或维修的偏离许可审查，对影响发动机（分系统）整机指标的重要超差让步及影响关重特性的超差让步和影响交付使用或维修的超差让步审查；其余情况的不合格品审理由各承研单位不合格审理委员会审理。不合格品审理系统由设计、工艺、质量、生产、物资、设备等有关部门相对固定的人员组成。

不合格品审理后，按审理结果进行处置。对不合格品审理后纠正措施的落实及有效性进行跟踪检查并记录，防止不合格品重复出现。不合格品的审理意见，仅对当次被审理的不合格品有效，不能作为以后审理不合格品或验收其他同类产品的依据。

按照产品标识可追溯性要求的规定，对不合格品做好标识，并及时采取隔离或控制措施，防止非预期的使用或交付。返工或返修后的产品须重新进行检验，并做好标识和记录。及时将不合格品审理文件及记录归档保存。

6.16　质量问题管理

质量问题归零及举一反三是在航天工程实践中总结形成的具有中国航天特色的质量问题闭环管理办法，为彻底消除质量隐患、解决质量问题和避免问题的重复发生提供了一套比较系统、科学的程序和方法。通过质量问题的归零及举一反三可以有效识别质量体系和过程控制中存在的薄弱环节，采取措施，完善规章，提升管理能力。

在发动机产品研制各阶段出现的质量问题，均应按规定上报，同时开展质量问题归零工作，从技术上、管理上分析问题产生的原因、机理，采取纠正措施、预防措施，以避免问题重复发生。发动机各级产品承研单位应建立质量问题系统化管理的工作机制，包括质量问题信息管理、质量问题归零管理、举一反三、“三个面向”分析、经验教训固化、质量问题归零措施落实情况评估等。

6.16.1　质量问题信息管理

产品质量问题包括故障、事故、缺陷和不合格等。产品承研单位应分级建立质量问题台账（质量问题信息管理表、质量问题汇总表），确保各层级的质量问题完整无漏项。将质量问题信息按相关要求从车间/研究室开始向各承研单位、研究院等逐级报告，直到上级单位、型号总体或用户。质量问题信息还包括处置过程进展、成果的收集、反馈以及利用。

6.16.2 质量问题归零管理

凡属产品质量问题都应归零。对于符合 Q/QJA 10《航天产品质量问题归零实施要求》规定范围的质量问题，按技术归零“五条”要求或管理归零“五条”要求进行归零，完成归零报告及评审活动。一般质量问题按质量问题信息管理层级由相应责任单位或上级组织开展管理归零工作，对于严重质量问题、重大质量问题、共性质量问题、跨单位质量问题等，需要由问题发生单位的上级组织开展管理归零工作。

6.16.3 举一反三管理

承研单位根据掌握的举一反三线索或上级要求，应定期开展举一反三、专题举一反三管理活动。针对相同结构、相同机理、相同工艺方法的产品质量问题，必须落实举一反三工作。质量管理部门明确举一反三的范围、要求，指导、监督和检查举一反三措施落实情况，由各型号责任人对举一反三结果评价与确认。对在制品、已制品、库存产品要开展全面举一反三，并书面报告举一反三工作结果。在各级产品验收、发动机出厂审查、交付总体验收等环节对质量问题举一反三落实情况进行检查和确认。

6.16.4 质量问题分析管理

按照 Q/QJA 709《“三个面向”质量分析工作指南》的要求，从面向产品、面向流程、面向组织三个维度开展质量问题专题分析，以下情况需开展专题分析：

1）重大质量问题（事故）、严重质量问题、重复性质量问题；

2）被上级机关或用户通报的典型质量问题；

3）一段时间内问题多发产品、问题多发单位的系列质量问题；

4）其他需要开展“三个面向”质量专题分析的问题。

承研单位质量部门负责对“三个面向”质量分析的审查把关，监督改进措施的闭环落实。定期或在重大节点按质量问题发生原因、发生阶段、发生领域、发生单位等多维度统计分析，判断各级组织质量形势和趋势。研究院质量部门，不定期以相同（相似）原因、问题多发领域、问题多发单位的一系列问题为分析对象，提炼薄弱环节，提出改进措施。

6.16.5 经验教训固化管理

按照 Q/QJA 641《航天产品故障模式库建立工作指南》，承研单位应建立故障模式实例库和故障模式库，所有质量问题形成的纠正措施应提炼成为经验教训，并入库共享。针对质量问题采取措施的设计、工艺、试验、管理等准则或禁忌，落实到文件中，指导设计、生产、试验过程。对质量问题解决形成的成果固化到标准规范、规章制度中。

6.16.6 质量问题管理评估

在型号研制过程中，在以下重大研制节点，对前期出现的质量问题归零的彻底性、措施落实情况进行评估：

1）各级产品交付发动机整机总装前；

2）发动机交付型号总体前；

3）型号出厂前；

4）飞行转场前。

承研单位从组织层面定期对质量问题管理情况进行评估，包括质量问题统计、分析，归零、举一反三的彻底性、规范性和完整性，对质量形势进行判断。

6.17 多媒体记录要求

多媒体记录是指用照相、摄像（录像）等手段对发动机产品生产和试验过程、结果进行记录，用以反映产品生产过程中不可逆的特殊过程，有方向、位置、角度要求的安装状态，对外接口交付前的质量状态，以及其他不可检不可测、易错难操作、对产品性能有重大影响的装配等关键特殊过程实物状态，确保质量和状态的可追溯性；同时也可作为保证复杂产品质量一致性的参考。目前多媒体记录已作为液体火箭发动机等航天产品质量检查确认和分析评价的重要依据之一。

为做好多媒体记录工作，应按照“规范管理要求、明确职责分工、确立目的原则、系统识别项目、细化记录要求、建立记录样册、配备硬件设备、及时确认归档”等流程要求开展好多媒体记录工作。对于一张或几张照片能够反映所有检验要素的，宜采取照相方法进行多媒体记录；对于采用照相方法不能够反映过程控制情况或结果的，宜采用摄像手段进行多媒体记录。为规范多媒体记录结果的准确性和一致性，可通过制作能够准确反映拍摄产品部位、角度等要素的多媒体记录样册指导生产现场开展多媒体记录工作。

在工艺文件中，规定多媒体记录的时机和要求。多媒体记录有唯一性编号，具备可追溯性，并能完整、有效地证明产品所处的实物质量状态。应对多媒体记录及时存档、受控管理。涉及产品关重特性实现过程、试样及批生产阶段产品保证控制项目实施过程等环节的多媒体记录，按照生产依据性文件要求确认记录的完整性、正确性，保证能够清晰、准确地反映产品实物质量状态。针对关键工序、关键检验点、强制检验点、不可测试项目的多媒体记录，由产品保证人员组织相关方进行有效性确认。

6.18 检验控制

液体火箭发动机这种复杂产品，在设计完成后，其质量是通过检验科学和试验科学的结合来确认与验证的。发动机质量检验，是根据产品设计图纸、技术条件、技术通知单和工艺（规范）规程等，借助于一定手段或方法测量、检查、试验或计量原材料、半成品、成品等的质量特性，并把测定的结果同设计和工艺文件规定的质量标准比较，从而做出产品合格与不合格的符合性判定。

质量检验工作是液体火箭发动机研制生产中质量管理的重要环节，从原材料采购入库、保管、发放到零件加工、组件及发动机的装配和交付使用，整个研制生产过程都离不开质量检验员的把关、预防、监督和报告。产品质量检验不只是判断被检产品质量是否符合要求，为验收或拒收提供依据，同时也为改进产品质量和加强质量管理提供信息，是全面质量管理的基础，也是液体火箭发动机产品质量保证的基础。

发动机的零部件和组件种类多、数量多，涉及的技术领域广泛，结合发动机制造流程、生产工艺布局和各种检验方式的特点，在发动机制造过程中设置了物资检验、机加检验、钣金检验、铸造检验、锻造检验、热处理检验、焊接检验、表面处理检验、特种加工检验和装配检验。其中物资检验、机加检验和钣金检验侧重于结果检验；铸件检验、锻件检验、热处理检验、焊接检验、表面处理检验、特种加工检验和装配检验侧重于过程控制。在发动机研制生产过程中，质量检验员按照“有依据、按依据、留记录”的质量要求，根据检验依据认真履行检验职责，加强生产过程质量监督和产品状态确认，充分识别不合格品，防止不符合质量要求的产品向下转工序或交付，预防质量问题的发生；同时监督和确认质量记录填写清楚、规范、正确，签署完整，并及时向上级和有关部门报告产品质量情况。

发动机各级产品承研单位需设置能独立行使职权的质量检验部门，对检验人员实行集中统一的管理，并确保其独立、客观地行使职权。明确规定检验人员的职责和权限，根据生产需求，合理配置检验人员的数量。检验人员经培训考核，取得资质后持证上岗。检验人员严格按照生产依据性文件和相关标准规范开展检验工作，保证检验质量，发挥问题预防与质量把关作用。配备必要的检验设备、工作环境，保证检验人员正常开展工作所需的时间；加强检测条件建设，针对手工检测难度大、工作量大、效率低的检验过程，开展先进检测技术研究，推进生产过程检验的数字化和自动化，提高检验效率和有效性。

在发动机制造、装配、测试和试验的流程中，按照 QJ 3049《航天产品检验工作要求》的规定，设置合理的质量检验点，确保所有的关键特性和重要特性得到检验确认。根据需要在产品研制生产过程中设置关键检验点或强制检验点。

6.18.1 关键检验点与强制检验点

关键检验点由产品的设计人员或工艺人员确定，强制检验点由上一级研制单位设计人员或顾客（用户）确定。已确定的关键检验点、强制检验点应在工艺文件、测试文件或专项试验细则中明确，并确保在生产过程中按规定实施。发动机各级产品承研单位在产品生产前，按以下原则识别并设置强制检验点或关键检验点：

1）产品处于最能充分表现其质量和性能状况时（如产品装配前、多层包覆前等）；

2）关键件和重要件、不可测项目实施关键工序时；

3）下步工序不可逆、下步工序完成后产品难以分解或对前面的工序无法实施检验时；

4）装配后如果发生故障或失效，将可能损坏其他更关键的产品时；

5）过去的故障或失效记录表明进行检验时；

6）由于操作的关键性或复杂性，可能对最终产品的质量和性能等构成潜在的危险时；

7）前次检验、试验已有较长时间，可能发生故障或失效时；

8）分承研单位不能进行的试验或关键性能的检验；

9）验证试验是破坏性的；

10）产品的最终检验和试验。

相关主要控制要求如下：

1）在产品制造工艺文件或测试细则等相关文件中，将所设置的检验点和关键检验点的检验项目、指标、合格判据、检验方案、记录、确认等方面的要求，结合产品研制过程进行细化，作为强制检验点和关键检验点现场实施的依据。

2）产品投产前，单位按有关文件设置的强制检验点和关键检验点的各项要求，安排计划，做好检验工具及环境条件保障工作。

3）对强制检验点和关键检验点过程记录实施表格化管理，把记录做到量化、详细、适时有效，必要时可采取多媒体的照相或录像措施，记录产品过程真实状态。

4）对强制检验点和关键检验点检验状态进行标识（一般采用过程质量跟踪卡或专项报告），以表明检验合格与否，产品交付前对标识进行确认。

5）针对强制检验点的检验结果在现场由检验、工艺、上级产品研制单位的设计人员和顾客（用户）共同确认并签署，关键检验点检验结果由检验、工艺和产品设计人员共同确认并签署。

6）上级产品研制单位的设计人员和顾客（用户）不能参加现场对强制检验点检验结果确认时，可对承研单位相关人员进行授权，承研单位将检验记录整理并提交顾客（用户）或设计方确认、签署。

6.18.2　检验文件

对每个检验点确定相应的检验和验收依据、检验文件和检验规程。在检验和验收文件中明确规定各项检验活动的要求、内容、职责和程序。检验规程一般包括检验项目和特性、检验基准、测量精度和方法、检验设备和环境、判定方法和原则、检验记录和报告要求等。

检验人员严格依据设计文件、工艺文件、检验细则及相关规范要求开展检验工作；对于复杂的检验项目应编制专用检验规程，以提高检验工作的针对性和有效性。

第 7 章　可靠性、安全性、维修性和保障性保证

7.1　概述

从本章开始，分三章介绍液体火箭发动机通用质量特性（包括可靠性、安全性、维修性、保障性、测试性和环境适应性，以下简称“六性”）保证。“六性”保证是一项以可靠性为中心的系统工程，目的都是与故障做斗争。其中可靠性、安全性和环境适应性保证的共同目标是故障消减，测试性、维修性和保障性保证的共同目标是故障控制。液体火箭发动机的研制实践表明，测试性和环境适应性不足是液体火箭发动机故障的常见多发因素。因此，在确定液体火箭发动机产品保证要素时，将“测试性保证”和“环境适应性保证”从“六性”保证中拿出来，各自作为单独的控制要素管理。这是本书将“六性”保证分为三章论述的主要原因。

产品通用质量特性与专用质量特性（功能、性能）的关系如图 7－1 所示。可以看出，产品的通用质量特性与功能、性能一起构成产品的内在质量特性，是产品内在质量特性这块“硬币”不可分割的两个面。离开功能性能谈通用质量特性保证是毫无意义的。

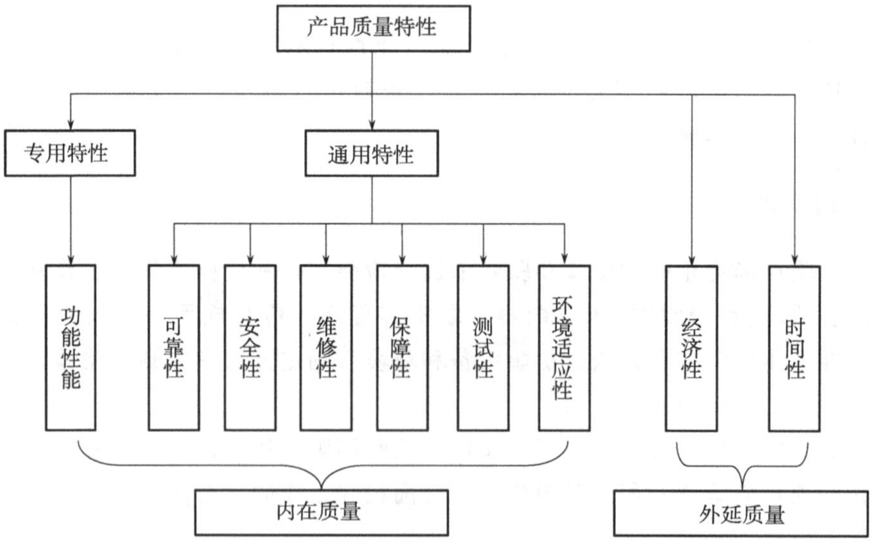

图 7－1　广义产品质量特性

虽然我们在学习液体火箭发动机保证知识时，“六性”保证是逐一介绍的。但在实践中不仅“六性”保证之间应协同开展（这是“六性”保证的“小协同”），“六性”保证还

应与产品功能性能的实现协同开展（这是液体火箭发动机产品保证的“大协同”）。这需要在产品保证实践中特别注意，以免出现“六性”保证工作之间互相割裂，或者“六性”保证与产品功能性能实现之间相互割裂的现象。

7.2　可靠性保证

7.2.1　可靠性保证工作项目

液体火箭发动机可靠性保证是针对产品可靠性风险，在液体火箭发动机的研制、生产、交付全过程进行的一系列有组织、有计划的技术和管理活动。

液体火箭发动机可靠性保证工作项目主要包含可靠性要求、可靠性管理、可靠性分析、可靠性设计、可靠性试验与评估等方面，参见表 7－1。

表 7－1　液体火箭发动机可靠性保证工作项目

序号	工作项目类别	工作项目	方案阶段	初样阶段	试样阶段	定型阶段
1	可靠性要求	可靠性定性要求	√	√	○	○
2		可靠性定量要求	√	√	○	○
3	可靠性管理	制定可靠性保证计划	√	√	√	○
4		可靠性评审	√	√	√	○
5		对供方的监督和控制	√	√	√	√
6		可靠性信息管理	√	√	√	√
7		可靠性培训	√	√	√	√
8		可靠性增长管理	△	√	√	○
9	可靠性分析	寿命和任务剖面分析	√	√	○	○
10		功能分析	√	√	△	○
11		继承性分析	√	√	△	×
12		故障模式、影响（及危害性）分析	√	√	○	○
13		故障树分析	△	√	△	○
14		可靠性建模	√	√	○	○
15		可靠性分配	√	√	○	○
16		可靠性预计	√	√	○	○
17	可靠性设计	可靠性设计准则	√	√	√	○
18		可靠性关键项目的识别与控制	√	√	√	○
19		裕度设计	√	√	○	○
20		强度设计	√	√	○	○
21		疲劳设计	△	√	○	○
22		耐久性设计	△	√	○	○
23		损伤容限设计	△	√	○	○
24		燃烧稳定性设计	√	√	○	○

续表

序号	工作项目类别	工作项目	方案阶段	初样阶段	试样阶段	定型阶段
25	可靠性设计	连接和密封可靠性设计	√	√	○	○
26		抗力学环境设计	√	√	○	○
27		热设计	√	√	○	○
28		防多余物设计	√	√	○	○
29		电磁兼容性设计	√	√	○	○
30		降额设计	√	√	○	○
31		冗余设计	√	√	○	○
32		防差错设计	√	√	○	○
33	可靠性试验与评估	环境应力筛选试验	△	√	√	√
34		可靠性研制/增长试验	√	√	√	○
35		可靠性鉴定试验	×	√	√	△
36		可靠性验收试验	×	△	√	√
37		可靠性评价	△	√	√	√

注："√"表示必做；"△"表示选做或用户、交办方有要求时做；"×"表示不要求做；"○"表示技术状态变更时必做。

7.2.2　可靠性要求

明确可靠性要求的目的是确定可靠性目标，规范可靠性活动，包括可靠性定性要求和可靠性定量要求。液体火箭发动机可靠性定量要求最常见的概念是可靠度，是指产品在规定的条件下和规定的时间内，完成规定功能的概率。可靠性要求必须明确、不可模糊。对于液体火箭发动机及组件可靠性要求主要需明确寿命剖面、任务剖面、故障判据和其他约束条件，可靠性指标和相应的验证方法等。

在明确液体火箭发动机总体可靠性要求时，应先经过充分论证并与火箭型号总体协调，在明确液体火箭发动机组件可靠性要求时，也需与液体火箭发动机总体协调，并尽可能明确可靠性要求的验证方法。在不同研制阶段，可根据实际情况确定阶段性可靠性目标和验证方法。

7.2.3　可靠性管理

可靠性管理是从系统的观点出发，通过制定和实施一系列科学的计划，去组织、控制和监督可靠性活动的开展，以保证用最少的资源，实现用户所要求的产品可靠性。

液体火箭发动机可靠性管理主要内容包括制定可靠性保证计划、可靠性评审、对供方的监督和控制、可靠性信息管理、可靠性培训、可靠性增长管理等。在液体火箭发动机设计、生产、试验、使用的全过程中实施科学的可靠性管理，对提高发动机可靠性乃至企业的可靠性保证能力至关重要，起着“提纲挈领”的作用。

液体火箭发动机可靠性管理的重点是结合液体火箭发动机特点和研制流程，建立并完善各项可靠性管理工作要求，按要求开展各项可靠性管理活动，并对照要求对各项管理活动及时进行检查和评估，对发现的问题及时整改或完善可靠性管理工作要求。

7.2.3.1 可靠性保证计划

可靠性管理的首要工作是制定可靠性保证计划，其主要内容是根据发动机及其组件的特点，对表7-1规定的可靠性保证工作项目进行适应性剪裁，明确各工作项目输入、过程控制和输出要求。应将不同研制阶段的可靠性保证计划纳入型号研制计划中，并落实工作项目。针对不同层级的产品及外协产品应建立相应的可靠性保证计划。另外，需注意液体火箭发动机不同研制阶段的可靠性保证计划的要点是不同的。如方案阶段注重可靠性设计方案与可靠性分析等；初样、试样阶段注重可靠性设计改进、试验与评估等。

可靠性保证计划可单独编制，也可作为重要组成部分纳入产品保证计划（要求参见本书5.5.3节）。

7.2.3.2 可靠性评审

可靠性评审的目的是评价可靠性工作是否符合可靠性保证的相关要求，并使产品满足可靠性定性和定量要求。可靠性评审应具有严肃性、权威性和时效性，并不改变“谁设计，谁负责”和“谁抓总，谁负责”的技术责任制，应注意不同研制阶段可靠性工作项目及评审的侧重点是不一样的。

可靠性评审应有可靠性专业人员参加。另外需注意，对于液体火箭发动机总体设计方案评审，应邀请型号总体专家参与。对于组件设计方案，应邀请液体火箭发动机总体专家和重要零部件设计专家参与，如涡轮泵设计方案评审需邀请发动机总体专家、涡轮泵密封专家等。

液体火箭发动机可靠性评审应纳入可靠性保证计划，通常与设计评审结合进行，根据需要也可单独安排。

7.2.3.3 对供方的监督和控制

发动机承研单位应对外包供方可靠性工作进行监督和控制，以确保外包产品符合规定的可靠性要求。加强外包供方全领域、全级次、全过程、全要素管理，将液体火箭发动机可靠性保证要求和相关标准等传递到最末端。在合同或任务书中应明确规定对外包供方的可靠性工作要求，并对供方可靠性工作实施有效的监督与控制，必要时邀请可靠性专家适时参与。

对供方可靠性工作进行监督和控制的其他要求参见本书5.5.4节和5.12节相关要求。

7.2.3.4 可靠性信息管理

可靠性信息是有关发动机产品可靠性指标要求、可靠性设计与分析、可靠性试验、故障及其纠正和预防措施、验证评估结果等可靠性相关数据、报告和资料的总称。液体火箭发动机可靠性信息管理的目的是充分开发和有效利用液体火箭发动机可靠性信息资源，为液体火箭发动机全寿命周期管理提供决策依据和信息服务，提高液体火箭发动机可靠性。

实施可靠性信息闭环管理是开展液体火箭发动机可靠性信息工作的基本原则。可靠性信息管理应注重及时性、准确性、完整性和连续性，除常规可靠性信息管理外还包括质量问题归零信息管理、重大共性和常见多发可靠性问题清单管理、可靠性相关数据库的管理等。

7.2.3.5　可靠性增长管理

液体火箭发动机可靠性增长管理的目的是通过不断地消除发动机设计或制造中的薄弱环节，使发动机可靠性逐步提高。通常先明确可靠性增长目标，然后全面识别发动机的薄弱环节，制订合理、可行的可靠性增长方案及计划，并对薄弱环节开展改进，接着再通过试验验证，最后评价可靠性增长工作是否达到了可靠性增长目标。

7.2.4　可靠性分析

可靠性设计与分析是发动机可靠性工程的重点与核心工作，目的是挖掘与确定发动机产品潜在的隐患和薄弱环节，并通过设计预防与改进，有效地消除隐患和薄弱环节，从而提高发动机产品可靠性水平，满足可靠性要求。

可靠性分析是应用归纳、演绎等逻辑推理方法对系统可能发生的故障进行分析研究，给出产品设计变量和工作条件对系统可靠性的影响。液体火箭发动机产品保证可靠性分析项目包括寿命和任务剖面分析、功能分析、继承性分析、故障模式影响（及危害性）分析［FME（C）A］、故障树分析（FTA）、可靠性建模、可靠性分配与可靠性预计等。

7.2.4.1　寿命和任务剖面分析

寿命剖面说明了液体火箭发动机及其配套产品在整个寿命期所经历的事件以及每个事件的顺序、持续时间、环境和工作方式。任务剖面包括液体火箭发动机及其配套产品的工作状态、维修方案（任务过程中能维修的产品）、工作的时间和顺序、所处环境（外加与诱发）的时间与顺序、任务成功或严重故障的定义。

寿命和任务剖面是液体火箭发动机及其配套产品研制期间进行设计、分析、试验、评价等工作策划的重要依据，是对可靠性要求中规定条件的定义表征，需量化明确和逐层传递。可采用的方法包括对照标准、相似性分析等。

7.2.4.2　功能分析

功能分析是通过分析液体火箭发动机及其配套产品的功能及其作用，进而认识其特性及内部结构的一种科学分析方法。功能分析应与发动机产品结构分析相结合，才能达到全面认识系统的目的。功能分析还应将型号总体对液体火箭发动机的各项功能要求进行分类、分解和分配，确保液体火箭发动机各项功能可实现、可追溯，为开展产品研制各项工作（包括可靠性分析、设计、试验、评估等）提供依据。

7.2.4.3　继承性分析

继承性分析是对照液体火箭发动机及其配套产品的技术要求，分析产品在技术指标、使用环境、鉴定条件、功能和性能等方面的继承性，保证继承产品的适用性。一般重点分析继承产品的技术状态基线、生产基线、试验基线等。产品继承性等级可分为A类（完全继承)、B 类（少量适应性改进)、C 类（较大改进)、D 类（全新研制）四类。

继承性分析同时应开展产品成熟度分析，按照产品成熟度评价模型和相关标准，从设计、生产、试验和管理多个方面，查找产品存在的薄弱环节，提出产品成熟度提升的工作方向，策划具体工作项目与内容，纳入产品研制策划和产品保证策划。

7.2.4.4　故障模式、影响（及危害性）分析

故障模式、影响（及危害性）分析［FME（C）A］的根本目的是促使技术人员在产品研制的各个环节中对分析对象同步地识别、梳理有可能发生的故障，分析其影响或后果，寻找故障原因，针对原因采取相应的纠正与预防措施，保证和提高产品的固有可靠性。液体火箭发动机设计 FME（C）A 的基本方法分为功能法和硬件法，在产品寿命周期各不同阶段应采用不同的 FME（C）A 方法进行分析工作。承研单位应根据承担的液体火箭发动机及其配套产品的特点，制定并发布常见故障模式清单、故障模式表单和故障实例(案例)，指导技术人员进行 FME（C）A，以减少重复性工作，防止遗漏重要故障模式。

7.2.4.5　故障树分析

故障树分析（FTA）是以液体火箭发动机最不希望发生的故障状态作为分析目标（称为顶事件)，然后找出导致这一故障状态发生的所有可能的直接因素（称为中间事件)，逐层分析，直到找出引起液体火箭发动机故障状态发生的全部基本原因（称为底事件)。在具有基础数据时，还可计算求出顶事件发生的概率及底事件重要度等定量指标。

液体火箭发动机故障树分析目前常在地面试验或飞行出现故障时使用，用于归零中的故障定位和分析、查找、确认故障原因。故障树分析更应在液体火箭发动机及其配套产品研制阶段使用，针对可能导致事故或液体火箭发动机严重、致命故障进行详细分析，制定相关控制措施，并验证措施的有效性。

故障树分析的一般分析程序为建造故障树、故障树规范化、简化和模块分解、定性分析、定量分析、多状态故障的处理等。

7.2.4.6　可靠性建模、预计和分配

可靠性建模的目的是为可靠性预计、分配、评估等工作提供支持。可靠性模型包括可靠性框图和可靠性数学模型两项内容。可靠性框图表示产品各单元之间的功能逻辑关系。典型的可靠性模型分为四种：串联模型、并联模型、r/n 表决模型和旁联模型。建立可靠性数学模型常用方法有普通概率法、布尔真值表法、蒙特卡洛模拟法等。

液体火箭发动机可靠性预计主要根据各部组件的故障模式及设计裕度，结合生产工艺经验，采用广义应力-强度模型及其衍生模型或疲劳分析模型等进行可靠性预计，也可根据相似产品进行可靠性预计。其中传感器等电子类产品，广泛采用相似产品法、相似电路法、元件计数法和元件应力分析法。

液体火箭发动机的可靠性分配就是将型号总体对液体火箭发动机的可靠性指标按照一定的原则和方法分配到规定的产品层次（分系统、组件、零部件等)。可靠性分配的方法包括等分配法、比例分配法、加权分配法、比例组合法、评分分配法、修正评分分配法、

最小工作量法等。

可靠性分配和可靠性预计应相互迭代、不断完善。

7.2.5 可靠性设计

可靠性设计以提高产品的可靠性为主要目的，应用可靠性的理论、技术和设计参数统计数据，对产品开展一系列工程技术活动，实现产品的可靠性指标。可靠性设计的核心内容是在设计过程中系统考虑设计影响因素的不确定性。传统可靠性设计把各种设计变量处理为确定性的单值变量，通过确定性的函数描述变量和变量之间的关系，并通过设定安全系数来应对各种不确定的风险。传统可靠性设计方法虽简便易行，但没有考虑各变量的不确定性，某些情况下可能会出现故障。基于概率论和数理统计等随机理论，分析液体火箭发动机及其配套产品在工作状态下的随机规律和可靠性的概率这种可靠性设计方法，更能揭示事物本质，具有广阔的应用前景。

液体火箭发动机可靠性设计可分为定性可靠性设计和定量可靠性设计。

7.2.5.1 定性可靠性设计

定性可靠性设计是在 FME（C）A 基础上，有针对性地应用成功的设计经验使所设计的产品达到可靠的目的。其主要内容是可靠性设计准则的制定和实施。可靠性设计准则是产品设计中为提高可靠性而应遵循的细则，是根据在产品设计、生产、使用中积累起来的行之有效的经验和方法编制的。

推荐的液体火箭发动机可靠性设计准则包括抗力学环境设计、强度设计、疲劳设计、热设计、电磁兼容性设计、燃烧稳定性设计、连接和密封可靠性设计、防多余物设计、耐久性设计、损伤容限设计、裕度设计、降额设计、冗余设计、防差错设计和三防设计等。其他常用设计准则还包括综合权衡优化设计、继承性设计、简化设计、人因设计、环境防护设计、防静电设计、非金属材料抗蠕变设计等。下文列举一些液体火箭发动机常用设计准则，各类设计准则仍需得到不断地总结和提炼。

（1）热设计准则

液体火箭发动机热设计准则主要有：

1）应优先采用被动热控技术，如隔热垫、隔热罩、隔热涂层、隔热镀层、包覆层、散热片等防护措施；

2）选用耐高温、耐烧蚀、绝热或高导热等特殊性能材料；

3）在高热流部位采用再生冷却、膜冷却、发汗冷却、烧蚀冷却、辐射冷却等冷却措施；

4）在温差大的部件之间设置隔热垫；

5）加装防热挡板，如在液体火箭发动机喷管喉部位置加装防热挡板；

6）采用套装隔热套，如在液体火箭发动机电缆设计时采用硅橡胶套管进行热防护；

7）黏结或喷涂防热层；

8）必要时，采取在产品表面直接粘贴电加热丝、带，或在组件表面缠绕带电加热带的包覆层等主动热控措施。

（2）燃烧稳定性设计准则

液体火箭发动机燃烧稳定性设计准则主要有：

1）热力组件一般通过设置隔板、声腔、采用流量混合比分区、控制喷嘴压降等设计措施，增加阻尼，抑制燃烧室内的压力振荡，结合燃烧稳定性验证和评估，确保燃烧稳定、结构可靠；

2）燃烧稳定性的最终评估必须在液体火箭发动机整机状态进行验证，只有当试验条件与飞行条件类似时，履行审批手续后，才可用组件试验代替整机试验；

3）液体火箭发动机整机燃烧稳定性鉴定评估前，推荐先进行关键零部件缩尺、全尺及组件等燃烧稳定性仿真分析及验证试验，以降低风险；

4）热力组件应燃烧稳定，燃烧室压力脉动幅值（峰—峰）应满足设计要求，无法直接测量时可测量氧化剂（或燃料）喷前压力脉动幅值或振动综合加速度值，这些值应符合相关规范的规定；

5）热力组件满足压力脉动幅值控制要求，但出现因粗糙燃烧等导致的大振动引起结构破坏时，应从减小振动量幅值或结构抗振等方面采取措施；

6）液体火箭发动机及其配套产品技术状态更改变化，特别是热力组件的技术状态变化，要分析考虑对燃烧稳定性的影响，必要时应重新进行燃烧稳定性的试验和评估。

（3）防多余物设计准则

液体火箭发动机防多余物设计准则主要有：

1）应全面分析液体火箭发动机及其配套产品生产加工过程中可能产生的多余物，按照专用规范要求，从设计上采取措施防止产生多余物或便于清除多余物；

2）应全面分析产品在全寿命周期内自身可能产生的多余物类型及尺寸，包括运动磨损产生多余物、油脂油膏形成多余物、潮气结冰形成多余物等，防止产生多余物或限制多余物对自身及其他产品的影响；

3）对液体火箭发动机及其配套产品敞露的开口、插头、插座等，应选用适当的工艺堵盖或其他保护措施。在低温排放口或敞口端应设置气封或单向阀，并应设置置换、预冷、吹除、气封、泄出等功能；工作程序应保证工作过程中低温系统内没有潮气、空气等，以防止多余物或潮气进入导致结冰；

4）在可能产生多余物的组件下游和易受多余物危害的组件入口设置过滤装置，如为防止多余物进入喷嘴、冷却通道，燃烧装置一般在推进剂入口设置过滤网；过滤网设计时要考虑流体高速冲击对其强度的影响，避免自身产生多余物；

5）应采用不易产生毛刺等多余物的设计方案和结构；

6）不应选用在使用环境下及有效期内发生腐蚀、起皮、龟裂的材料，必须使用时应采取防护措施，确保在使用环境下不产生多余物；

7）相对运动的部件应避免锐边、咬边和毛刺等，以免划伤、磨削其他部件或毛刺脱落产生多余物；

8）垫片、密封圈、润滑脂、粘接剂、清洗剂、做标记用的颜料等非金属及辅助材料，应与液体火箭发动机使用的介质及表面涂镀层相容。

（4）抗力学环境设计准则

液体火箭发动机抗力学环境设计准则主要有：

1）振源抑制，通过对振动源进行优化设计，降低其振动量级；

2）隔离设计，采用主动隔离或被动隔离方法将振动源与其他组件隔离开来；

3）减振设计，采用阻尼减振、动力减振等方法消耗或者吸收振动能量；

4）抗振设计，通过增强组件的静强度，减少悬臂结构，降低应力集中，结构件的固有模态频率避开发动机主振频率等方法，提高其抗振能力；

5）二级、上面级发动机及轨姿控推进系统等应进行整机振动试验及振动后的整机试车，验证对基础级力学环境的适应性，试验条件应按飞行振动条件进行；

6）参加力学环境试验的产品，其试验状态应与交付产品状态一致，由于各种原因无法保持一致的，应采用相应的工装或设备进行模拟，达到等效的效果；

7）连接件采用力矩量化控制、螺纹涂胶、锁紧垫片、打冲点、保险等措施防止连接件松动或松脱，保证连接可靠；

8）在动静载荷下，结构需具有足够的刚度，确保结构件在受载条件下不至于变形过大或与其他零部件、组件发生干涉，避免造成结构碰撞摩擦、电缆或热控包覆拉扯等；

9）根据总体任务书规定的贮存及运输环境条件，应开展发动机整机与关键组件的贮存试验以及整机运输试验；

10）导管上设置接管嘴时，应尽量避免焊接结构，部分工作环境恶劣且对发动机可靠性有重大影响的接管嘴宜采用整体加工；

11）焊接结构应尽量采用对接或锁底对接结构形式，避免焊缝交叉，对接接头应尽量避免内外错壁；

12）结构件应力集中部位（如接管嘴根部）应设置适合的圆角。

（5）强度设计准则

液体火箭发动机强度设计准则主要有：

1）发动机的强度设计应以结构不发生破坏和不产生有害变形、结构模态频率与发动机主要激振源具有一定的避开裕度为可靠性设计目标，通过分析和试验验证，确保发动机及零部件、组件结构满足结构的强度、刚度和动特性要求；

2）应开展寿命剖面和任务剖面分析，明确发动机及组件的载荷条件；

3）应以最大使用条件载荷为基础进行强度设计；最大使用条件载荷是结构在指定环境下使用寿命期间可能承受的最恶劣情况的组合载荷，包括稳态载荷、振动载荷和冲击载荷；

4）应使用有限元模型或其他结构分析方法开展强度、刚度和动特性设计，并对模型和分析方法的正确性进行检验，以确保结构分析结果的有效性；最后应在试验验证的基础上，修正分析模型；

5）发动机所有承压组件均应进行强度试验，且应将强度试验作为产品的验收试验；

6）必要时通过复核复算或专门的试验验证，确认产品结构满足强度、刚度和动特性的相关规范和准则要求。

（6）疲劳设计准则

液体火箭发动机疲劳设计准则主要有：

1）发动机中可能因承受疲劳载荷而导致失效的部位为疲劳薄弱部位，可采用分析、试验或经验的方法确定疲劳薄弱部位；

2）若疲劳薄弱部位对应的零部件为关重件，则该零部件应被确定为疲劳关键件。对于疲劳关键件的寿命应通过试验进行验证；

3）对于使用中承受的疲劳应力很小或有特殊要求的零部件，可按无限寿命设计；

4）对于有限寿命零部件，宜根据零部件的疲劳载荷谱和材料 $S-N$、$\varepsilon-N$ 曲线采用标准规定的方法来确定疲劳寿命；

5）使用寿命的确定应同时考虑高周疲劳、低周疲劳和蠕变等因素的综合影响，采用损伤累积分析方法确定累积损伤量，累积损伤量应满足标准规定的要求。

（7）损伤容限设计准则

液体火箭发动机损伤容限设计准则主要有：

1）按损伤容限设计的结构，应通过分析或试验验证等方法，保证在使用载荷/环境谱作用下，在规定的不维修使用期内，不出现因未能查出的裂纹或损伤扩展而造成的结构失效。即在材料、制造中存在初始缺陷和使用中引起各种损伤的情况下，直到定期检查之前，保证裂纹或损伤不至于扩展到引起破坏的程度，且具有足够的剩余强度，确保结构的使用安全；

2）按损伤容限设计的发动机零部件，应采用损伤控制设计，确保损伤在容许的限度内；

3）按损伤容限设计的发动机零部件，其损伤部位应 100％进行无损检测；

4）采用损伤容限设计的发动机零部件，允许采用较低的强度安全系数，但应通过分析或试验确认小于无损检测最小可检测尺寸的缺陷，在寿命周期内不会扩展到非稳定状态。

（8）耐久性设计准则

液体火箭发动机耐久性设计准则主要有：

1）按耐久性设计的发动机零部件，应采用损伤控制、腐蚀防护与控制、热防护、磨损控制等设计措施，确保结构具有良好的工作性能和低的使用维修费用；

2）应采用单次燃烧耐久性试验验证发动机能够满足要求的最长燃烧持续时间，以及对连续多次点火的耐久性；

3）对烧蚀材料喷管的耐久性，主要关注烧蚀和碳化深度裕度；耐久性试验后，应评估烧蚀喷管的烧蚀是否均匀，以排除流动恶化导致的显著烧蚀；

4）按耐久性设计的发动机零部件，应对其损伤部位，制定对应的结构无损检测和检验要求，保证其满足工作性能要求；

5）对于热结构，应根据工作环境温度，采用标准规定的方法确定蠕变寿命。

（9）连接和密封可靠性设计

液体火箭发动机连接和密封可靠性设计准则主要有：

1）应根据产品特点，选择合适的连接和密封形式，并优先采用设计规范和可靠性设计指南中推荐的设计准则，进行适当剪裁、修改、补充，制定产品专用连接和密封可靠性设计准则；

2）发动机中可能因连接或密封失效而影响发动机正常使用的部位为连接和密封薄弱部位，可采用分析、试验或经验的方法确定连接和密封薄弱部位；

3）密封性能要求高的重要密封薄弱部位宜采用多道密封设计，提高密封可靠性；

4）对连接和密封薄弱部位应采用有效的精细、量化控制措施，确保连接和密封可靠性；常用的精细、量化控制措施包括：关键尺寸和形位公差控制、螺纹拧紧力矩控制、泄漏量控制、无损检测和多媒体记录等；凡规定了螺纹拧紧力矩、泄漏量等参数控制范围的，应记录实测值；

5）机械产品、电气产品的相关连接件应采取有效的防松措施（如涂螺纹紧固胶、锁紧垫片、保险、自锁螺母等）；

6）对于无法采用X射线检查确认内部焊接缺陷的Ⅰ、Ⅱ级焊缝，应建立清单，并采用严格控制焊接工艺关键特性和过程关键特性的方法，保证该焊缝质量。

（10）电磁兼容性设计准则

液体火箭发动机电磁兼容性设计准则主要有：

1）发动机电气产品按照GJB/Z 54—94、GJB 151B—2013、GJB 3590—99等开展电磁兼容性设计、试验和评定；

2）传感器、变换器等电气系统配套产品应考虑自兼容性及发动机工作时的电磁环境；

3）发动机电气系统设计应对信号电路提供有效屏蔽，避免电磁干扰的影响，对交流电信号采用屏蔽电缆设计，对速变信号（如振动、冲击、噪声、视频等）采用同轴电缆屏蔽传输，对数字量信号采用双绞电缆传输；

4）对于电缆的屏蔽层，通过单独接点和焊片连接方式将屏蔽层连接到连接器壳体，电缆中信号线与电源线、弱信号线与强信号线应独立屏蔽；

5）电路的输入输出连接端头不宜相邻；

6）应采取有效保护措施，防止电路中瞬变电压以及静电放电造成产品损伤；

7）应尽量缩短导线长度，减少电路温度梯度，提高电路的电磁兼容性；

8）结构设计时应考虑干扰抑制，主要包括材料、表面涂层和附件的型别、结构形式、屏蔽设计、腐蚀控制等；

9）发动机电器壳与箭体做到可靠连接，两点做搭接处理，有减振垫的产品通过引出接地片与箭体连接；

10）应对变换器等相关产品设置滤波功能，避免电磁干扰。

(11) 降额设计准则

液体火箭发动机降额设计准则主要有：

1) 应按照元器件选用目录选择元器件，对电子元器件和导线应开展降额设计，降低承受的温度应力和电应力；

2) 应按照 GJB/Z 35—93，根据各类产品的具体特点，采取针对性的降额设计措施，降额等级要求如下：

a) 对影响飞行成败的箭上产品、影响发射可靠性的地面设备应采取Ⅰ级降额；

b) 不影响飞行成败的箭上单点产品可采取Ⅰ、Ⅱ级降额；

c) 其他地面设备可采取Ⅱ、Ⅲ级降额。

3) 发动机用电气产品，如接插件、线圈、电缆导线、变换器等，应执行 GJB/Z 35—93 要求，对其工作电压、电流、温度等进行降额设计，降额等级满足相关要求。

(12) 裕度设计准则

液体火箭发动机裕度设计准则主要有：

1) 存在Ⅰ、Ⅱ类单点故障模式的产品和产品间接口，应结合任务需求和功能特点，针对故障模式和故障原因，采取裕度设计措施，包括强度、刚度、寿命、密封、防热、时序或间隙裕度等，保证高可靠性；

2) 在设计各级产品参数时，以及在选用下一级产品、零部件、元器件、原材料时，应考虑各种影响因素的可能偏差；通过裕度设计，产品工作在极限环境条件、工作输入条件及产品自身的结构或性能参数出现偏差状况时，依然可以完成规定的功能；

3) 应注意同一产品的不同功能裕度之间的协调匹配，防止一个特性裕度过大而导致其他特性裕度过小；

4) 应对不同批（发）次产品，收集各种影响因素的实际数据并进行统计分析，根据分析结果合理优化裕度设计，条件具备时应将可靠性指标与裕度系数关联并建立定量关系，通过裕度设计给出满足可靠性定量要求的特征量设计值；

5) 设计发动机系统性能时，产品性能参数设计应考虑发动机在各种极限情况下的适应性；

6) 设计各组件性能时，应留出适当余量确保组件在各种极限情况下的适应性，同时方便后续系统性能提升或可靠性增长设计；

7) 结构设计应根据发动机相关设计标准选取合适的安全系数；

8) 结构设计应考虑关机水击压力引起的结构变形或破坏，必要时设置缓冲装置；

9) 发动机结构设计应考虑焊缝强度裕度影响；

10) 对于仿真分析还不成熟、难以有效验证的薄弱环节，应适当增大设计裕度；

11) 对于工艺散差较大的产品或项目，应适当增大设计裕度。

(13) 防差错设计准则

液体火箭发动机防差错设计准则主要有：

1) 应全面识别产品全寿命周期内，有关人员对产品进行安装、连（插）接、更换、测试或操作等过程中的易错因素，采取针对性的防操作差错设计措施；

2）应对易错项目设计有效的检测方法，提出明确的检测要求，并闭环检查；

3）对有装配要求的零部件或组件，应在产品醒目位置设置标记、编号或颜色等标识；

4）机械接口应有清晰、牢固的标识，区分氧化剂路和燃料路、高压和低压气路等，防止不同介质串腔；

5）对介质流向有要求的零部件或组件，应尽量设计为不同规格的螺纹连接方式，并在产品外表面醒目位置标识介质流动方向；

6）对安装序号、安装方向、安装位置有要求或安装后不易检查的零部件或组件，应明确各产品的序号、方向和位置等要求，标记或记录清楚，并设置检查确认环节；

7）对相邻易错装的零部件或组件，其接口应设计成不同（规格或形式）的结构，防止装错、装反或接反；

8）对相邻管路、电缆、插头或插座等可采用不同规格、不同型号、不同颜色、不同连接标识等防差错措施。

（14）冗余设计准则

液体火箭发动机冗余设计准则主要有：

1）当影响成败的单点故障环节难以满足可靠性要求时，应通过合理采用两种或两种以上技术手段实现冗余设计，消除单点故障；

2）应采用简单可靠的冗余设计以满足可靠性要求，优先采用较低层次产品的冗余设计，通过多个小规模的冗余设计组成高可靠的整机或系统；

3）针对影响成败的电路、接插件、气路、液路、零部件、元器件应适当采用冗余设计，避免故障导致任务失败，但也应避免过度冗余；

4）应避免冗余产品之间的相互影响或共因故障导致冗余失效；

5）供电线路和重要信号传输线路应采用双点双线、多点多线或环形线路，如电爆管点火线路采用双桥冗余、关键阀门控制回路采用双点双线冗余设计；

6）冗余部分的工作状态在出厂测试或射前测试中应可测试到（破坏性测试除外）；

7）调节器电机限位采用电信号限位与机械限位双重冗余设计；

8）流量调节器步进电机采用绕组备份冗余设计；

9）动密封采用双道密封或多道密封等冗余设计；

10）充气阀、加注泄出阀等采用阀芯与堵头双道密封冗余设计；

11）推进系统热控加热回路采用主备路冗余设计等。

（15）防潮、防盐雾、防霉菌（简称三防）设计准则

液体火箭发动机“三防”设计准则主要有：

1）选用防潮、防盐雾、防霉菌的元器件、金属和非金属材料；

2）选用绝缘性能好的橡胶、树脂等材料填充、灌封电气产品内腔，提高绝缘能力；

3）采用密封贮存技术防止潮气进入发动机内腔，保证发动机贮存环境，包括控制环

境温湿度，发动机对外接口设置工艺保护堵盖；

4）组件液流测试完成后，用干燥清洁的空气吹干，并真空烘干；

5）对电化学腐蚀和电偶腐蚀敏感的结构，相邻的结构件尽量采用相同的金属材料；

6）设计发动机结构时，金属材料采用退火等热处理措施，降低结构件中残余应力，防止应力腐蚀；

7）进行发动机结构设计时，金属材料采用表面处理、涂覆油漆、防护层等方法防止腐蚀；

8）应根据需要，在发动机处于零部件或组件状态时即采用防霉剂处理措施，防止霉菌产生，如采用高强度紫外线辐照等方法防止和抑杀霉菌；

9）产品包装应具备防尘、防潮、防腐蚀功能；

10）发动机各接口、排放口及推力室喉部应采取具有密封功能工艺保护堵盖或防尘排气免拆堵头等保护措施；

11）阀门线圈组件、焊接形式的电缆插头座采用灌胶方式密封，提高绝缘性能；

12）传感器与电缆、电缆与变换器连接后，电连接器外表面应缠绕无碱玻璃丝带并涂覆硅橡胶，硅橡胶应完全覆盖电连接器；

13）传感器、变换器壳体应采用密封设计。

（16）功能测试、贮存、装卸、包装、运输和维修设计准则

液体火箭发动机功能测试、贮存、装卸、包装、运输和维修设计准则主要有：

1）进行发动机可靠性分析时，应明确产品测试、贮存、装卸、包装、运输等阶段所经历的各种无防护的原始环境；

2）发动机可靠性设计应按照相关标准规定，考虑测试、贮存、装卸、包装、运输和维修等非工作状态的可靠性；

3）应根据总体提供的环境条件，通过分析和必要的试验，确定对上述环境敏感的产品和关键参数，选取关键、典型零部件或组件进行环境试验验证；

4）功能测试等有可能耗损产品寿命及可靠性的项目，应从产品验收交付、总装测试、单元测试、综合测试、匹配测试到总检查测试等过程中，对产品的动作次数、工作时间、测试应力等进行分析汇总；

5）应对发动机制定专门的测试、贮存、装卸、包装、运输和维修要求。

7.2.5.2　定量可靠性设计

液体火箭发动机是以机械产品为主的系统，一般可分为整机和零、部、组件，度量产品可靠性参数包括可靠度、失效率、累积失效概率、平均寿命、平均故障间隔时间、可靠寿命等，常用参数是可靠度、寿命或可靠寿命等。对于可重复使用发动机，还包括平均故障间隔时间和维修时间等。

定量可靠性设计是在充分掌握所设计的零件强度和应力分布以及各设计参数随机性的基础上，通过建立隐式或显式极限状态函数关系，设计出满足规定可靠性要求的产品。一般在关键或重要零部件设计时采用定量可靠性设计。按设计分析对象的不同可分为结构可

靠性、机构可靠性和系统可靠性。概率设计法是可靠性定量设计的主要方法，液体火箭发动机常采用应力-强度分布干涉、疲劳可靠性等定量设计模型。对于失效机理明确，相关影响因素数据易于采集和确定的设计项目，宜开展可靠性定量设计；对于失效机理明确，但变量数据难以收集或采集的确定项目，则主要依据适当提高设计裕度、控制各变量波动范围等措施保证其可靠度；而对于失效机理复杂的失效模式，如液体火箭发动机振动偏大、燃烧不稳定等，则进一步增大数据采集范围和子样数，进行相关性分析，开展可靠性失效机理研究，研究制定控制措施和解决方案，并通过试车验证。应严格控制通过改变液体火箭发动机状态生产基线来降低生产不确定性的行为。一切可靠性设计的终极目标是，降低飞行风险，保证成功。

液体火箭发动机常用应力强度分布干涉模型作为分析工具。该模型又可以根据应力和强度数据分布类型分为应力和强度都为正态分布，应力和强度都为对数正态分布，应力和强度都为指数分布，强度为正态分布、应力为指数分布，强度为指数分布，应力为正态分布，强度和应力为其他分布等子模型。这些类型的强度-应力可靠度计算都需要知道应力和强度的分布规律。简单应力-强度模型计算可采用 Excel 表格软件计算，复杂些的可以编程和采用专用可靠性计算软件计算（如蒙特卡洛仿真）。

液体火箭发动机有大量承力结构件，如机架、泵架、贮箱、气瓶及管路元件等各类机械零部件。这些零部件结构形式、功能各不相同，但是都会在内外载荷作用下产生一定动、静应力，当应力超过零部件材料所能承受的强度极限时，就会出现失效，如裂纹、断裂、失稳或过度变形等，导致零部件丧失规定的功能。采用应力-强度干涉模型可较好地解决零部件的可靠性量化设计问题。传统安全系数设计方法中没有反映应力和强度的随机性，并且存在难以与可靠性量化指标对应的问题。采用可靠性量化设计可以提高产品设计的合理性。除应力-强度干涉模型外，发动机常用的可靠性量化设计还包括疲劳可靠性设计、老化可靠性设计等。可靠性量化设计方法目前在工程实践中应用还不多，需要不断推进量化设计方法的应用研究，解决工程实践中存在的诸多问题，如材料性能数据散布不易获取、复杂环境条件下载荷难以识别、不确定性难以测量和确定、环境条件难以量化确定等难点。液体火箭发动机的可靠性量化设计重点应针对发动机断裂、泄漏、烧蚀等可能导致严重故障的模式，例如发动机出现爆炸、推力中断、起动失败、关机、无法摇摆等故障；推力室爆炸、开裂、烧蚀、烧穿等故障；涡轮泵爆炸、断裂、卡死、磨损等故障；阀门打不开、关不上、不动作、误动作、卡滞、卡死等故障。

例如某发动机采用基于 Optimus 软件平台开展离心泵的性能可靠性量化设计研究，先在确定性分析的基础上，计算出一组理论最优参数作为确定性设计参数，然后引入参数的分布函数，参数分布一般根据产品实际情况确定，涉及正态分布、平均分布和指数分布等各种形式，随后对不确定性设计进行计算分析，得到产品可靠度。初步设计时计算得到该离心泵扬程、输入功率和抗汽蚀性能的可靠度分别为 0.830、0.941 和 0.946。显然，扬程、输入功率和抗汽蚀性能均存在较大失效概率，且扬程小于设定值的概率明显偏大。采取改进措施后计算得到扬程、输入功率及抗汽蚀性能的可靠度分别为 0.922、0.992 和

0.992，性能可靠度得到明显提高。

7.2.6　可靠性验证

产品可靠性一般通过可靠性试验来验证。可靠性试验按试验的目的分为工程试验和统计试验两种：进行工程试验的目的是暴露产品的缺陷，通过采取纠正措施来排除或改进缺陷，以提高产品的可靠性或使产品更加健壮；统计试验的目的是验证产品的可靠性或寿命是否达到规定的要求。

液体火箭发动机可靠性试验主要包括环境应力筛选、可靠性研制/增长试验、可靠性鉴定试验、可靠性验收试验。其中，前两者属于工程试验，后两者属于统计试验。

7.2.6.1　环境应力筛选试验

环境应力筛选试验对产品施加规定的环境应力（湿度、温度、电应力、振动等），发现和剔除由于材料缺陷、不良零件或元器件、工艺缺陷和其他原因所造成的早期故障，提高产品的使用可靠性。

环境应力筛选试验主要应用于电子产品。液体火箭发动机配套电子产品如传感器、变换器、控制器、测试仪等应进行环境应力筛选试验。试验项目主要包括高、低温循环试验和随机振动等试验，有的低温液体火箭发动机配套的电子产品还须做低温预冷筛选试验。

温度循环试验激发出的主要故障模式包括：使涂层或线头上各种裂纹扩大，使粘接不好的接头松弛，材料热膨胀系数不同产生的变形和应力引起的故障，使焊接质量较差的钎焊接触电阻加大或造成开路等。随机振动试验激发出的主要故障模式包括：结构部件、引线或元件接头产生疲劳，电缆磨损，接头松弛，安装不当的集成电路片脱落，虚焊，元器件引线布置不良造成损坏等。

在研制阶段，液体火箭发动机及其配套电子产品在可靠性鉴定试验前，应先进行环境应力筛选，以消除早期故障，提高鉴定试验效率和试验结果的准确性。在生产阶段，批生产产品交付验收之前，应100%地进行环境应力筛选，以消除早期工艺和元器件故障。在使用阶段，故障产品修复后，也要进行环境应力筛选，以消除更换件和维修操作可能引起的故障。

7.2.6.2　可靠性研制试验

（1）可靠性研制/增长试验

可靠性研制试验是通过模拟产品工作条件和工作载荷（包括极限工作条件和载荷），暴露产品设计、材料和工艺上的缺陷，优化和改进设计，提高产品固有可靠性，使产品满足可靠性研制要求。可靠性增长试验是围绕发动机可靠性增长目标，有计划地开展发动机组件及系统级的性能拉偏试验、裕度试验、极限边界条件试验、使用维护及环境适应性试验等，充分暴露产品可靠性薄弱环节和潜在隐患，采取改进措施并进行验证，提高产品固有可靠性、使用维护性及环境适应性，使产品可靠性达到可靠性增长目标。

液体火箭可靠性研制与增长试验类型主要包括功/性能试验、接口匹配试验、环境适应性试验、拉偏试验、裕度试验等，应针对以上各类型的试验对不同类型的产品选择不同的试验项目。

液体火箭发动机可靠性研制与增长试验都是一种试验-分析-改进（TAAF）过程，具有以下特点：1）液体火箭发动机在设定的环境条件与工况下，进行一次或多次工作循环（点火起动-主级-关机）的液体火箭发动机地面热试车，以激发暴露液体火箭发动机潜在的故障或薄弱环节；2）在热试车中的故障检测、参数测量和试车后的分解检查的基础上，进行周密的故障分析，查清故障模式与机理；3）针对故障采取相应的纠正措施，在验证措施有效后，将其纳入相关设计、工艺文件，使液体火箭发动机固有可靠性得到切实增长。

由于故障暴露、分析及纠正措施的有效性验证往往不能通过一次试验就能完成，因此液体火箭发动机的可靠性增长试验需要经历多次试验与改进的循环迭代。

判断液体火箭发动机可靠性增长试验获得成功，至少满足以下条件：

1）可靠性增长试验涵盖可靠性鉴定试验所规定的环境工作条件；

2）对可靠性增长试验过程的跟踪应该是严格的，而且增长之前的故障记录、定位、机理都是非常清晰的；

3）有完整的故障归零闭环，并对纠正过程有详尽的可追溯记录；

4）可靠性增长试验的最终评估结果是可信的，评估方法是合理的，置信水平符合要求，评估结果应为产品可靠性不低于计划的可靠性增长目标。

常用的两种可靠性增长模型是 Duane 模型和 AMSAA 模型。液体火箭发动机试验费用较高，一般不能按照 GJB 1407《可靠性增长试验》推荐的增长模型安排试验，主要采取强化应力水平的方法，拉偏某些工作参数、覆盖产品工作环境条件，以最小的代价发现薄弱环节、暴露薄弱环节，并采取设计或工艺改进措施，实现可靠性增长。

（2）燃烧稳定性试验

燃烧稳定性试验的目的是考核液体火箭发动机或热力组件的燃烧稳定性，保证产品具有足够的稳定性裕度，避免出现燃烧不稳定问题，为热力组件的燃烧稳定性评估及液体火箭发动机结构设计改进提供依据。由于液体火箭发动机燃烧不稳定往往导致严重或灾难性故障，导致发动机不能满足可靠性要求。因此，液体火箭发动机燃烧稳定性试验本质上也属于可靠性研制/增长试验。

液体火箭发动机燃烧稳定性试验主要包括：

1）燃烧稳定性验证试验。目的是验证头部装置隔板、声腔等稳定措施的有效性，为确定燃烧稳定性装置的技术状态（如隔板形式与几何尺寸，声腔深度和开口面积等）提供依据。

2）燃烧稳定性鉴定试验。目的是确定液体火箭发动机燃烧稳定性状态或燃烧稳定性裕度，包括带人为激励的燃烧稳定性鉴定试验和自发激励的燃烧稳定性鉴定试验。

7.2.6.3 可靠性鉴定试验

可靠性鉴定试验是为验证产品的设计是否达到了规定的可靠性要求，由订购方认可的单位按抽样方案，抽取具有代表性的产品在规定条件下所进行的试验。

对有可靠性指标要求的产品，特别是对任务关键的或新技术含量较高的产品应进行可靠性鉴定试验。可靠性鉴定试验应尽可能在较高层次的产品上进行，以充分考核接口的情况，提高试验的真实性。可靠性鉴定试验可结合产品的定型试验或寿命试验进行。

用于鉴定试验的产品一般需要进行所要求的各项鉴定试验。对一次使用装置（如火工品）鉴定试验可能用到多个鉴定产品完成。对于液体火箭发动机配套的电子产品，在鉴定试验前应先进行环境应力筛选，以剔除潜在缺陷。经过鉴定试验后的产品，一般不再用于飞行。

液体火箭发动机可靠性鉴定试验应遵循以下原则：

1）地面试验从严从难，充分考虑可能遇到的恶劣工况和环境，并适当加严；

2）按照相似准则，模拟飞行条件，包括启动程序、启动过程、稳定段、关机过程、过载、摇摆、推进剂温度等；

3）改变内外因素及针对可能遇到的组合进行试验，考核液体火箭发动机在偏离额定工况条件后是否存在振动加剧、燃烧不稳定和热交换能力变差等方面的问题，寻找可靠工作的边界；

4）极限工况的范围要宽于液体火箭发动机必须可靠工作的参数范围，但要防止过考核或灾难性事件的发生。

7.2.6.4 可靠性验收试验

可靠性验收试验是为验证批生产产品是否达到规定的可靠性要求，在规定的条件下所进行的试验。液体火箭发动机可靠性验收试验包括整机验收试车（试后产品可交付），整机和部组件的抽检试验（试后不能交付使用）。

（1）验收试车

对于可重复试验的液体火箭发动机，交付前进行整机验收试车，检验液体火箭发动机生产装配质量和工作性能。一般包括工艺验收试车、工艺校准试车、热标试车等。

验收试车工况一般按额定工况进行，试验时间一般以能反映液体火箭发动机装配质量、工作协调性以及稳态工作性能的最短时间为准。

（2）抽检（典型）试验

按规定的批量大小和抽样原则从各生产批次中抽取产品进行验收试验，包括各级产品典型试验和整机抽检试车。

整机抽检试车方案需经过评审，整机抽检试车前准备情况和试车后液体火箭发动机结果分析也需经过评审。

7.2.7 可靠性评价

综合利用与产品相关的各种信息，定量评价产品的可靠度水平，减少研制经费、缩短研制周期。

7.2.7.1 可靠性评估

对液体火箭发动机的可靠性评估包括各级产品可靠性评估、发动机性能可靠性评估、发动机结构可靠性评估。

液体火箭发动机性能可靠性评估主要是对推力、混合比、比冲、响应时间等主要性能参数进行评估。推力和混合比等性能参数使用正态分布双侧容许限的方法进行评估，比冲、响应时间等性能参数使用正态分布单侧容许限的方法进行评估。

液体火箭发动机各级产品可靠性评估依据可靠性特征量的概率分布规律，一般采用二项式分布型、指数寿命型、威布尔寿命型、应力-强度型、正态参数型等五种基本型评估方法。成败型产品选用二项分布模型，适用于火工品类等产品；主要故障模式为偶然性故障模式的产品选用指数分布模型，适用于电子产品和工作时间短、任务期间未进入耗损、退化期的机电产品；主要故障模式为耗损性故障模式，难以用单个性能参数表征工作状态的产品选用威布尔分布模型，适用于液体火箭发动机整机、推力室、涡轮泵、轴承等产品；可以用单个性能参数表征工作状态的产品选用正态分布模型或应力-强度模型，适用于机架、燃烧室壁等产品；长寿命产品通常需要建立性能退化模型或加速模型，性能退化模型应表征产品性能与工作时间的关系；电子产品高温加速寿命试验选用阿伦尼斯（Arrhenius）模型，其他产品根据加速应力对寿命的影响建立加速模型。

气瓶作为液体火箭发动机的供气装置，在装配前均经过液压强度、气密性等检查，并在同批中抽取产品进行疲劳、爆破等一系列试验，保证产品质量，且在装配前后经过高压气密性试验检查，泄漏的可能性极小。考虑到气瓶如若爆炸将对整个系统产生严重危害，因此通常将爆破压力设为气瓶的可靠性特征量，一般采用应力强度型评估方法进行可靠性评估。

减压阀作为一种压力自动调节器，可将出口气体压力降低并保持恒定。减压阀结构破坏的主要故障模式是入口突然打开的瞬间，阀芯在高速、高压气流的冲击下而损坏，因此以高压冲击次数作为减压阀的可靠性特征量，一般采用威布尔分布型评估方法。

液体火箭发动机结构可靠性评估一般采用基于整机试验的威布尔分布可靠性评估和基于贝叶斯信息融合的可靠性双线评估。基于贝叶斯信息融合的可靠性双线评估，综合利用液体火箭发动机部组件与整机试验数据，分别采用“组件综合-整机双线”和“组件双线-整机综合”两种技术方案，对液体火箭发动机的可靠性进行综合评估。

所谓“组件综合-整机双线”：是指首先采用可靠性建模与综合评估方法，对液体火箭发动机各部组件可靠性进行综合，得到液体火箭发动机可靠性的先验分布（第一条线），然后利用同一技术状态下液体火箭发动机的整机试车数据作为追加信息（第二条线），采用贝叶斯数据融合算法，将先验分布与追加信息（双线）进行融合，得到液体火箭发动机的可靠性。其技术方案如图 7 - 2 所示，其评估流程如图 7 - 3 所示。

所谓“组件双线-整机综合”，是指首先根据每个部组件的可靠性信息，采用系统可靠性建模与综合评估方法，得到该部组件的可靠性先验分布（第一条线），然后统计与该部组件技术状态一致的整机试车时间，作为可靠性的追加信息（第二条线），随后，采用贝叶斯数据融合方法，将两部分信息进行融合，得到该部组件的可靠性。最后，将各部组件双线评估得到的可靠性，采用系统可靠性建模与综合评估方法，得到液体火箭发动机整机的可靠度。

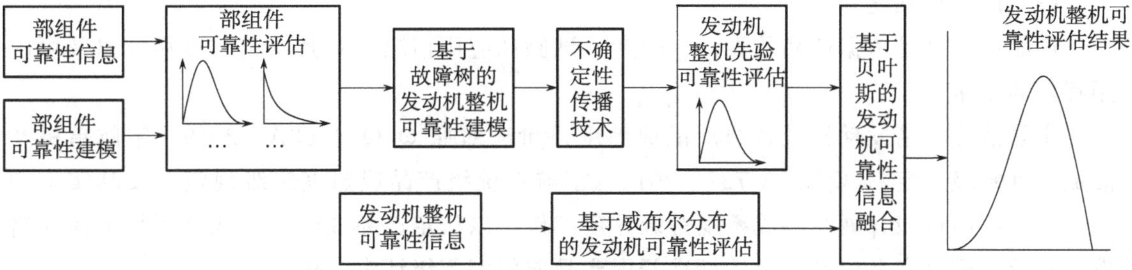

图 7－2　液体火箭发动机结构可靠性双线评估技术方案

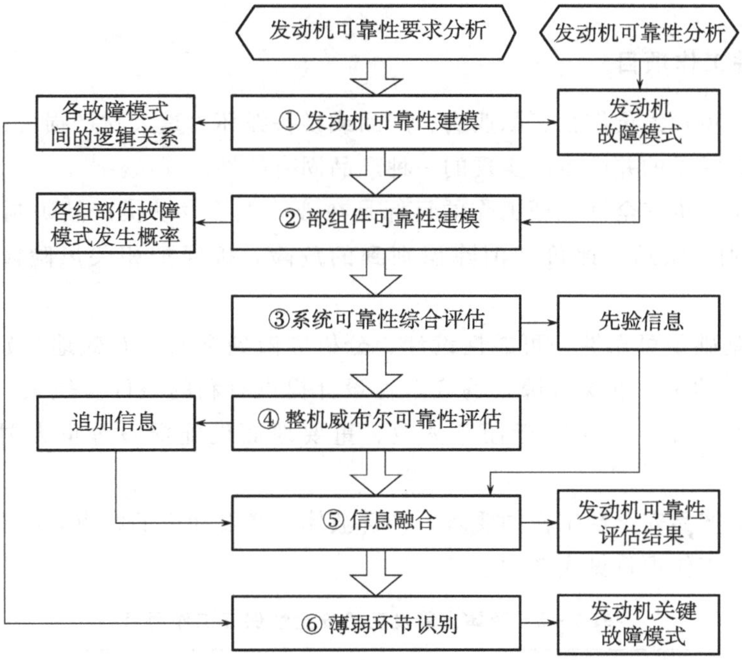

图 7－3　液体火箭发动机可靠性评估流程

7.2.7.2　交付产品可靠性评价

（1）产品数据飞行成功包络分析

在产品特性识别的基础上，收集产品飞行成功数据，利用合理技术方法构建成功数据包络范围，将待分析产品的数据与对应的成功数据包络范围进行比对，判定待分析产品数据是否落在包络范围内，得到待分析产品数据包络状况，评估产品是否满足执行飞行及在轨运行任务要求。

（2）产品数据采集和一致性评价

在液体火箭发动机研制生产过程中，采集设计、生产与试验数据，通过相关性分析确定一致性检验参数集，采用一致性评价方法对同一型号每台液体火箭发动机的一致性水平作出评价，判断单台液体火箭发动机的一致性水平，并对单台液体火箭发动机的一致性薄弱环节进行识别。

(3) 产品成熟度评价

产品成熟度是依据产品的设计、生产、试验和应用情况，对其质量与可靠性以及可应用程度的度量。

宇航液体火箭发动机及各级产品成熟度评价应对照 Q/QJA 53A—2019《宇航单机产品成熟度定级规定》、Q/QJA 722—2019《宇航系统级产品成熟度定级规定》及其实施细则，由低到高逐级开展产品成熟度等级评定工作，以认定产品成熟度。武器型号液体火箭发动机及其配套产品应参照上述标准开展产品成熟度等级评定工作。

7.3 安全性保证

7.3.1 安全性工作项目

安全性是指免除人员伤亡、职业病、产品或设备毁坏、重大财产损失或环境破坏的能力，是通过设计赋予的并由生产实现的一种产品固有特性。

液体火箭发动机安全性保证工作的目标是在液体火箭发动机产品研制与使用过程中，通过不断地识别、跟踪、评价和消除识别到的危险，确保把相关风险降低到可接受的水平。

安全性的基础是可靠性，可靠性设计、分析应做到全面、有效地识别、预防、消除或控制可能产生的Ⅰ、Ⅱ类故障，为安全性设计提供有利的条件。航天产品安全性设计应首先保证人员安全，防止飞行任务失败、重要地面设施损毁等重大财产损失和环境污染。

根据对航天产品安全性工作的要求，结合液体火箭发动机的特点，推荐的发动机及其配套产品安全性工作项目见表 7-2。

表 7-2 液体火箭发动机安全性保证工作项目

序号	工作项目类别	工作项目	方案阶段	初样阶段	试样阶段	定型阶段
1	安全性要求	安全性要求	√	√	○	○
2	安全性管理	安全性工作计划	√	√	○	○
3		对供方的监督与控制	√	√	√	√
4		安全性评审	√	√	√	○
5		危险跟踪管理	√	√	√	√
6	安全性分析	危险源识别	√	√	○	△
7		危险分析	√	√	○	△
8		安全性关键项目确定与控制	√	√	√	○
9	安全性设计	安全性设计	√	√	○	○
10	安全性验证	安全性验证	△	√	√	○

注:"√"表示必做;"△"表示选做,或用户、交办方有要求时做;"×"表示不要求做;"○"表示技术状态变更时必做。

7.3.2　安全性要求

安全性要求是对产品进行安全性设计、分析、验证的依据，应在设计任务书等文件中进行规定，通常分为安全性定量要求与安全性定性要求。对于液体火箭发动机，主要需要确定安全性定性要求，指的是用一组非量化的形式描述对产品安全性的要求，一般用危险发生的可能性、导致后果的严重性和风险指数等表示。

7.3.3　安全性管理

7.3.3.1　安全性工作计划

液体火箭发动机安全性工作计划应在产品方案阶段初步拟定，按照合同、任务书、标准等规定的安全性要求编制、实施，并与设计、生产、试验、使用等各项工作相协调，将其纳入产品研制总计划，统一调度并保证相应资源，并在其后各阶段根据研制进展进行调整、修订。

液体火箭发动机安全性工作计划一般包括：

1）明确各工作项目的负责部门、各部门的分工职责和接口关系；

2）明确各工作项目的实施范围；

3）描述各工作项目与相关的其他研制工作的相互关系及工作项目的输入条件和相关要求；

4）规定各工作项目的实施阶段及进度要求；

5）液体火箭发动机安全性资料及数据的提交与传递要求。

7.3.3.2　对供方的监督与控制

对供方的监督和控制需求在合同或任务书中提出，一般结合液体火箭发动机外包产品数据包的审查、验收、安全性评审等进行，其内容主要包括：

1）明确对供方产品安全性定性、定量要求；

2）按规定的方法、格式等统一约定事项进行危险分析或风险评价；

3）供方需及时提供产品安全性资料与信息；

4）对供方实行全过程监督，参加供方产品的安全性评审、验证等活动。

对供方安全性工作进行监督和控制的其他要求参见本书 5.5.4 节和 5.12 节相关要求。

7.3.3.3　安全性评审

通过安全性评审及时发现液体火箭发动机安全性工作中存在的问题并提出改进建议，确保液体火箭发动机安全性工作正常实施，以满足规定的安全性要求。

承研单位应制定液体火箭发动机安全性工作评审计划。计划内容包括评审点设置、评审方式、评审项目及评审内容等要求。安全性评审可结合可靠性、维修性等设计评审共同进行，也可单独进行。

液体火箭发动机安全性工作评审的内容在各研制阶段有所不同，一般应包括：

1）液体火箭发动机安全性工作计划及其落实情况；

2）一般危险源和故障危险源识别和危险分析情况；

3）安全性关键项目的确定及其控制措施落实情况；

4）安全性设计及验证情况。

7.3.3.4 危险跟踪管理

承研单位应按程序建立液体火箭发动机危险跟踪和处理制度，对已识别的危险进行风险评价，根据评价结果进行判断和相应处理，并形成文件或输入数据库进行记录和跟踪，对所有已识别的危险实施有效控制。

液体火箭发动机危险跟踪记录应包括：

1）每个危险及其相应风险指数的描述；

2）针对每个危险拟采取的消除、减少或控制的措施；

3）措施落实情况及风险是否降低到可接受水平的跟踪记录；

4）对已确认的残余危险控制措施进行验证的情况；

5）订购方或规定的管理者接受风险签字。

7.3.3.5 安全性培训

液体火箭发动机研制单位应根据不同岗位需求，确定相应安全性要求，在液体火箭发动机研制初期制定安全性培训计划，并对有关人员进行培训，参与危险作业的人员经培训合格取得相应资格后持证上岗。安全性培训内容应结合液体火箭发动机的特点和安全性要求，侧重设计、分析和试验所需的液体火箭发动机安全性知识，主要包括：

1）液体火箭发动机安全性设计知识，如有关设计准则、禁忌、规范或标准；

2）应了解的液体火箭发动机危险分析与分析结果；

3）风险处理的基本方法和以往产品有关的经验教训；

4）大型试验的安全性守则与应急措施。

7.3.4 安全性分析

7.3.4.1 危险源识别

在液体火箭发动机研制早期，应识别对产品安全性构成潜在威胁的危险源，对其进行分析并采取控制措施。分析中至少应包含危险品、产品工作环境、系统状态、系统设计缺陷、关键指令和控制软件的缺陷、维护过程中可能引发的危险、人为因素等方面，并编制危险源清单。

危险源清单包括一般危险源清单和故障危险源，其中一般危险源指具有固有危险特性的材料（如火药、推进剂、增压气体等）和产品（如火工品、高压气瓶、双组元共底贮箱等）以及与环境有关的危险因素（如有爆炸危险的发动机试车台、液压气密试验间，有高处坠落危险的作业平台，有中毒窒息危险的受限空间等）；故障危险源指引发危险状态的系统功能故障因素（包括软、硬件故障及人为差错等）。危险源清单可通过回顾与查阅相似产品的经验教训和有关安全性资料来拟定，也可通过 FME（C）A 和 FRACAS 工具辅助识别。

7.3.4.2　危险分析

液体火箭发动机危险分析包括液体火箭发动机整机及其部组件的危险分析，应系统地识别与产品设计、生产、装配、存贮、试验及使用、维修、保障等有关的所有危险，分析中应对液体火箭发动机装配和试验全过程的危险进行分析，包括推进剂、火工品、高压气体、火药、有毒介质的运输、贮存，推进剂的化验、加注、泄出和吹除，高压气体充气和放气，火工品的安装与测试等。

危险分析应从液体火箭发动机研制初期开始，贯穿于设计、生产、试验和使用全过程，并不断修改、补充和完善危险分析结果，及时反馈到设计、使用和管理部门，便于及早采取措施，有效保证液体火箭发动机本质安全性和使用安全性。

在液体火箭发动机产品危险分析中，应建立安全性工作与其他工作（如设计、生产、试验、使用、可靠性和质量保证等）之间信息联系，收集和利用所有信息综合进行危险分析。同时需编写危险分析报告，将分析结果作为液体火箭发动机安全性评审的重要内容。

7.3.4.3　安全性关键项目的确定与控制

液体火箭发动机安全性关键项目是液体火箭发动机产品安全性关键功能、安全性关键件及安全性关键程序的统称。应编制安全性关键项目清单，并随发动机设计更改动态更新，通过对安全性关键项目的确定和控制，将危险和风险降低到可接受水平。

7.3.5　安全性设计

安全性设计是指对液体火箭发动机安全性关键项目或已识别的不可接受的危险风险，通过制定安全性设计与控制措施，将风险降低到可接受水平。对已识别的潜在危险，一般应按消除危险、危险最小化、采用安全装置控制危险、用报警装置控制危险、用特殊规程控制危险的顺序消除或进行控制。液体火箭发动机通用安全性设计项目包括：

1）故障容限设计；

2）故障—安全设计；

3）环境适应性设计；

4）减少对外部服务依赖性；

5）防止故障传播；

6）冗余故障隔离。

对于为载人航天等重大航天工程配套的液体火箭发动机，适用时应遵守以下故障容限的设计准则：

1）对可能导致严重危险的功能必须采用两个相互独立的措施，即单一故障或人为差错不应产生一个严重危险；

2）对可能导致灾难性故障的功能必须采用三个相互独立的措施，即两个故障或人为差错的组合不应产生一个灾难性危险；

3）为防止灾难性故障，对于其中用计算机控制的措施，尽可能使多重措施中的一种控制方法与计算机独立。

7.3.6 安全性验证

安全性验证是指对消除或控制液体火箭发动机危险所采取的安全性措施进行验证并跟踪，以保证措施的有效性。应对液体火箭发动机执行安全性关键功能的硬件、软件、固件和操作程序按产品工作模式进行联试，验证其安全性关键特性、性能、安全余量、故障容错等能力。针对验证对象的安全性要求，在保证验证有效的基础上，可以选用试验、演示、分析、设计评审和检验中的一种或几种组合的验证方法。液体火箭发动机安全性验证方法中常见的选用原则如下：

1）应针对验证对象的安全性验证要求，综合权衡关键性、重要性、费用、验证工作周期等因素；

2）应尽可能地与液体火箭发动机研制过程中的测试、试验、验收、检验等工作相结合；

3）选用验证方法的优先顺序从高到低一般为分析、设计评审和检验、演示、试验；

4）若受客观条件限制进行复杂液体火箭发动机验证试验不可行时，可采用工程分析、类比、全尺寸功能模型或小尺寸模型的模拟来代替产品实物的试验验证，但应通过设计足够的安全性余量来弥补替代方法的相对不确定性。

7.4 维修性保证

7.4.1 维修性保证工作项目

维修性保证的目标是通过规范化的工程与管理途径，确保研制、生产或改进的产品达到规定的维修性要求，以提高液体火箭发动机的可用性和任务成功性，降低对维修人力和使用保障的要求。

液体火箭发动机维修性指液体火箭发动机系统及其配套产品在规定的条件下和规定的时间内，按规定的程序和方法进行维修，保持或恢复到规定状态的能力。维修性与维修不同。维修性是产品的一种质量特性，包括维修保养特性和修理特性。前者指产品保持在规定状态，后者是产品发生故障后使其恢复到规定状态，关注的焦点是尽量减少维修人力、时间和费用。

维修是为保持或恢复到产品规定状态所进行的全部活动，不但包括修复性维修，即产品在使用过程中发生故障时进行修复，以恢复其规定状态（包括但不限于：故障检测、隔离、调整、诊断、拆卸、LRU/ORU 获取、更换、检测和再调准）；而且包括预防性维修，即在产品故障前预防故障以保持规定状态所进行的活动（包括保养、操作人员监控、定期检查、定期拆修、定期更换及定期报废等）。维修的目的是使产品保持或恢复到产品规定状态。

根据航天产品维修性工作的要求，结合液体火箭发动机的特点，推荐的发动机及其配套产品维修性工作项目及工作时机见表 7－3，可根据型号具体要求裁剪。液体火箭发动机维修性工作项目可结合可靠性工作一起进行，有特殊要求时亦可单独进行。

表 7－3　液体火箭发动机维修性保证工作项目

序号	工作项目	方案阶段	初样阶段	试样阶段	定型阶段
1	维修性要求	√	√	○	○
2	维修性管理	√	√	√	√
3	维修性分析	√	√	△	○
4	维修性设计	√	√	△	○
5	维修性验证	△	√	△	○

注："√"表示必做；"△"表示选做，或用户、交办方有要求时做；"×"表示不要求做；"○"表示技术状态变更时必做。

7.4.2　维修性要求

维修性要求包括对设计、工艺、软件及其他方面的维修要求，以快速、经济、简便为前提。维修性要求包括定性要求和定量要求。液体火箭发动机维修性定性要求一般包括：良好的可达性；提高标准化、通用性和互换性程度；具有完善的防差错措施及识别标识；保证维修安全；最佳的测试性和故障隔离能力；重视贵重件的可修复性；符合维修的人因工程要求等。

对于液体火箭发动机而言，由于其结构的复杂性，是否具有完善的防差错措施、识别标识和保证维修安全应该是关注重点。维修性定量要求常用的参数包括：平均修复时间、预防性维修时间、任务关键产品平均修复时间、安全性关键产品最长允许修复时间、机内测试设备（BITE）的故障检测率、BITE 故障隔离率、BITE 的虚警率等。由于现阶段液体火箭发动机主要为一次性使用，所以重点关注预防性维修时间，比如使用准备阶段和贮存期间的外观检查、气密性检查和电性能检查等需要的时间，以及在此过程中发现故障时的更换时间。用于武器的液体火箭发动机要考虑抢修的快捷性。

7.4.3　维修性管理

液体火箭发动机维修性管理的主要内容包括制定维修性工作计划、开展维修性评审、对供方的监督和控制、建立维修性数据收集系统、对供方培训等，要保证与可靠性、安全性等协调。现阶段液体火箭发动机的维修性管理基本上是与可靠性管理融合在一起的。

7.4.4　维修性分析

通常维修性分析包括维修性分配、以可靠性为中心的维修性分析、维修级别分析等。但由于液体火箭发动机区别于其他产品的使用流程，维修性分析不是完全独立的，还受到箭（弹）装配空间和接口的限制，同时要考虑火箭总装厂和靶场技术阵地保障条件的限制。针对不同型号要结合产品的具体情况开展分析。用于武器系统的液体火箭发动机需开展抢修性分析：在明确装备的作战任务和作战环境及装备可能存在的损伤源的前提下，以产品 FMEA、DMEA 分析为依据，对战场损伤进行逻辑决断，确定适当的抢修工作类型。一次性使用液体火箭发动机主要开展预防性维修分析，可重复使用液体火箭发动机要开展维修级别分析和以可靠性为中心的维修性分析。

7.4.5 维修性设计与验证

通过制定和实施与维修性要求相对应的维修性设计准则，确保液体火箭发动机满足维修性要求。考核产品是否符合规定的维修性要求，可按如下工作要求进行：

1）分别采用维修性设计准则符合性检查、维修性设计检查单等方式对维修性设计是否满足要求进行验证；

2）对可达性设计、防差错设计可通过实际操作或虚拟操作等方式进行定性或定量验证；

3）对维修性验证中发现的设计缺陷应及时采取措施，改进设计并重新验证；

4）维修性验证一般结合可靠性验证进行，也可进行人机仿真验证。

7.5 保障性保证

7.5.1 保障性保证工作项目

装备的保障性是指其设计特性和计划的保障资源满足装备平时战备和战时使用的能力。国外保障性技术发展经历了忽视保障性的传统工程设计（如 F-4 战机）、考虑可靠性维修性的局部保障性设计（如 F-15 战机）、综合考虑“六性”设计的全面保障性设计（如 F-22 战机）等阶段，目前又进一步提出向基于性能的保障（PBL）和自主式保障（AL）方向发展（如 F-35 联合攻击机）。

提高液体火箭发动机完好性或可用性是保障性工作的出发点和落脚点。保障性保证工作的重点是规划、设计液体火箭发动机维修和使用有关的保障，并在交付使用时提供所需的维修保障资源。通常通过策划和实施一系列保障性保证工作项目来实现。根据上级对航天产品保障性工作的要求，结合液体火箭发动机的特点，推荐的发动机及其配套产品保障性工作项目及工作时机见表 7-4。可以看出，保障性保证工作项目中没有“保障性验证和评估”项目，这是因为液体火箭发动机通常作为武器装备的子系统，其保障性要求的符合性主要在液体火箭发动机交付后的服役、使用过程体现，且需要大子样统计确认，产品交付前难以独立验证和评估。

表 7-4 保障性保证工作项目

序号	工作项目	方案阶段	初样阶段	试样阶段	定型阶段
1	保障性要求	√	√	○	○
2	保障性管理	√	√	√	√

续表

序号	工作项目	方案阶段	初样阶段	试样阶段	定型阶段
3	保障性分析	√	√	√	√
4	保障性设计	√	√	○	○
5	保障性规划	√	√	○	○

注："√"表示必做；"△"表示选做，或用户、交办方有要求时做；"×"表示不要求做；"○"表示技术状态变更时必做。

7.5.2 保障性要求

液体火箭发动机为装备提供动力，对武器装备的作战效能具有重要影响。其保障性要求源于装备的战备完好率、任务成功率、持续性、部署机动性等综合指标。

通过明确保障性要求，要达到两个目标：一是规范产品设计，确保配套的液体火箭发动机便于保障（即"好保障"）；二是在获得液体火箭发动机的同时，提供经济有效的保障资源并建立相应的保障系统（即"保障好"）。在指标论证时，应当明确对液体火箭发动机保障性的定性要求，如包装运输、备件、地面测试设备、技术说明书、用户操作手册、人员培训等要求；必要时还应明确相应的定量要求，如保障资源利用率、保障资源满足率、使用保障时间、保障资源延误时间等。保障性要求应被纳入液体火箭发动机的研制合同或设计任务书等技术文件进行明确。用户有要求时，液体火箭发动机及其配套产品的承研单位还可以与用户签订专门的产品保障协议。

保障性是一种综合特性。广义的保障性要求，不仅包括对液体火箭发动机保障性设计特性和保障资源方面的要求，有些要求还隐含在对液体火箭发动机的可靠性、安全性、维修性、测试性和环境适应性的要求中，如发射可靠度、灾难性事故率、严重故障检测率、发射准备时间、任务间隔时间、环境损伤速率等。

7.5.3 保障性管理

液体火箭发动机保障性管理就是通过开展液体火箭发动机的保障性管理活动，确保保障性工作规范、顺利实施。液体火箭发动机保障性管理的主要内容包括制定液体火箭发动机保障性大纲和工作计划、开展保障性评审、对供方的监督和控制等。保障计划应包括使用保障计划和维修保障计划。使用保障计划是对液体火箭发动机使用保障的详细说明，包括执行各项使用任务所需的产品保障工作的步骤、方法及保障资源等。维修保障计划是对液体火箭发动机进行维修的详细说明，包括执行每一维修级别的每项维修工作的程序、方法和所需的保障资源等。

液体火箭发动机保障性管理的要点是把液体火箭发动机保障看成系统工程的有机组成部分。首先，要把保障性要求和保障性工作贯穿于液体火箭发动机的全寿命周期，在液体火箭发动机的论证阶段就考虑保障性要求；其次，要使液体火箭发动机保障系统与液体火箭发动机同步论证、同步设计、同步试验、同步交付用户使用；第三，是采用系统分析和综合协调的方法，使液体火箭发动机功能性能、保障性能、研制进度和总体费用之间达到最佳平衡。

7.5.4 保障性设计、分析和规划

液体火箭发动机保障性设计、分析和规划应紧贴武器装备实战化要求，与可靠性、安全性、维修性、测试性和环境适应性设计、分析和验证协同开展，并应覆盖产品运输、总装、测试、维修、存贮、战训、演训、战备值班、使用等全寿命周期。

根据液体火箭发动机保障性要求，通过保障性分析，为液体火箭发动机保障性设计和规划提供信息。液体火箭发动机保障性分析的重点是对液体火箭发动机生产及交付使用中发生的故障、缺陷进行识别和分类，以便合理规划保障资源，并制定有针对性的控制措施（改进设计、预防性维修或修复性维修）。

液体火箭发动机保障性设计、分析和规划应围绕综合保障要素开展。液体火箭发动机综合保障要素主要包括：维修规划；人员数量和技术等级；供应保障；保障设备；技术资料；训练与训练保障；计算机资源保障；保障设施；包装、装卸、贮存和运输；设计接口等。

承研单位应围绕液体火箭发动机使用保障和维修保障两大主题，在研制阶段，根据液体火箭发动机保障性要求，进行保障性设计，规划并研制液体火箭发动机保障资源，即研制出“好保障”的液体火箭发动机；在使用阶段，提供装备所需的液体火箭发动机保障资源，建立经济有效的液体火箭发动机保障系统，为装备的使用和维护提供持续保证，即“保障好”。

型号总体或用户应当完整准确地收集武器装备现场使用和贮存期间的液体火箭发动机保障性信息，按规定及时向发动机承研单位反馈，并提出改进意见或建议。液体火箭发动机承研单位应根据型号总体或用户反馈的保障性信息、改进意见或建议，不断优化发动机的保障资源配置，迭代完善保障方案。

第 8 章　测试性保证

8.1　概述

液体火箭发动机测试性保证是在产品设计、生产、试验、飞行等研制全周期，针对产品测试（包括测试覆盖性、故障检测与隔离）进行的一系列有组织、有计划的技术和管理活动。液体火箭发动机测试性保证工作涵盖作为设计特性的测试性和作为过程控制要求的测试覆盖性两个方面。

测试性和测试覆盖性是两个不同的概念。测试性是指产品能被及时并准确地确定其状态（可工作、不可工作或性能下降程度），隔离其内部故障的一种设计特性，关注的是产品的故障检测和隔离。测试覆盖性是指产品的测试项目及实施要素覆盖产品设计任务书和相关技术文件规定的功能、性能以及实际飞行工作状态的程度。基于发动机研制特点，测试覆盖性扩展到检验和测试两个过程，关注的是产品设计的符合性检查和不可检不可测项目的风险控制。

测试性保证的目的是确保研制、生产或改型的发动机达到规定的测试性要求，提高发动机的性能、产品实物设计参数监测与故障诊断能力，实现高质量的测试，降低不可检不可测项目风险，进而提高产品的交付完好性、任务成功性和安全性，减少维修人力及其他保障资源，降低寿命周期费用，为产品寿命周期管理和测试性持续改进提供必需的信息。

8.2　测试性保证工作项目

测试性保证工作项目主要包含测试性要求、测试性管理、测试性设计与分析、测试性验证与评估、测试覆盖性管理、测试覆盖性控制，参见表 8－1。

表 8－1　测试性保证工作项目

类别	序号	工作项目	方案阶段	初样阶段	试样阶段	定型阶段
测试性要求	1	测试性定性要求	√	√	√	○
	2	测试性定量要求	△	△	△	○
测试性管理	3	制定测试性计划	√	√	√	○
	4	测试性评审	√	√	√	○
	5	对外包供方的监督	√	√	√	√
	6	信息采集与管理	√	√	√	√

续表

类别	序号	工作项目	方案阶段	初样阶段	试样阶段	定型阶段
测试性设计与分析	7	测试方案和测试要求	√	√	○	○
	8	测试性设计准则	√	√	√	○
	9	固有测试性设计	√	√	△	○
	10	测试性分析	√	√	△	○
	11	故障诊断	√	√	√	√
测试性验证与评估	12	测试性验证	△	√	√	○
	13	测试性评估	△	△	√	√
测试覆盖性管理	14	可测试项目管理	√	√	√	√
	15	不可检不可测试项目管理	△	√	√	√
	16	测试覆盖性评审	△	√	√	○
测试覆盖性控制	17	测试覆盖性分析	√	√	√	○
	18	测试覆盖性检查和确认	△	√	√	√

注："√"表示必做；"△"表示选做，或用户、交办方有要求时做；"×"表示不要求做；"○"表示技术状态变更时必做。

8.3 测试性要求

测试性要求分为测试性定性要求和测试性定量要求。在发动机不同研制阶段提出相应的定性要求和定量要求，目的是满足产品状态监测和故障诊断的需要。

8.3.1 测试性定性要求

测试性定性要求的目的是简便、迅速、准确、经济地确定发动机产品状态和诊断故障。定性要求一般是在发动机产品的测试性指标（例如故障检测率、隔离率、虚警率、检测时间、隔离时间等）不能量化时使用，针对的是发动机功能、性能、故障模式等的测试要求，包括产品内部测试设备和外部测试设备功能、性能要求、可更换单元划分、测试接口、软件测试性等要求。

8.3.2 测试性定量要求

测试性定量要求用测试性参数描述，其量值称为测试性指标，重点关注发动机故障检测率、故障隔离率、虚警率等定量要求。

故障检测率是指在规定的时间内，用规定的方法正确检测到的故障数与故障总数之比，见公式（8-1）。

$$\gamma_{FD}=\frac{N_D}{N_T}\times 100\% \tag{8-1}$$

式中 N_D ——检测到的故障数；

N_T ——故障总数。

故障隔离率是指在规定的时间内，用规定的方法正确隔离到不大于规定的 LRU/SRU 的故障数与同一时间内检测到的故障数之比，见公式（8-2）。

$$\gamma_{FI}=\frac{N_{FI}}{N_D}\times 100\% \tag{8-2}$$

式中　N_{FI} ——正确隔离的故障数。

虚警率是指在规定的期间内发生的虚警数与同一期间内故障指示总数之比，见公式（8-3）。

$$\gamma_{FA}=\frac{N_{FA}}{N}\times 100\% \tag{8-3}$$

式中　N_{FA} ——发生的虚警数；

N ——故障指示总数。

模糊组是指具有相同或类似的故障特征，在故障隔离中无法（或不能）分清故障真实部位的一组可更换单元。模糊组中的每个可更换单元都可能有故障。模糊度是指模糊组中包含的可更换单元数。

对于燃烧室、涡轮泵、阀门、管路、结构件等非电气类产品在发动机出厂时，不对故障隔离率做定量要求，一般只要求对出厂前的故障模式进行检测并达到故障检测率指标；成败型产品、Ⅰ类和Ⅱ类故障模式的故障检测率应为 100%；对电气类产品应考虑尽量通过发动机产品生产测试、发动机整机测试、火箭总测和靶场测试等测试手段满足故障隔离率要求。故障隔离率与模糊度是不能分开的，离开模糊度谈故障隔离率是没有意义的。

8.4　测试性管理

测试性管理是为达到发动机产品测试性要求所进行的各项管理活动的总称。一般是通过制定科学的测试性保证计划，系统性地组织和实施测试性活动，确保发动机达到规定的测试性要求。

测试性管理主要包含制定测试性保证计划、测试性评审、对外包供方的监督、信息采集与管理等。

8.4.1　测试性保证计划

发动机测试性保证工作计划是整个测试性保证工作很重要的一项工作。在发动机产品研制各阶段，应依据型号总体或用户研制合同或者任务书的测试性保证要求，结合产品特点，确定液体火箭发动机各级产品的测试性工作项目、测试时机，并制定本阶段的测试性计划。测试性计划应纳入发动机各级产品的产品保证计划和型号研制计划，发动机组件或单机产品的测试性保证计划应以发动机整机测试性保证计划为依据。

在方案阶段制定测试性工作计划，初样阶段和试样阶段按照测试性要求修订工作计划。发动机设计、生产、试验单位应分别根据发动机的总体工作计划制定本单位的测试性工作计划。测试性工作计划应与可靠性、维修性、安全性和保障性工作计划紧密协调，综合安排，相互利用信息，减少重复工作，同时测试性保证计划应随着发动机研制进展不断完善。

8.4.2 测试性评审

测试性评审的目的是保证测试性工作，按照发动机设计任务书（或研制合同）、设计要求或相关技术文件要求和工作计划进行，确保测试性要求和设计的合理性，并最终实现规定的测试性要求。

在发动机初样及试样研制过程中，应进行测试性设计评审，对测试性设计进展情况进行分析和评价。测试性设计评审可以与产品设计评审协调进行。在转阶段评审中，应将测试性评审作为该评审的一部分。

参加测试性评审应提供测试性设计分析报告，主要内容包括测试性要求、测试性工作项目、测试性工作计划落实情况和实施结果。测试性评审结果主要包括评审结论、存在问题、解决措施等。

8.4.3 对外包供方的监控

承研单位应对发动机外包供方的测试性工作进行监督和控制，确保外包供方有效完成产品测试工作项目，交付的产品符合规定的测试性要求。应在合同、任务书或其他技术文件中明确规定对外包供方测试性工作项目和工作要求，并对外包供方实施监控。监控内容主要包括：测试项目是否覆盖任务要求，测试方法是否满足文件要求，测试方案是否合理可行，实施与控制是否按要求执行，对转承制方是否明确提出测试性要求等。

8.4.4 信息采集与管理

测试性信息是发动机研制阶段的故障检测、故障隔离和虚警等信息。信息来源包括产品及组成单元各种试验、试运行中的测试性信息；相似产品试验、试用与使用中的测试性信息等，以及产品测试性设计核查的仿真核查信息。对收集的测试性信息进行判读和筛选，确定出测试性分析评价可用的测试性信息，并进行汇总。信息采集的目的是为发动机测试性的评估和改进提供依据。测试性数据信息采集与可靠性、维修性、保障性数据收集相结合。

在使用期间采集的重点测试性信息是故障检测与隔离信息和虚警信息。应定期对测试性信息进行审核和汇总。使用期间，按照规定要求将测试性信息统一信息分类、统一信息单元和统一信息编码。

8.5 测试性设计与分析

8.5.1 测试方案和测试要求

在明确发动机系统测试方案的基础上，应在设计任务书、设计技术要求等文件中向下级组件产品提出测试性要求，包括定性测试性要求、测试覆盖性要求和测试系统标准化要求等。

在方案阶段和初样阶段，发动机及组件以 FMEA 为基础，确定各级产品故障模式，针对故障模式进行测试需求分析，方案阶段和初样阶段应保证发动机主要功能、性能、Ⅰ类故障模式和主要的Ⅱ类故障模式可测试；试样阶段应保证发动机要求的功能、性能、所有Ⅰ/Ⅱ类故障模式可测试。根据测试需求设计测试方案（包括测试项目、测试参数、测试点布置等），对可测项目要进行合理安排，明确测试时机，并通过权衡分析选择简单、可靠、自动化程度高的测试方案。

8.5.2　测试性设计准则

在开展测试性设计之前，首先制定发动机测试性设计准则。应结合发动机组件、零部件自身产品特点补充与细化测试性设计准则，从设计早期开始贯彻，并随着设计的推进不断地对准则进行修正和完善，支持故障诊断和隔离，保证故障发生后能及时、准确地定位故障产品，支持故障预案的顺利实施。

测试性设计准则主要包括：

1）测试性设计的各项要求应与功能、性能、可靠性、维修性、安全性、保障性及人因工程设计进行综合、协调和权衡；

2）在发动机方案设计时，测试性设计应与产品的功能、性能设计同步开展，将测试内容、方法和条件等分解到产品的设计过程中，保证产品的测试性；

3）对于有故障诊断需求的发动机，在设计初期应根据使用和维修需求，确定故障诊断方案，包括诊断的对象、范围、功能、适用方案、诊断要求和能力等；

4）测试性设计应尽量覆盖Ⅰ类、Ⅱ类故障模式，确保故障出现时能被快速发现并准确定位；

5）电气类产品设计应便于进行故障检查与隔离，重点考虑系统或设备的功能与结构的合理划分、测试的可观测和可控性；

6）合理选择与确定被测对象测试点的数量与位置，根据被测单元各组成部分故障模式与测试点的关系，以尽可能少的测试点满足故障诊断要求；发动机级的测试点应满足对整机的功能及性能测试、故障检测和故障隔离的要求，故障定位并隔离到发动机各组件；组件级的测试点应满足对组件的功能及性能测试、故障检测和故障隔离的要求，故障定位并隔离到组件内的具体零件或部位；

7）对于故障影响严重、故障处理时间要求较短的设备，可采用 BIT（机内测试）设计，以实时检测设备自身运行情况，故障发生后快速进行故障检测与隔离；

8）应尽可能利用设备的自身信息处理能力，在不增加或只增加少量 BIT 电路的原则下，通过软件实现全部或部分 BIT 功能；

9）对于影响发动机任务的关键非电产品，在实现功能性能的基础上，采用附加测试电路等形式，对产品的状态进行检测；

10）发动机（分系统）级应利用计算机系统和有关软件，通过采集各被测单元的测试参数来进行发动机系统的自主故障检测和隔离；

11）测试性工作应为在发动机试验和火箭发射过程中的发动机故障预案、发动机故障诊断与健康管理、系统重构、应急安全等工作提供支持；

12）测试方案应尽量减少对性能、可靠性和安全性的影响，防止引入灾难性的（Ⅰ类）故障模式和致命的（Ⅱ类）故障模式；

13）进行测试性设计时，应首先梳理并确定整机或组件的测试性禁忌项目，例如减压阀禁止反向供气，整机或全箭测试不能吹转涡轮等；

14）对于测试要求无法通过全检全测而覆盖的产品，可考虑采用抽样测试，例如火工品、轴承等。

8.5.3 固有测试性设计

发动机固有测试性仅取决于产品的设计，不受测试激励数据和响应数据的影响，它反映了产品设计对测试过程的支持程度，是发动机设计的固有特性。

开展固有测试性设计前，应根据型号总体和发动机总体的测试方案和测试性要求，按照功能性能要求、Ⅰ类和Ⅱ类故障模式等开展发动机整机和组件的测试项目制定，明确测试方案和测试性要求，并根据产品的具体方案、不同产品层级和相关约束条件进行测试性准则的分析和选取。

在发动机方案设计阶段初期，应将固有测试性设计到产品中，并对设计结果进行分析和评价。将固有测试性设计作为产品设计过程的组成部分，可使设计的产品便于进行故障检测与隔离。

8.5.4 测试性分析

测试性分析的目的是为测试性设计方案的选择和维修保障提供相关输入与支持。测试性分析应评价产品的故障检测能力能否满足产品的测试性要求。发动机测试性分析相关工作主要包括：测试性指标可行性分析，测试方法、测试状态、测试时机、测试环境、测试设备等分析，测试数据分析，故障检测能力分析，通过 FMEA 获取测试性信息分析等。

8.5.5 故障诊断

液体火箭发动机是航天器推进系统的重要组成部分，也是故障敏感多发部位，对其进行故障预测是发现故障征兆、研究故障发展趋势的重要手段，也是采取相应故障控制措施的前提。特别是对可重复使用运载火箭推进系统，故障预测是提高其系统安全性、完好性和保障任务成功的关键技术。

8.5.5.1 故障诊断方法

对故障诊断算法和策略的设计中，可以根据发动机的工作状态或者分析被诊断对象数据信息和故障模式的特点，设计相应的数据处理方法，目前采用较多的方法有基于模型的方法、基于知识的方法和基于数据驱动的方法。

1）解析模型故障诊断方法。这种方法是依据发动机的工作数据和运行经验，建立准确的发动机数学模型和部件的失效模型；当发动机工作时，通过将当前工作状态信号与相比参数达到设定的阈值时，判断有无故障的发生。一般部件级系统能够建立比较准确的被诊断的数学模型时，常采用基于模型的诊断方法。

2）根据发动机领域专家的知识和经验的方法。这种方法通过描述故障和故障特征的关系得到系统状态判别规则的实现。当难以建立被诊断对象的定量数学模型时，常采用该方法，如常用的红线阈值。

3）基于数据驱动的故障诊断方法。依据历史数据建立智能诊断模型，通过发动机状态分类标签，迭代调整模型参数的数值，不同的逼近策略形成了不同的故障诊断算法。随着计算机学习能力和推理能力的不断提高，基于数据驱动的诊断方法能够承担更多的故障检测工作。

液体火箭发动机是由许多不同独立动态环节彼此交叉耦合构成的复杂热流体动力系统，通过建立其准确的数学模型来进行故障预测是十分困难的。通过分析液体火箭发动机历史故障数据或者统计数据集可知，往往不服从于某一种统计分布模型，很难通过统计可靠性方法来进行故障诊断。基于测试或者传感器数据进行故障诊断的数据驱动方法，不需要对象系统的先验知识（物理模型、数学模型和专家经验），只以采集的数据为基础，通过各种数据分析处理方法挖掘其中的隐含信息进行预测操作，是一类较为实用的诊断方法。因此，对于有故障诊断需求的发动机，要在设计之初考虑发动机的测试性，合理部署测试点，为故障诊断系统提供必要的数据信息。

8.5.5.2　故障诊断系统硬件设计

发动机产品的硬件设计应便于进行故障检查与隔离，应考虑故障诊断系统与其他设备的功能与结构的合理划分、测试的可观测和可控性。同时对与发动机上故障影响严重、故障处理时间要求短的设备，对故障诊断系统采用 BIT 设计，以实时检测设备自身的运行情况，在故障发生后快速进行故障诊断。

8.5.5.3　故障诊断半实物仿真验证

故障诊断技术需满足故障诊断的实时性、准确性等指标，这就要求从发动机设计之初的仿真分析到系统设计再到最后的产品综合性能考核，每一步都有科学的迭代和验证环节，因此在发动机热试车搭载前，需要通过半实物仿真验证故障诊断系统的可行性。

整个故障诊断系统的研制过程是一个从发动机设计至试验，验证全生命周期的闭环架构。首先，建立发动机故障模型，并进行仿真分析；其次，研究发动机传感器测点分布及选取最敏感测量参数作为故障诊断监测对象；然后，设计不同应用场合的诊断算法并结合试车数据或者仿真模型开展故障诊断研究，用多种故障诊断算法交叉诊断并确定故障类型；最后，通过半实物仿真平台对故障诊断系统进行全面、系统地考核和测试，验证发动机实时故障诊断的效果，并不断对故障诊断系统进行优化。

半实物仿真平台验证主要由实物产品和模拟系统两部分构成，如图 8－1 所示。其中实物产品主要由各类传感器的变送器等构成，模拟系统主要由发动机仿真机、故障注入设备、各类信号模拟器（压力、温度、转速和振动信号）和配套电源模块等组成。

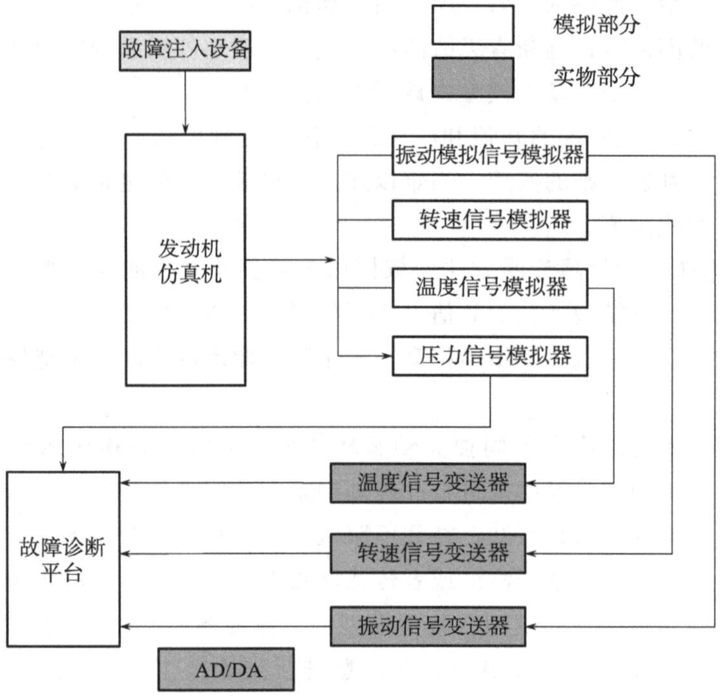

图 8-1　系统半实物仿真框图

发动机仿真机主要有两大部分组成：发动机动态实时模型和仿真机。发动机实时动态模型是核心，该模型不仅需要满足运行实时性，还要尽可能保证计算结果与发动机实际工作状态保持一致。它是描述发动机系统内各元件、组件及分系统的各种流体流动、机械运动及热力运动的一组数学方程，发动机系统建模可采用通用工程软件平台实现。

故障注入设备主要由故障注入上位机和 HiFID 故障注入系统组成。故障注入上位机为操作人员提供可视化的故障注入指令下发接口；HiFID 故障注入系统作为第三方设备以串行的方式接入到各个通信环节，通过运行故障注入软件，可实现各类通信故障的注入。

在半实物仿真系统中，压力信号模拟器、转速信号模拟器、振动信号模拟器、温度信号模拟器和温度信号模拟器由电源模块、AD 采集模块、中央处理器模块、执行机构和可调电阻模块等组成，将发动机仿真机中输出的不同位置的压力信号经由 AD 采集模块采集后经过中央处理器模块运算处理，并通过 DA 输出模块输出对应电压信号。

8.6　发动机测试体系与典型产品过程测试

8.6.1　发动机测试体系与测试性

发动机测试体系是从测试需求到完成测试过程开展的一系列测试活动，确保发动机产品在交付前（或飞行前）满足使用要求。发动机测试体系是测试性实施过程的内容，是在测试性设计与分析时需要考虑的具体实施工作。

测试体系是依据测试性设计和分析要求，开展测试需求分析，通过测试管理和测试保障条件，执行测试，获取测试结果。液体火箭发动机是一种热力学机械结构产品，由于型号总体要求发动机重量尽量轻、结构外廓尽量小、可靠性尽量高等因素，加上受结构和测试条件的限制，很难在发动机上布置足够多的测点。另外，发动机的组件、零部件等一般为单点串联产品，产品发生故障时基本无法隔离故障。现行的测试性标准和法规主要是针对电气类产品制定的，对于机械结构产品无法有效适用。因此，对于液体火箭发动机测试性而言，主要是在产品设计时开展测试性设计，通过对发动机及组件进行冷态测试和热测试，保证发动机交付状态满足使用要求。冷态测试是发动机或组件不点火进行的各项测试，热测试是发动机或组件点火后进行的测试。

8.6.2 燃烧装置测试

燃烧装置的测试工作主要依据识别的 FMEA 等故障模式开展的生产过程测试，主要有液压测试、气密测试、气囊打压测试、氦检漏测试、气流、液流试验、煤油试验和全息摄影等测试工作。例如针对推力室外壁渗漏故障模式，主要开展液压测试、气密测试等。

8.6.3 涡轮泵测试

为保证涡轮泵交付状态，主要开展轴承介质运转试验、动密封介质试验（膜盒类动密封需全检）、涡轮吹风试验、转子轮盘模态试验、弹支刚度试验、涡轮泵使用寿命、涡轮泵起动次数寿命、泵动态特性参数、涡轮泵组件贮存试验、泵水力性能试验、文氏管液流试验、转子组合动平衡试验、净正抽吸压头（NPSH）裕度与汽蚀试验、涡轮泵密封性测试、转子、壳体强度极限验证试验（鉴定）、转子、壳体强度验证试验（飞行）、涡轮泵启动力矩检查等测试工作，其中前 9 项可采取一定比例的子样进行抽检试验，其余需采取覆盖飞行任务剖面的全检试验。测试中需注意以下禁忌：

1）进行涡轮泵动密封漏率检查时，对于膜盒式动密封不允许反压或超压；

2）进行发动机气密性试时不允许吹转涡轮泵。

8.6.4 阀门测试

阀门在生产及装配时的测试项目一般有阀座密封性测试、动作灵活性测试、外密封性能测试、电流曲线测试、减压阀性能测试、减压阀氦气筛选试验、减压阀低温筛选试验等。一般涉及产品寿命的测试采用抽样测试，例如电磁阀长时间通电测试、寿命试验等。测试中需要注意禁止减压阀反向供气、球阀转动前要先抬座等禁忌和注意事项。

8.6.5 电气类产品测试

发动机电气类产品主要包括电缆、传感器、变换器、电嘴、电激励器、一体化采编单元等。电气类产品交付发动机总装前，一般进行电缆导通和绝缘测试，传感器、变换器、电嘴、电激励器、一体化采编单元一般进行导通测试、绝缘测试、加电测试等，目的是测试电气类产品输出或工作状态是否正常。

8.6.6 压力容器类产品测试

发动机压力容器类产品主要包括气瓶、贮箱等。压力容器类产品交付发动机总装前，一般进行强度试验、声发射检测、残余变形量检测、气密性测试、疲劳试验、爆破试验等测试工作。测试中压力容器类产品进行充放气时，充气速率和放气速率不能过快，避免压力容器类产品温度过高或过低。

8.6.7 发动机总装测试

发动机总装元件主要包括机架、换热器、常平座、阀门组件盒、摇摆软管、金属软管、火工品等。阀门组件盒在生产装配时开展电性能测试、密封测试、承压测试、极性测试、电动气动测试等测试工作，测试工作覆盖Ⅰ类和Ⅱ类故障模式。其他总装元件通过抽样测试，比如机架通过批次抽样静力试验以保证产品交付状态。

发动机整机总装时测试工作主要有密封测试、电动气动测试、排气效应测试、阀门密封测试、减压阀出口压力和耗气量测试、涡轮转子起动和转动力矩测试、吹除测试、电性能测试、极性测试等，表征发动机出厂前状态。

8.6.8 发动机热试验

发动机热试验包括组件级、半系统（或子系统）级和全系统级热试验。组件级热试验一般包含发生器、喷注器、推力室等挤压热试验。半系统（或子系统）级热试验一般包含发生器（或预燃室）-涡轮泵联试、火炬点火系统试验等。全系统级热试验一般是指发动机整机热试车，是发动机测试工作最重要的环节，是交付前验证发动机功能、性能、工作状态的直接手段。通过在发动机上布置温度、压力、振动、转速等测点验证发动机推力调节、摇摆、起动点火等功能是否正常，考核发动机推力、比冲、混合比等性能指标，通过设置紧急关机条件，对发动机工作故障模式进行考核验证，通过更换调节元件等工作对发动机开展维修性测试。

8.6.9 健康监测和故障诊断

发动机健康监测指试验后对试车数据的判读及发动机产品的检测。试车数据判读包括稳态测量参数与调整计算值的比对，预冷、起动、关机、工况调节等动态过程的包络分析，以及速变测量参数时域、频域的包络分析。发动机产品的检测包括整机检测及组件检测，检测结果能够量化。

发动机故障诊断指发动机工作过程中对重要特征参数实时判读及诊断，如参数变化符合预设的故障判据，则可实施自动紧急关机。故障诊断系统需在发动机测试前进行自检，确认与其他电气系统的匹配度，检查项目需覆盖发动机工作过程可能出现的所有情况。

8.6.10　发动机出厂后测试

发动机出厂后在航天器总装车间、靶场测试的内容包括保留工序测试、单元测试、匹配测试和总检查等。保留工序测试是指针对发动机在航天器总装车间、靶场进行的装配工作，需要进行的相应测试，主要为火工品测试。单元测试一般包括减压阀动静压测试、减压阀耗气量测试、阀门极性测试、吹除极性测试、高压吹除压力调试等，不同发动机依据要求测试内容有所不同。匹配测试包括电磁阀极性测试、地面吹除压力调试等。总检查一般包括飞行程序的测试，主要是通过测试验证发动机状态。

8.6.11　可重复使用测试

可重复使用发动机再次使用前的测试工作主要有密封测试、涡轮泵起动和转动力矩测试、电性能测试、健康监测、故障诊断、重要产品重点部位的无损检测、产品更换的使用维护流程测试等。

8.7　测试性验证与评估

8.7.1　测试性验证

测试性验证的目的是验证发动机产品的测试性是否符合规定的要求。测试性验证主要包括三方面的内容：对测试性设计措施的有效性进行验证，对故障模式检测方法的有效性进行验证，对设计缺陷采取措施后的改进设计重新验证。一般采取定性验证方式，对有定量指标要求的采用定量验证。

在初样阶段和试样阶段应制定或修订测试性验证计划，协调研制试验与各种测试中需要验证的产品，并及时开展测试性验证工作。通过验证发现设计中存在的问题，并采取纠正措施或改进设计，从而满足测试性要求。

8.7.2　测试性评估

测试性评估一般是测试性积累到大量数据，测试性工作达到一定程度后，请型号总体审定和评审的测试性评估。测试性评估一般采用工程检验和统计评定的方法，以定量评定和定性分析相结合的方式，进行测试性指标的综合评定。对样本量的确定和分配采用基于覆盖充分性的样本量的方法，结合部分工程经验进行计算。

（1）故障检测率指标评估

故障检测率采用点估计法进行计算，故障检测率点估计的计算公式如下：

$$\hat{P}=\frac{N-F}{N} \tag{8-4}$$

式中　$\hat{P}$ ——故障检测率的点估计值；

N ——样本量，即故障总数；

F——失败样本数量，即没有成功检测出的故障数量。

合格判据为：当故障检测率的点估计值大于或等于故障检测率的最低可接受值时，故障检测率为合格，否则为不合格。

（2）故障隔离率指标评估

故障隔离率采用点估计法进行计算，故障隔离率点估计的计算公式如下：

$$\gamma_{FI}=\frac{N_{FI}}{N_{FD}} \tag{8-5}$$

式中　N_{FD}——检测到的故障总数；

N_{FI}——能隔离到的故障总数（若隔离模糊度不大于2，即能隔离到至少某两个可更换单元以内）。

合格判据为：点估计值大于或等于故障隔离率的要求值，则故障隔离率为合格，否则为不合格。

评估结果包含测试性试验样本量总数、可检测故障数量、可隔离故障数量、故障检测率和故障隔离率，对于测试性评估要给出评估结论。

8.8　测试覆盖性管理

液体火箭发动机的测试覆盖性管理是发动机各级产品通过开展测试覆盖性分析和检查工作，确保发动机出厂前和执行任务前所有可测项目都得到了充分有效地测试，对所有不可检不可测项目都进行了分析，并采取了有效的质量控制措施，质量记录和有关的客观凭证完整有效，确保产品的质量与可靠性满足要求。

液体火箭发动机的测试覆盖性按照发动机研制阶段实施。在方案阶段，以研制任务书、型号总体测试覆盖性设计要求、飞行任务或其他既定约束为顶层约束，按照发动机整机、组件、零部件等分级开展测试性设计工作，对其全面性、合理性进行检查确认，并确定测试覆盖性分析对象及项目，分析对象及项目应包含发动机主要功能、性能指标；在这一阶段可不编写专项测试覆盖性分析报告，但应在产品设计分析报告中包含相关内容。在初样阶段，重点对发动机各级产品测试项目的覆盖性进行分析和验证，分析和验证内容应包含发动机功能、性能、接口、冗余等，形成可测试性项目的清单和不可检不可测项目清单，制定相关措施。在试样阶段，根据产品的研制进展情况，对发动机各级产品测试项目的覆盖性进行迭代分析，编写测试覆盖性分析报告，完善可测试性项目的清单和不可检不可测项目清单，以及相关措施。

8.8.1　可测试项目管理

发动机交付前，发动机功能、性能等可测项目的测试覆盖率要达到100%。对冗余设计的可测试项目进行测试，确保冗余设计技术状态、功能和接口的正确性。软件测试要做到分支覆盖率和语句覆盖率均100%。环境适应性测试要确保地面测试覆盖发射与飞行阶段。备份产品出厂前按照测试性要求完成相应测试。

进行发动机各级产品测试前，应编制相应的测试细则，对重要测试项目还应编制测试大纲，并确保覆盖所有可测试的项目，必要时需经过评审。测试工作严格按照测试细则开展，测试过程中应对测试数据进行判读，对异常数据进行分析，确认为质量问题的应按照规定进行质量问题归零及举一反三处理。测试完成后，编制测试总结报告，必要时对测试总结报告进行评审。

8.8.2　不可检不可测试项目管理

对不可检不可测项目的确认工作应以设计与生产相结合的方式按照产品层级开展，分级实施，分级负责。设计单位按照发动机整机、组件（或系统、分系统、单机）等梳理和识别不可测项目并制定控制措施，生产单位针对产品实现过程梳理和识别各级产品的不可检项目，落实相关控制措施并反馈设计单位。

对液体火箭发动机中不可检不可测项目实行分类管理，分为 1 类、2 类和 3 类不可检不可测项目。1 类不可检不可测项目是指对于任务书、研制合同或技术要求明确规定的技术性能指标以及产品设计确定需测试的参数，在发动机自身以及型号各级产品测试（包括组件装配或调试过程）中均不能通过测试方法直接获取数据的项目。2 类不可检不可测项目是指对于任务书、研制合同或技术要求明确规定的技术性能指标以及产品设计确定需测试的参数，在发动机整机及组件中不可检不可测，在其下级产品可测试的项目。3 类不可检不可测项目是指对于任务书、研制合同或技术要求明确规定的技术性能指标以及产品设计确定需测试的参数，在发动机整机级不可检不可测，而在上级系统即分系统、总体可测试的项目。

8.8.3　测试覆盖性评审

应制定发动机产品相应的测试覆盖性工作计划，编写测试覆盖性分析报告。组织发动机产品设计评审时，应对测试覆盖性分析报告进行评审，报告中应包括测试覆盖性设计分析依据及分析范围、各级产品测试项目对具体性能的覆盖、环境模拟、功能覆盖完整性要求的落实情况，未覆盖的项目清单及后果分析、结论等内容。

8.9　测试覆盖性控制

测试覆盖性控制是依据产品的测试项目及实施过程覆盖产品设计任务书和相关技术文件规定的功能、性能以及实际工作状态的偏差程度并采取纠正措施的活动。

8.9.1　测试覆盖性分析

测试覆盖性分析包括可测项目分析和不可检不可测项目分析。开展测试覆盖性分析首先要开展验证需求分析，依据发动机研制任务书要求的功能、性能、环境、接口等逐项分析，确定并列出发动机整机级需要验证的项目，这些项目一般包括发动机功能、性能指标验证、正常工作模式验证、异常工作模式验证、各级接口验证、环境适应性验证、运输验证、出厂后火箭总装总测流程验证、工作程序验证等，还应包括组件要求的在整机进行测试的项目验证、专项测试（冗余设计测试、火工装置点火电路测试、传感器测试、极性检查等）以及其他所需的测试。

8.9.1.1　可测项目分析

对于在发动机整机级能够直接测试的可测试项目，应明确其在发动机测试、试验中的具体测试时机、测试条件，并落实到相关技术文件中（如总装技术条件、热试车技术条件等）。

确定发动机测试项目的测试阶段，可以参照以下典型阶段进行：

1）方案阶段：总装过程中的测试、热试车、其他专项试验等。

2）初样阶段：总装过程中的测试、鉴定量级环境试验、运输试验、接口验证试验（如测控回路试验、与总体对接试验、与地面设备对接试验、发射场合练等）、热试车、拉偏试验、其他专项试验等。

3）试样及以后阶段：总装过程中的测试、验收量级环境试验、出厂测试、抽检试车、工艺/校准试车等。

8.9.1.2　不可检不可测项目分析与控制

不可检不可测项目按照1类、2类、3类分析和控制。

对于1类不可检不可测项目，要分析不可检不可测的原因。对于不能通过分析计算或仿真验证的不可检不可测项目，应制定过程控制措施。1类不可检不可测项目的控制要求为将不可检不可测项目转化为过程可控或结果可验证，控制方法一般包括特性控制、设置强制检验项目、最终状态检查、抽样性能测试和仿真分析等。能够通过分析计算、仿真予以验证的不可检不可测项目，在分析计算或仿真完成后需编写相应的分析计算或仿真验证报告。

2类不可检不可测项目是指，在发动机整机级无法独立测试的整机指标，这些指标需通过组件测试提供数据的不可检不可测项目。在这种情况下，应以文件形式向组件提出明确的测试项目及要求，组件还可向更下一级产品组件分解测试项目和要求，从下级产品获取测试结果。2类不可检不可测项目需要发动机整机及组件以文件形式向下级产品提出明确的测试项目和要求，下级产品在测试时落实并获取相应的测试结果材料。对可能直接影响系统性能指标稳定性和功能可靠性的装配过程，应制定严格的装配过程控制措施，确保装配前的测试和检验结果的有效性。对不可检不可测项目的控制措施和过程控制，应专题评审或审查。

在发动机整机级无法独立测试、需在上级系统测试的3类不可检不可测项目，应以文件形式向上级系统提出明确的测试项目及要求，确保在上级系统测试时得到落实并从上级系统获取测试结果材料。同时，应采取措施在发动机上进行模拟测试。3类不可检不可测项目应以文件形式向上级系统提出明确的测试项目及要求，应将上级的可检测作为该不可检测项目的控制措施，下级单位应与上级单位商定检测要求，并将检测结果纳入产品数据包，对不可检不可测项目的控制措施、过程控制，应进行专题评审或审查。

8.9.2　测试覆盖性检查和确认

在发动机转阶段、交付验收等检查确认节点，检查发动机及组件测试、验证项目执行情况，并编写测试覆盖性分析报告。测试覆盖性检查和确认内容如下：

1）完成了发动机测试和研制大纲规定的所有测试和试验，按照表 8-2 进行全面检查，并在发动机测试覆盖性分析报告中给出明确的结论。

2）对所有可测试项目都已全部进行了直接测试，并对测试和试验结果的有效性、充分性进行确认。

3）对所有不可检不可测项目都已按照要求进行了分类、分析和控制：

a）对所有 1 类不可检不可测项目均经过计算、仿真验证或采取了相应的过程质量控制措施，并提交了相应的正式报告。对仿真模型的正确性和仿真结果的有效性进行了确认，对过程可控或结果可验证项目的有效性进行了确认，对质量控制措施和落实结果进行了确认。

b）所有 2、3 类不可检不可测项目均已在相应的测试时机完成了测试，并对测试和试验结果的有效性、充分性进行了确认。

4）所有不可检不可测项目按照“测试不到要验收到、验收不到要工序检验到、工序检验不到要工艺保证到、工艺保证不到要人员保障到”进行了分析，并在“测试、验收、检验、工艺和人员保障”5 个环节进行了落实。

表 8-2　发动机转阶段、交付验收测试覆盖性检查要求表

序号	检查项目	具体要求
1	发动机整机测试覆盖性	应包含研制任务书规定的各项技术指标以及发射、返回以及重复使用工作条件下所有正常的工作模式和故障预案，应充分考虑测试环境条件与实际工作环境条件的差异
2	接口关系测试覆盖性	应包含机械接口、电气接口，应完成与型号总体以及其他单机（伺服机构、增压系统等）的对接或检查，确保任务执行工作过程的接口关系协调性
3	冗余设计测试覆盖性	应对冗余设计的冗余部分进行检查或测试，验证冗余设计技术状态、功能、性能的正确性
4	裕度设计测试覆盖性	应对裕度设计规定的裕度值进行检查或测试
5	组件测试覆盖性	应覆盖其任务书、技术要求的所有内容和参加系统联试、整机测试的检查内容；在最终产品不能测试检查的项目，应在组件研制生产过程完成测试或检查，取得客观证据，作为组件测试检查合格判据的组成部分
6	备份产品测试覆盖性	备份产品在火箭出厂前应按相应的测试要求完成测试，确保互换性
7	保留工序产品的试装检查	必须在发动机出厂后（航天器总装车间、发射场等）装配的产品，除技术要求特殊规定外，应在出厂前进行试装和必要的测试
8	工装、地面设备的检查	出厂前应对工装、地面设备进行专项检查，确保检测工装、测试设备（包括备份工装、设备）均校准合格，并在有效期内

第 9 章　环境适应性保证

9.1　概述

环境适应性指产品在其全寿命周期预计可能遇到的各种环境的作用下，能实现其所有预定功能、性能而不被破坏的能力。环境适应性有两个要素，一个是产品（内因），一个是环境（外因），环境适应性是连接二者的" 桥梁"。环境适应性是产品重要的质量特性之一，产品一旦定型，其选用的材料、元器件、工艺和结构组成已经固化，对于既定的环境剖面，其环境适应性就确定了。可见，环境适应性是产品固有的质量特性，是由设计和制造来决定的，是由试验和管理来保证的。

国内外环境适应性专业的发展大致经历了环境试验阶段、环境试验标准阶段和环境工程阶段三个阶段。环境试验阶段的特点是把环境试验作为环境适应性工作的主要内容，环境试验不成体系，试验条件和方法各不相同。环境试验标准阶段的特点是环境试验趋于体系化和标准化。在环境工程阶段，环境工程是为保证环境适应性而将技术和管理相结合的系统工程，为研制生产工作提供支撑和保障。

美国从 1919 年开始在装备验收试验中加入简单的温度试验、振动试验，之后英国、法国、德国、苏联相继仿效。美国空军从 1940 年开始制定环境试验标准，英国、法国等国家也相继制定相关标准。1989 年美军标 MIL - STD - 801E 发布，首次提出了环境工程的概念，这标志着环境适应性工作进入了环境工程阶段。随后，美国、以色列、瑞典等国家开始在项目研制中制定、实施环境工程管理大纲，并在实践中不断完善。2000 年颁布的 MIL - STD - 801F 把环境工程指南作为标准的重要部分，进一步强调了环境工程的任务、地位和作用。

中国在建国后仿造苏联的模式开展例行实验室的建设，1958 年建立青岛、厦门和榆林港三个海上试验站，并对产品开展验收和例行试验。中国从上世纪 80 年代开始翻译美国、英国的相关标准，等效制定了我国军用和民用的环境试验标准，如 GJB150《军用装备实验室环境试验方法》、GB2423《电工电子产品环境试验》等。1997 年召开的 GJB150《军用装备实验室环境试验方法》十周年研讨会明确提出应该把环境适应性作为产品的一个重要的质量特性，全寿命周期都要抓，要通过推行环境工程各项工作，把环境适应性纳入航天产品中。中国在 2001 年颁布了 GJB4239《装备环境工程通用要求》，将环境适应性作为质量特性和发展环境工程的思路纳入到专业发展计划和文件中，标志着中国进入环境工程阶段。

从环境适应性专业发展的历史可以看到，中国起步较晚，但是发展速度相对较快。在几十年的发展过程中，通过不断实践和总结，人们逐步认可环境适应性是产品的质量特性，靠环境适应性设计来保证，环境试验并不是环境适应性工作的全部，而是起到辅助设计和验证设计的作用，将环境试验这一"小环境"概念扩展为环境工程这一"大环境"概念。液体火箭发动机遇到的典型环境主要有力学环境（加速度、振动、噪声、冲击）、热环境（自然热环境、地面试验热环境、飞行热环境、空间热环境）、电磁环境、空间环境（高能带电粒子、太阳辐照、地磁场、真空环境）、自然环境（潮湿、盐雾、霉菌、淋雨、砂尘）和组合环境等。目前，已有的与液体火箭发动机环境适应性相关的标准规范较少。液体火箭发动机作为航天器的分系统或单机产品，在研制时环境适应性保证工作主要依据任务总体的环境适应性要求，通过任务剖面分析和环境剖面分析识别出环境风险，在满足任务总体要求的基础上形成具有自身特点的环境适应性保证工作流程和方法。

9.2　工作项目

环境适应性保证是为了确保产品环境适应性而做的系统的技术和管理的综合工作。环境适应性是目的，环境适应性保证是措施和途径。液体火箭发动机环境适应性保证工作包括环境适应性管理、环境风险分析、环境适应性设计、环境适应性验证和环境适应性评价（评估）。环境适应性保证工作项目见表 9－1 所示。

表 9－1　环境适应性保证工作项目

<table>
<tr><th>序号</th><th>工作项目类别</th><th>工作项目</th><th>方案阶段</th><th>初样阶段</th><th>试样阶段</th><th>定型阶段</th></tr>
<tr><td rowspan="4">1</td><td rowspan="4">环境适应性管理</td><td>环境适应性保证策划</td><td>√</td><td>√</td><td>√</td><td></td></tr>
<tr><td>环境适应性保证信息管理</td><td>√</td><td>√</td><td>√</td><td></td></tr>
<tr><td>对外包供方的监督和控制</td><td>√</td><td>√</td><td>√</td><td></td></tr>
<tr><td>环境适应性评审</td><td>△</td><td>△</td><td>√</td><td></td></tr>
<tr><td rowspan="3">2</td><td rowspan="3">环境风险分析</td><td>环境剖面分析</td><td>√</td><td>√</td><td>√</td><td></td></tr>
<tr><td>环境效应分析</td><td>√</td><td>√</td><td>√</td><td></td></tr>
<tr><td>环境风险识别</td><td>√</td><td>√</td><td>√</td><td></td></tr>
<tr><td rowspan="6">3</td><td rowspan="6">环境适应性设计</td><td>力学环境适应性设计</td><td rowspan="6">√</td><td rowspan="6">√</td><td rowspan="6">√</td><td rowspan="6">△</td></tr>
<tr><td>热环境适应性设计</td></tr>
<tr><td>电磁环境适应性设计</td></tr>
<tr><td>空间环境适应性设计</td></tr>
<tr><td>自然环境适应性设计</td></tr>
<tr><td>组合环境适应性设计</td></tr>
</table>

续表

序号	工作项目类别	工作项目	方案阶段	初样阶段	试样阶段	定型阶段
4	环境适应性验证	环境响应特性调查试验 环境适应性研制试验 环境适应性鉴定试验 交付产品的环境验收 抽检试验	√	√	√	√
5	环境适应性评价（评估）	环境适应性评价（评估）	△	√	√	√

注："√"为必做项目，"△"为选做，或用户、交办方有要求时做。

9.3 环境适应性管理

根据目前液体火箭发动机产品的研制情况，环境适应性管理工作主要包括环境适应性保证策划工作、环境适应性保证信息管理工作、对外包产品的监督控制工作和环境适应性评审工作。

9.3.1 环境适应性保证策划

环境适应性保证策划在发动机产品的方案阶段开始实施，完成形式主要是产品环境适应性保证大纲和产品环境适应性保证工作计划。

发动机产品环境适应性保证大纲应包括发动机环境适应性保证工作的目标、组织、职责、工作项目及具体要求等，一般单独编制，也可考虑纳入产品保证大纲和产品保证计划中。产品环境适应性保证计划应根据发动机产品研制阶段的任务特点和风险分析，结合发动机研制技术流程，对发动机产品环境适应性保证大纲中规定的本阶段环境适应性保证工作项目进行统筹安排。

9.3.2 环境适应性保证信息管理

环境适应性保证信息管理是指对发动机环境适应性保证相关信息资源和信息活动的管理，包括信息收集、信息传输、信息加工和信息存储，及时完成信息的收集、汇总、上报和评审。

环境适应性保证信息包括发动机产品寿命周期环境剖面内的各种环境（包括力学环境、热环境、电磁环境、空间环境、自然环境和组合环境等）及结果、产品所经历的各种环境的异常信息、产品响应特性、产品使用中和曾出现的故障信息及纠正措施等。

9.3.3 对外包产品的监督和控制

对发动机外包产品的监督和控制主要包括环境适应性保证项目要求的监督与控制，环境试验项目要求的监督与控制，环境适应性设计、验证和评价（评估）等资料要求的监督与控制，信息管理的监督与控制等。

9.4　环境风险分析

9.4.1　环境剖面分析

环境剖面分析是指依据液体火箭发动机在寿命和任务剖面内可能经历的环境事件来分析各种因素对产品的功能和性能产生的影响，是对产品在交付、出厂、贮存、运输、充气、加注、转运、发射前准备、发射、在轨运行、返回、回收、着陆、维修等阶段面临的环境进行分析，包括力、热、电磁、空间、自然、组合环境，尤其是特殊环境、边界环境、极端环境，识别出特殊工况、极限工况、关键事件、特殊事件、极端事件，以及在每个阶段暴露于某环境下的相对时间和持续时间。

方案阶段，以用户任务剖面为基础进行分解，分析梳理出产品的任务剖面和任务时序，根据产品的使用要求和工作模式，识别产品在全寿命周期任务时间内所经历的各种环境、特殊环境、边界环境、极端环境，明确并量化影响产品功能、性能与可靠性的关键环境要素及条件，确定事件链、关键事件、最恶劣工况及环境适应性要求。初样阶段，根据各级产品的使用要求，在已有环境适应性设计基础上，对在任务时间内所经历的各种环境及条件、事件链、关键事件、最恶劣工况等进行迭代确认，确保环境分析充分、准确、全面。试样、定型阶段，在初样阶段工作的迭代开展基础上，应根据产品技术状态更改情况，针对功能需求变化，对原有分析结果进行更改和完善。

环境适应性要求的确定由型号任务剖面及液体火箭发动机自身环境剖面出发，明确环境因素的一系列定量指标和定性要求，如结构设计要求、材料选择要求、环境防护措施要求等。环境适应性要求与功能、性能及可靠性等要求一样是一种设计要求，是环境适应性设计的最低要求，通常由型号任务总体提出总要求，液体火箭发动机对总要求再进行分解细化。

9.4.2　环境效应分析

液体火箭发动机环境效应通常可以划分为力学环境效应、热环境效应、电磁环境效应、空间环境效应、自然环境效应和组合环境效应等。环境效应分析在不同任务阶段的工作重点有所区别。在方案阶段，对发动机产品的环境效应进行甄别和初步分析；在初样研制阶段，对发动机产品的环境效应类型、影响程度、影响后果等进行详细分析，识别环境风险，并将识别结果纳入初样产品保证计划；在试样研制阶段，在初样研制的基础上，针对发动机产品最终状态，重点确认发动机各级产品环境效应是否已全部得到识别，并将相关确认工作纳入试样产品保证计划；在定型阶段，不断迭代分析环境条件的变化及其对发动机功能和性能的影响，对环境适应性控制措施进行更新完善。

9.4.2.1　力学环境效应

1）振动：导致发动机产品及其内部结构的动态位移。例如导线磨损、紧固件/元器件松动、电气短路、密封失效、元器件失效、机械上的失调、结构裂纹或断裂等。

2）噪声：导线磨损、声疲劳/振动疲劳、连接导线断裂、印制线路板开裂、小颗粒掉落引起回路和机构卡死。

3）冲击：对发动机产品的结构和功能完好性产生不利影响。例如材料加速疲劳、产品过应力导致永久性机械变形、零件之间摩擦力变化或互相干扰引起产品失效、由于晶体陶瓷环氧树脂或玻璃封装破裂引起的产品失效。

4）加速度：导致发动机产品结构变形、产品永久性变形和断裂而失效或损坏、紧固件或支架断裂、安装支架断裂、电子线路板短路和开路、继电器断开或吸合、泄漏、压力和流量调节数值变化、涡轮泵出现气蚀等。

9.4.2.2 热环境效应

1）大热流：发动机工作时产生大热流，高温燃气对发动机周围的产品造成热影响。

2）热返浸：发动机关机后热返浸热流会对阀门和热控组件造成影响。

3）热量聚集：热量无法疏散而导致发动机产品局部过热，对材料或性能造成影响。

4）高温：高温会改变发动机产品所用材料的物理性能或尺寸，因而会暂时或永久性地降低产品的性能。

5）低温：低温几乎会对所有的基体材料都有不利的影响，尤其对暴露在低温环境中的发动机产品，会改变其组成材料的物理特性，可能会对其工作性能造成暂时或永久性的损害。例如材料的硬化和脆化、温度骤变过程中产生材料的收缩或零部件相互咬死、润滑剂粘度增加、电子元器件性能改变、减振架刚性增加、材料爆裂/脆裂、操作人员灵活性降低等。

9.4.2.3 电磁环境效应

1）热效应：瞬间可引起易燃、易爆气体或电火工品爆炸；可使微电子器件、电敏感电路过热。

2）电磁辐射场和浪涌效应：静电放电和高功率微波的电磁辐射对电子设备造成电噪声、电磁干扰，使其产生误动作或功率失效。

3）强电场效应：电磁危害源产生的强电场不仅可使场效应器件的栅氧化层击穿或金属化线间介质击穿，造成电路失效。

4）磁效应：静电放电、雷击闪电引起的强电流可产生强磁场，使电磁能力直接耦合到发动机内部，干扰电子设备正常工作。

9.4.2.4 空间环境效应

1）发动机工作时产生的羽流会对相邻发动机、相邻敏感设备或太阳帆板产生污染物散射影响。

2）空间辐射环境对液体火箭发动机材料和元器件可产生单粒子效应、总剂量效应、表面充放电效应、位移损伤效应等。

3）太阳电磁辐射效应主要产生真空效应、太阳紫外光电效应和光化学效应，对液体火箭发动机材料与器件的服役可靠性产生重要影响。

4）原子氧高速碰撞至飞行器表面时会导致材料表面发生各种物理和化学变化。

9.4.2.5　自然环境效应

1）低气压：低气压会对发动机的密闭产品、挥发性物质、电性能等产生影响。

2）高温：高温会改变发动机产品所用材料的物理性能或尺寸，因而会暂时或永久性地降低产品的性能。

3）低温：低温几乎会对所有的基体材料都有不利的影响，尤其对暴露在低温环境中的产品，会改变其组成材料的物理特性，可能会对其工作性能造成暂时或永久性的损害。例如材料的硬化和脆化、温度骤变过程中产生材料的收缩或零部件相互咬死、润滑剂粘度增加、电子元器件性能改变、减振架刚性增加、材料爆裂/脆裂、操作人员灵活性降低等。

4）湿度：潮湿会对发动机产品产生物理和化学影响。例如金属氧化/电化学腐蚀、表明水汽与外来附着物相互作用产生腐蚀层、复合材料分层、推进剂因吸湿而性能降低、电气短路等。

5）太阳辐射：太阳辐射导致的热效应和光效应会导致发动机活动部件卡死或松动、焊接和胶结部件强度降低、强度和弹性发生变化、连接装置准确度下降或失灵、涂层的剥落/分层/开裂等。

6）雨：使发动机电气和电子设备不能工作、推进剂燃烧减慢、造成某些材料的强度降低或引起材料泡胀。

7）砂尘：导致密封件渗透泄漏、使活动部件卡滞、影响产品的电性能。

8）盐雾：盐沉积物会导致发动机电气设备损坏、腐蚀绝缘材料及金属、机械部件和组件的活动部分阻塞或卡死。

9.4.2.6　组合环境效应

1）热力学环境：在温度变化和动载荷共同作用下，应力场变化对发动机产品结构强度造成影响。

2）羽流场环境：发动机工作时产生的羽流会对相邻发动机、相邻敏感设备或太阳帆板产生力、热和污染物散射影响。

3）空间、电磁、热、力学环境：在空间辐射、电磁、热、力学共同影响下，对发动机产品电性能和结构强度造成影响。

4）自然、电磁、热、力学环境：地面低温振动环境、高温高湿环境会对材料造成腐蚀性影响。

9.4.3　环境风险识别

根据环境效应分析结果识别出可能的风险事件。液体火箭发动机力学环境、热环境、电磁环境、空间环境、自然环境和组合环境中常见的风险事件如图 9－1 所示。

发动机各阶段环境适应性风险识别有所侧重。在方案阶段主要围绕新环境开展分析，

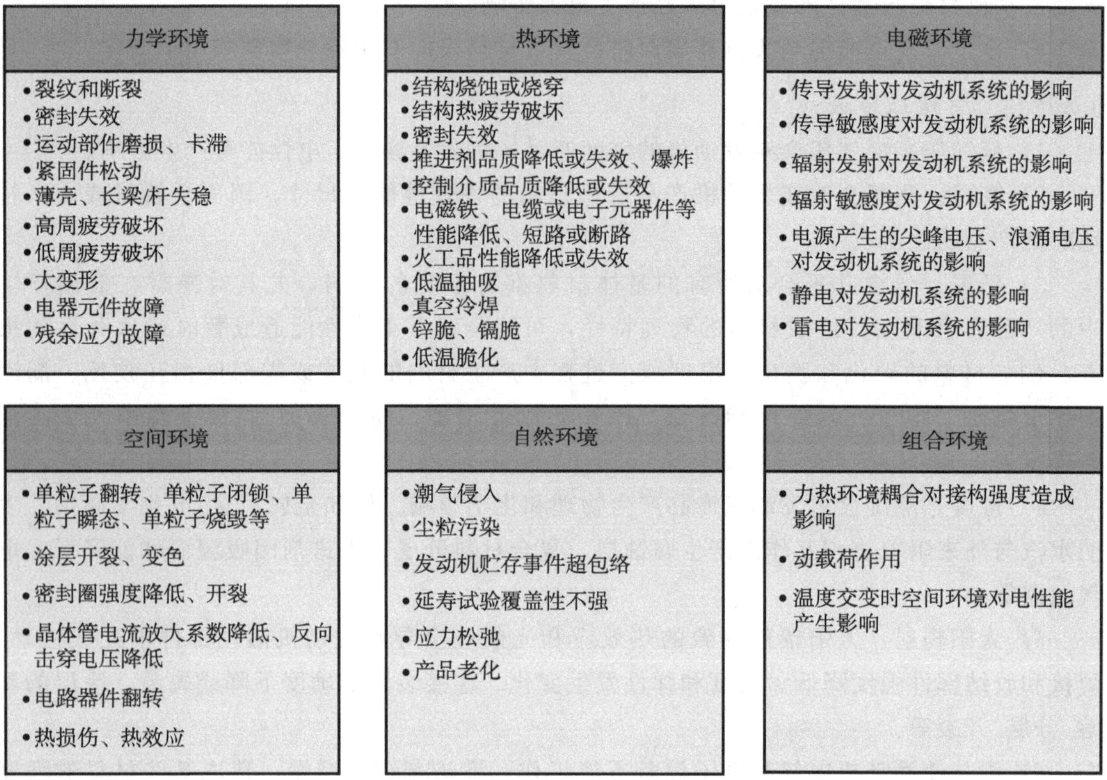

图 9-1　常见环境风险事件

重点关注未经飞行试验验证的新环境；初样阶段主要围绕产品的环境适应性设计和验证情况开展分析与控制；试样及以后阶段主要围绕环境适应性评价（评估）情况开展分析。风险识别、分析与控制工作在研制各阶段迭代进行，将风险消除或降低到可接收水平。

用于火星探测的某变推力发动机环境风险分析如图 9-2 和图 9-3 所示。首先进行环境分析，通过环境剖面分析识别出在发射、奔火、环火及着陆火星的过程中发动机经历的重要环境影响，从而提出对应的抗辐射、抗冲击等环境适应性要求。

在图 9-2 中，通过环境剖面分析识别出发动机在发射过程中经历过载环境，在两器分离时经历冲击环境，在奔火过程中经历深空环境，在环火轨道上经历火星轨道空间环境。针对上述各种环境提出环境适应性要求，发动机要能承受发射时的过载冲击力，能抵抗深空环境中的太空辐射和太阳风粒子的干扰，能承受深空低温环境的影响，在火星轨道上要能承受微重力和火星磁场的影响。识别出的环境风险点有断流阀阀芯卡死、推进剂流动通道连接处密封失效、飞行振动环境适应性风险、飞行过载环境适应性风险等。

如图 9-3 所示，在着陆火星过程中发动机经历火星大气环境，识别出三个需要关注的环境要求：一是要能够承受火星大气层的摩擦影响，再有在器伞分离和器大底分离时要能承受过载冲击力，三是着陆过程中若遇到火星沙尘暴，还需承受砂尘影响。因此，识别出环境风险点有断流阀阀芯卡死、推进剂流动通道连接处密封失效、飞行振动环境适应性风险、飞行过载环境适应性风险以及火星砂尘导致密封件泄漏、活动部件卡滞等。

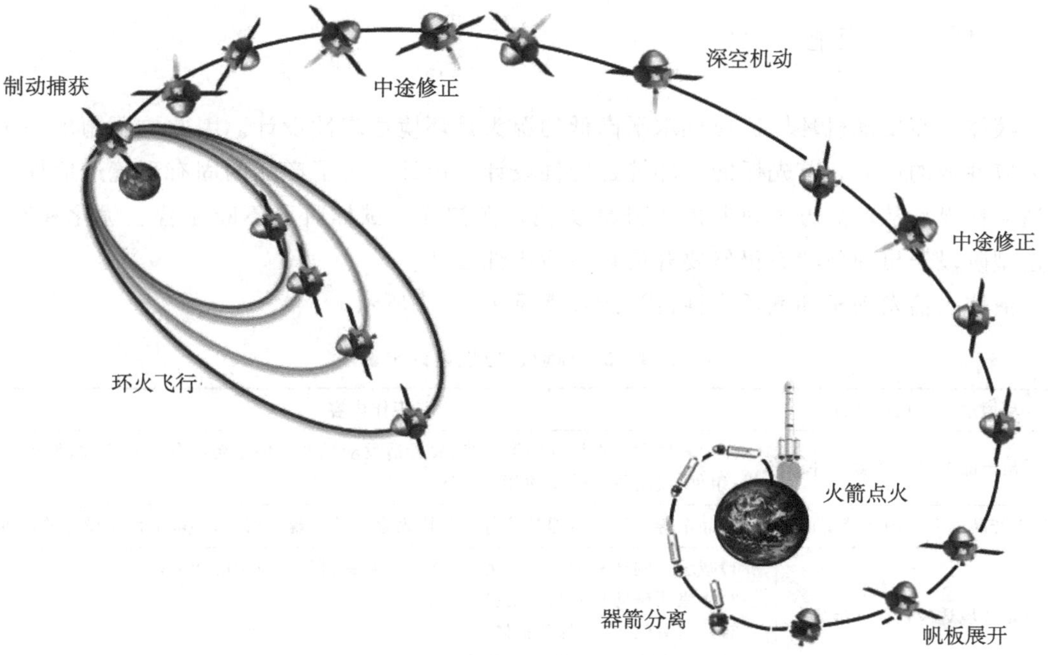

图 9－2　发射、奔火、环火阶段

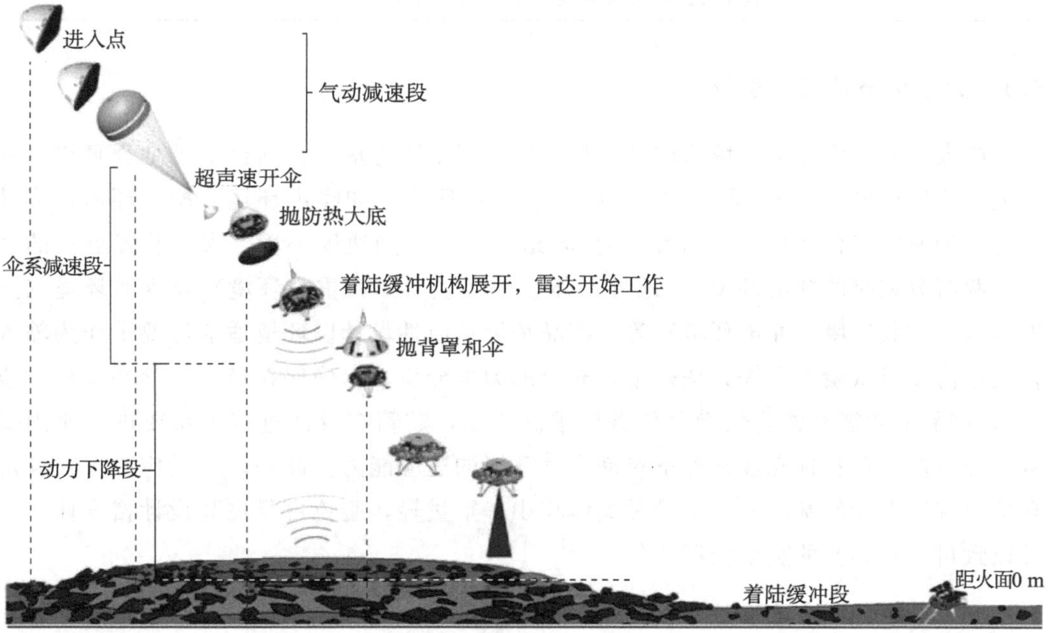

图 9－3　着陆火星阶段

9.5 环境适应性设计

液体火箭发动机环境适应性水平高低的源头是环境适应性设计。因此要研制出一个环境适应性强的产品，首先抓的是环境适应性设计，设计奠定了产品的固有环境适应性。环境适应性设计从产品方案研制阶段开展实施，在初样、试样阶段不断完善、优化和改进，在定型阶段若出现新状态仍然要开展环境适应性设计。

液体火箭发动机环境适应性设计的步骤见表 9-2 所示。

表 9-2 环境适应性设计步骤

环境适应性设计步骤	工作内容
明确产品的平台环境条件	作为环境适应性设计的第一步，要弄清发动机产品的平台实际环境条件，发动机整机、组件、设备等所受到的环境条件
确定产品寿命期的环境剖面	产品全寿命周期所遇到的各种环境因素与其出现的概率，环境剖面是设计的依据
制定环境适应性设计准则	1)减缓影响产品的环境应力、增强产品自身耐环境应力的能力； 2)逐级明确防护对象与防护等级； 3)建立有效、合理的防护体系； 4)综合考虑环境因素的不良影响
开展环境适应性设计	力、热、电磁、空间、自然、组合等环境适应性设计
环境适应性设计评审	对环境适应性设计输入进行全面地审查，从中发现环境适应性设计中的薄弱环节，提出改进意见，完善设计，降低设计风险

9.5.1 力学环境适应性设计

液体火箭发动机力学环境适应性设计一般情况下需考虑产品所经历的地面环境（如重力环境、运输环境、起吊/翻转/停放环境）、发射环境（如噪声环境、振动环境、流动环境、稳态加速度飞行环境及冲击环境）、轨道环境（如加速度环境、火工装置点火的冲击环境、两器分离时的冲击环境）、地外天体表面环境（如微重力环境）及返回环境（如加速度环境、过载环境、冲击环境）等。产品环境适应性设计以环境适应性要求作为输入条件，通过仿真或试验验证等方法来进行充分的力学分析，以确保在经历力学环境后（或过程中），产品的功能和性能仍满足任务要求。比如，贮箱在设计过程中需要进行流固耦合仿真，分析贮箱在各种充液条件下对动力学环境的适应能力。此外，产品应确保在满足力学环境适应性设计的基础上，尽量做到体积小、重量轻，避免盲目提高设计裕度而产生过设计以致付出不必要的重量资源代价。

9.5.1.1 加速度环境适应性设计

液体火箭发动机在发射阶段会经历加速度环境，在助推器分离、抛整流罩、一二级分离等时刻会有加速度的突变。产品在设计时应考虑能承受的最大载荷（最大的静、动力学综合载荷），结构部件应有足够强度以确保发动机产品能够经受加速度环境而不发生破坏（断裂、屈曲、坍塌等），或不会产生不期望的弹、塑性变形。

9.5.1.2　振动及噪声环境适应性设计

液体火箭发动机推力脉动和气动噪声载荷会引起产品的结构振动，因此要求产品的结构部件有合适刚度，确保所产生的力学环境响应不影响产品的使用性能。一般发动机产品的固有频率应避开设备大量级输入的激励频段，以避免共振效应；特殊产品（例如变轨发动机、贮箱等）其固有频率可以不满足上述要求，但要确保固有频率不与航天器固有频率或设备安装结构处的局部频率产生动力学耦合。产品在结构设计上应尽量避免横截面存在尺寸突变，在尺寸和形状有突变的地方应尽可能用较大光圆角实现光滑过渡，以缓解应力集中。

对发动机产品而言，在材料选用上应尽量选择断裂韧性好、对应力集中不敏感的材料。若存在低温环境，还应考虑材料在液氢、液氧环境下的低温力学性能，必要时采取深冷等工艺措施消除温度应力。在振动量级大或对振动环境十分敏感的情况下，发动机产品应在安装界面处采用减震器等附加结构，通过阻尼减振、动力减振等措施消耗或吸收振动能量。

发动机产品在焊缝位置设计上应合理选择焊缝位置，尽量避免焊缝密集或交汇，应使焊缝避开应力集中部位。发动机产品内的螺纹连接件应采用合适、可靠的防松措施，避免振动及噪声环境造成的螺纹连接失效。对于有搭接电阻要求的螺纹连接部位，应尽量避免采用螺纹锁固定的形式。

发动机产品管路系统在固定约束状态下的空间安全距离仍应充分考虑动包络影响，并符合相关设计规范。发动机产品电缆绑扎固定设计，应充分考虑低频振动环境带来的叠加载荷，尽量避免电缆接插件受集中应力影响。

9.5.1.3　冲击环境适应性设计

液体火箭发动机点火、关机与分离过程均会引起冲击，应采用合适的防冲击产品进行安装和结构设计，以防冲击应力波可能造成的机械损伤。在冲击严重的情况或设备对冲击环境十分敏感的前提下，应在安装界面处采用缓冲器等附加结构。对水击效应较为敏感的压力传感器，应尽量远离冲击源，或在其入口考虑设置阻尼孔，以防压力传感器的敏感部件受机械损伤。避免阀门安装方向轴线与飞行方向平行，以防受到冲击导致失效。电子设备力学环境适应性设计应结合印制板的结构尺寸、元器件安装布局、内部模块连接可靠性进行产品的抗力学环境设计。

9.5.2　热环境适应性设计

根据型号总体或用户提出的热环境条件要求，应对发动机产品进行热环境适应性仿真和热控设计，必要时开展地面试验进行验证。热环境条件设计应覆盖火箭发动机全寿命周期可能经历的热环境，包括地面自然热环境、地面试验热环境、飞行热环境、空间热环境、地外天体表面热环境。

在热环境适应性设计前，应开展热环境效应分析，识别出热环境风险事件，分析过程要保证结果的覆盖性和分析精度，同时要考虑热不确定性因素。若产品同时受到多种热环境影响，应开展综合影响分析，并确定其热环境条件。对低温环境产品，应采取主动加热、被动热包覆、热控涂层、自动控温等措施保证产品温度在要求的范围内。对有可能受高温环境影响的产品，应采取防热包覆、隔热屏、隔热垫等措施进行高温隔离。

9.5.2.1　热防护设计

液体火箭发动机热防护设计应考虑发动机大热流的热影响或发动机之间羽流热流的影响，应根据发动机热流影响范围考虑对其他产品的热影响，同时考虑发动机关机后热返浸热流对阀门和热控组件的影响。

9.5.2.2　散热设计

发动机散热设计主要是通过采用合适的冷却方法对电子设备的温升进行控制，从而保证电子设备或系统能够正常、可靠地工作。液体火箭发动机散热设计主要考虑电子设备或器件大功率工作时的散热要求，对在轨有高温风险的产品采用热控涂层、导热传热、热管等散热措施。

9.5.2.3　接地设计

对多层隔热组件应设计接地装置，且接地线应与每层反射屏导通；多层表面上任一点对航天器地之间电阻应小于 1 MΩ。

9.5.2.4　其他

焊接、压接、绑扎、电阻电焊和热控包覆等重要工序的实施，应充分考虑可能的最坏环境组合情况下的环境要求，如：

1）必要时，设计适当的温度测点监视产品的在轨温度；

2）应选用化学净化型的热控材料；

3）应考虑空间辐照环境对热控组件的影响，选用耐空间辐照的热控涂层；

4）应考虑热控涂层在轨末期性能退化的影响。

9.5.3　电磁环境适应性设计

电磁环境是电磁空间的一种表现形式，指一个产品、分系统或系统在完成其规定任务时可能遇到的辐射或传导电磁发射电平在不同频段内功率与时间的分布。液体火箭发动机常见的电磁环境构成因素如图 9-4 所示，这些辐射会对产品造成干扰。

液体火箭发动机电磁环境适应性设计主要是 EMC（电磁兼容性）设计，在技术指标的分配时以产品的整体性能最优为原则，以系统的兼容性为主要目的，合理分配各技术指标，不过分追求个别指标的先进性。EMC 设计强调把建立良好的电路、接地、电搭接系统和合理布线放在首位，从产品结构和空间布局考虑，采用分开布局的设计思路，充分利用空间的隔离，保证各模块之间相互独立。产品内部的电源线和低频信号线设计遵循“回流原则”，采用 PCB（印制线路板）分层设计和布局，优化电路选择，最大限度地使用成熟器件和成熟电路，尽量减少器件的种类。

- 电磁环境构成因素
  - 自然环境因素
    - 雷电电磁辐射源
    - 静电电磁辐射源
    - 太阳系和星际电磁辐射源
    - 地球和大气层电磁场
  - 诱发环境因素
    - 电磁发射系统:导航系统、通信系统
    - 工频电磁辐射系统:高电压送、变电系统,大电流工频设备
    - 用于军事目的的强电磁脉冲源:核电磁脉冲及非核电磁脉冲

图 9－4　电磁环境构成因素图

9.5.3.1　电路设计

在液体火箭发动机内部应对一次输入电源进行滤波隔离设计，干扰电路或敏感电路应进行屏蔽防护设计。首选能减小噪声和对电磁干扰有抑制作用的元器件，正确选取各类有源和无源器件。分析模拟和逻辑有源元器件的电压变化率、上升时间等 EMC 特性及继电器、各种开关的 EMC 特性。分析电容、电感、电阻等无源器件可能产生的振荡问题及瞬态电压耐受能力；重视电路板上元器件布局，依其电磁特性进行分区。

9.5.3.2　接地设计

液体火箭发动机接地设计要满足隔离要求。产品内部的一次电源回线和二次电源回线应相互隔离，且与产品壳体相互隔离，与产品内部使用的 DC/DC 变换器回线相互隔离。产品内部二次电源遥测地与一次地线要相互隔离。低频负载产品内部电路与壳体相互隔离，且产品内部使用的 DC/DC 变换器初级和次级应相互隔离。产品遥测信号回线以用户端的“地”（信号回线的电位基准点）为参考，遥控信号的往返线要与用户端机壳（设备金属外壳）的电路相互隔离。

印制板在设计上采用多层设计原则，进行专用地线网络设计。印制板内部走线特别是电源线和地线排列要合适，以减小信号线与回线之间所形成的环路面积。

有单点或多点接地要求的产品应将内部单点或多点接地到壳体。

9.5.3.3　电搭接设计

液体火箭发动机电搭接设计尽量采用直接搭接。若采用间接搭接则使用的金属带应尽量短。搭接设计应考虑力学环境适应性和材料兼容性等因素。搭接应足够坚固，不能因正常的振动、冲击和部件的相对运动而降低搭接性能，同时搭接不能对运动部件的正常运动造成不良的干扰。相互搭接在一起的两种金属必须是兼容的，从而使产生腐蚀的可能性最小。此外，搭接带或跨接器不能串联。

9.5.3.4　屏蔽和线缆绞合设计

发动机机箱壳体应开展屏蔽设计来抑制 EMI（电磁干扰），需要关注的是机箱壳体缝

隙、孔和接头的屏蔽设计效果。对数据总线、敏感线、高阻抗电路和敏感信号进行屏蔽设计时应将信号线及其回线一起屏蔽。屏蔽电缆要求做好屏蔽的端接和接地设计，不同屏蔽间应相互隔离。

在进行线缆绞合设计时，一次和二次输入电源供电线应与其回线进行绞合设计，用于电机、大电流部件及低频敏感信号的应与其回线进行绞合设计。

9.5.4 空间环境适应性设计

与液体火箭发动机相关的空间环境适应性设计主要有电离总剂量效应防护设计、单粒子效应防护设计、表面充放电效应防护设计、内带电效应防护设计、原子氧防护设计、太阳紫外辐射防护设计、微重力环境适应性设计、地磁场环境适应性设计和大气与真空环境适应性设计。

9.5.4.1 电离总剂量效应防护设计

总剂量效应是指许多带电粒子由于长时间辐射累积引起的剂量效应。高能带电粒子会对液体火箭发动机的材料和电子器件产生辐射损伤效应，引起性能退化，甚至失效。液体火箭发动机在开展辐射屏蔽设计时应确保所有元器件与材料 RDM（辐射设计余量）的单粒子累积量满足产品规定的要求，提高辐射屏蔽效率，充分进行产品自身辐射屏蔽优化设计，杜绝产品外壳整体加厚。用于辐射屏蔽的材料应选择次级辐射较小的金属，以避免带来更明显的次级辐射剂量。附加的局部屏蔽材料不能降低或破坏元器件固有电性能及原有散热条件，且安装牢固，不应引起短路，不应形成多余物，所使用的附加材料（如胶粘剂等）应符合航天产品相关要求。对于无法确定抗电离总剂量能力数据的元器件及材料，应通过电离总剂量辐照试验来测定。

9.5.4.2 单粒子效应防护设计

应针对单粒子翻转效应开展液体火箭发动机的软、硬件容错、纠错、FDIR（故障检测、隔离和恢复）等防护设计。根据器件单粒子效应 LET（线性能量转移）阈值及饱和翻转截面数据，对器件在轨的单粒子事件率进行预示，给出器件在轨道上每天的单粒子事件次数。以预示结果为基础，分析产品发生单粒子效应及实施防护措施时对产品任务的影响。产品应具备自动或地面干预的断电重启功能，避免发生单粒子锁定后不能解除而一直保持锁定状态。当无法确认关键器件的单粒子效应 LET 阈值及事件截面时，应通过辐照试验予以测定。

9.5.4.3 表面充放电效应防护设计

应按照表面充放电效应的具体控制措施或规范开展液体火箭发动机产品表面充放电效应防护设计。对于在 20 000～65 000 km 高度范围内运行的产品电子设备鉴定件，应通过表面放电效应模拟试验来检验产品承受表面放电脉冲干扰的能力。产品应采取充分的电磁屏蔽、滤波等抗干扰设计，确保在表面放电模拟试验条件下功能不受影响。产品具有暴露于舱外的材料时，该材料的电阻率与接地应满足系统制定的表面充放电效应的具体控制措施或规范的防护要求。

9.5.4.4 内带电效应防护设计

应按照内带电效应控制的具体措施或规范开展液体火箭发动机产品内带电效应防护设计。产品内部使用高阻材料时，该材料的电阻率与接地应满足任务防护要求，并应分析材料的高能电子注入电流值并将其控制在合理范围内。产品内部的较大悬浮导体应接地。产品应采取充分的抗干扰设计，确保发生内带电时功能不受影响。产品所使用的 PCB（印制线路板）基材不应采用电绝缘性能非常良好的材料。

9.5.4.5 原子氧防护设计

液体火箭发动机所采用的暴露于产品最外表面的薄层材料，包括多层隔热组件、热控白漆材料等，应具备耐受不少于在轨期间原子氧累计总量的能力。产品最外表面的薄层材料，应在轨道原子氧环境分析结果的基础上，考虑一倍余量。在材料耐受原子氧能力数据未知或无法确认的情况下，可采用轨道高度相同（或更低）、寿命相同（或以上）产品的具有相同性能的同种外表面材料的成功飞行经验。在材料耐受原子氧能力无具体数据，且无法采用在轨飞行经验证明的情况下，应通过地面原子氧试验予以测定。

9.5.4.6 太阳紫外辐射防护设计

液体火箭发动机上直接接受太阳光照射的有机、光学、薄膜、粘结剂、涂层等材料，其耐受紫外辐射能力不低于在轨寿命周期内的太阳紫外辐射总量。在材料耐受太阳紫外辐射能力数据未知或无法确认的情况下，可采用在轨运行相同（或以上）寿命的 SSO（太阳同步轨道）和 GEO（地球静止轨道）产品受太阳照射状态相同、具有相同性能的同种外表面材料的成功飞行经验。在材料耐受太阳紫外辐射能力无具体数据，且无法采用在轨飞行经验证明的情况下，应通过地面紫外辐照试验予以测定。

9.5.4.7 微重力环境适应性设计

对于液体火箭发动机应开展微重力环境适应性设计。设计时应重点关注如下几方面内容：采取措施确保微重力环境下推进剂分布改变后不影响功能实现，应尽量消除微重力带来的载荷变化对加工、装配、制造、校标和调试的影响；采取措施避免月尘、火星尘土、在轨可能产生的磨屑、羽流等微小颗粒在微重力环境下团聚、漂浮影响产品性能及安全；月球及火星着陆器悬停、平移、下降和着陆等应针对低重力环境进行设计验证；应对贮箱进行微重力环境适应性设计，并采取理论分析、仿真和试验等方法对设计的有效性进行验证；在微重力环境下，应在电子设备的设计中考虑除气体自然对流换热外的其他散热措施，保证电子设备的正常工作范围，在地面热试验中应减小和消除自然对流的影响。

9.5.4.8 地磁场环境适应性设计

按照任务确定的液体火箭发动机剩磁控制与设计指标，在阀门类带磁性的产品设计等方面开展产品剩磁设计与控制。必要时，通过磁屏蔽或磁补偿的措施改善设备的剩磁特性，或者通过产品级磁试验对产品的剩磁特性进行测量与改进，以确保产品剩磁满足设计指标要求。

9.5.4.9　大气与真空环境适应性设计

在液体火箭发动机开展大气与真空环境适应性设计时应考虑如下常见的影响因素。一是要考虑产品在真空环境下工作时出现的羽流影响、冷焊影响和真空点火影响。二是要考虑高电压、高功率、高热耗产品在真空环境下工作时，因内部热量积累产生材料释气，可能形成局部低气压环境的影响。三是要考虑产品在常温下应能够耐受低气压环境和大气压力快速变化的环境影响。

9.5.5　自然环境适应性设计

根据液体火箭发动机可能经历的潮湿、盐雾、霉菌、淋雨、砂尘等自然环境要求，结合产品自身的特性，进行产品自然环境适应性设计和试验。

9.5.5.1　潮湿、盐雾、霉菌环境适应性设计

液体火箭发动机的设计和试验要满足用户提出的防潮、防盐雾、防霉菌要求。产品在元器件和原材料的选用上应满足防潮、防盐雾和防霉菌的要求。产品在贮存、转运过程中应控制环境温湿度，采取安装保护件、抽真空封装、干燥剂等措施来保证产品的安全和性能。产品的运输包装要具备防尘、防潮湿、防腐蚀功能，对含催化剂等易吸潮物质的产品应开展全过程的使用环境保护设计或充分的潮湿适应性分析和验证。

9.5.5.2　淋雨环境适应性设计

液体火箭发动机在设计、生产、试验、贮存、运输及使用过程中要满足用户提出的防淋雨要求。发动机产品在贮存、转运过程中应采取保护措施，避免产品被淋湿。阀门线圈组件、焊接形式的电缆插头插座要采用密封措施，提高绝缘性能。产品运输包装要具备防雨水功能。

9.5.5.3　砂尘环境适应性设计

根据用户提出的防砂尘要求进行产品设计和试验。产品贮存、转运过程中应采取保护措施防止砂尘对产品造成影响，产品运输包装要具备防砂尘功能。

9.5.6　组合环境适应性设计

液体火箭发动机在飞行过程中会遇到多种环境效应叠加的复杂情况，如发射段经历力、热环境，在轨飞行段经历空间、电磁、力、热环境，地面运输段经历自然、电磁、热、力学环境，地外天体表面经历空间、热、力学环境等，因此在组合环境适应性设计时要考虑多种环境相互间的影响因素。产品在设计过程中需要进行力、热耦合仿真，分析温度变化过程及动载荷作用下应力场变化，对结构强度进行预测。组件级产品通常采用机械—电磁系统耦合仿真或机械—电磁显式动力学仿真方法，系统级产品采用机械—流体系统耦合仿真方法。此外，在高温和低温环境下，在设计产品和选用材料时应考虑低温力学环境、高温高湿环境对产品结构和材料性能产生的影响。

9.6　环境适应性验证

液体火箭发动机环境适应性评价的主要手段是环境适应性验证，即通过环境试验检验产品在贮存、运输和使用环境下的性能，暴露产品环境适应性薄弱环节。

9.6.1　环境响应特性调查试验

通过液体火箭发动机对主要环境（例如力学环境、热环境等）的物理响应特性，确定影响产品的关键性能的环境应力临界值，为后续试验的控制和实施及用户使用产品提供基本信息。

通过试验，确定产品的热环境的响应特性（包括热流分布、温度梯度等）、产品在规定的环境温度下达到温度稳定的时间、产品热容量最大的部位、产品的冷热敏感部位和薄弱环节等。温度响应特性摸底试验应在材料和结构方面确定不变的样机上进行，以确保所得数据的准确性。

通过试验，确定产品对振动环境的响应特性（包括产品的共振频率即优势频率、振动响应最大部位、对振动敏感的部位及薄弱环节等），确定产品在冲击、EMC 等其他环境作用下的薄弱环节，确定产品可耐受的最大环境应力值，例如在研产品保持正常工作或不损坏的实际的最高温度、最低温度、最高温度变化速率和最大振动量值等。振动响应特性摸底试验应尽可能在材料和结构等方面基本确定不变的样机上进行，以确保所有数据的准确性，明确测点及测量要求，对试验获得的数据进行分析。

9.6.2　环境适应性研制试验

环境适应性研制试验通过对产品施加一定的环境应力或工作载荷（可用加大应力值的单应力和综合应力）来进行，采取预防和纠正措施来确保产品的环境适应性，一般在方案阶段和初样阶段初期完成，目的是在研制阶段初期验证产品的设计方案是否满足设计要求，以便在开始鉴定试验之前采取必要的改进措施。环境适应性研制试验主要包括加速度试验、振动试验、冲击试验、高低温试验等。研制试验通常要制定试验大纲，主要内容包括产品技术状态、试验状态、环境应力种类、量值和施加方法、产品的检查要求（试验中、试验后的测试要完整覆盖产品的基本特性）等。根据试验大纲开展试验，并按照“试验—分析—改进”的过程反复进行，逐步增强产品的环境适应性。

9.6.3　环境适应性鉴定试验

环境适应性鉴定试验一般在初样阶段完成，验证产品在鉴定级应力条件下性能指标是否满足设计要求、环境适应性设计是否达到设计要求，并且具有规定的设计余量。环境鉴定试验应该用能代表试样产品状态的产品进行。飞行产品在验收之前应完成所有的环境鉴定试验及鉴定试验后的设计改进，经过环境鉴定试验的产品一般不再用于飞行。环境鉴定试验通常要根据产品特点制定试验方案，并经过评审，试验结束后编制试验总结分析报告。如果产品技术状态发生较大变化的、主要生产厂家或工艺方法发生更改的，需重新开展环境鉴定试验。

9.6.4 交付产品的环境验收和抽检（例行）试验

环境验收试验和环境抽检（例行）试验在试样及批生产阶段进行，目的是检查在批生产过程中工艺操作和质量控制过程的稳定性，验证批生产产品环境适应性是否仍然满足设计的要求。产品开展的验收试验项目和试验要求需完整覆盖任务要求，批生产达到一定时间周期或达到一定数量时，宜针对产品批次进行抽检（例行）试验。参加抽检试验的产品要求在验收试验合格的产品中抽取，经过抽检试验的产品一般不再用于飞行。制定环境验收试验和抽检（例行）试验方案包含的内容有：环境验收试验的试验项目及试验条件，环境例行试验的试验项目和试验条件，抽检（例行）试验的试验时间间隔或抽样规则，故障判别准则，试验未通过时的再试验要求，需提交的资料项目及要求等。

9.6.5 主要试验方法

环境适应性验证主要试验方法参考文件见表 9－3。

表 9－3 环境适应性验证方法参考文件

序号	试验项目	试验方法依据文件
1	正弦振动	依据 QJ 20145.1～.9、GJB 150.16 等标准
2	随机振动	依据 QJ 20145.1～.9、GJB 150.16 等标准
3	冲击试验	依据 QJ 20145.1～.9、GJB 150.18 等标准
4	加速度(过载)试验	依据 GJB 150.15 等标准
5	噪声试验	依据 GJB 150.17 等标准
6	热循环	依据 QJ 2630.1 等标准
7	热真空	依据 QJ 2630.1 等标准
8	真空放电(低气压放电)	依据 QJ 20145.1～.9、QJ 2630.3 等标准
9	高温存储试验	依据 GJB 150.3、QJ 20145.1～.9 等标准
10	低温存储试验	依据 QJ 20145.1～.9 等标准
11	电磁兼容性试验	依据 GJB 1389、GJB3590 等标准
12	电离总剂量	依据 GJB 548 等标准
13	单粒子效应	依据 QJ 10005 等标准
14	原子氧试验	依据 QJ 20426.2 等标准
15	太阳紫外辐照	依据 GJB 150.7 等标准
16	湿热试验	依据 GJB 150.9 等标准
17	霉菌试验	依据 GJB 150.10 等标准
18	盐雾试验	依据 GJB 150.11 等标准

续表

序号	试验项目	试验方法依据文件
19	雨水/滴雨试验	依据 GJB 150.8 等标准
20	砂尘试验	依据 GJB 150.12 等标准
21	运输试验	依据 QJ 20145.1～.9 等标准
22	流体污染试验	依据 GJB 150.26 等标准
23	温度—高度试验	依据 GJB 150.6 等标准
24	太阳辐射试验	依据 GJB 150.7 等标准

9.7 环境适应性评价（评估）

液体火箭发动机环境适应性评价（评估）是对产品设计方案中的环境适应性设计部分进行审查或自查，发现设计薄弱环节，确保设计的全面性、合理性、有效性。环境适应性评价（评估）工作一直迭代进行，可分为方案阶段、初样阶段、试样阶段和定型阶段来开展工作。方案阶段主要是基于设计结果的环境适应性评价，初样阶段和试样阶段主要是基于设计结果和试验结果的环境适应性评价，定型阶段主要是基于使用结果的环境适应性评价。

9.7.1 环境适应性评价（评估）的原则

液体火箭发动机环境适应性评价（评估）工作应遵循以下四条原则：

1）做到环境适应性评价（评估）的连续性、关联性和协调性。连续性要求环境适应性评价（评估）工作要贯穿于寿命周期的各个阶段，关联性要求环境适应性评价（评估）要尽可能地结合性能试验、专项试验和其他试验进行，协调性要求环境适应性评价（评估）工作与产品研制过程中其他评价工作相协调。

2）环境适应性评价（评估）尽可能地结合产品的研制试验、使用试验及环境适应性范畴内的试验来进行，综合利用各种试验方法的优势。

3）环境适应性评价（评估）尽可能在模拟实际的使用条件下进行，提高试验可信度。

4）进行环境适应性评价（评估）时应充分利用各种信息（包括其他指标试验评价和已有型号试验评价的有关信息），提高评价的全面性与客观性。

9.7.2 环境适应性评价（评估）的方法

液体火箭发动机常用的环境适应性评价（评估）的方法有直接评价（评估）法、相似产品评价（评估）法和试验评价（评估）法。

直接评价（评估）法是根据环境适应性基础数据评价（评估）产品的环境适应性。直接评价（评估）法适用于评价货架（批产）产品，因为产品使用环境条件复杂多样，评价（评估）时可采用“极值”理论，即在恶劣环境条件下评价产品环境适应性，但也要考虑

“极值”理论会提高设计成本，应权衡考虑。

相似产品评价（评估）法是利用相似产品的历史故障数据、环境试验数据和规律，与新产品进行对比或试验比对，来评定新产品的环境适应性。相似性比较包括结构、功能和性能比较、环境适应性要求比较、环境试验结果的比较、元器件原材料及生产工艺的比较等。

试验评价（评估）法是将产品置于自然环境、实验室环境或使用环境中，考核与验证产品经受这些环境的作用后的性能变化、功能影响，是常用的环境适应性评价方法。试验评价（评估）法包括：

1）自然环境试验评价（评估）法：根据寿命剖面确定产品可能遇到的各种自然环境，以此分析确定自然环境试验的条件，选择暴露试验、贮存试验、模拟工况等试验方式；

2）实验室环境试验评价（评估）法：实验室环境试验结果不能直接用于环境适应性评价，但可作为评价的重要信息，实验室模拟环境还需要与其他试验技术结合，提高实验室评价结果的可信性；

3）使用环境试验评价（评估）法：使用环境试验的环境条件应尽量符合产品（尤其武器装备）实际任务遇到的实际环境条件；

4）仿真试验评价（评估）法：以相似原理、信息技术以及建模与仿真应用领域的有关专业技术为基础，以计算机系统为工具，在模型上开展试验，利用模型对系统进行分析、评估和决策。

9.7.3 环境适应性评价（评估）的内容

液体火箭发动机环境适应性评价（评估）一般包括环境试验方案合理性有效性评价（评估）、环境试验结果评价（评估）、环境适应性设计验证评价（评估）和环境适应性评定。不同阶段的具体工作内容见表 9-4。

表 9-4 环境适应性评价（评估）不同阶段工作内容

阶段	工作内容
方案阶段	依据设计准则、环境效应、失效准则等，对环境分析、仿真等结果满足环境适应性要求程度进行评价（评估）
初样阶段 试样阶段	利用自然环境试验、实验室环境试验及使用环境试验等测得的数据和获得的故障信息，分析环境对产品的结构、功能、性能等的影响，给出确定性的评价（评估），包括是否适应环境、环境裕度有多大、环境适应性风险项目有哪些以及需要采取的环境防护措施等，其中环境风险项目和采取的环境防护措施将反馈给设计，保证产品在使用环境试验后，完全达到环境适应性要求
定型阶段	基于使用结果的环境适应性评价（评估）是利用实际使用环境适应性信息和数据，对产品适应自然环境和使用环境综合能力的评价（评估），重点暴露发射、在轨飞行过程中复杂的环境影响，为改进设计和实验室环境试验提供依据

第10章　工艺与物料保证

10.1　概述

工艺、材料、机械零件和元器件（简称为工艺与物料）保证是液体火箭发动机设计、制造的基础，是确保设计意图实现的重要手段。液体火箭发动机为集结构设计与制造、控制系统设计与装联、发动机装配与测试等为一体的系统工程。工艺与物料保证是在液体火箭发动机产品研制、生产过程中实施的与工艺、材料、机械零件和元器件相关的一系列质量控制与管理工作。为适应新的产品结构、功能及性能设计要求，增材制造技术、特种加工技术、先进连接技术、热防护涂层技术等新工艺、新技术被广泛应用，而S系列高强不锈钢、特种铌合金、C/SiC复合材料、高能煤油GN－1等新材料也被重点开发应用，故开展工艺与物料保证具有重要意义。本章对液体火箭发动机产品工艺与物料保证的基本要求、工作项目与流程以及各项要求进行了介绍。

10.2　工艺保证

10.2.1　基本要求

工艺保证工作贯穿产品研制的方案阶段、初样阶段、试样阶段和定型阶段等全过程，通过建立工艺与设计结合机制，实现工艺与发动机同步策划、同步预研、同步论证、同步攻关。工艺保证的目标是通过发动机工艺保证要求的落实和保证大纲有计划地实施，对产品实现全过程进行有效的工艺与物料质量控制，满足设计与标准规范要求。

10.2.2　工艺保证工作流程与工作项目

液体火箭发动机产品工艺保证工作流程如图10－1所示，产品工艺保证项目见表10－1。可根据发动机产品研制阶段和发动机具体需求，适当调整各研制阶段的工艺保证项目和顺序。

10.2.3　设计工艺性控制

10.2.3.1　设计方案工艺性分析

设计工艺性控制包括设计方案工艺性分析和设计文件的工艺性审查。设计方案的工艺可行性分析应从方案阶段开始进行，在发动机产品总指挥/总师的领导下，由设计师系统负责实施，工艺师系统配合。设计师在进行发动机产品方案设计时，应深入了解生产制造单元、生产线情况及先进制造技术发展，保证设计方案中工艺的先进性；针对采取的新技术、新材料和新工艺，应充分考虑现有生产条件和工艺技术水平，会同工艺师系统分析产品的可制造性，同时加强设计人员与工艺人员的协同，开展材料结构工艺一体化设计。

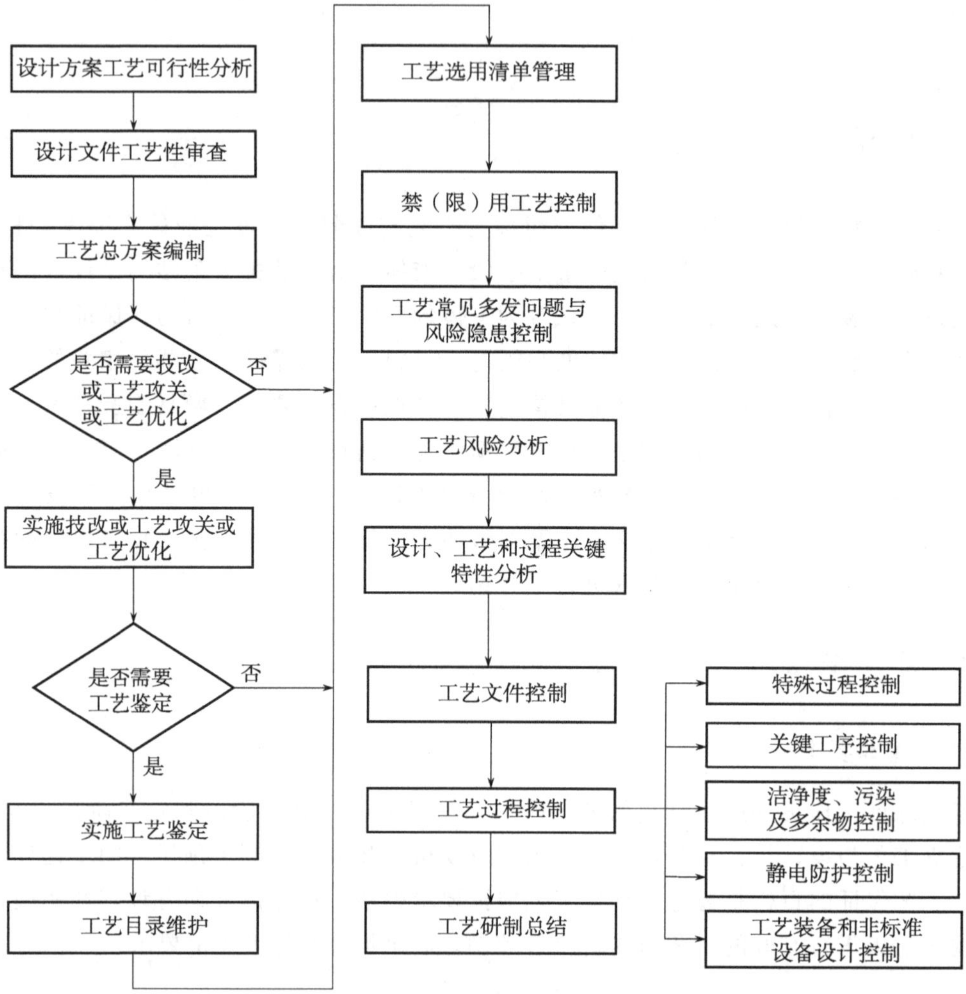

图 10－1　发动机产品工艺保证流程

表 10－1　发动机工艺保证工作项目表

类别	项目代号	工作项目	方案阶段	初样阶段	试样阶段	定型阶段
设计工艺性控制	1	设计方案工艺可行性分析	√	√	√	√
	2	设计文件工艺性审查	√	√	√	√
工艺方案策划	3	工艺总方案编制	△	√	√	√
	4	工艺攻关	√	△	△	△
	5	工艺优化	△	△	√	√
	6	工艺鉴定	√	△	△	△

续表

类别	项目代号	工作项目	方案阶段	初样阶段	试样阶段	定型阶段
工艺选用及控制	7	工艺目录维护	△	△	△	△
	8	工艺选用清单管理	△	√	√	√
	9	禁(限)用工艺控制	√	√	√	√
	10	工艺常见多发问题与风险隐患控制	△	√	√	√
	11	工艺风险分析	√	△	△	△
关键性分析	12	设计、工艺和过程关键性分析	△	√	√	√
工艺文件控制	13	工艺文件编制	√	√	√	√
	14	强制检验点与关键检验点设置	△	√	√	√
	15	工艺文件清单	√	√	√	√
工艺过程控制	16	特殊过程控制	△	√	√	√
	17	关键工序控制	△	△	√	√
	18	洁净度、污染及多余物控制	△	√	√	√
	19	静电防护控制	△	△	△	△
	20	工艺装备和非标准设备设计控制	△	√	√	√
转阶段工艺工作	21	工艺研制总结	√	√	√	△
其他	22	工艺评审	√	√	√	√

注：√为必做项目，△为根据需要选做项目。

设计方案工艺可行性分析应尽可能地实现以下要求：

1）设计简化、优化；

2）选用的材料、元器件成熟、经济，供应稳定；

3）使用的制造技术成熟、经济；

4）标准化、产品化程度高；

5）产品的精度等级、性能指标等制定合理、适度；

6）产品可检验性、可测试性良好；

7）能源消耗低，环境污染小。

10.2.3.2 设计文件的工艺性审查

发动机产品设计工艺性审查的文件包括设计方案、设计图样、设计技术条件、通知单、偏离单、更改单等。设计文件工艺性审查前，设计人员应与工艺人员进行技术交底、交流，说明产品的技术性能、结构特点、使用要求等，使工艺人员掌握设计意图，工艺人员应向设计人员充分介绍生产制造单元、生产线等生产条件，未经工艺性审查的设计文件不能用于产品生产。

在方案阶段，生产单位工艺部门应参加发动机设计方案的技术、经济可行性论证，向设计部门说明现有企业的工艺、技术现状，提供新工艺、新技术、新材料等相关信息，对设计布局、主要构件提出改进意见，对关键工艺、重大测试技术及其所用设备并提出解决途径。在初样阶段，应组织专业工艺人员对发动机产品结构形式、设计基准等提出工艺性审查意见，对拟采用的新工艺、新技术、新材料提出工艺性审查意见并开展相关工艺试验。在试样阶段，需对初样阶段采用的新工艺、新技术、新材料给出可采用性结论意见，明确关键工艺、重大测试技术及其所用设备并提出解决途径。在定型阶段，需对试样阶段采用的新工艺、新技术、新材料给出明确可用性结论，并结合产品批量进行工艺优化。

设计人员和工艺人员应对发动机设计文件中易引起工艺质量问题与隐患的环节进行检查。如存在工艺质量问题与隐患，应对设计文件进行修改，必要时可通过开展专项工艺研究进行解决，以提高产品制造的工艺性和经济性。

10.2.4 工艺总方案

发动机工艺总方案应按产品型号、阶段（批次）分别编制，原则上承担发动机整机级、组件级产品生产的单位均应编制工艺总方案。工艺总方案应在完成设计文件工艺性审查后编制，明确制造工艺的主要方法和要求，明确工艺风险内容，提出解决产品生产工艺、组织原则和有效措施，并能充分体现产品和项目实现等计划清楚、技术状态明确、工艺方法适用、生产布局合理、技术措施可行、组织分工严密、厂（所）间协调可靠、成本费用合理、质量控制有效的总要求。在发动机工艺总方案编制前，应针对前阶段（批次）的产品工艺工作进行总结。发动机工艺总方案应能体现不同研制阶段的侧重点，其中研制阶段侧重重大工艺技术攻关、产品主要技术指标的实现，突出工艺总方案可行性、可靠性、协调性和可实现性；批产阶段侧重于工艺优化，产品质量的稳定性、一致性、可靠性的实现，突出批生产技术状态控制、生产工艺布局调整、工艺装备和设备的补充及产品经济的可实现性。

10.2.5 工艺鉴定

发动机工艺鉴定是对新工艺或已选用的工艺方法等相关要素发生重大变化时，开展的考察工艺方法中各项工艺指标、工艺参数边界和工艺裕度等是否满足发动机产品研制生产要求的一系列攻关和试验验证活动。下面将介绍液体火箭发动机工艺鉴定的范围、工艺鉴定的流程等。

（1）工艺鉴定范围

工艺鉴定的范围如下：

1）发动机各级产品采用的新的工艺方法；

2）发动机产品及型谱产品选用的工艺方法等相关要素发生重大变化时，包括：工艺设备、工具等发生重大变化的工艺，工艺参数等工艺状态发生了重大变化需进行验证的工艺，工艺应用对象发生了变化或产品的应用环境发生了变化的成熟工艺，材料发生重大变化的特殊过程，其他需要鉴定的工艺等。

（2）工艺鉴定流程

工艺鉴定的流程如图 10-2 所示。

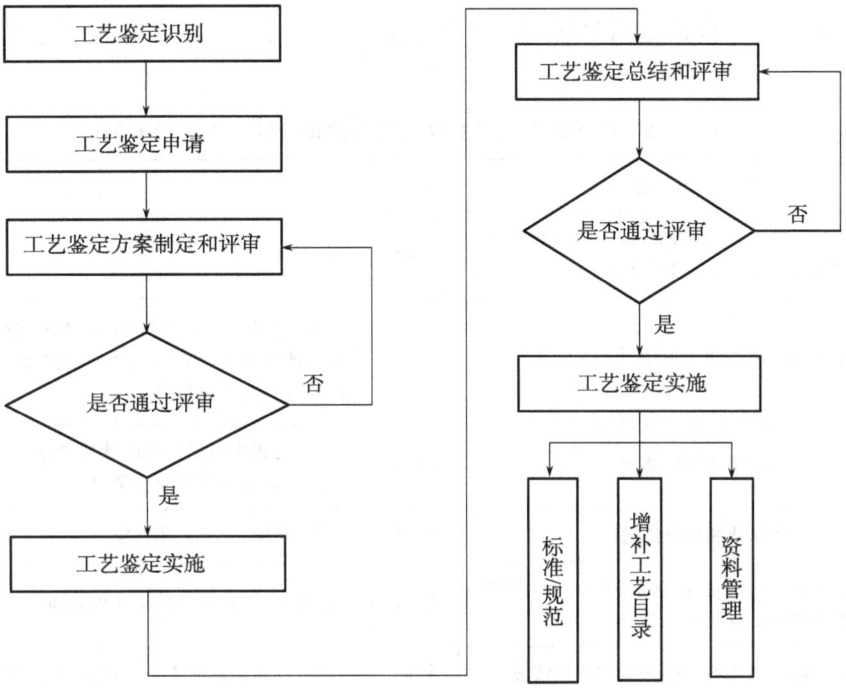

图 10－2　工艺鉴定流程图

10.2.6　工艺选用

产品承研单位应将成熟的工艺方法汇总形成工艺目录，并对其进行维护和更新。各发动机承研单位应形成本发动机产品的《工艺选用清单》，清单中的内容、评审、更改等应按相关要求履行审批手续。

在产品的初样阶段（关键发动机产品的鉴定试车阶段或发动机研制的方案阶段）应完成工艺选用工作，满足产品规定的安全系数要求、地面环境（制造、装配、试验、包装、贮存、运输等）要求、飞行环境（发射、在轨等）要求和产品设计对工艺的指标要求。所用产品工艺应选用工艺目录内的工艺方法，同时优先选用已形成工艺规范或满足航天领域标准中规定的工艺、未形成航天领域标准但是有成功飞行经历的工艺和通过试验获得满意结果并经过工艺鉴定的工艺。产品工艺选用应从整体、全过程考虑其选择的合理性及各种工艺方法之间的协调性，并考虑其可靠性、可检验性、可操作性、稳定性、经济性和安全性等。

新研发动机产品在研制生产中禁止选用禁用工艺，不得选用影响质量与可靠性的限用工艺。需选用限用工艺时，应针对产品的使用状态进行分析，并履行相关手续。现役发动机涉及禁用工艺和限用工艺时，应在设计文件和工艺文件中固化落实及迭代完善经验证有效的各项控制措施，在产品生产过程中逐项确认、落实过程质量控制措施，必要时进行严格的风险评估，确保产品质量满足发动机飞行和交付要求。

表 10－2 为液体火箭发动机常见的禁用工艺和限用工艺，应结合技术进步从产品设计和工艺设计两方面采取措施消除禁用工艺和逐步淘汰限用工艺，不得将禁用工艺列入单位工艺目录。

表 10－2　航天液体火箭发动机常见的部分禁（限）用工艺

序号	禁(限)用工艺名称	类别	禁(限)用原因
1	抗拉强度在 1 050 MPa 以上的钢制零件，严禁用酸洗的方法去除氧化皮	禁用	易产生氢脆
2	多根导线绞合后的焊接	禁用	多根导线绞合后，很难正确地焊接到插头的焊杯内，即使搭焊上，仍有可能对导线芯线产生较大的应力，同时存在短路隐患
3	铝合金不宜采用盐浴槽淬火工艺	限用	生产过程中所用的亚硝酸盐遇水或者高温时可能发生爆炸，造成生产安全事故
4	不宜采用氰化物电镀工艺	限用	污染环境，危害人体健康
5	以螺纹、压合、搭接、铆接、点焊、单面焊构成的部组件不宜镀覆	限用	缝隙难于清洗干净，易产生腐蚀
6	有缝隙或气孔的焊接部组件不宜镀覆	限用	镀后残余溶液清洗不净，易产生腐蚀

10.2.7　工艺风险分析

发动机各级产品工艺风险分析是工艺工作的重要内容，各承研单位应对产品研制生产过程中的风险事件进行采集分析，同时根据工作任务、产品特点及工艺特点，分析、识别发动机各级产品研制过程中的风险因素，针对风险因素提出量化控制措施，并在工艺方案中进行详细叙述。工艺风险分析一般应覆盖产品实现全过程，分析的重点对象应为涉及关键（重要）特性的工艺、技术难度大及需要进行工艺攻关的工艺或质量不稳定的工艺、产品出现严重质量问题对研制周期或研制成本造成重大影响的工艺以及特种工艺、特殊过程等。

工艺风险分析应依靠工程经验和一定的技术条件，通过故障树分析、故障模式影响及危害性分析、仿真计算、试验验证、专家技术评估和逻辑推理等方法来确定风险产生的现象、原因和后果，并提出需要采取的预防措施，以控制这些风险，形成工艺风险分析报告。

对发动机各级产品工艺风险项目的分析，应结合发动机工艺故障模式库进行。方案和初样转阶段，如存在不可接受风险时，需制定相应的风险应对措施加以处理，仍有风险时将其作为残余风险，在下一阶段工作中落实；飞行产品如存在不可接受风险时，需制定风险应对措施进行处理，直至风险可接受为止；对未达到可接受水平的残余风险制定风险发生时的应急预案。

10.2.8　工艺文件控制

产品工艺的落实体现在工艺文件上，故工艺文件的有效性和顺利实施是保障产品质量的有效手段。工艺文件应涵盖工艺方法、工艺参数、工艺设备、工艺装备、工艺材料、工艺环境，并明确一般检验点、关键检验点、强制检验点及记录要求等。工艺文件应根据工艺专业特点，提炼各专业的工艺量化控制要点，形成专业工艺编制的示例或规范，对未反映在工艺文件中的操作经验应进行量化、固化，以确保工艺文件的可操作、可检查、可量化、可重复。对于涉及工艺关键特性、特殊过程、易错难操作和测试不到要验收到、验收不到要工序检验到、工序检验不到要工艺保证到、工艺保证不到要人员保障到（以下简称“四不到四到”）项目的工艺文件，应明确细化量化控制要求。对于确实无法量化且不可检、不可测项目，应规定辅助控制要求或旁证措施。对当前条件下不易量化的项目应积极开展量化研究，通过先进设备与手段提升量化水平。

10.2.9　工艺过程控制

发动机工艺过程控制应重点关注特殊过程、关键工序、洁净度与污染、多余物静电防护、工艺装备等方面，具体要求详见本书第 6 章。

10.2.10　转阶段工艺工作

发动机转阶段工艺工作主要包括工作策划、工艺问题清理、工艺问题处理、转阶段工艺工作总结和工艺评审等工作。转阶段工艺工作应根据发动机研制计划，在研制生产任务和本阶段工艺工作完成后进行，在发动机研制转阶段评审前完成或同时完成。转阶段工艺工作应按照组件、发动机自下而上进行，外协产品的转阶段工作由任务提出单位负责组织实施。

10.3　材料保证

10.3.1　工作项目

材料是构成液体火箭发动机产品的物质基础，材料保证工作的目标是在产品全寿命周期内，确保使用的材料满足任务要求。材料保证工作主要包括材料选用、采购和使用 3 个主要环节，各环节包含若干具体工作项目。发动机应根据材料保证工作项目要求，结合产品和研制阶段特点，开展发动机材料保证策划并将其纳入产品保证大纲和计划进行落实。材料保证工作项目见表 10－3，各发动机产品可根据研制特点和需求，适当调整各研制阶段的材料保证项目。

表 10－3　材料保证工作项目表

工作类别	项目代号	工作项目	方案阶段	初样阶段	试样阶段	定型阶段
材料保证策划	1	材料保证策划	√	△	△	△

续表

工作类别	项目代号	工作项目	方案阶段	初样阶段	试样阶段	定型阶段
材料选用目录建立及维护	2	材料选用目录建立及维护	√	√	√	√
材料选用控制	3	材料选用	√	√	△	△
	4	新材料应用控制	√	√	√	√
	5	材料认定	△	△	△	△
	6	材料清单管理	√	√	√	√
	7	材料常见多发问题及风险隐患控制	√	√	√	√
材料采购控制	8	供方选择控制	√	√	√	√
	9	采购控制	√	√	√	√
	10	复验	√	√	√	√
材料使用控制	11	标识、包装、贮存、搬运控制	√	√	√	√
	12	有限寿命材料控制	√	√	√	√
	13	材料代用控制	√	√	√	√
	14	失效分析	△	△	△	△
	15	出厂复查	△	√	√	√

注：√为必做项目，△为根据需要选做项目。

材料保证工作流程如图 10－3 所示，特殊产品可根据需求，适当调整各研制阶段的材料保证项目和顺序。

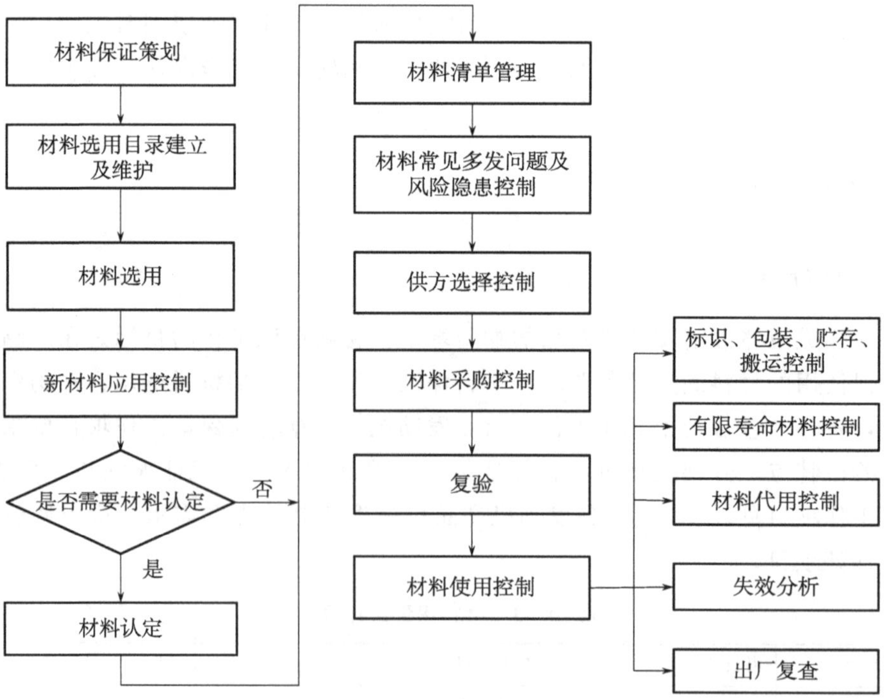

图 10－3　发动机产品材料保证工作流程

10.3.2　材料选用目录建立及维护

为确保材料保证各项活动有序开展，各发动机承研单位应根据产品特点、研制流程等开展材料保证工作策划，明确材料保证技术控制要点、管理程序、管理内容和各阶段管理计划，将策划结果作为发动机产品保证大纲和产品保证计划的组成部分。

液体火箭发动机工作条件复杂多变，对材料性能和可靠性要求高，应建立并维护发动机产品材料选用目录，将经过成功飞行试验验证的低风险材料汇编形成材料选用目录并进行动态维护，作为材料选用控制的重要依据。

10.3.3　材料选用控制

10.3.3.1 材料选用

材料选用是材料保证工作的源头，发动机产品材料选用应贯彻源头控制理念，降低材料选用风险。材料选用应遵循一定的原则和技术要求，通过流程化的管理实现对材料选用风险的管控。

（1）选用原则

发动机产品材料的选用一般应遵循以下原则：

1）优先选用目录内材料，应同时满足发动机领域原材料选用目录和总体单位的选用目录或选用基线，选用目录外材料必须按发动机领域和型号总体的规定办理审批手续。

2）根据产品和任务特点，综合考虑材料的各项性能指标，在满足产品设计和使用要求的基础上，充分考虑选用材料的成熟性、继承性、可获得性、工艺适应性、环境适应性、先进性和经济性。

3）优先选用国产材料，关键产品的材料选用必须满足自主可控要求，确需选用进口材料时应当履行审批手续。

（2）技术要求

发动机产品涉及材料种类多，包括金属材料、非金属材料和复合材料。发动机产品的结构件以金属材料为主，不锈钢、铜合金、高温合金等材料常用于燃烧组件和涡轮泵等产品，钛合金、铝合金等材料常用于阀门、壳体和导管等产品；非金属材料一般起密封、加固和保护等作用，如橡胶、塑料制品常用于端面密封，厌氧胶常用于螺纹连接加固，特种涂料可用于热防护等；复合材料重量轻、性能好，常用于推力室、气瓶等部件。

由于发动机产品的工况恶劣、使用环境严酷，选用材料要结合产品使用要求和材料特性，充分识别材料选用技术风险，满足材料选用技术要求。各类材料关注的技术风险各有侧重。下面详细介绍金属材料、非金属材料和复合材料的性能和注意事项。

①金属材料

对于金属材料应重点关注材料的内部缺陷、残余应力、腐蚀、氢脆、回火脆性、蠕变、疲劳等问题。发动机常见金属材料应用问题及控制要求如下：

1）淬火成马氏体的合金钢和不锈钢普遍存在回火脆性问题，设计选用材料强度时应避开相应的回火脆性区间。

2）不锈钢的晶间腐蚀现象会显著降低材料韧性，应充分考虑介质对材料的影响；不稳定奥氏体不锈钢经历“敏化”温度过程后通常引起晶界贫铬，降低耐蚀性和韧性，其焊接组件焊后应进行固溶处理。

3）抗拉强度达到或超过 1 380 MPa 的马氏体钢应避免进行钻孔（包括倒角或锪孔）或其他形式的机械加工，以免通过自淬火在局部生成硬而脆的非回火马氏体组织。

4）含高镍组分的高温合金易发生硫脆，在进行热处理、焊接时，或在高温下使用前应进行适当处理，除去可能含硫的外来物质；在高温、氧化环境下，部分沉淀硬化型高温合金的表面可能发生合金元素损失，当需要在高温、氧化环境下使用上述合金的薄板时，应对薄板表面的合金元素损失及对使用性能的影响进行评估和验证。

5）铝铜合金含铜量大于 5％，铜、硅总含量大于 7.5％的零件不宜进行铬酸阳极化处理，这样做容易形成不连续阳极化膜，导致零件耐腐蚀性差，易开裂脱落，易产生腐蚀黑点。

6）含有 3％以上镁的 5XXX 系铝合金在温度超过 66 ℃的环境中使用时，晶界析出的 Al_3Mg_2 相能够导致应力腐蚀敏感性增大。

7）经变形加工的铝合金厚板的高向（厚度方向）的力学性能均低于纵向和横向的力学性能，对高向力学性能有要求的工件应尤其注意。

8）钛合金易吸氢，易引发氢脆，应在原材料生产和产品制造过程中规避吸氢环境；钛合金在氧气环境中有可燃性，不能直接裸露于液氧或气态氧环境以及氧气分压大于 35 kPa 的空气中。

9）黄铜属于对温度敏感的合金，随着温度的升高，黄铜的机械性能会显著下降；在高于 121 ℃的真空环境中，锌黄铜可发生表面脱锌，挥发的锌易在周围沉积，会引起污染或有降低绝缘性能的风险。

10）应避免直接采用同种材质、同种热处理状态（硬度相当）的材料（尤其是钛合金和不锈钢）作为摩擦副或需要多次拆装的螺纹连接副使用，以免发生黏着磨损，进而导致结构发生卡滞。

11）对有较高密封性能或疲劳性能要求的工件，应对夹杂物的影响进行评估，并通过优化材料制备工艺和加强材料金相检验和无损检测来加以控制。

②非金属材料

非金属材料应重点关注材料的贮存寿命、贮存环境条件、耐温范围、使用压力、介质相容性、蠕变及应力松弛、吸湿特性、腐蚀性、阻燃性等因素。发动机中使用非金属材料产生的常见应用问题及控制要求如下：

1）灌封用胶黏剂或树脂的黏度过大将不利于灌封过程中产生的气泡顺利排出，应针对灌封结构选择黏度适宜的胶黏剂并加强灌封工艺过程控制。

2）高分子材料长期受力时，可能因蠕变产生变形，如聚四氟乙烯刚性及尺寸稳定性变差。

3）尼龙材料具有吸湿性，在 0 ℃以上吸水后力学强度及模量均会下降，0 ℃以下则相反。

4）全氟醚材料产品可耐强氧化剂及高温，但不适用低温条件。

5）丁腈橡胶材料产品适用于耐油工况，乙丙橡胶材料产品适用于耐肼类介质场景。

6）聚三氟氯乙烯材料适用于高压密封工况，聚全氟乙丙烯材料适用于低压密封工况。

③复合材料

发动机产品中使用的复合材料主要包括陶瓷基复合材料和树脂基碳纤维增强复合材料。陶瓷基复合材料应重点关注材料纤维结构设计、热物理性能适配性、加工损伤、基体组元选择等问题；树脂基碳纤维增强复合材料制造过程容易产生缺陷，应重点关注空隙、孔隙、分层、夹杂物、鼓包等材料内部缺陷。复合材料常见应用问题及控制要求如下：

1）陶瓷基复合材料的增强纤维作为材料骨架，其轴向、径向力学性能差异较大，尽量避免纤维承受径向剪切、压缩载荷；碳纤维作为增强纤维时，在 400 ℃以上环境下易与氧气发生反应导致损毁，应避免在加工处理过程中存在氧气；陶瓷基体决定材料的耐温及抗氧化性能，对力学性能也有一定影响。

2）陶瓷基复合材料的热膨胀系数与金属材料相比差异较大，应充分考虑受热过程中不同结构的变形情况，避免金属膨胀对陶瓷基复合材料的挤压。

3）部分高性能陶瓷基复合材料纤维的连续完整性对构件的力学性能影响较大，因此应尽量避免对构件过度加工；碳化硅涂层的完整性对确保产品的高温抗氧化、抗烧蚀性能至关重要，因此应尽量避免对涂层的二次加工。

4）陶瓷基复合材料内部存在不可避免的孔隙，应对孔隙大小及分布进行控制，对有气密性要求的产品应制备气密涂层以保证产品气密性能，应避免在加工、转运、贮存及运输过程中接触湿态空气、油类、酸、碱等，应避免在光照、高温及高湿环境下贮存。

5）层压树脂基复合材料宏观上表现出非均匀性和各向异性，层压树脂基复合材料层间性能远低于其面内性能，应在主承力方向适当增加纤维含量比例以达到提高承载能力的效果；随着温度的变化，树脂和纤维界面会产生应力，严重时会出现界面分层，应考虑和增强材料的热膨胀系数匹配问题。

6）树脂基复合材料基体通常为高分子材料，湿热的联合作用会降低其玻璃化转变温度，引起力学性能和老化性能的明显下降，设计选材时必须考虑湿热环境对材料的联合作用。

7）树脂基复合材料构件易产生由低能量冲击所引起的损伤，应避免在加工、运输过程中可能受到的外来物冲击；树脂基复合材料导电性较差，构件结构设计须有专门的防雷击措施。

10.3.3.2　新材料应用控制

发动机材料选用实行目录控制，选用时应依据发动机领域原材料选用目录开展选用工作，当总体单位形成选用目录或选用基线后，应同时满足相关要求。

选用目录外材料一般应进行材料认定，通过认定后方可选用。如选用的材料已通过其他发动机任务或产品的材料认定，应结合本产品要求，再论证认定试验的充分性、覆盖性、完整性。必要时，补充认定试验。通过认定的目录外材料按发动机领域或总体要求进行目录外审批，审批通过后方可选用。

对于选用的进口材料，应对必要性进行详细论证，报发动机领域和型号总体进行审批后方可选用，并对后续国产化替代或其他解决途径方案进行详细论证，制定工作计划。

10.3.3.3　材料清单管理

发动机产品材料清单是材料选用风险控制的重要载体，包括用于发动机的国产原材料清单和进口原材料清单（简称“双清单”）。“双清单”按照产品研制阶段进行管理，通过选用评审实施控制。

（1）“双清单”编制

“双清单”应按照产品层级逐级（组件、整机）编制、审查、汇总、确认并批准。不同研制阶段材料清单编制要点有所不同。在方案阶段，重点对目录外材料、进口材料、特种材料进行分析论证和试验验证工作，提前做好材料储备工作。初样及以后阶段，设计单位应及时组织“双清单”的动态更新，如因技术方案变更导致更换材料的，应针对更换的材料进行必要的应用验证和选用评审。

（2）“双清单”审查

“双清单”按照产品研制阶段进行管理，通过选用评审实施控制。在组织实施时由各承研单位组织质量、物资、工艺、设计、产品保证、材料专家对材料清单进行审查。各研制阶段通过选用评审的“双清单”是转阶段评审的重要依据，对于不符合选用要求的不得转入下一阶段。试样阶段以后的“双清单”应纳入生产基线和产品数据包管理。生产准备状态检查时应对材料清单进行符合性核查。

10.3.3.4　材料常见多发问题及风险隐患控制

对材料在复验、贮存、生产、试验、发射、在轨、返回等过程中的各类质量问题处理结果进行收集研究和提炼总结，按年度形成发动机用材料常见多发问题及风险隐患控制要求清单。依据清单对选材情况进行风险分析，制定有效的控制措施，并将控制措施在设计文件、工艺文件和采购文件中进行落实，并据此对材料选用目录进行动态管理，对固有质量频发问题的材料应从材料选用目录中删除。

10.3.4　材料认定

材料认定是指按照规定的认定内容、条件、程序对材料进行评价和验证，确定其是否满足使用要求的过程。需认定的材料包括：

1）未经飞行验证的，在发动机产品上首次使用的材料；

2）使用状态或使用环境发生变化，经适用性分析需补充认定的材料；

3）生产厂家、生产工艺、设备、原料等技术状态发生重大改变的材料。

凡提交认定的材料，应提供产品设计对材料的需求、材料相关的技术要求、材料实测性能、材料生产厂家等信息。依据评审通过的认定方案开展认定试验，不得以产品鉴定或工艺鉴定代替材料认定。对经过认定，但使用状态或使用环境发生变化的材料，应对其原先开展的材料认定工作的有效性和充分性进行评价，必要时应补充认定试验项目。材料认定项目应覆盖材料固有特性、产品的功能性能的可实现性、环境适应性、工艺适应性等关键性能。

通过认定的材料，可依据材料使用范围用于项目研制，经飞行试验验证成功后，以增补方式进入材料选用目录。

10.3.5　材料采购控制

10.3.5.1　供方选择及采购

发动机原材料采购实行“物资谁采购，质量管理谁负责”的原则，严格管理供方选择和采购过程，确保物资质量和供应进度，有效控制成本。

所选供应商原则上不得超出单位配套物资合格供应商名录、限制类供应商名录和进口物资供应商名录，确需选择名录外供应商的应先按有关规定进行合格供应商评定。

采购计划应综合考虑库存、质量要求、起订点、交货周期等因素。采购合同应准确向供方传递材料的技术、质量等要求。

10.3.5.2　材料监制、验收和复验

承研单位应对需要加强质量控制、寻找问题源头或提出改进质量方案的原材料进行下厂监制，需要下厂监制的材料应在采购合同中注明并参照相应的技术规范进行验收。

对于发动机原材料应进行到货验收，核对材料实际到货数量和质量与质量证明文件的一致性，材料标识应符合采购技术标准中的标识要求和合格证等相关质量证明文件信息。

发动机各级产品所使用的材料必须 100％地进行入厂（所）复验。材料复验应在研究院认可的材料检测机构或材料质量保证机构进行。材料复验应符合相应的标准和复验技术规范要求。新材料、无复验规范的材料应制定复验规范。复验合格的材料，应附有质量证明文件（合格证）作为使用的依据。对不合格的材料采取隔离措施，及时与供应商协商处理。库存材料有周期复验要求的应按规定的时间间隔进行周期复验；超有效期的应进行超期复验，复验合格后按发动机产品有关规定发放使用。对其他单位调拨的材料应审查其质量证明文件和复验报告，必要时补做相关复验项目后方可入库备用。

10.3.6　材料使用控制

10.3.6.1　标识、包装、贮存及搬运

发动机材料的标识应明显清晰，明确批次状态，具有一致性、唯一性、可追溯性。材料的包装应完好，有特殊要求的应在采购合同中明确。材料的贮存环境条件应符合技术条件的规定要求，对需要表面防护的材料应制定并执行相应的技术管理要求。材料的搬运应有明确的操作和检验要求，避免搬运过程中损伤材料。

10.3.6.2　有限寿命材料管理

有限寿命材料指性能在发动机产品研制和使用过程中随时间退化的一类材料，超过一定时间，该类材料将发生有限寿命失效。有限寿命材料在启用前应按批次、炉次准确地做出标识，并清晰地标明制造日期、有效期。有限寿命材料在启用后，应考虑贮存要求和任务寿命，并制定技术管理要求进行控制。

对于非金属密封件和材料的保管条件应加强控制，温度一般为5～30 ℃，相对湿度一般不大于70%。橡塑密封产品可按照三期进行管控，包括保管期、周转期、贮存期，定义如下：

1）保管期：橡胶密封件的保管期，指从硫化压制成零件时起（从制造日期计算）到装入组件或产品时止的期限；塑料密封件及其他制品的保管期，指用其原材料制成型材（如棒材和管材等）时起或压制成毛坯时起（从制造日期计算）到加工成零件后装入组件或分导动力系统时止的期限。

2）生产周转期：指原材料从领用到制成产品或从密封件装入组件或产品时起到分导动力系统总装完毕验收时止的期限。

3）贮存期：指非金属密封件及材料装入组件或产品之日起，在规定的贮存、保管、运输和组装等条件下，经历力学、温湿度环境等要求，其工作性能仍符合设计要求，可供使用的最长期限。

10.3.6.3　材料代料

发动机产品研制时，由于各种不确定因素影响，可能发生代料，这种代料引起的材料变化风险应充分识别并控制。当代料会引起产品技术状态变化时，应按照产品技术状态管理要求进行审批，必要时经过评审确认。代料应优先选择目录内使用要求和使用环境相近的材料进行代料。选择目录外材料代料时应履行目录外材料审批手续，必要时应进行材料认定。

10.3.6.4　材料失效分析

在发动机产品研制生产过程中，材料使用单位发现材料异常时，或确认材料丧失规定的功能或性能时对材料开展失效分析。失效分析应在具有相应资质的失效分析单位进行。失效分析前要妥善保护失效分析件和现场，记录必要的相关信息。失效分析结论为材料固有问题的，由产品承研单位组织材料生产厂商进行归零及处理；失效分析结论为材料选用或使用不当的，由产品承研单位负责归零及处理，并上报。

10.3.6.5　出厂质量确认

发动机产品出厂前，应按总体要求，依据产品材料“双清单”和材料装机清单进行出厂确认；应针对设计提出的关键原材料进行符合性审查。对材料代用、研制过程变更的材料信息进行重点审查；发动机产品的材料复查结果应纳入产品数据包管理。

10.4　机械零件保证

10.4.1　工作项目

发动机用机械零件指的是能完成机械、光学、热学、机电（不包括电气、电子和机电元器件）功能的一个工件（如螺栓、密封圈等）或多个工件结合为一体而不能被分解的组合体（若分解将会破坏或不能使用，如尼龙自锁螺母、复合材料成品件等），一般包括：标准紧固件、标准密封件、标准轴承、管路连接件、卡箍、卡带等。机械零件保证工作应按照选用、采购和使用三大环节进行策划，策划结果应纳入发动机产品保证大纲和产品保证计划。机械零件保证应重点关注其是否为新研产品、有无使用经历；沿用的机械零件应确认其使用状态是否符合任务要求。机械零件保证具体工作项目见表 10-4。

表 10-4　机械零件保证工作项目表

工作类别	项目代号	工作项目	方案阶段	初样阶段	试样阶段	定型阶段
机械零件保证策划	1	机械零件保证策划	√	△	△	△
机械零件目录建立及维护	2	机械零件目录建立及维护	√	√	√	√
机械零件选用控制	3	机械零件选用	√	√	△	△
	4	目录外机械零件控制	√	√	√	√
	5	机械零件认定	△	△	△	△
	6	机械零件清单管理	√	√	√	√
机械零件采购控制	7	供方选择控制	√	√	√	√
	8	机械零件采购	√	√	√	√
	9	复验	√	√	√	√
机械零件使用	10	标识、包装、贮存、转运控制	√	√	√	√
	11	有限寿命机械零件控制	√	√	√	√
	12	机械零件代用控制	√	√	√	√
	13	失效分析	△	△	△	△
	14	出厂复查	△	√	√	√

注：√为必做项目，△为根据需要选做项目。

机械零件保证工作流程如图 10-4 所示，特殊产品可根据需求，适当调整各研制阶段的保证项目和顺序。

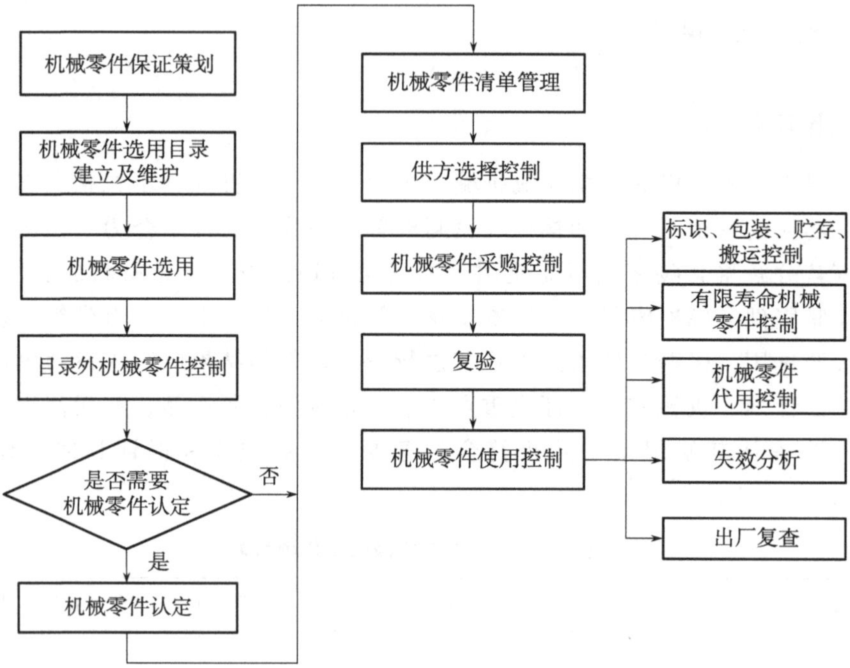

图 10-4　发动机产品机械零件保证工作流程

10.4.2　机械零件选用目录建立及维护

为确保机械零件保证各项活动有序开展，各发动机承研单位应根据产品特点、研制流程开展机械零件保证工作策划，明确机械零件保证技术控制要点、管理程序、管理内容和各阶段管理计划，将策划结果作为发动机产品保证大纲和产品保证计划的组成部分。将经过成功飞行试验验证的机械零件汇总形成机械零件选用目录并进行动态维护，作为机械零件选用控制的重要依据。

10.4.3　机械零件选用控制

10.4.3.1　机械零件选用

发动机产品应用的机械零件主要有标准紧固件和卡箍、导管连接件、轴承等基础产品。机械零件的选用应充分结合产品功能和性能要求及机械零件产品特点进行，选用要求如下：

1）产品承研单位要确认用来制造所选用机械零件的所有材料和工艺满足技术要求；

2）应优先选用在具有相似环境和寿命要求的其他发动机已经成功使用过的机械零件；

3）应充分考虑机械零件的结构与使用工况、使用环境的匹配性，避免选用含易发生应力集中结构的机械零件；

4）机械零件选用应考虑供货的持久性和质量的稳定性；

5）在满足使用要求的前提下，采取通用化、标准化、系列化等类型压缩措施，尽量减少机械零件的种类和规格；

6）优先在机械零件选用目录中选用，选用目录外机械零件应履行相关审批手续。

10.4.3.2　目录外机械零件控制

选用目录外机械零件时，按照“谁选用、谁负责”的原则，对目录外机械零件选用的必要性和可行性进行论证，一般应进行机械零件认定，通过认定和办理审批手续后方可选用。如选用的目录外机械零件已通过其他发动机的机械零件认定，应结合本产品要求，论证认定试验的充分性、覆盖性、完整性，分析是否需进行补充认定试验。

10.4.3.3　机械零件认定

机械零件认定是为了证明机械零件具有满足任务要求的能力，由具有相应能力和资质的专业人员或机构依据预定的标准，采用规定的工作程序和工作内容对机械零件进行评价和确认的过程。

应对以下机械零件进行认定：

1）新选用的机械零件；

2）在其他发动机应用中已认定过，但在本发动机中经分析需补充认定的机械零件；

3）材料或制造工艺发生变化的机械零件；

4）应用条件或应用状态更改、变化，在已完成的认定条件下不能完全覆盖变化的机械零件。

机械零件的认定应依据评审通过的认定方案，而认定方案应覆盖产品的工作模式、载荷类型和环境条件，并明确认定的裕度。认定试验条件和裕度应按相关产品设计要求执行。关键机械零件应考虑机械零件的用途、机械零件的物理或功能特性、尺寸和公差、所处环境条件下机械零件性能（包括污染敏感性）衰减过程和变化趋势。认定试验过程中应对所关注的机械零件特性参数进行监测和量化记录，并作为机械零件认定试验结果的证明文件。

10.4.3.4　机械零件清单管理

设计师系统按照研制阶段编制发动机及各级产品机械零件清单。

机械零件清单具体管理要求如下：

1）机械零件清单应逐级审查、确认，审查时重点关注选用机械零件的必要性、可行性、新机械零件选用情况等内容。

2）机械零件清单中使用的任何代码或缩写都应在清单中定义。

3）机械零件清单应包括以下信息（可根据研制阶段特点和实际需求进行适当裁剪）：清单编号、机械零件代号、机械零件类型、用途和使用位置、生产厂家、采购规范或标准、目录内/外情况、认定情况、使用环境要求。

4）试样及后续阶段机械零件清单应按有关要求纳入生产基线管理。

10.4.4 机械零件采购控制

10.4.4.1 供方选择与采购

机械零件应优先在承研（制）单位、研究院、总体院及集团公司名录范围内选择生产厂（供应）商。确需选择名录外供方时，产品承研单位应履行研究院物资采购管理相关规定的审批手续，并按照研究院相关管理要求对供方进行合格认定。

在产品设计开发阶段，应识别出采购周期长的机械零件，并提出控制措施。采购机械零件前应编制机械零件的采购技术协议，并经机械零件生产单位确认，协议应明确机械零件特征、技术要求、试验方法、验收准则、批验收试验要求、检查、到货检验等内容。对有可能发生货期延误的机械零件，应制定必要的替代方案和备用计划。

10.4.4.2 机械零件复验

机械零件复验应在研究院认可或集团认定的检测机构或质量保证机构进行。产品承研单位应根据相关技术文件明确机械零件复验的项目、方法和判据。标准紧固件复验应符合QJ 3112要求。复验不合格的机械零件不得入库或使用，并采取隔离措施，及时与供应商协商处理。

10.4.5 机械零件使用控制

10.4.5.1 标识、包装、贮存及转运

产品承研（制）单位应规定机械零件的标识、包装、贮存、搬运要求，保证机械零件的可追溯性和完好性，并满足如下要求：

1）机械零件标识应显著、清晰，具备一致性、唯一性、可追溯性；

2）机械零件的包装、运输和防护要求应在采购合同/协议中明确，到货时应检查包装的完好性；

3）机械零件按相关要求分类保管，其贮存环境条件应符合技术条件的规定要求，对需要防护的机械零件应制定并执行相应的技术管理要求；

4）对机械零件的搬运应有明确的操作和检验要求，确保在搬运过程中机械零件完好无损。

10.4.5.2 有限寿命机械零件控制

对于有限寿命机械零件或有限使用次数的机械零件应列入清单管理，对其进行标识和控制，并累积记入产品贮存和飞行寿命。有限寿命机械零件的保管条件需符合设计文件中的相关要求。非金属制品应距离热源1 m之外并防止阳光直射，严禁与酸、碱及其他有害的挥发性材料一起存放和保管。有限寿命机械零件的保管期、生产周转期和贮存期要求均应按照设计文件中保管使用技术条件执行。

10.4.5.3 机械零件代用控制

机械零件代用应按照产品技术状态管理要求进行审批，必要时经过评审确认。当由于

机械零件更换，可能引起产品关重特性变化时，一般不允许机械零件代用。在确保机械零件性能满足要求的情况下才允许代用。需要代用时，优先在使用要求和使用环境相近的机械零件中进行代用。

10.4.5.4　机械零件的失效分析

在发动机产品研制、生产过程中，发生机械零件失效时，应开展机械零件失效分析工作。机械零件的失效分析应在具有相应资质的失效分析单位进行。机械零件失效分析结论为机械零件固有问题的，应由产品承研单位组织生产单位进行处理并归零。机械零件失效分析结论为机械零件选用或使用不当的，由产品承研单位负责处理并归零，同时上报处理结果。

10.4.5.5　出厂复查

出厂质量确认应符合相关管理规定，并满足如下要求：

1）发动机产品出厂前，应按用户要求，依据产品机械零件清单和装机清单进行出厂确认；

2）对机械零件代用、研制过程变更的机械零件信息进行重点审查；

3）发动机产品的机械零件复查结果应纳入产品数据包管理。

10.5　元器件保证

10.5.1　基本要求

元器件保证是确保液体火箭发动机产品（含交付用户的地面测发控及用于发动机热试车控制的关键地面设备）稳定、可靠工作所须开展的工作，主要针对元器件从设计选用、采购、复验、保管、元器件使用等方面进行保证和控制，使元器件在发动机全寿命周期内，满足功能、性能、质量与可靠性等要求。

在发动机产品研制、生产、使用全过程中，各承研单位应结合发动机要求和本单位要求执行元器件保证措施，对元器件进行全面质量控制，对元器件选用进行把关，并建立元器件采购、验收、入库、检验、保管、发放、装联、使用等管理制度，使元器件质量管理制度化、规范化，同时做好元器件信息的收集、总结，确保元器件每项工作满足要求，每个环节处于受控状态。

10.5.2　元器件保证工作项目

发动机产品元器件保证工作主要包括：元器件选用控制，采购控制，验收、复验及保管、发放，元器件使用过程控制及信息管理，常见的工作流程如图 10－5 所示，元器件保证工作项目见表 10－5 所示。

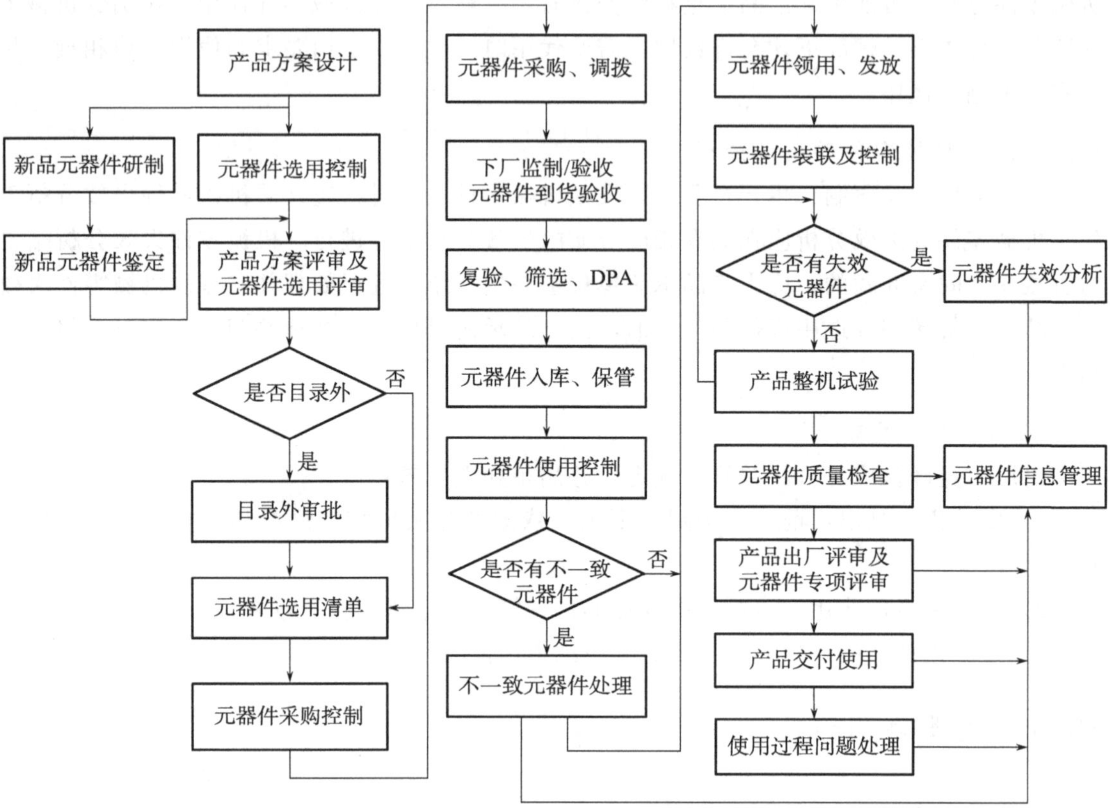

图 10-5　发动机产品元器件保证流程

表 10-5　元器件保证工作项目表

工作类别	项目代号	工作项目	方案阶段	初样阶段	试样及后续阶段
元器件选用控制	1	元器件设计选用要求	√	√	√
	2	元器件供应商选择	△	△	√
	3	元器件选用目录范围	△	△	√
	4	目录外元器件控制	△	√	√
	5	进口元器件控制	√	√	√
	6	新品元器件控制	√	√	√
	7	专用元器件控制	√	√	√
	8	禁限用元器件控制	√	√	√
	9	元器件清单管理	√	√	√
	10	元器件质量等级要求	△	√	√
	11	元器件评审要求	△	△	△
元器件采购控制	12	元器件采购	√	√	√
	13	元器件调拨	△	△	△

续表

工作类别	项目代号	工作项目	方案阶段	初样阶段	试样及后续阶段
元器件验收、复验及保管、发放	14	下厂监制验收	△	△	△
	15	元器件复验、筛选	△	√	√
	16	破坏性物理分析(DPA)	△	△	√
	17	元器件有效贮存期和超期复验	△	△	√
	18	元器件保管、贮存、发放	√	√	√
	19	元器件质量证明信息	√	√	√
元器件使用过程控制	20	不一致元器件处理	△	√	√
	21	元器件装联及使用过程中的质量控制	√	√	√
	22	元器件失效分析	△	△	△
	23	元器件质量问题处理和归零	△	△	√
	24	元器件质量检查确认和专项评审	△	△	√
元器件信息管理	25	元器件信息管理	√	√	√

注：√为必做项目，△为根据需要选做项目。

10.5.3　元器件选用控制

在发动机产品研制过程中，需充分考虑对元器件的选用及控制要求，开展选用设计分析及评审等，将元器件选用与控制纳入发动机研制流程，并监督各项要求的落实情况，确保发动机用元器件满足其质量、进度、成本等要求。进行元器件选用时应依据发动机要求和产品研制特点进行，并遵循“先国内后国外、先目录内后目录外、先成熟产品后新品”的选用原则。

10.5.3.1　*元器件选用及设计要求*

在产品研制的不同阶段，对元器件的选用要求有所不同，承研单位应结合发动机所属发动机的任务要求和风险特点，从产品功能、性能指标和应用环境、可靠性要求以及自主可控等方面进行分析论证，以确定对元器件的技术要求，并按元器件选用目录进行选型。各阶段产品研制时的元器件选用均可参考如下要求：

1）优先选用国产元器件和目录内元器件，严格控制进口元器件的选用，要求元器件具有良好可获得性；

2）最大程度地压缩元器件品种、规格和生产厂家，但考虑可替换性，应保证每个品种至少有两家生产厂家可供选择；

3）充分考虑各阶段选用元器件的继承性、先进性、可获得性和兼顾成本的要求，以及质量保证能力；

4）优先使用有飞行经历的或在其他产品上成功应用的元器件，使风险降至最低限度；

5）应做好新品和专用、定制元器件的选用控制和论证、验证工作，通过鉴定试验和设计定型评审、经过充分地面验证的元器件方可应用于飞行产品；

6）禁止使用淘汰和禁用元器件，严格控制限用元器件的使用，包括性能不稳定、有安全性危险和可靠性风险的元器件；如无替代、必须选用此类器件时，应充分论证和分析，采取有效应对措施后按规定履行审批手续；

7）对超出选用目录的元器件进行分析和控制，按规定办理审批手续，确保元器件最终满足发动机或用户要求；

8）在发动机产品设计前期，需充分考虑产品力、热环境及空间、电磁环境等对元器件性能、参数的影响，在元器件选用设计时采取有效设计提高元器件应用可靠性；

9）应参照元器件降额设计、电子设备热设计、电路容差分析等标准和文件要求合理选用元器件，同时确保所选择元器件的安装工艺性满足产品要求；

10）应根据单机的可靠性指标、应用环境、关键程度、研制阶段，选择相应应用等级的元器件，有高可靠性要求的产品和应用部位应选择高应用等级的元器件；

11）在元器件选用过程及技术状态变更后，应及时识别风险，进行风险分析、风险控制、风险验证。

10.5.3.2　元器件选用评审

在发动机产品研制过程中进行的元器件选用评审，包括设计评审、转阶段评审和技术状态更改评审。除进行技术状态更改评审外，元器件评审可结合产品设计评审或产品转阶段评审进行，其中元器件选用设计评审应在产品完成设计、投产前进行；在产品研制过程中元器件选用技术状态发生较大变化时，应进行技术状态更改评审，正（试样）产品、批产或定型阶段产品的更改应提高一级审批。元器件评审内容、形式和要求应满足发动机和各研制单位的要求，当上一级单位或用户有要求时应按要求的格式编写并上报会签、批准。

在提交评审的元器件选用分析报告中应列出元器件清单（或明细表），在对元器件进行汇总、分析的基础上，还应说明与前一阶段选用元器件状态的变化情况、前一阶段元器件验证情况及失效元器件处理情况等；涉及国产化替代的元器件，应单独说明国产化替代应用验证情况，对于不符合要求或超出、降低要求选用的元器件，还应审查其必要性和可行性，最终在评审意见中对元器件的选用给出明确结论。

10.5.3.3　元器件质量等级

元器件质量等级应满足发动机及产品设计可靠性指标要求，并根据产品不同研制阶段和不同应用部位、不同应用环境，对所选元器件质量等级做出规定，并选择满足质量等级要求的元器件。

10.5.4　元器件采购控制

发动机产品元器件的采购一般遵循“谁选用，谁负责”的原则。产品承研单位是元器件采购（含调拨）过程控制的实施主体，全面负责本单位物资采购工作，同时负责物资采购过程相关信息的收集、整理、分析和上报。物资采购部门根据经审批的选用清单或采购计划进行统一采购、调拨。

元器件采购及管理应以型号总体要求优先为原则，并按各承研单位的管理要求执行并满足发动机要求，必要时应进行元器件的统一选用，统一采购，统一监制验收，统一复验、筛选和 DPA，统一失效分析。元器件的生产厂家、供应商应处在各承研单位或用户要求的合格供应商名录中，超合格供应商名录的选用应进行目录外申请和审批工作，并按规定对元器件供应商进行审查与认定，通过认定并经审批后方能选择。

10.5.5　元器件验收、复验及保管发放

10.5.5.1　下厂监制验收

发动机产品承研单位负责本单位元器件监制工作，根据型号总体要求和元器件特点，来确定监制和验收方式。对于定制元器件，建议承研单位尽可能地参加监制工作，以降低元器件风险。元器件监制与验收工作流程、工作方式、人员职责、监制内容要求及问题处理要求等应依据产品技术文件和各承研单位管理要求执行。

10.5.5.2　元器件复验、筛选和破坏性物理分析（DPA）

发动机产品用元器件应100%地进行入所/厂复验与筛选，确保采购到货的元器件符合采购规范要求。同时通过补充筛选（二次筛选）进一步剔除早期失效或有缺陷的元器件，要求元器件复验合格后再进行补充筛选。元器件复验筛选前应制定好复验筛选标准，对于没有复验筛选标准或无条件进行复验筛选的元器件，由产品承研单位单独下发技术文件规定其复验筛选要求和方法。在复验与筛选元器件时若有任何一项不符合标准、技术文件要求的为不合格品；补充筛选过程中如出现不合格品均应进行分析并有明确审查结论，排除批次性质量问题后同批元器件方可放行。对于无手段（如无测试夹具或测试程序）进行器件级筛选的元器件，可依据设计单位下发的技术文件规定，在外观检查合格后装机，制定板级或整机级筛选方法和保证措施，随电路板或设备整机进行筛选和考核验证。

元器件破坏性物理分析（DPA）是对合格品元器件做物理解剖分析，以提前发现元器件结构缺陷问题。DPA 试验应在有资质的机构进行，且满足型号总体或用户要求。飞行产品用半导体集成电路须进行 DPA 试验。其余元器件有需要时也可进行 DPA 试验，DPA 合格后，再进行筛选，产品承研单位质量部门或物资部门应保存元器件 DPA 试验信息和质量记录。因特殊原因无法按规定进行 DPA 试验的元器件，由使用单位申报不一致手续，经批准后执行，并在质量证明文件中记录，便于信息追溯。

10.5.5.3　元器件有效贮存期和超期复验

对发动机元器件有效贮存期的规定、元器件分类及超过有效贮存期、在装机前的检验（超期复验）方法和条件等要求应参考 QJ 2227《航天元器件有效贮存期和超期复验要求》的标准执行，并满足型号总体要求。对于在保管期内、超复验期的元器件可按照相关标准、技术文件的规定进行复验筛选测试，复验合格后继续使用；凡贮存期已超过有效贮存期 2 倍的元器件，原则上不得进行第一次超期复验，确需使用时，应办理不一致审批流程，并提高一级审批，审批前完成规定的复验、测试。对于正样或试样飞行产品，超期复验（包括第二次超期复验）的使用以型号总体要求优先为原则，第二次超期复验通过后的

元器件经过确认后可装机使用；但当第二次超期复验后仍超过继续有效期时应不允许使用，确需使用时，应办理不一致审批流程，并提高一级审批。元器件超期类别应在其质量证明文件中进行记录，便于追溯，并在元器件评审报告中说明。

10.5.5.4 元器件保管、贮存及发放

各承研单位应建立元器件入库、保管和发放管理要求，对库房环境、元器件入库登记、存放以及贮存和传递中的静电防护等提出控制要求，具体包括：元器件贮存环境（温度、湿度）要求，元器件按类存放要求，详细登账要求，元器件包装、标识和隔离存放要求；元器件贮存和传递中防护要求；元器件出厂和复验筛选合格证明文件保存归档、可追溯要求等。

10.5.6 元器件使用过程控制

10.5.6.1 不一致元器件处理

发动机产品在元器件选用、采购、筛选、配套发放及使用等阶段出现与型号总体要求或设计文件不符的元器件，如元器件型号、标准、技术条件和质量等级、贮存期等信息变化，应按要求办理相关手续。若元器件超最长贮存期、质量等级降低等情况时，应予以严格控制。如确需使用，应办理手续并采取针对性措施，涉及产品关重特性的元器件变更，应提高一级审批；同时应对变更元器件和相关电路开展风险分析，必要时按技术状态更改进行控制；对于不合格元器件应及时剔除，并作出是否批次性问题的结论。对产品研制过程的元器件不一致处理情况应进行闭环跟踪，并将最终结果反馈用户或任务提出方。

10.5.6.2 元器件装联及质量控制

产品承研单位应按照工艺文件和相关电装标准要求进行元器件的装联以及产品调试、测试，提出对人员、环境和工艺、调试的质量控制要求，确保过程中不致损坏元器件。特别注意对静电放电敏感（ESDS）元器件在非工作情况下的操作使用要求，和元器件安装过程的控制和防护要求，采取相应措施防止各类过应力损伤。

元器件装机前，产品承研单位需对领用的元器件进行配套，并核对元器件信息的完整性、与技术文件要求的一致性；元器件装联后经检查合格后方能进行电路板调试、测试，电路板调试和产品测试的过程，应按工艺文件或操作规程采取防护措施；在元器件装联、调试、整机测试及筛选试验中发现元器件失效，经分析确认为元器件生产缺陷所致，应及时反馈并按规定办理相关手续。产品交付使用中如发现不能正常工作，在符合现场要求及单位管理要求的情况下可在现场进行分析，确认为元器件失效所致，应返承研单位维修，或在现场依据操作规程拆卸失效元器件。

10.5.6.3 元器件失效分析及质量问题处理

在元器件验收、到货检验、补充筛选、贮存和传递过程中发生失效或参数严重超差以及在产品使用过程中发生的元器件失效，应按管理流程要求提交专业机构进行失效分析，经失效分析及主管部门确认为元器件质量问题后，方可按有关规定办理报废及更换

手续。

在元器件使用中出现质量问题时，应注意保护现场并记录相关数据，失效元器件的拆卸有相关审批，并在拆卸前制定明确的操作程序及记录要求，操作过程不得引入新的失效因素，必要时对拆卸前后现场进行多媒体记录。对拆卸后的元器件应注意防护，依据要求送专业机构进行失效分析，根据分析结论确定后续工作方案。

对于元器件固有质量问题，用户有要求的，应由用户认可的元器件质保机构组织处理；其他元器件质量问题（含因使用不当造成的元器件失效），由承研单位按照相关规定进行处理，并开展举一反三工作。

10.5.6.4 元器件质量检查确认和专项评审

为确认元器件保证工作和质量控制要求在产品研制、生产全过程落实的情况，应在产品的关键研制、使用阶段，如电装前后、产品交付验收、出厂、转阶段以及参加飞行试验前，进行元器件的质量检查确认和专项评审工作，形成相关报告并明确检查结论。在满足型号要求的情况下，元器件的检查确认和专项评审可与产品的复查、评审结合进行。

（1）元器件质量检查确认

对元器件的质量检查确认，包括在元器件装联前后、元器件装联过程、整机装配后、产品验收交付环节的检验、检查及确认等，不同阶段检查的项目和要求不同，主要包括如下：

1）在产品电装前，应对元器件齐套情况和质量符合性进行审查，审查合格的元器件方可出库进入生产环节；

2）在元器件装联过程中，由检验人员依据工艺文件要求进行元器件装联质量检验；由设计人员依据技术文件对元器件装联过程强制检验点进行确认；由产品保证工程师依据产品保证文件进行产品保证控制项目检查确认，确保生产过程控制有效、产品质量可靠；

3）在产品整机检验、验收环节，应检查全部元器件质量证明文件，以及装机元器件是否符合文件要求。

（2）元器件专项评审

在产品转阶段、交付验收、出厂或参加飞行试验前，应随发动机或单机产品评审开展元器件分析总结工作；型号总体或用户有要求的，需要开展元器件专项评审工作；如无特殊要求，元器件专项评审可与产品评审合并进行。无论何种方式的评审，元器件的分析、总结报告应涵盖元器件选用控制、采购控制、使用控制等全过程内容，必要时还需对其他发动机产品元器件相关问题进行举一反三。

10.5.7 元器件信息管理

在发动机产品研制全过程进行元器件信息管理，可以为元器件选用、采购管理、复验筛选、入库保管、发放和使用等过程提供有力的数据支持，更加保障产品全寿命周期内元器件信息的可追溯性。因此发动机产品的研制、使用单位需要建立健全并落实元器件信息管理制度，及时收集元器件在采购、使用过程中的各种质量信息，确保元器件保证的相关信息得到及时处理。除元器件原始质量信息外，产生的其他质量信息应及时上报各单位产品保证部门并按规定传递、反馈，保证信息完整准确、可追溯，相关信息和文件还应及时保存归档。

承研单位应利用信息管理系统，建立并使用能检索元器件选用、采购、质量保证和使用过程等信息的数据库，并进行动态管理。

第11章　软件产品保证

11.1　概述

软件产品作为一类产品的概念被提出来，在满足用户特定的功能需要的同时，也要符合用户和系统要求的质量特征。液体火箭发动机控制软件（以下简称“软件”），一般用于飞行器的着陆、起飞、姿态控制、变轨控制、轨道修正、交会机动控制，同时对推进系统安全与健康进行监测，与控制系统或地面进行总线通信、流程控制、做冗余管理等。因此，液体火箭发动机控制软件的产品质量成为型号任务成败的关键。以前的软件开发过程管理落后、需求描述不够清晰、测试不够充分、状态变更混乱、维护相对困难、忽视软件作为“工程”的概念等，这些都是造成软件危机的因素。为了尽可能地避免软件危机的发生，减少软件研制风险，增加系统可靠度，在整个软件生命周期内做软件产品保证尤为重要。软件产品保证能确保软件产品最终符合用户和系统需求，使软件可靠、安全地运行。

软件生命周期就是从立项论证开始，经过需求开发、设计、测试和维护的整个过程。软件有CPU软件和FPGA软件。通常把CPU软件开发过程划分成若干个阶段，如，系统需求分析与设计阶段、需求分析阶段、设计和实现阶段、测试阶段、验收交付阶段和运行维护阶段。FPGA软件开发过程一般包括任务分析阶段、需求分析阶段、设计实现阶段、仿真与设计确认、FPGA固化、验收交付和运行维护。在软件生命周期中，软件产品保证按照通用要求和各研制阶段的产品保证要求提出。软件研制过程有明确阶段性特点的，产品保证活动按照阶段进行。对于各阶段性均发生的产品保证活动，或涉及全生命周期的要求，作为软件产品保证的通用要求提出。

11.2　软件产品保证通用要求

软件产品保证通用要求主要有：为可靠性安全性要求、重用及产品化要求、技术状态变更控制要求、评审管理要求、配置管理要求、风险管理要求、外协外购软件的控制要求、文档编制和管理要求等。软件承制方应根据用户需求以及软件产品保证要求策划软件产品保证工作，监督开发者在软件开发过程中做到“有据可依”“有据必依”。

11.2.1　可靠性与安全性要求

为了提高发动机软件的可靠性和安全性，首先应在软件研制任务书中明确软件的可靠性、安全性要求。在后续的软件生命周期内开展软件可靠性与安全性的设计、分析和验证工作，并逐级跟踪，确保可靠性与安全性要求传递到位、逐一落实。采用软件失效模式影响分析（SFMEA）、软件故障树分析（SFTA），开展可靠性与安全性分析，确定安全关键部件。

例如，对某发动机推进软件配置项进行 SFMEA 分析，确定制导导航和控制系统（GNC）指令接收处理模块为安全关键部件，详见表 11－1。

表 11－1　软件 SFMEA 表（示例）

序号	功能	失效模式	失效原因	失效影响			严酷度	改进措施
				局部影响	高一层影响	最终影响		
1	控制系统指令接收处理模块	控制系统函数中某指令头读取故障	数据读取失败	该帧指令不响应	推进系统相关阀门无法工作	飞行器姿态失控	严重	软件设计处理每字节中断时间小于 248 μs，以保证能及时响应通信
2		阀门地址故障	数据读取失败	该帧指令不响应	推进系统相关阀门无法工作	飞行器姿态失控	严重	软件设计处理每字节中断时间小于 248 μs，以保证及时响应通信
3		……						
4								

例如，对液体火箭发动机轨控软件进行 SFTA 分析，先确定软件中一个不希望发生的事件——发动机不能正常开启和关闭，作为顶事件。然后对软件进行分析，找出不希望事件发生的各种原因。从图 11－1 可以看出，GNC 指令处理模块直接关系到发动机开关的控制，应该把 GNC 指令处理模块定义为安全关键部件。

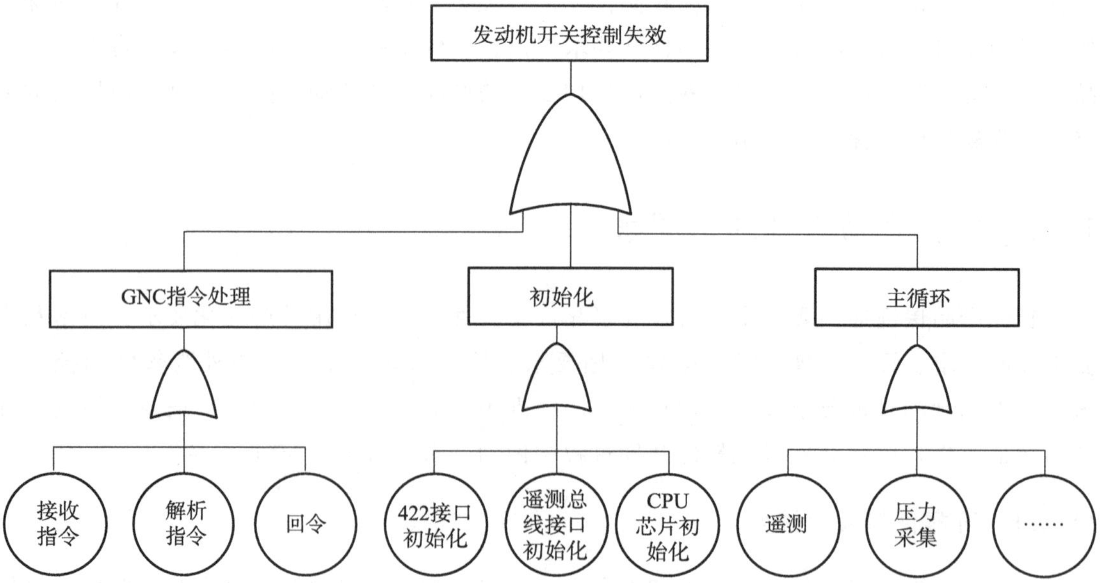

图 11－1　软件 SFTA 示例图

对安全关键软件部件进行健壮性、单粒子防护、余量、中断等方面重点设计及验证。比如针对单粒子防护采取的措施，在选择器件前要对器件的单粒子效应敏感度进行评估，尽可能地选择单粒子效应敏感度低的器件。或者，在系统设计时考虑双机热备份等措施；在软件配置项设计和实现过程中，一般使用重要数据保存与恢复、三模冗余、关键数据三取二、常量定时刷新等手段；验证时重点对单粒子防护设计的有效性进行验证。针对余量采取措施时，要考虑软件配置项数据输入、输出和传递过程中的时序余量以及器件的存储资源余量。检测软件程序存储量、代码运行时间以及接口数据传输量在最差条件下的最大值，并与任务书要求的余量进行比较，验证是否满足要求。针对中断采取措施时，要考虑中断初始化、中断优先级设置、中断的使能与屏蔽、误中断、未使用中断、中断嵌套、中断陷阱、数据共享冲突等因素。

11.2.2　重用及产品化

软件重用和产品化既能提高资源利用率和研制进度，又能保证软件可靠度。在发动机软件重用和产品化工作中，首先要建立发动机软件重用及产品化的标准和规范。在软件研制过程中，实施以软件模块化、标准化为导向的开发模式。

在需求开发阶段识别共性需求。共性需求是指具有通用性的用户需求、系统需求或领域需求，可被应用到不同的系统、产品或项目中。比如，液体火箭发动机的控制功能、接口初始化功能、数据采集功能等，经验证后作为可重用资产纳入资产库。在发动机软件研制时，优先考虑资产库内是否有可重用资产，重用时必须经过充分地分析论证和验证，以确保满足任务需求。

针对重用软件，如果运行环境发生变化，应识别技术风险，建立风险管理策略。

11.2.3　技术状态变更控制要求

对软件技术状态变更应进行严格地控制，其遵循的基本原则是更改有依据、更改影响有分析、更改内容明确、更改有审批、更改有验证、配置管理受控等。

软件更改的依据通常包括问题报告单、需求或设计文件更改、质量问题归零和举一反三材料等。更改影响分析要识别更改范围（可根据需求跟踪矩阵找到涉及的需求以及相关的其他需求、设计文档、源代码和测试用例），详细分析软件结构、逻辑、流程、数据等受变更的影响，特别是全局变量、中断、接口和时序受更改的影响，并提出更改验证的计划，形成更改影响分析报告。经审批后方能实施更改。根据更改验证计划完成相应的测试，确保更改到位。需求的更改必定会涉及基线的变更，注意更改涉及的文件应完整、正确、一致，基线要重新发布。更改涉及的文件及代码均应归档，执行有效的配置管理，确保软件配置项受控。

11.2.4　评审管理要求

评审是验证与确认的重要手段，按软件生命周期阶段性地开展评审工作，可以及时有效地发现问题，防止产品缺陷在下一阶段蔓延扩大。

软件工程体系将评审分为正式评审和内部评审。内部评审由软件承制方自行组织实施，正式评审由软件交办方或软件承制方的上级主管部门组织实施。一般软件沿用状态复核、需求分析评审、配置项测试评审、第三方评测评审、验收交付为研制流程中的正式评审。另外，发生质量问题归零或技术状态变更产生的评审也为正式评审。其余是内部评审。值得注意的是在技术评审时，应邀请同行专家参与，以确保评审质量。

11.2.5 配置管理要求

软件配置管理是对软件的所有工作产品及其变更进行标识、记录、控制，可以理解为软件的技术状态管理。在软件生命周期内，变更不可避免，为了控制变更，尽可能地减少混乱和差错，配置管理工作非常重要。

为了有效地实施配置管理，软件承制方首先要建立配置管理规范。根据配置管理规范以及项目的配置管理计划明确要纳入配置管理的工作产品，并进行标识，保证其唯一性。工作产品一般包括工程文档、软件源代码、可执行程序以及其他相关资源，如软件开发环境、工具和配置参数等。

在软件项目的生命周期内至少需建立并维护三条基线：功能基线、分配基线和产品基线。功能基线的配置项一般是经过评审的软件任务书以及系统的通信协议等；分配基线的配置项一般是经过评审的软件需求规格说明，作为设计阶段的依据；产品基线的配置项一般是在配置项测试完成后，通过验收的软件产品。

软件配置管理应实行“三库”管理制度，即建立开发库、受控库和产品库。开发库的操作权限宽松，可由开发人员自行对配置项出入库，无需审批。经过评审的配置项提交申请经审批后纳入受控库管理，如需对已纳入受控库的配置项进行变更，需重新提交申请，经审批后方可执行出库。产品库存放最终交付的软件产品。纳入产品库的配置项须提交申请，经审批后从受控库转入。如需对已纳入产品库的配置项进行变更，应首先提交申请退回受控库，然后按受控库出库流程执行。

配置项入受控库和产品库时，应根据配置管理计划对其进行功能审核或物理审核。

11.2.6 风险管理要求

软件风险管理就是预测在项目中可能出现的最严重的问题，并采取有效的措施来避免或处理这些问题。随着项目的推进，风险数量和风险严重程度都会发生变化，所以要持续识别风险，对风险进行定期管理和跟踪。

建议按照技术（需求、设计、实现、测试等）、资源、管理等方面进行风险分类管理。特别要对影响任务成败的技术风险进行全面地识别和梳理。对于已识别的风险，评估其发生的可能性和后果的严酷度，确定风险评估指数和风险等级，并制定风险控制措施和应急应对措施。

11.2.7 外协外购软件的控制要求

软件交办方应充分论证需要外协、外购软件的必要性和可行性。论证软件获取方式及其优缺点、软件承制方的资质和能力、性价比、交付时间等。若确定要外协、外购，那么软件交办方要与软件承制方或软件提供方建立良好的沟通机制。要注意的一点是软件交办方应将验收交付后的外协软件或外购软件纳入配置管理。

软件交办方应针对外协软件特点和要求制定产品保证专用要求，与产品保证要求一起，传递到外协软件承制方，并要求其制定产品保证大纲、产品保证计划，形成软件产品保证的符合矩阵。软件交办方应对关键质量控制环节进行监督。

外购软件是指购买商用软件作为飞行软件配置项全部或部分的活动。不得选用外购商业软件作为 A、B 级软件。选用 C、D 级软件前应评估外购软件的使用风险和影响，开展可靠性安全性验证。

11.2.8 文档编制和管理要求

软件文档的编制在软件开发过程中占有相当大的比重，所以文档编制和管理的重要性不容忽视。软件承制方要按规范明确文档的取舍与合并。文档编制的种类、格式、结构、内容等要求一般按照 GJB 438《军用软件开发文档通用要求》执行。文档需做到“文文相符”“文实一致”“文需一致”。文档管理按配置管理要求实施。

11.3 CPU 软件研制过程产品保证

11.3.1 系统分析与设计

该阶段的关键任务是要理清系统内部的软硬件划分，“到底哪些是软件的需求”，或者说“系统要求软件解决什么问题”。有经验的软件项目组成员可以参与讨论软硬件任务分工、软硬件接口，再划分各个软件配置项，确定它们之间的接口、各自的运行环境等信息。同时通过对软件系统分析，识别软件新状态，开展软件系统危险分析，确定软件安全关键等级。形成软件系统设计报告。

对软件配置项的需求落实到软件任务书中。所以各个软件配置项的任务书中应明确软件功能、性能、接口、可靠性安全性及设计约束等，尽可能全面、准确地传达系统要求，将这些要求作为后续软件开发和验收的依据。

软件交办方应尽可能地严格控制软件需求的变更，对于不可避免的需求变更，要根据技术状态变更控制要求，对变更内容和变更流程进行严格把关，并在后续的软件研制流程中逐级监督落实。

软件任务书通过正式评审后进入受控库，建立软件的功能基线。

11.3.2 软件需求分析

该阶段的关键任务是细化系统对软件的需求，把“用户需求”转化为“产品需求”

（软件产品）。“用户需求”是从用户的角度提出的需求，重点是软件需要做什么，一般指软件任务书；“产品需求”是从软件开发人员的角度提出需求，重点是软件应提供什么功能和性能。同一个用户需求可能会带来不同的产品需求，这和软件承制方的经验和工作领域有关。所以除了准确地表达任务书的需求，还需根据软件使用环境或以往经验，挖掘产品需求，增加设计约束。同时，软件需求分析人员要与软件交办方充分沟通，确保传递的信息准确无二义。

软件需求分析依据软件任务书，以及其他相应的输入文件（如总线通信协议、遥测参数表、遥控指令表等），对软件的功能、性能、数据、接口、可靠性和安全性等要求逐项细化，形成软件需求规格说明。比如对数据的细化，可给出输入数据的来源、判断条件、判断方法、判断结果的生存时间、数据无效时的处理策略等；对可靠性安全性的细化，重点要关注安全关键功能的确定，明确所采取的可靠性安全性措施，并提出验证需求。软件需求规格说明中应明确提出编码实现所需要遵循的规范，明确软件开发环境和运行环境。明确不可测试项分析与控制的要求，以及测试环境差异性分析与控制的要求。

建立软件需求规格说明与软件任务书双向追踪，建议标识每项需求，根据标识对需求进行追踪。软件需求规格说明通过正式评审后入受控库，建立软件的分配基线。

11.3.3 软件设计与实现

该阶段的关键任务是“如何满足需求提出的问题”。软件设计是一种决策，在明确设计准则的前提下，依据设计准则和软件需求规格说明，对软件进行结构化和模块化的设计，确定模块的功能（做什么）和界面（输入输出）。形成概要设计说明。

根据概要设计，再进一步详细设计模块内部的数据结构和算法，绘制模块流程图。形成详细设计说明。模块划分尽可能做到高内聚低耦合。对于实时嵌入式系统，特别要注意分析中断、资源共享、堆栈等，并进行充分设计，避免出现中断冲突、资源冲突和堆栈溢出的情况。对发生冲突的应对措施无外乎两种，或者跟软件交办方讨论冲突的优先级或故障预案的完善，或者调整设计思路。

软件设计报告中还需约束软件实现的编码规则。软件设计报告通过内部评审后入受控库。建立软件设计与软件需求规格说明双向追踪。

依据软件设计，在编码规则的约束下进行编码。对源程序进行编译或汇编（集成），通过调试排除语法类错误，直到编译通过为止，作为软件实现的过程（单元测试也可以在软件实现阶段进行，为了界面清晰，本文把单元测试放到软件测试章节，都归属于承制方测试）。建立软件单元模块与软件设计双向追踪。

11.3.4 软件测试

软件测试是软件研制过程的重要环节。为了保证研制的软件产品满足软件的“产品需求”和“用户需求”，软件需经过大量测试。软件测试的目标是通过测试，验证软件是否满足任务书、需求规格说明和软件设计的要求。

承制方的软件测试一般分为单元测试、集成测试和配置项测试。分阶段进行软件测试，自底向上，从单元模块到系统，能更及时更清楚地定位软件缺陷，及时修正软件。每个阶段的测试侧重点都不同。

测试前要编写测试计划，明确测试环境，设计测试用例，编写测试说明。测试覆盖率达到要求的目标。测试中出现的缺陷经修改完善后应对软件进行回归测试。测试完成后编写测试报告（及问题单）。软件测试通过后，报告经过评审，与软件源代码、目标码、编译器版本（含参数配置）入受控库，其中配置项测试报告要求正式评审，其余只需作内部评审。建立测试用例与设计及需求的双向追踪。

11.3.5　单元测试

单元测试重在验证和确认模块内部的数据结构、算法、边界及个别性能。单元测试包括静态测试（代码审查、静态分析）和动态单元测试。

静态测试一般检查局部变量和全局变量的设置和使用是否合理；有没有未定义的变量；有没有未使用的变量；有没有存在不恰当的循环嵌套、分支嵌套、死循环；是否违背编码规则等。软件代码经过静态测试，确认代码的规范性、逻辑表达的正确性、代码实现和结构的合理性、安全可靠性措施的合理性等，特别是使中断、资源冲突和堆栈使用等情况满足设计要求。

动态单元测试通过在每个单元模块内设置驱动程序和桩函数进行测试。测试用例的设置既要选择正常的输入，也要选择非法的、非预期的输入。对单元内部路径的测试，既要覆盖正常的处理路径，也要验证到出错时的处理路径。特别是安全关键软件要达到语句与分支覆盖率的要求。单元测试对应详细设计。

11.3.6　集成测试

集成测试是指根据软件架构在单元测试的基础上，对测试过的单元模块进行组合测试，检查程序结构、模块间的接口及功能等的正确性和一致性。

集成测试一般采用增量式测试方法，其中自底向上的增量式测试，由于底层模块已经经过验证，不需要再设计桩函数来辅助测试。在集成测试的早期实现对底层模块的并行测试，提高了集成的效率，并能有效地支持故障隔离和故障定位。

集成测试重在验证被测软件在满足设计要求的情况，确认模块之间的接口，确保数据传递和时序的正确性。集成测试时要特别注意累积误差、一模块对另一模块的非预期影响、集成后的功能未达到预期的全部功能、数据传递后丢失或失效、集成的覆盖性等因素。

集成测试对应概要设计。

11.3.7　配置项测试

配置项测试重在软件对外的接口匹配测试，以及功能性能可靠性的验证。同样，在设计配置项测试用例时，除了验证正常情况外，还应验证软件在数据越界、超负荷等“最坏情况”下的结果。液体火箭发动机软件测试还需考虑最大工况测试用例。

配置项测试的测试内容至少包括功能测试、性能测试、外部接口测试、余量测试和边界测试，必要时，还应包括强度测试、可靠性测试、安全性测试等。对安全关键部件进行专项测试，确认软件符合用户需求并且安全可靠。配置项测试还需对任务书中的测试要点逐项测试，如硬件特性、飞行工况、故障模式、边界底线、软件可能造成的系统级风险等测试确认。配置项测试的测试环境尽可能地与实际应用环境一致，否则，要分析两者的差异以及对测试结果的影响，确认测试有效。

配置项测试对应需求规格说明。

11.3.7.1　第三方验证

发动机软件采用第三方测试的方式来保证软件测试的客观性、专业性。A、B级软件和重点发动机的C级飞行软件根据型号总体要求开展第三方测试。软件承制方经提供受控的软件需求规格说明、软件代码给第三方，并明确测试要求。测试需确认软件代码与软件需求的一致性，要求覆盖被测软件的全部功能、性能、接口、可靠性安全性等。

根据第三方测试提出的问题单，有可能涉及文档，有可能涉及代码问题。软件承制方经分析后，若确认进行变更，则走变更流程，更改后的软件通过第三方回归测试，更改后的文档需要第三方确认，进行问题闭环。所有问题单的落实情况都要记录在研制总结中，接受评审。

11.3.7.2　系统测试

一般来说，系统测试有型号总体系统的测试（如A阶段测试、B阶段测试、C阶段测试、D阶段测试、发射场测试等）和分系统测试。型号总体的系统测试根据型号总体要求执行。本文从软件配置项角度来看，这里的“系统测试”是指配置项在推进分系统内的测试，也就是分系统测试，呼应“系统分析与设计”的系统概念。系统测试的目的是软件交办方验证和确认软件在真实的系统工作环境下是否能正常运行，满足自己在任务书提出的功能和性能要求，能准确无误地配合系统内其他配置项和硬件运行。

系统测试前要先通过配置项测试。测试用例追踪软件任务书的需求项。提供给系统测试的软件至少应来源于受控库。一般要做功能测试、性能测试、外部接口测试（系统测试的重点）、可靠性安全性测试、强度测试等项目。尤其关注接口和时序在系统中的匹配情况，对通信协议的理解是否一致等。对于在系统测试中无法覆盖的需求项，应确认在其他测试中的验证情况。

11.3.8　验收交付

软件验收交付前，应完成软件研制流程的所有工作项目，确认满足任务书的功能、性能、接口、可靠性安全性等要求，确认软件技术状态受控；研制过程中相关的质量问题已闭环；配置管理手续齐全，配置状态受控。完成软件研制总结报告和产品保证总结报告，通过正式评审后，入受控库，建立软件产品基线。

嵌入式软件一般需固化后随硬件产品交付。用于固化的软件应受控，提交出库单、固化单，经审批后方可进行下一步操作。固化前，需对固化环境以及参数配置的正确性进行确认。记录固化过程，确认固化前后的软件数据一致性。

11.3.9　软件运行维护

软件运行维护是软件产品生命周期的最后一个阶段。软件交付使用后进入运行维护阶段。投入运行的软件应取自产品库，并有相应的存取记录。软件维护原因大致可分为两类，有可能源于任务需求更新，有可能源于软件故障。运行期间发现软件需要维护，应走相应的流程对软件技术状态进行变更。经过维护的软件应重新组织验收。

软件在运行过程中，通过指令修改参数的情况，可以认为是一种特殊的软件维护。比如液体火箭发动机管路的压力参数监控，压力的高压和低压阈值可以做维护性修改，通过指令修改软件内部的参数。这种维护一般作为软件确定的需求提出，与本章节软件定型之后的维护要区分开来对待。

11.4　FPGA 软件研制过程产品保证

第 11.2 节软件产品保证通用要求也适用于 FPGA 软件产品。FPGA 产品的软件和硬件息息相关，所以在研制过程中，要有软硬件协同设计与验证的意识。

11.4.1　任务分析

由于 FPGA 器件具有的特殊性，在对 FPGA 软件项目做任务分析时，除满足 11.3.1 系统分析与设计中提到的内容外，还需分析空间单粒子效应，明确在初样和试样产品上各自 FPGA 芯片选型、开发环境等约束。空间单粒子环境不利时，建议尽量在试样产品上选用反熔丝 FPGA 器件，初样产品可以用其他成本较低的 FPGA 器件替代。同时要明确抗单粒子的需求。

所以，FPGA 软件的任务书应明确 FPGA 软件的功能、性能、接口、可靠性安全性、设计约束、关键等级、编程语言等“软需求”，还应明确 FPGA 器件的型号、质量等级、封装、工作频率、管脚的上电初始状态等器件本身的“硬需求”。

任务书通过正式评审后入受控库，建立 FPGA 软件的功能基线。

11.4.2　需求分析

需求规格说明分析就是落实任务书的需求项，同时应明确 FPGA 设计、仿真、综合、布局布线工具，还需明确所有管脚分配情况；描述 FPGA 的运行环境，明确输入输出数据的时序，对于外部器件接口，应结合器件手册和具体电路进行时序需求分析；确定抗辐射的设计方法、冗余设计和抗干扰设计等；明确信号和内部寄存器复位后初始状态要求。

在定义接口信号时，除了说明信号的输入输出特性、信号的周期、脉冲宽度外，还应描述其有效电平，包括电平是高有效还是低有效，电平的类型是低电压互补金属氧化物半导体（LVCOMS）还是低电压三极管-三极管逻辑（LVTTL）或是外设器件互联（PCI）等，电平的电压是 6.5 V 还是 3.3 V 还是 5 V 等，这关系到后续设计实现阶段管脚定义。

需求规格说明和任务书相互可追踪。需求规格说明通过正式评审后入受控库，建立分配基线。

11.4.3　设计实现

分析可编程逻辑器件软件的需求，逐级细化，确定各模块的功能性能指标，明确模块之间的数据流和控制流，确定时钟、复位方案；明确外部接口的管脚定义，对未使用管脚进行正确处理。对安全关键模块，需进行单粒子防护设计、容错或防错等可靠性设计。特别要注意的是，如果使用状态机，需避免出现状态机死锁的状态，避免使用独热码设置状态。建立各级双向需求追踪矩阵。

概要设计和详细设计经过内部评审后，入受控库。

依据设计以及编码规则开展编码实现，重点关注可靠性设计，包括采用同步设计、对异步接口信号和跨时钟域信号进行处理、保证时钟信号的稳定等。由于上电后 FPGA 内部寄存器的状态是随机的，需要使用复位信号对芯片内部进行全局复位，明确寄存器的初始值。为了保证复位信号稳定可靠，一般采用时钟信号对复位信号进行两级同步。

要注意 FPGA 设计或编程的特殊要求。比如推荐使用超高速集成电路硬件描述语言（VHDL）。如果使用硬件描述语言（verilog），须注意阻塞赋值和非阻塞赋值的使用，两者生成的时序不一致。如果 FPGA 内部有冗余设计，那么在综合时要加约束以防止被电子设计自动化（EDA）工具自动优化掉。代码实现后对其进行逻辑综合，生成门级传输逻辑（RTL）文件。

利用 EDA 工具进行综合布局布线。综合、布局布线时应确保 FPGA 工程属性指向芯片与任务书一致，包括器件的类型、速度等级、抗辐射级别、封装类型等。确保管脚属性设置正确。在管脚定义时需注意，所有时钟输入管脚禁止悬空，不使用的话可以接地处理。按照时钟频率要求、时钟余量要求以及接口时序要求合理约束布局布线。

反熔丝型 FPGA 内部有多种时钟，如硬时钟（HCLK）、全局路由时钟（CLK）、区域时钟（QCLK）等。其中 HCLK 是进入器件的硬连线，它的网络传输延时及偏移最小，有专门的管脚，类似我们的高速公路，但它不能连接组合逻辑，也不能直接输出；CLK 是低延时网络，它可以连接组合逻辑或输出，可由外部信号或内部信号驱动；QCLK 为象限区域时钟网络，可连接至芯片四分之一象限内的逻辑资源，也可由外部信号或内部信号驱动。对时序要求高的建议优先选用 HCLK，若 HCLK 资源不够可局部选用 QCLK。

11.4.4　仿真与设计确认

FPGA 仿真分为功能仿真和时序仿真。功能仿真在设计输入后进行，综合前和综合后的仿真都属于功能仿真；时序仿真在布局布线后进行。设计仿真用例，验证功能、性能、可靠性安全性等需求与设计的符合情况。

当设计规模很大的时候，动态的时序仿真会占用很大的资源，用时也很久。这时一般只用静态分析替代动态时序仿真。静态分析是使用布局布线后器件给出的模块和连线的延时信息，（在最坏情况下）对电路行为做出评估，应覆盖 EDA 工具所能够支持的最大验证范围，一般包括最大、最小和典型三种工况。通过分析最长路径计算最大延时，分析最短路径计算最小延时。路径上的延时包括信号的建立时间（setup time）、信号的保持时间（hold time）、相邻两个触发器的时钟歪斜（clock skew）等。

应对时序仿真和功能仿真结果进行比较，确保布局布线后的门级文件和初始的 RTL 级网表文件等价，确认两者的一致性。对于时序未达到需求要求的，可酌情修改综合布局布线，设置布局布线的约束，还是未达到要求的话，重新调整代码实现或详细设计，并重新开展功能验证和时序验证。

仿真应覆盖任务书中和需求规格说明的时序要求。仿真和设计确认报告通过评审后，入受控库。

11.4.5 FPGA 固化

FPGA 固化的内容参考 11.3.8 中关于固化的部分。特别要注意的是反熔丝型 FPGA 烧录固化后不可修改，需谨慎。反熔丝型 FPGA 烧录前务必确认所有问题都已经闭环。烧录时要使用专用的烧录设备，应确认器件的类型、参数以及烧录文件，由专人负责烧录固化并记录。另外，FPGA 的第三方验证、验收交付、运行维护可参考第 11.3 节相关内容要求。

11.5 委托第三方开发的软件控制

委托第三方开发的软件是指对液体火箭发动机工作过程实施控制和管理、由发动机研制单位向型号总体提出软件运行需求、由型号总体指定承制方开发的软件。需提前确认总体设计输入中明确的使用条件是否与发动机实际使用条件相一致，发动机自身的负载特性、极限工况等是否向型号总体明确交底，是否存在超工况或临界工况使用情况，总装总测过程中是否存在与实际飞行中不同的使用条件，控制逻辑、工作时序、控制软件最终版本是否经过联合试验验证，是否会造成实际使用条件的变化等。

根据发动机系统技术要求，对依靠软件实现的功能、性能、接口和运行环境等进行系统、全面、无二义性的定义，特别是要明确设计约束和边界，形成软件用户需求文件。实施软件需求管理，确保发动机工作的控制逻辑和可靠性安全性要求准确地传递到软件承制方，必要时开展专门的技术交底活动，并参与软件开发过程需求分析、概要设计等重大节点，进行把关确认。以软件系统级测试为重点，配置项测试为补充，重点确认软件用户需求中在给定的接口、运行环境、设计约束和边界等条件下，是否满足了规定的功能、性能要求；关注软件对系统工况、输入/输出条件的覆盖性和适应性，试验测试项目、试验内容、试验结果及其有效性是否覆盖飞行状态，确保不会发生发动机不能接受的控制逻辑；用于测试的各类设备、等效器（件）以及测试程序是否存在不符合实际产品状态、工作状态或不满足测试项目的情况；涉及接口的不可测试项目在产品形成过程各个环节的控制措施是否明确、有效。根据以上内容对软件最终验证闭环结果进行确认。

第 12 章　地面设施设备保证

12.1　概述

本章的地面设施设备主要是指液体火箭发动机总装完成后用于发动机测试、吊运、气瓶充气、推进剂贮箱加注、试验、任务发射等活动所需的功能性设备和配套的服务性设施。地面设施设备保证是针对地面设施设备策划、研制、使用、维护等全过程进行的一系列有组织、有计划的技术和管理活动，以技术风险识别和控制为重点，保证地面设施设备满足发动机使用要求，支撑发动机任务成功。交付用户的用于发动机地面测、发、控等设备按发动机正式产品进行管理，不按本章相关要求执行。

与发动机产品相比，地面设施设备使用寿命时间较长，通常为非标研制，单件或小批量生产，同时要求能适应多种类型发动机工作任务需求，而且有的地面设施设备长期直接参与发动机热试车、外场发射等任务，需承受振动、冲击、高温、高压、高真空或多种力热耦合环境，其可靠性、环境适应性等方面要求较高。

按类型和功能将地面设施设备分为三类：机械类地面设备、电气类地面设备和试验类地面设施设备。机械类地面设备是指与发动机的机械接口对接，为实现发动机的机械性能测试、吊运、气瓶充气、推进剂贮箱加注等工艺要求，具有机械特性的设备，主要包括发动机气密试验台、充放气工具、转运/吊运工装、推进剂加注泄出设备等。电气类地面设备是指与发动机电气接口对接，为实现发动机电性能测试和控制等要求的仪器及配套软件、电缆等设备，主要包括发动机测控设备、专用测试设备、测试软件、测试电缆及转接盒等。试验类设施设备是指为获取发动机各种不同工况和环境下的性能参数，在试验台上模拟各种环境条件和地面状态对发动机进行不同工况的性能测试验证的地面设施设备，主要包括地面试验系统、加热器、热环境装置、换热器、高空模拟装置等。

针对大型复杂专用的发动机地面设施设备，可参照发动机产品实施策划、设计、制造、装配、调试、验证、验收、使用与维护等全流程管控。而对于一般的发动机地面设施设备，设计生产制造过程主要依靠组织层面的质量管理体系保证，产品保证工作主要侧重于地面设施设备使用前的技术状态检查与确认、试验过程控制、状态管控、维护管理等方面。

12.2　研制过程管理

在液体火箭发动机初期研制时应根据发动机需求策划地面设施设备的配置，制定地面设备保证保障计划，提供必要的人员、经费、设备和设施等资源投入，必要时纳入发动机研制技术流程。应对地面设施设备的设计开发、采购订货、装配生产、调试验证、使用维护和管理等进行有效管控。

研制地面设施设备时，应对设施设备任务的输入进行分析确认，研制过程要充分考虑设施设备的可靠性、安全性、维修性、保障性、测试性和环境适应性要求，同时还需兼顾计量特性、人因工程、电磁兼容性等因素。

在设施设备施工和制造装配过程中，除进行作业人员、设备、物料、工艺、测试、调试和试验控制外，还应对关键和特殊过程、易错难操作环节及安全性进行控制，加强施工和制造装配过程中里程碑节点的检验和验证。施工和制造装配过程为外协外包时，应将设施设备产品保证要求充分传递至外协外包供方，必要时设置强制检验点，由研制人员对其进行现场监督和确认。

设施设备施工或制造装配完成后，需进行调试和试验验证，条件允许时可与真实产品进行对接调试。地面设施设备交付前和使用过程中，有计量属性的应经有资质的计量技术机构检定/校准，确认合格。地面设施设备使用过程出现异常时，应及时进行问题分析，必要时参照航天产品质量问题归零要求实施闭环管理。

12.2.1　策划与设计

地面设施设备的策划是在深入分析发动机测试、试验、发射场等任务的应用环境和使用要求的基础上开展工作，明确具体的需求，确定选型原则（或设计要求）、配套数量、到位时机、使用分配，形成地面设施设备清单，并纳入发动机研制策划中，策划内容还应包括设计方案、六性设计、风险分析、质量要求、控制措施等。

地面设施设备应覆盖发动机应用环境和使用需求，同时应在考虑已有设施设备的能力和数量的基础上，给出新研制、改制、购置、沿用和借用设备的配套要求，新设备需优先考虑设备的通用性、继承性和互换性。在应用先进成果和技术的过程中，首先要做好充分的设计和验证，同时要注意经济性，尽量选用标准件和成熟产品，功能上尽可能做到“一品多用”，提升经济性。沿用和借用地面设备时，需对设备的接口匹配、功能指标、应用环境、使用寿命、安全裕度等项目进行适用性分析，一般应对沿用和借用设备的适用性情况进行评审。

地面设施设备是为满足液体火箭发动机产品研制需求而研制的，任务提出方通常是液体火箭发动机设计单位，或承担发动机生产、测试、试验等有关单位。在地面设施设备的设计之初，需对发动机使用方面的要求及相关设计输入文件的完整性、设计指标的满足性进行分析和评价，设计输入文件一般包括任务需求、设备用途、产品功能和性能指标、环境适应性、材料选用、接口、交付验收等要求。设施设备承制方应与任务提出方进行充分的技术交流，研究任务中各项技术指标的可行性、试验验证的覆盖性和充分性，对重要的地面设施设备可邀请任务各有关方对设计文件进行会签确认。

在设施设备设计过程中，要重点考虑可靠性设计，产品防护设计、防差错设计等，尽可能地提高设备自动化程度和信息化水平，兼顾设备使用通用性、操作便利性等。此外，还需考虑地面设施设备布局的协调性和通用性，优先选择通用设备。在充分考虑各发动机产品之间的通用性和互换性的基础上，提升地面设备的技术先进性和使用效率，并具有一定的扩展性。同时，综合权衡优化设计技术，力求在满足规定功能和性能及可靠性要求的基础上，按照低成本和便捷维修的目标开展设计。采用新技术、新工艺、新材料时，应对其进行分析论证，识别技术风险及控制措施，对易引起人为差错的操作设计应采取防差错设计。与地面设施设备配套的软件研制可参考本书第 11 章软件产品相关研制流程和产品保证要求实施控制。需要沿用的软件，应进行软件沿用性分析，确认有效后再沿用。

对新设计的地面设施设备应进行可靠性分析与验证，获得设施设备平均无故障工作时间，并明确关键设备和重要零、部组件的备份要求。对发动机功能和性能产生影响的地面设施设备应有效采用容错设计，合理利用冗余技术，保证关键部位不出现单点失效模式。比如：在供配气设备等机械类地面设备设计时应进行管径、流速、流阻、补偿等的计算和校核，同时进行必要的仿真分析；推进剂供应管路、容器类设备中与工作介质长期直接接触的材料应与介质一级相容；供气、供液的设备与发动机对接接口前应设置一定精度的过滤器，过滤精度应满足发动机相关输入要求；电气类设备设计和元器件选用的规格、精度、使用范围应保持足够的设计裕度，长期使用的设备应进行降额设计，强弱电或高频辐射类设备的可靠性设计需重点关注系统内部及其与应用环境的电磁兼容性。

为全面检查设计输出是否满足设计输入端要求，发现设计中存在的缺陷和薄弱环节，降低相关风险，重要地面设施设备的设计过程应组织设计评审，对地面设施设备的接口、功能、性能、关键项目和软件相关功能、性能及接口等进行分析确认，不符合要求的要及时进行修改，而后才能进行生产实施。

12.2.2　采购、验收与交付

与地面设施设备配套的相关部组件、元器件、单体设备的采购应优先在单位合格供方名录内进行选择，设备采购合同应明确设备名称、型号、数量、执行标准、规格等必需的技术要求。根据地面设施设备特点，应在设施设备的采购技术要求中明确相关的产品保证及过程质量控制、记录和验收要求；必要时，可明确设施设备的强制检验点要求，承制方应根据设备生产制造进度，邀请任务提出方实施强制检验。地面设施设备到货后应及时进行验收，验收内容应覆盖设施设备所有技术参数，必要时应进行调试验证，确保设施设备采购合格。新购设施设备到货验收前应具有完整的档案资料，包括合格证明文件、使用说明书、维护保养说明书、设计计算书、原理图、接线图、总装图、检验报告（特种设备应包含制造监督检验报告）、各类试验报告、操作注意事项、安全注意事项等全部出厂资料，包含新研软件时还应提供软件测试结果报告。

当地面设施设备整体从外部供方进行采购时，应依据发动机任务需求，提出采购技术要求，并组织相关专家对设备配置的必要性、可行性等进行评审。任务提出方应根据合同、技术要求编制验收细则（验收大纲），验收则需覆盖设施设备采购合同或技术协议中提出的所有的技术指标，承制方经自查确认技术指标能够满足验收细则要求，必要时进行会签和确认。交付验收的设施设备已由承制方按验收细则完成测试及试验，设备功能和技术指标应满足任务提出方的验收要求，承制方确保交付设施设备、文档、数据包、合格证或产品证明书、质量履历书等配套完整，交付文件资料齐全，并已完成设施设备出厂前质量评审。验收管路及阀门系统时，应用洁净气体进行充分的吹扫，并严格检验，确认无多余物。设备及附带管路的外露接口应配备承压堵帽，或采取其他方式有效封堵，在明显部位应标明产品标志：名称、代号、制造日期、制造单位、自重、承压/承载能力、外形尺寸等。

软件验收前应与硬件系统完成全系统联合调试，调试结果满足调试大纲要求，而后由技术、质量、安全、产品保证等相关人员组成验收组进行验收。验收组依据验收细则中规定的验收项目，对产品功能、性能指标进行逐项确认，审查验收的文件资料，并根据验收大纲和验收细则对验收情况进行评议，并做出验收结论。

没有达到验收要求的地面设施设备，任务提出方应当拒收。被拒收的设施设备，经承制方返修或补充试验验证后，验收组可根据实际情况决定是否进行全面重新验收，或针对完善项目进行验收。

12.3 使用与维护管理

地面设施设备研制完成后，在服务于发动机研制工作中时应加强使用与维护管理，包括对设施设备使用前状态的检查和确认、计量器具的定期计量与校准、使用过程中的过程控制、使用状态管理、日常维护、运输与保管等，以确保地面设施设备能够长期地满足使用要求。

12.3.1 通用管理要求

地面设施设备应具备有效的技术状态文件，明确设备的基本组成、部组件清单及规格、适用范围、工艺状态，使用前检查和测试内容、方法及检查和测试结果合格依据等。

使用单位应建立地面设施设备台账和履历书，履历书应包含维护保养、维修、改造等信息，具备设施设备全生命周期可追溯，相关设备可根据地面设备使用环境、工作条件、使用频次等确定设备使用寿命。在技术文件中须明确，设备使用人员应充分了解设备的使用要求和应用环境，确认设备状态正常，应用环境满足使用条件。必要时，设备设计人员应对使用人员进行技术交底。使用借用设备时，设备使用方需向设备出借方获取必要的技术文件和操作文件，学习并掌握设备使用需要的知识和技能。此外，地面设施设备使用单位或人员应对设备使用风险点进行识别与分析，制定必要的应急预案。

12.3.1.1 状态检查与确认

使用单位应对工作任务剖面、应用场景以及满足实际工作情况进行分析确认，确保地面设施设备的正确应用和功能、性能的覆盖性，检查产品硬件和软件状态的正确性，状态发生过变化的应在使用前对技术状态和产品状态的一致性、更改的符合性再次进行确认。

地面设施设备使用前，应对其配置及状态进行检查和确认，设施设备长时间不用再次启用或状态发生变化时，应对其配置状态进行详细确认，包括设备投入使用前满足状态控制基线情况、标识状态、技术状态更改情况和更改后结果确认情况等。有计量属性的设备，需对计量后的设备状态进行验证，确保其状态符合使用要求。包含软件的设施设备，应确保软件版本和配置满足使用要求，软件发生变更时应确认其软件状态更改符合技术状态管理相关要求，更改手续完备。新研地面设施设备和技术状态发生重大变化的改进设备首次参加飞行任务前，必须进行充分的接口关系验证。

设施设备使用前还应对设备及现场进行安全防护检查，如与发动机接口匹配安全检查、与发动机隔离安全检查、供电和接地安全检查、操作安全检查、静电防护安全检查、供气和供液的压力设备检查等。设备有防静电、防电磁干扰要求时，在使用前应采取防静电、防电磁辐射等措施，并对措施的有效性进行确认。

12.3.1.2　使用过程控制

在使用地面设施设备时，相关人员应详细了解使用要求，按规定进行操作使用。与发动机对接前，操作人员应对设备、发动机、测试电缆各方接口的正确性、连接极性以及标识的一致性进行确认，确保与发动机的接口匹配、连接状态正确。与发动机对接时，接口及连接部位应采取必要的防护措施，避免造成发动机本体和接口损伤，与发动机连接后不应改变发动机特性，设备的使用操作，尤其上电顺序应按照对应的文件执行。

地面设施设备工作过程中出现异常情况或发生故障时，应按技术文件或预案采取措施，电气类设备使用过程若出现数据超差或无法正常工作时，应及时与发动机隔离并开展问题关联性分析，以保障发动机产品的安全和测试结果的有效性。

12.3.1.3　使用状态管理

地面设施设备应明确使用状态并进行动态管理，设备使用状态一般标识“在用”“闲置”“封存”“报废”四种状态，“封存”和“报废”状态的设备不得在现场使用。对地面设施设备使用状态进行更改时，除满足有关技术要求外，还应注意：

1）设施设备重大技术状态更改前要充分进行论证，识别风险并开展风险分析，并告知任务提出方；

2）涉及发动机接口变更引起的地面设施设备状态更改应由任务提出方与设备承制方共同确认，并就状态更改进行审批和会签，更改后应进行有效性测试和验证，对更改落实情况进行跟踪监测、检查。

12.3.1.4　计量与校准

有计量属性的设备应符合国家或行业相关计量要求进行检定或校准，合格后在设备明显位置标识其状态，保证设备在有效期内使用。地面设备应制定周检计划，保证其有效期与产品研制计划相匹配，封存、改造和维修后的设备在使用前应重新进行检定及校准。

经检定或校准后的计量器具应进行必要的状态检查和确认，压力元件如压力表、安全阀、压力变送器等校准合格后，需采取烘干措施，防止内部残留校验液体。

12.3.1.5　维护管理

制定设施设备的维护保养要求，编制维护计划，组织实施并做好维护保养记录。强电类电气设施设备，严格按春秋检计划进行维护保养和检修；弱电类电气设备，应定期对板卡、接插件及设备内部进行除尘，配套测试电缆、插头等附件应一并进行检查、维护；特种设备（如起重机械、压力容器压力管道等）执行国家法规进行定期检验、检查，并按国家规范要求由具有专业资质的单位进行维护保养；规定使用寿命的设备，应按寿命要求实施报废处理。

12.3.1.6　运输与保管

地面设施设备贮存及运输前应采取必要的安全防护措施，包装完好、标识清楚、对外接口保护齐备，运输设备的包装箱应有减振、固定等防护措施，防护装置的设计应满足产品运输（含吊运）和贮存要求。设备在保管、贮存及运输过程中，应防止环境中酸碱气体、液体的污染，防水、防尘、防潮及防强磁场影响，并根据设备特点采取有效防护措施，比如：对静电和磁场敏感设备，应明确设备使用、保管条件，含磁性类材料的设备应远离退磁材料、设备并隔离存放等，大型吊运设备及移动式设备在吊运或运输、装卸时，应采取相应的安全防护措施。设备运输中应固定包装箱，避免强烈碰撞，搬运过程注意不能划伤设备表面，设备运输、贮存及使用环境应满足技术文件规定的环境指标要求，地面设施设备在运输（含吊运）前后均应按技术文件要求进行检查确认，确保设备在使用前状态完好、运输过程无损坏。

12.3.2　典型设备与场合特殊要求

12.3.2.1　机械类设备使用与维护

机械类设备主要包括发动机气密试验台、充放气设备（含工装）、转运/吊运工装、推进剂加注泄出设备等，特定发动机产品的专用机械类设备应标识清楚，避免错误使用。

发动机气密试验台主要用于发动机总装完成后对发动机全系统气检，主要由台架、进出气接嘴、管路、手动截止阀、减压阀、安全阀、过滤器、增压装置、压力表等组成。该类设备使用前应做好多余物控制和确认，通常，在气源至充放气试验台入口、试验台出口至产品之间安装过滤器确保进、出气密试验台的气体无多余物。

充放气设备（含工装）主要用于为发动机所带气瓶或动力装置贮箱增压的连接装置或工装，主要由金属软管、手动阀门、对接接嘴、充放气工装等组成。该类设备使用前，除进行状态和多余物检查外，应重点对充放气工装进行外观检查，确认充放气工装手柄顶杆到位，手柄顶杆转动应灵活，无涩滞及松紧不均的现象，充气操作结束后，应先将气源关闭，并将充气管路和充放气工装中的气体泄压，最后拆卸充放气工装。

转运、吊运设备是指用于发动机吊装、转运等过程中所用吊车、吊具、工装、平台车辆、运输或放置机架等。该类设备每次使用前需进行结构紧固情况检查，并进行调试检查，确认吊车、平板车等行走机构的润滑良好，无过度磨损、导轨变形和异常响声等情况。吊车类设备还应按照有关法律法规进行安全鉴定并在安全鉴定有效期限内使用。

推进剂加注泄出设备是指用于发动机或动力装置贮箱推进剂加注与泄出功能的设备，通常由加注泄出设备、加注连接器、阀门、管路（包括软管）、充放气工装等组成。该类设备操作人员应熟悉操作的气体、推进剂的相关理化性质及危害，掌握基本的安全故障处置能力。使用阀门前需进行外观检查、紧固检查、开闭测试、密封性检查（内漏、外漏、正反向），气动或电动阀门还需检查信号与开闭准确性，设施设备系统中使用的安全阀需按要求进行校验，对低温介质输送管路应采取相应隔热防护措施（绝热隔离或隔热包覆）。

转运、吊运设备应按照国家相关法律法规要求，定期进行检验，设备不使用时，应停靠至专门位置。气密试验台、充放气设备（含工装）推进剂加注泄出设备不使用时，应对相关接口进行防多余物封堵，必要时，应进行正压封存。

12.3.2.2　电气类设备使用与维护

电气类设备主要是指与发动机电气接口对接，为实现发动机电性能测试和控制等要求而使用的仪器及配套软件、电缆等设备，主要包括发动机测控设备、专用测试设备、测试软件（用于发动机总装测试及外场测试的专用测试的相关软件）、测试电缆等。

发动机测控设备主要指与发动机电气接口对接并进行发动机控制和测试的设备，如发动机控制器、测控仪、测试设备、软件等。该类设备使用前应充分确认使用环境条件（如力、热、电磁、振动等）要求，以及设备供电条件、被测产品状态等，使用后应按要求关闭电源，确认设备及接口状态完好并做好防护。

专用测试设备主要指发动机总装和交付外场测试专用的设施设备，主要为各类测试仪、软件、电缆等，如专用测试硬件设备、软件、传输电缆、电源等。该类设备使用前应测试供电电压的正确性，使用交流供电的设备还应测试接地可靠性，确认无误后再将设备与现场供电电源相连。

强电类电气设施设备严格按春秋检计划进行维护保养和检修。弱电类电气设备，应定期对板卡、接插件及设备内部进行除尘，维护周期可根据使用环境进行调整。

12.3.2.3　试验类设施设备使用与维护

试验设施设备主要包括试验发动机对接系统、发动机供配气系统、试验用发动机测控系统、热环境装置、高空模拟装置等，通常为发动机提供工质、模拟发动机真实工质环境，与发动机的接口形式有时为有形接口，有时为无形接口。试验类地面设施设备往往是一系列设施和设备集成的组合体，其工作需要多岗位协同、共同完成，其工作的最终结果通常是获取发动机在特定工况下工作的数据，其中热点火试验由于系统复杂往往不容易完全重复实施。

发动机对接安装系统一般指发动机与试验台连接用转接架、推力架、相关紧固件以及试验台与发动机机械接口对接的推进剂供应管路等。发动机转接架、推力架应定期进行焊缝着色检查及转接架应变检测，推进剂供应系统除日常维护外，在使用前应进行气密性检查，系统阀门应进行动作测试，确认阀门状态良好。试验设施中与介质接触的系统管路连接件、阀门、传感器、流量计等应统计使用频次或使用时间，每次使用前应检查其状态，必要时进行调试。

发动机供配气系统一般指发动机用控制气、吹除气管路、过滤器、单向阀、抽真空等设备。该类设备使用前除确认其功能状态外，重点应对多余物控制情况进行检查，确保给发动机供应的气体洁净、无多余物。

试验测控系统一般指传感器、电缆网、转接柜、采集装置、数据处理系统等设备及应用软件等。该类系统使用前除目视检查接插件应无损坏，焊点应无虚焊和腐蚀现象，套管完好外，还应进行导通绝缘检查。对于间隔一定时间未使用的设备，再次启用前应进行详细状态检查，并进行必要的巡线检查。

热环境装置是指用于模拟发动机热环境的设施设备，主要由加热器及加热系统管路及管路设备组成。加热器测试和使用前，需要对供应系统和加热器按照工作压力采用保压法或皂泡法进行气密性检查，合格后方可使用。氧化剂供应系统使用前应采用专用清洗剂进行除油清洗和吹除。室温低于一定温度时，加热器使用后需及时排空冷却水供应系统内残存水，防止冻坏设备，必要时可对管路系统使用伴热带进行加热保温。

高空模拟装置是指用于模拟发动机高空压力环境的设施设备，主要由水蒸气引射泵、蒸汽喷射泵、燃气升压降温系统、冷却水系统、真空舱系统等组成。该类设备通常体积大，不易维护，应重点加强有关测量参数的分析工作，如水温、水的流量、系统真空压力等。同时，对系统关键阀门应定期进行动作和气密性检查，气密性检查不方便时，可通过数据分析或阀门定期分解的方式确认阀门使用状态完好。加热器、灯阵、换热器、高空模拟装置等用于模拟发动机环境试验的设施设备，首次用于试车前，还应依据环境试验指标要求进行调试，合格后方可使用。

12.3.2.4 外场使用管理

对于在外场（含发射场）使用的地面设备（含备份设备和配件）应按照任务需求编制设备配置清单，必要时组织进场设备专项复查及测试确认，并明确产品进场后的状态检查、设备挂证和测试等要求。

地面设备进场前应按照任务需求编制设备配套清单（含备份设备和配件）并确认：设备（含备份设备）状态及功能完好，备附件数量及质量均满足使用要求，且标识清楚。设备附带的技术状态类文件、操作使用类文件应完整、有效，操作流程进行了必要的演练。电气类地面设备测试软件出入库记录完整，明确软件的版本号、受控情况和有无备份，防病毒措施到位，地面测试电缆配套完整，测试记录完整。对地面设备的技术风险和保障性风险进行识别，筛选出发射场关键地面设备，编写应急预案。通用测量器具和专用测试设备的检定、校准有效期满足发射周期要求。

设备进入发射场后，需及时开展配套检查、状态确认、调试等工作。设备展开就位后应对设备配套情况和功能完好性进行检查确认，对经长途运输后可能出现的接头、插头、板卡松动等情况，进行专门排查。此外，还需进行必要的安全检查。遵守发射场相关管理要求，对设备进行标识，并固化设备状态。

任务完成后，留场地面设备应列出清单，明确维护保养要求，确认贮存环境条件满足设备保管要求。有通电要求和电池部件的地面设备，要完成通电或充放电工作，充放电时间应满足使用说明书的技术要求，现场设备通电前应确认电源是否满足要求，撤收应进行逐项清点。

地面设备在外场（含发射场）工作中出现问题，无法完成现场维修时，在做好现场故障状态保持或现象记录的情况下，进行返厂问题排查和维修，并及时上报信息并组织分析，必要时实施归零管理。

第 13 章　生产试验过程专项产品保证

13.1　概述

在发动机进入小批量试制或大批量生产时，最为重要的就是保证产品技术状态正确，确保产品质量稳定。在这个阶段，发动机的设计与验证工作已经基本完成，主要做的是产品的生产与试验过程的工作，这就需要加强产品特性分析与管控、强化工艺稳定性、深入识别产品保证控制项目、严格生产和试验基线的建立和过程管控等工作，强化生产过程精细化质量控制，进一步提高产品生产质量。

生产与试验阶段的产品保证是指发动机进入试样及批量生产阶段后开展的产品保证活动，以生产和试验过程风险识别与控制为核心，以生产试验基线建立和管控为重点进行的一系列有组织、有计划的技术和管理活动。其特点是以控制生产试验基线状态为核心，重点关注技术状态的变化和质量的符合性。

生产与试验阶段产品保证主要包含发动机生产过程产品保证和试验过程产品保证两部分内容。本章将通过产品特性分析、生产过程产品保证控制项目管理、生产基线的建立与控制等内容来介绍生产过程产品保证；通过试验风险分析与控制、试验过程产品保证控制项目管理、试验基线的建立与控制、试验结果分析与应用等内容来介绍试验过程产品保证。

13.2　生产过程产品保证

生产过程产品保证以技术风险分析为核心，以生产基线管控为抓手，以保证产品质量为目标，开展发动机产品保证工作。通过开展生产阶段产品保证控制项目识别和产品保证精细化落地等工作，固化人、机、料、法、环、测等状态，建立生产基线。进入生产阶段后，以生产基线全过程管控为重点，规范实施生产阶段产品保证。主要工作流程如图 13－1 所示。

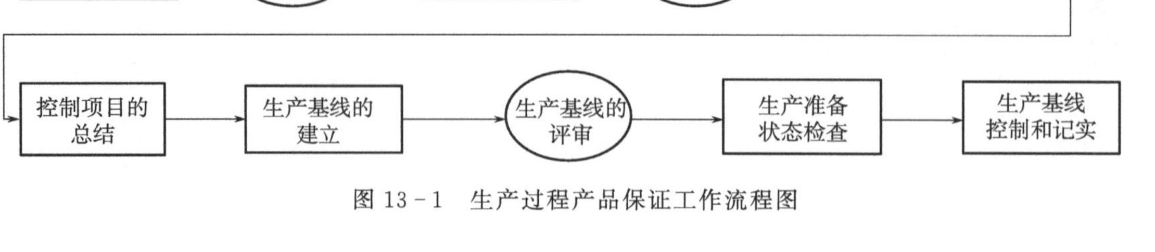

图 13－1　生产过程产品保证工作流程图

13.2.1　产品特性分析

13.2.1.1　产品特性的再分析与控制

产品特性指产品的性能参数与质量指标，主要有产品的功能特性、寿命特性、可靠性、安全性、测试性、维修性、保障性、环境适应性等。

在产品设计开发阶段，通过设计、工艺协同开展产品特性分析，初步形成产品关重特性和控制措施。发动机研制进入试样阶段后，再次对产品进行特性分析，重点分析发生变化的技术状态，结合初样阶段实施过程中发生的生产质量问题等，对关重件及关重特性清单等进行调整、补充和完善，形成试样、定型阶段产品关键件、重要件、关键工序、强制（关键）检验点项目和控制措施清单，并自上而下逐级传递到位，逐级分解、落实。

对于批产的通用产品再次投产前可按照产品技术要求，从产品功能性能、使用条件的差异性、技术指标超包络或临界、历史质量问题、研制经验教训等方面进行产品生产过程关键风险地再识别、关键特性和重要特性的再确认。

产品进入试样阶段后，对产品特性进行再分析，按零部件和组件对设计、工艺和生产过程关键风险进行清理，最终确定产品关重特性、工艺关键控制措施和制造过程控制的项目。

13.2.1.2　设计关键特性

设计关键特性是指设计方案中存在因产品使用环境变化对产品功能性能变化敏感的设计参数、因方案中选用的制造工艺偏差对功能性能敏感的设计参数、产品在最终状态下存在不可测试的关键功能性能等关键设计的总和。设计人员依据产品任务书、产品技术要求、产品设计图样、产品技术条件以及产品设计规范等要求，从产品和部组件两个层面，通过设计流程梳理，利用特性分类分析、故障模式及影响分析等分析手段，识别出需在产品设计过程中重点加以关注及验证的关键技术指标。

分析内容包括：

1）产品特性（含关重特性）分析；

2）任务书要求的功能、性能、结构指标等设计输入要求；

3）环境适应性指标及影响分析；

4）制造工艺方法引起的功能、性能敏感变化的指标；

5）产品最终状态测试覆盖性分析；

6）可靠性、安全性、维修性、保障性分析；

7）风险分析识别出的线索；

8）质量归零和举一反三要点等。

13.2.1.3　工艺关键特性

工艺关键特性是指在工艺设计过程中对产品最终质量有决定性影响的特性，围绕产品设计关键特性的工艺实现确定。包括影响产品功能性能不稳定的制造工艺、制造过程控制的不确定性及生产过程不可检验项目，决定工艺方案的关键工艺参数的总和。工艺人员对产品实现过程中把握关键能力特性的工艺实现，是通过对组成产品的主要部组件以及产品总成过程进行系统分析，识别出工艺关键特性及其工艺主要措施和工艺验证情况，从而确定工艺关键特性。

分析内容包括：

1）产品关键特性、重要特性等形成的工序；

2）产品及工艺技术复杂、加工难度大或质量不稳定的工序；

3）生产周期长、对性能、功能影响较大的工序；

4）禁限用工艺控制项目；

5）特种工艺及其他不易控制、不易（能）检测的项目；

6）无法进行无损检测、人为因素影响大的项目；

7）"九新"分析确定的工艺特性等；

8）出现不合格品后经济损失较大的工序；

9）关键、重要的外购器材及外包产品的入厂验收工序；

10）工艺实施结果只能在最终产品试验验证的工序。

13.2.1.4 过程控制关键特性

过程控制关键特性是指在生产过程控制中对产品最终质量有决定性影响的特性，需围绕产品设计关键特性和工艺关键特性的生产实现确定。包括对产品设计关键特性的偏差控制项目，产品不可测试功能性能需要在制造过程控制的项目的总和。工艺人员通过对产品实现过程进行系统分析，识别出关键的过程控制环节和要求，进而制定相应的控制措施，确定检验、测试方法及产品的最终实测值。

分析内容包括：

1）外包器材及外包产品的验收环节；

2）多余物控制；

3）不可测、不可检的环节；

4）多媒体记录等；

5）完全依靠工人技能、经验操作保证的环节等。

13.2.2 生产过程产品保证控制项目管理

生产过程产品保证控制项目是指对产品生产过程中的技术风险和过程控制风险进行识别和分析，形成的风险项目及相应的控制要求、确认时机、合格判据和记录要求（下文简称生产控制项目）。通过生产过程产品保证控制项目来控制生产过程中的关键风险，从初样阶段开始，识别提炼生产控制项目，将固化、落实和结果检查确认生产控制项目内容的工作贯穿产品研制全过程，将重点控制内容形成显性的、可操作、可检查的控制措施，保证产品的质量和可靠性。

生产过程产品保证控制项目的管理是生产单位推行产品保证的核心工作，正向开展风险的识别，是产品保证理念“事后管理向预防控制转变、事后质量复查向过程质量确认转变、依赖个人经验向依靠规范制度转变、问题式管理向零缺陷系统工程管理转变”的具体落地体现。以此为基础，正向开展工艺文件的精细化落地工作，系统性、全面性强，能够为建立可靠的生产基线奠定良好的基础。开展成熟产品的再认识，能够很好地锻炼研制队伍。形成的显性化清单，便于组织开展学习、监督和检查。可以以此为基础总结同类产品的通用产品保证控制项目，形成通用标准，利于同类新产品的快速转化和应用，利于知识传承。

发动机及其配套产品生产控制项目需从初样研制阶段开始进行识别和控制，逐步积累。在试样阶段初期，对初样研制阶段产品生产控制项目的措施有效性进行确认与总结，并开展试样产品研制生产过程风险再分析，确定并形成试样产品生产控制项目清单，后续状态鉴定及批产过程中应继续分析并更新迭代。

生产控制项目建立前应进行策划，根据产品级别，可按照整机/推进分系统、组件级两个层级识别，亦可根据产品重要影响程度针对特别关注的产品单独建立生产控制项目清单。

13.2.2.1　生产控制项目的内容

生产控制项目经识别、分析和评审的输出载体为发动机生产过程产品保证控制项目清单，需明确项目名称、控制要求或方法、确认时机、合格判据、过程或数据记录要求等（见表 13－1），其控制方法需包括具体的设计、工艺、检验要求，做到条目化、通用化和量化。

表 13－1　发动机生产过程产品保证控制项目清单

序号	控制项目名称	控制要求或方法	确认时机	合格判据	记录要求	……
1						
2						

生产控制项目内容要求如下：

1）控制要求或方法：需包括具体的工艺方法，工艺参数，工艺设备，工艺装备，工艺材料，工艺环境要求等，做到明确、细化、量化、可操作、可检测、稳定可靠、经济安全；

2）确认时机：需明确生产控制项目的检查确认时机，做到及时确认；

3）合格判据：需明确具体的检验检测方法、工具与合格要求，判据需量化、可检测；

4）过程记录要求：需明确需要记录的重要的质量参数，提出生产控制项目实施记录量化、可追溯性要求，必要时提出多媒体记录要求，明确多媒体记录在产品生产过程中的形成时机、记录部位和判读等具体要求，明确判读人员对记录完整性、正确性进行确认的要求，保证能够清晰、准确地反映产品实物质量状态。

13.2.2.2　生产控制项目的识别

生产控制项目识别是产品保证工作最重要的基础性工作，生产控制项目识别的准确性、全面性和有效性是做好产品保证的前提，是落实发动机产品质量精细量化控制的具体体现。生产控制项目识别需要结合产品功能、性能，材料以及制造工艺过程、方法综合考虑，采用适宜的有效方法，做到事半功倍。

生产控制项目识别需要结合产品功能、性能，材料以及制造工艺过程、方法综合考虑，发动机各级产品生产控制项目识别线索如下：

1）承接产品关重特性及三类关键特性的过程，包括关键项目、关键件、重要件、关键、重要特性设计、工艺及过程三类关键特性参数等。

2）易错、难操作及复杂手工作业的过程，包括易错项目：在产品生产、试验、验收过程中，有位置、角度、方向等要求，容易出现混淆或者差错的环节。难操作项目：因结构原因操作难度大、精度要求高、对人员技能或者经验要求较高，一般人员操作或者在缺少细致指导的情况下操作，容易出现质量问题或者难以保证满足要求的环节。

3）曾经出现过质量问题和合格率低的过程，包括合格率低、质量问题归零、质量问题举一反三、异常问题处置。

4）涉及Ⅰ、Ⅱ类单点故障模式的过程，包括重点分析工艺施工、检验检测、人员保障等过程控制情况，识别存在的风险点。

5）产品不可检、不可测项目的过程，包括在产品生产、验收或交付使用过程中，不能通过直接测量或试验进行符合性评价的功能、性能要求。

6）连续实施或一次完成后不可逆的关键过程。

7）易产生多余物的环节及过程，包括含分解再装、清洗、整修、除油过程，产品与试验系统、工艺装备、设备对接过程，电器产品插、拔、测试与试验，导线焊接、压接等过程。

8）易产生极性错误的环节，包括电连接极性、安装位置、安装方向、安装角度、安装刻线。

9）难检测或不能检测的空间协调尺寸，包括空间角度、空间尺寸采取相应的工艺控制措施，包括详细的工艺附图、制作工装等。

10）对外接口项目，包括发动机与协作单位、分系统、总体的接口数据载体，包含发动机机械、电气、性能、热等不同接口。

以上各项内容需结合产品的特点，逐一进行对照识别。对于确认不存在风险的项目可以不纳入产品保证控制项目，对于超出以上范围但经确认存在风险的项目需纳入产品保证控制项目清单。

13.2.2.3 生产控制项目评审

生产单位产品保证部门组织领域/产品总师、产品首席和产品保证经理等专家对生产控制项目清单进行评审，确保生产控制项目清单系统、全面、完整、正确。生产控制项目审查要点如下：

1）是否做到了“要素覆盖”：应识别发动机生产全流程的关键过程、关键环节、关键数据，形成生产控制项目；

2）是否做到了“控制有效”：制定的工艺方法、工艺参数、工艺装备和工艺流程应确实有效；

3）是否做到了“项目量化”：应以精细化质量管理和量化控制为指导思想，精细量化控制项目，明确控制要求、确认时机等信息，确保控制项目完整、有效。

13.2.2.4　生产控制项目落实

生产单位需将生产控制项目纳入工艺文件和记录文件等生产依据性文件中并设置检验点，生产单位产品保证人员监督检查控制项目在工艺文件和记录文件落实情况，具体见表 13－2。

表 13－2　发动机生产过程产品保证控制项目落实结果确认表

序号	控制项目名称	控制要求或方法	确认时机	合格判据	记录要求	控制要求落实文件编号及名称
1						
2						

在各发动机各级产品承研单位完成产品全部验证工作后，已落实生产控制项目的工艺文件在首次使用后，工艺技术人员对生产控制项目实施的有效性进行确认。根据验证情况，对生产控制项目确定的内容进行迭代。在生产基线确定前，对生产控制项目在试样产品生产依据文件上的落实情况进行检查确认，并纳入生产基线报告。

13.2.2.5　生产控制项目实施

试样产品生产过程中需严格依据设计文件、工艺文件、检验文件等生产依据性文件进行生产控制项目实施，在生产过程中一次确认到位。生产控制项目实施的工序需按要求留下记录，有量化要求的记录需量化。按生产依据性文件要求进行多媒体记录，确保完整、有效、可追溯，能够证明生产控制项目在生产过程中有效落实。

13.2.2.6　生产控制项目总结

研制阶段结束或某批生产完成后，研制单位需对生产控制项目在生产过程的实施结果进行总结，形成各研制阶段生产控制项目落实结果汇总，也可附实际生产过程记录的客观证据，纳入研制总结报告或产品保证总结报告中，具体见表 13－3。

表 13－3　生产过程产品保证控制项目落实结果汇总表

序号	控制项目名称	检查要求	检查结果	检查结论	检查人	备注
1						
2						

13.2.3　生产基线的管控

随着任务的快速增长，产品生产问题逐渐凸显，特别是发生的极性错误、状态差异等问题，暴露出关键风险识别、控制不严，检验方法不明确、数据记录不全等突出问题。主要表现为生产基线状态变化控制不严，造成产品质量不稳定、一致性差，同时也缺乏高质量、高效率的工具和手段，过程控制不严格，造成损伤、缺陷，部分问题在后续测试验证中难以剔除，隐患大。基此现状，提出了按照“源头识别、基线管控、过程确认”的原则和工作思路，开展生产基线管控工作。

生产基线是产品在试样生产或批生产开始前，经审查或评审确认的，用文件描述和规定的符合技术状态要求的产品生产状态，包含工艺技术流程及流程中各环节所需的人、机、料、法、环、测及生产阶段产品保证要素的相关内容；其载体为描述和规定产品生产状态的一系列文档，主要包括设计文件、工艺文件、产品保证文件等。

按照“生产前建基线、过程中管基线”的原则，根据产品特点和实际情况，健全生产基线建立、应用和管控制度，严格生产全过程的5M1E状态控制，确保产品质量受控。

13.2.3.1 生产基线建立与确定

生产基线需基于成熟、稳定的设计、工艺状态建立，且描述的工艺方法需经过验证，重点通过控制文件状态来控制产品实物状态，确保产品生产一致性及可追溯性。生产基线内容需涵盖产品生产所需的全部依据，包含生产各环节所需的人、机、料、法、环、测及生产控制项目等相关内容。具体包括以下清单及相关文件：生产基线文件配置清单（包括设计文件清单、工艺文件清单、产品保证文件清单）、产品物资控制清单、生产控制项目清单、关键过程控制清单、重要岗位要求清单、重要设备/工装要求清单、生产环境要求清单、外包项目确认清单。

生产基线建立是一项系统工作，需要按照流程开展工作，全面梳理每一项产品的生产控制项目需要花费大量的精力，需要把生产环节涉及的人、机、料、法、环、测的各种影响产品质量的要素进行全层级、全流程梳理，确保全面性、准确性、有效性，需要扎实开展工作。需要开展细化量化工作，要对工艺文件做一次全面的升级换版，工作量巨大，研制队伍要全员动员。

要把所涉及的文件及各种清单进行系统梳理、归拢成册。显性描述产品生产的基本状态，是产品保证精细化落地的重要载体之一，也是积累产品过程控制知识的载体。

按照产品生产研制计划，在试样阶段投产前或产品技术状态基本固化，在开展首飞产品或小批量产品投产工作前需完成生产基线的建立工作。未曾建立生产基线的产品，需以最近一次质量合格产品为基准建立生产基线。

所有发动机建立生产基线、试验基线前，应按照产品保证精细化落地工作标准对设计文件、工艺文件和生产过程记录要求进行确认，并完成问题整改和相关文件的升级换版。

发动机各级产品精细化落地自查和专项检查可从以下10个线索开展：

1）设计人员应充分吃透产品设计任务书及相关设计输入，并在设计文件中逐一落实，实现“文需一致”；

2）工艺文件应与设计文件保持一致，传递无偏差；

3）工艺要求应严格、明确、细化和量化，不应引起操作歧义、记录不完整；

4）临时性技术文件不应长期存在；

5）检测要求应全面到位，不应存在漏检的可能性，不可检不可测的能否改为可检可测；

6）举一反三措施、可靠性增长成果、“再设计、再分析、再验证”成果应落实在工艺文件中；

7）技术状态更改（包括工艺更改，如工艺改进、工艺装备变化、工艺流程变化、关键岗位人员变化）需执行审批手续；

8）记录文件应与生产、试验过程的控制要求保持一致且精细、量化，相应的表格、模板应全面承接和落实设计文件、工艺文件的全部要求，现场异常处理要求明确，确保记录可追溯；

9）异常质量情况处理的流程应规范，记录应准确、完整、详实；

10）不应存在试验数据或实物检查有异常，长期未闭环解决且未上报、未拉条挂账的问题。

13.2.3.2　生产准备状态检查

产品投产前，生产单位需组织开展生产准备状态的检查确认工作，按生产基线文件清单逐项确认生产状态与生产基线的符合性。对识别出的不一致项目由相应责任部门进行整改或办理偏离审批手续，产品保证工程师对整改和偏离落实情况进行监督检查。

各级产品要在通用零部件和组件投产前、装配前等节点，开展生产准备状态检查；发动机在总装开装前，开展生产准备状态检查。

可根据生产计划安排、生产分工等实际情况，集中或分级、分阶段开展生产准备状态检查，通过后方可启动生产。生产准备状态检查要制定具体计划，纳入科研生产计划管理。

13.2.3.3　生产基线偏离控制要求

生产过程偏离生产基线时，应按照本书5.9.3节的偏离要求进行控制。重要偏离由设计师或工艺师提出偏离许可申请，原文件批准人批准后填写偏离单，一般偏离可由提出者直接填写偏离单。

13.2.3.4　生产基线文件变更控制

生产基线确定后，需严格控制状态，不能随意更改。如确需更改，需按照“分类准确、论证充分、试验验证、各方认可、审批完备、落实到位”的六项原则执行，确保更改受控、验证充分、可追溯。

设计和工艺状态以外的更改，按照“谁更改，谁申请”的原则，履行更改申请手续，产品保证工程师进行记实。变更申请通过审批后，更改提出部门需及时落实更改内容，确保涉及更改的相关技术文件更改到位，发动机各级产品承研单位产品保证部门对生产基线执行、变更及闭环情况需进行监督检查。

生产基线变更申请通过审批后，更改提出部门需及时牵头组织落实更改内容，确保涉及更改的相关基线文件更改到位。

13.2.3.5 生产基线记实

产品生产完成后，需对生产基线的控制和变更等进行记实，内容包含生产过程中的设计文件、工艺文件、重要岗位/人员、原材料、元器件、设备、生产环境、关键过程控制及外包/外包等项目的控制及变更情况，记录生产基线日常检查、变更及产品数据包检查等情况，与基线相关的偏离单、返工/返修单等单据的落实情况。

对于批产产品，在新批次投产前生产单位依据记实结果对基线更改情况进行复查，必要时对生产基线报告版本进行升级，将上一批次生产基线更改（临时偏离除外）纳入生产基线报告，并将原版本归档。发动机各级生产基线报告更改完成并经审批后，生产单位方可依据更新后的生产基线报告开展生产状态确认及控制工作。

13.3 试验过程产品保证

试验过程产品保证主要是针对发动机点火试车，开展试验系统和试车过程中风险识别的分析与控制工作，确保发动机点火试车顺利进行、达到试验目的。通过对试验系统和试验过程产品保证控制项目的识别、落实、确认与实施，明确风险控制措施，将控制措施落实到工艺文件中，用于指导试验操作。发动机研制进入试样阶段后，发动机和承担试验的试车台状态、试验流程方法基本固定，需要建立相应发动机的试验基线，进一步规范和固化试验系统和试验过程，降低试验风险，提升试验过程质量和试验结果一致性。

为确保试验准备工作符合要求，在试验准备工作期间或准备工作完成后，以质量跟踪确认、质量分析会等形式，对试验准备结果进行分析和确认，确保试验系统和试验流程等技术状态满足试车任务输入要求，试车风险进行了有效识别，风险预案和风险控制措施有效。

在试验完成后，设计和试验单位分别开展试验结果的数据分析，查找发动机产品或试验系统、试验流程中存在的问题并加以改进。试验过程产品保证工作流程如图 13－2 所示。

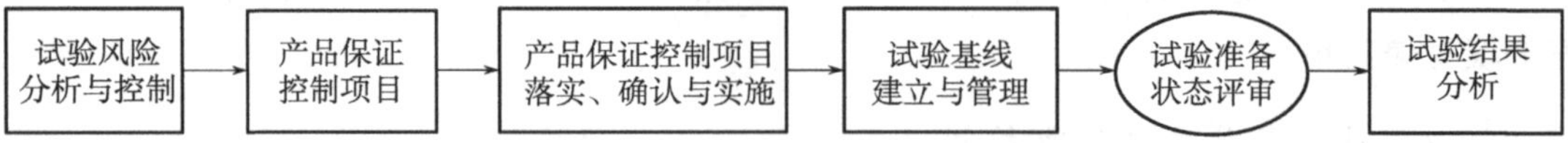

图 13－2　试验过程产品保证工作流程图

13.3.1 试验风险分析与控制

在试验任务实施前，发动机设计、试验单位要结合发动机试验全过程，在参试产品、试验流程、试验设施设备等方面开展试验阶段技术风险识别与控制工作。处于方案、初样研制阶段的发动机，对试验系统试车方案合理性、匹配协调性等方面开展风险分析。处于试样阶段的发动机在试验工艺一致性、技术状态控制有效性等方面开展分析。试验系统主要从承担试验的各系统设施设备可靠性、满足任务需求的能力、被试产品自身状态变化引入的风险等方面开展分析。

设计单位在试验任务实施前与试验单位进行发动机产品的技术风险交底，明确产品的技术风险项目、风险后果及控制措施。当风险的后果影响试验台安全时，双方共同制定应对风险的试验事故应急预案。试验单位对识别出的技术风险项目汇总成清单及控制检查表，经评审确认后实施管控。试验单位将识别出的技术风险项目，与产品保证控制项目识别和试验事故应急预案的编制工作相结合，作为其线索的一部分。试验实施过程中要按照风险应对措施开展工作，确保风险得到消除或降低并可接受。一般情况下点火试验前不允许存在高风险项目，所有中风险项目需采取有效控制措施，制定风险发生时的应急预案，对低风险项目监控其变化情况，防止风险的危害程度上升。例如：某项试验识别出试验台与发动机对接口存在高压低温燃料路泄漏的中风险项目，如果试验中泄漏会发生起火甚至爆炸，危及试验台安全。通过在试验前采取增加低温高压气密性检查的措施，覆盖了其工作压力与温度条件，将风险等级降为低风险，保障了试验的顺利进行。

试验过程风险分析重点从以下几个方面开展：

1）发动机或试验系统技术状态发生变化的项目；

2）测试或试验数据超差或临界的项目；

3）试验系统中发生过质量问题或工作质量不稳定的设备；

4）涉及试验系统中Ⅰ、Ⅱ类单点故障模式的设备；

5）试验要求变化导致试验系统设备裕度降低的项目；

6）发动机或试验系统验证不充分的项目；

7）测试无法覆盖真实工作状态的项目；

8）不可检测项目。

在实践中，根据年度承担任务特点、试验台特点和发动机具体要求，梳理出试验台风险控制手册和试验风险项目清单，形成风险多级联管。

13.3.2 试验过程产品保证控制项目管理

试验过程产品保证控制项目是对试验过程的风险项目进行识别和梳理，明确风险的控制、检查、确认、记录要求，将各项要求落实到操作文件中，在试验流程中由专人监督、检查各项要求的落实情况，避免试验中出现影响任务成功的风险发生。

13.3.2.1 控制项目识别与确定

试验单位在正式试验任务实施前，应对承担试验任务的各分系统功能性能、试验流程方法开展分析，识别影响试验目标达成的因素，按照发动机任务制定试验过程产品保证控制项目，组织相关技术人员将识别出的控制项目以清单方式列出，明确控制项目的名称、控制要求或方法、确认时机、合格判据、过程记录要求等内容，参见表 13-1。

一般情况下，试验单位同时承担了多个发动机的发动机试验，可以针对各发动机试验过程中存在的共性问题和薄弱环节进行提炼，形成试验过程通用的控制项目。然后针对具体发动机试验系统及特点，在通用控制项目下具体化，形成各异的专用控制项目。例如："多余物控制"作为识别出的一项通用控制项目，某姿控发动机对推进剂供应管路的多余物异常敏感，该发动机试验识别的专用控制项目为“试验前管路分解清洗”；另一发动机允许不大于 70 μm 的颗粒物进入，其识别的专用控制项目为“入口过滤器定期检查清理”，见表 13－4。

表 13－4　发动机试验过程产品保证控制项目清单（示例）

序号	控制项目名称	控制要求或方法	确认时机	合格判据	记录要求
1	入口过滤器定期检查清理多余物控制	每试验 20 次或一年，将发动机推进剂入口过滤器分解、检查、清理	每试验 20 次或 1 年，发动机对台前	无目视可见多余物	多媒体照片
2	……	……	……	……	……

试验过程产品保证控制项目识别线索如下：

1）影响试车成功的因素；

2）影响发动机工作模式预期验证及数据采集全面性的环节；

3）试验系统关键产品及过程；

4）易错难操作的过程；

5）曾经出现过质量问题的产品及过程；

6）涉及试验系统Ⅰ、Ⅱ类单点故障模式的产品及过程；

7）不可检测项目。

通用及专用控制项目形成清单后，试验单位应组织有关人员进行评审，审查控制项目梳理是否准确、齐全，控制措施是否可行、有效，确保控制项目清单可执行，能够达到控制试验风险的目的。

13.3.2.2　控制项目落实与实施

识别出的专用产品保证控制项目包含了避免风险需要采取的控制方法、合格判据、过程记录要求等内容，需要将这些内容以文字的形式落实到工艺文件中，指导操作者按照规程进行操作。控制项目中的内容转化成文件时，应该做到描述细化、要求量化和理解无歧义，做到任何人依照文件操作时可有同样的结果。对于复杂操作，如能够以图文结合的方式明确操作要求，可以降低操作错误发生的可能性。在操作文件中要明确该项操作的检查、检验要求，设置检验点，同时规定需要记录的内容，以表格化形式列出。

产品保证控制项目清单包含的所有项目是否都在工艺文件中落实，需要产品保证人员在试验任务实施前，将控制项目与工艺文件进行核对，检查控制项目在相关文件上的落实情况，形成控制项目落实结果的确认表，确认表的形式可参考表 13－2。

试验操作的规范性、正确性决定了试验过程的质量水平。发动机试验过程中需严格按照试验工艺文件进行控制项目实施，确保控制目标的实现。在实施的过程中，操作人员要按照文件的要求实时记录操作过程，操作结果，确保记录的完整、有效、可追溯，以证明控制项目在试验过程中有效落实，风险得到控制。产品保证人员可对试验记录进行检查、监督，确保操作过程、操作结果符合文件要求。

产品保证控制项目还可以借助试验技术的提高、流程的优化、数字化融入等手段进行落实。例如：在落实某产品防护要求时，在试验台上设计防止磕碰喷管的工装；为保证发动机接口安装全部力矩量化的要求，由试验承担单位在发动机总装车间同步完成与试验台对接管路的安装；为保证试验安全性要求和试验周期的要求，进行了试验流程的优化；为提高试验的质量控制要求，将数字化融入试验流程，实现了原始记录和报告的自动生成。这些手段的启用，有效降低了各种风险，也是产品保证控制项目的落实。

13.3.2.3 控制项目总结与更新

试验单位应根据发动机研制特点，在每台/每批发动机试验完成后，对试验过程产品保证控制项目的执行控制情况进行总结，查找不足之处，根据发现的问题补充、更新试验控制项目清单，完善已有项目的控制措施。

13.3.3 试验基线的管控

进入试样阶段的发动机，通过充分的地面试车考核，进一步暴露设计、生产、试验方面的薄弱环节并逐步迭代改进，产品成熟度进一步提升，发动机状态已经没有大的变化。承担试验的试车台系统及流程基本固定，具备建立固化的基线以满足试验一致性的需求。试验基线是指发动机在试样阶段以后，以发动机产品和试验要求为基础，经过审批被正式确认形成的试验产品状态、试验系统状态和试验流程，并被作为试验活动执行基准的试验技术文件。

13.3.3.1 试验基线建立与确定

试验基线需遵循“科学性、系统性、协调性、有效性”原则，以“像飞行一样试验”为出发点，充分考虑发动机产品试验特点，基于固化的发动机产品状态、试验系统状态及流程被建立，且描述的工艺方法应经过验证，能够切实指导试验工作。试验基线的建立需以产品试验要求为基础，包括试验状态基线和试验流程基线。试验单位需将发动机状态、试验系统状态、试验介质状态、试验辅助系统状态等纳入试验状态基线管理。结合发动机试验工艺方法，根据试验过程涉及的人、机、料、法、环、测、管理等要素，固化试验策划、试验准备、试验实施、试验后处理等阶段的工艺流程，作为试验流程基线进行管理。

试验基线建立时应首先明确发动机产品的状态。包括对发动机产品主要功能、重要参数、接口状态、部件特性、产品批次、重要原材料、试验方法（规则）、试验环境要求、试验程序、安装转运吊装要求、测量要求、数据处理要求、特殊试验要求、试后检查要求、安全性控制要求等状态进行描述，并以此作为试验基线编制的依据。其次要正确描述试验系统状态和试验流程状态。按照试验系统各重要组成部分分别描述试验系统状态和控制要求，内容要涵盖发动机产品试验所需的各个重要分系统，包括产品安装、推进剂供应、气体供应、参数测量、产品控制等方面的内容。对于试验流程，要绘制出整个试验准备的全部流程图，描述出试验需要经历的所有过程，明确试验流程中的关键特性、重要特性，以及关键过程控制点，并形成清单。此外，要对试验涉及的重要岗位人员、重要设备、重要物料、主要技术文件等项目形成清单。

首次建立试验基线时要编制基线报告并开展评审。试验基线报告是试验基线的载体，其内容主要为描述和规定试验状态的一系列文档，包括：试验流程清单、产品状态清单、试验系统状态清单、重要岗位清单、重要设备清单、重要物料清单、试验文件清单、试验环境清单、产品保证清单、外包外协项目清单以及产品检验测试项目清单等。

13.3.3.2 试验基线检查

试验基线确定、更改后，首次承担试车前，试验单位需组织人员开展试验基线的检查工作，主要对试验流程、发动机状态、试验系统状态、试验过程涉及的人员、设备、物料、文件、环境、管理项目等要素的符合性进行检查。

发动机试验过程应落实试验基线中的各项要求，产品保证人员按照基线要求对试验过程进行监督和抽查，对于试验过程中出现与基线偏离、不符的情况，应督促试验单位按照基线偏离、更改控制要求进行整改；发动机试验过程中，可由产品保证人员对基线进行符合性检查，监督基线偏离、基线更改的控制情况，确保试验基线正常运行。试验基线检查的内容包括试验流程检查、试验系统状态检查、受试产品状态检查、人员符合性检查、设备符合性检查、物料符合性、文件符合性、环境符合性、产品保证项目检查、外包/外协项目检查检验、测试符合性检查等内容。

试验单位可以根据发动机情况，对于工艺试车和抽检试车建立发动机通用的试验基线检查表，对于已建立基线的其他类型试车，建立某些试车的试验基线检查表，试验基线检查表应随试验记实资料归档。

13.3.3.3 试验基线控制

试验基线一旦建立后应进行标识及控制，确保对基线所作出的全部更改都具有可追溯性。基线建立后的控制主要包括以下内容：

1）有效地控制对所有基线文件更改；

2）制定有效控制的更改、偏离或超差的程序和方法；

3）确保已批准的更改得到实施。

基线文件的修订应结合技术状态控制活动同时进行，原基线中不再适用的技术状态文件应及时进行修订或作废，并进行标识。试验基线应体现面向产品的要求，在试验实施阶段应进行动态检查管理。试验基线作为产品试验系统的基准性文件，应保证在试验前将系统状态调整到位。若发动机长时间未进行试验或研制交付中断，再次试验前应按照发动机产品技术文件的规定，按照试验基线的要求对试验系统进行验证考核，认定试验系统工作正常后才能承担试验。

试验基线偏离是由于发动机产品变化或试验系统变化，使发动机产品试验状态与试验基线规定的内容不一致或不相符造成的。试验基线偏离按照影响程度的不同分为重要偏离和一般偏离。重要偏离指的是发动机产品变化或试验系统变化，会对试验系统关键性能指标、重要接口关系、典型操作方法、试验结果、试验流程等引起显著变化或重要影响，对试验过程和试验结果会产生严重影响或较大影响的偏离，如发动机产品搭载部件容易引起安全风险、发动机产品部件材料或性能发生变化、试验系统推进剂供应方案变化、试验系统重要数据采集设备变化等。一般偏离指的是发动机产品变化或试验系统变化，会对试验系统性能指标、接口关系、操作方法、试验结果、试验流程等引起变化，但对试验过程和试验结果影响很小或不会产生影响的偏离。

当发动机产品状态、试验系统发生暂时性的变化，使试验状态与试验基线规定的内容发生偏离时，由发动机设计单位、试验单位共同评估该偏离对试验有无重要影响，必要时编制分析报告，并向有关负责人汇报。若试验系统经评估可在该偏离条件下承担试验任务，则由试验单位提出试验基线偏离申请。

经批准的偏离申请仅在规定范围和时间内有效（一般为当次试验），不作为基线文件更改的依据。试验单位在提出试验基线偏离申请前，应对该偏离可能会引起的后果进行风险识别和分析，并制定试验预案或相应的控制措施。

试验基线确定后，应严格控制状态，一般不应更改。确需更改时，以“谁变更、谁申请”为原则，履行更改申请手续。更改时应按照“分类准确、论证充分、试验验证、各方认可、审批完备、落实到位”六项原则，确保更改受控、验证充分、可追溯。

当发动机产品状态、试验系统发生永久性的更改或变化，使试验状态与试验基线规定的内容发生偏离，经发动机设计单位、试验单位共同评估，试验系统在该偏离条件下无法继续承担试验任务，则由试验单位提出试验基线更改申请。

更改试验基线时，由试验单位提出更改申请和组织审查，由相应层级的产品负责人批准。必要时重要的更改需经多部门共同论证，形成专项论证报告，作为申请单的附件。报告中应判定试验基线更改的必要性和可行性，必要时开展前期验证，并对更改风险进行识别和分析，制定试验预案并采取必要的控制措施。试验单位在更改工作结束后需填写试验基线更改落实情况表，确保及时落实更改内容，涉及更改的相关基线文件更改到位。

13.3.3.4 试验基线记实与更新

试验单位要收集试验过程基线的检查、更改单、偏离单的落实情况等基线记实文件，对试验基线的偏离、更改等进行记实，这些材料将作为试验产品保证总结报告的一部分。

试验基线记实文件归档时需采用纸质载体、光存贮介质等方式，并按档案管理的规定和标准处理。对于间隔较长时间后又重复投产并试验的发动机产品，在试验前，试验单位依据记实结果对试验基线报告版本进行升级或审查，将上一批次产生的试验基线更改纳入试验基线报告。当升级试验基线报告时，原来的版本应归档保存。对于更新后的试验基线报告，应对更改的项目进行详细说明。试验基线报告更改完成并经审批后，试验单位方可依据更新后的试验基线报告开展试验状态的确认及控制工作。

13.3.4 试验准备状态评审

发动机试验按照既定的各项流程完成检查、测试后，在进入点火流程前，要组织相关单位进行试验准备状态评审或确认，对前期完成的各项工作质量情况进行总结、分析、把关。根据发动机研制试验的实际情况，在发动机首次试验、重大试验和发生重要状态更改的试验前开展试验准备状态评审。常态化试验情况下通常不进行评审，而以会议确认的方式进行试验质量控制。

试验准备状态评审或确认的人员由设计、生产、试验单位的发动机队伍、科研计划管理以及质量管理部门人员组成。设计、试验单位分别形成试验准备情况的书面报告，对各自负责的产品、试验系统准备状态进行汇报，主要内容包括：

1）发动机产品状态、试验要求、检查测试结果；

2）发动机交接验收以来试验台的工作准备情况，包括试验技术文件资料完备情况、监视和测量设备仪器受检情况、多余物控制情况、试验系统单元、综合测试检查情况；

3）风险的识别与控制情况；

4）对试验准备过程中和以往试验过程中发生的质量问题的归零情况、纠正措施的落实及举一反三情况；

5）试验系统满足试验任务要求的符合情况；

6）确认试验准备状态与试验基线的符合性，试验基线变化履行审批手续的情况。

试验承担单位应开展试验系统的回想和预想，进一步细化管理，落实试验系统准备状态的各项要求。试验承担单位应开展质量跟踪确认工作，质量跟踪确认工作是在发动机试验、产品生产交付日常质量管理的基础上，针对连续、技术状态无变化的发动机试验和产品生产交付过程，以表格化的形式，对过程把关，对重要要素进行检查确认，形成确认记录。

13.3.5 试验结果分析与应用

发动机试验的最终结果，包括其功能、性能指标都是以数据体现的，试验数据的获取情况、准确度对于设计判断实际产品是否达到设计目标至关重要。每次试验结束后，试验单位应快速将原始数据按照任务书要求进行处理，设计单位对发动机关键的稳态参数、动态参数数据进行分析，得出试验初步结论。结合试验后发动机产品的状态检查以及试验数据的详细分析，最终给出试验结果与试验任务需求是否一致、是否达到试验目的的结论。

试验单位开展地面工艺系统、测控系统及其他辅助系统相关数据的分析，重点分析为满足发动机有关接口要求而提供的参数满足情况。通过与以往相同数据的横向一致性分析，获得试验系统设备的功能、性能情况。根据参数变化趋势，预示试验系统设备质量变化情况。

对试验数据分析过程中发现的异常数据，设计、试验单位应进行沟通，确认异常数据产生的原因，明确是参数测量系统问题还是发动机产品真实的物理现象，及时定位并采取相关措施加以改进。试验结束后，试验单位要按照任务书要求编写试验数据报告，报告中对涉及发动机产品的所有问题、异常数据以及与发动机产品实物相关、与发动机测试数据采集和处理方式相关的技术状态变化情况进行汇总说明，试验单位在规定的时间完成试验数据报告签署并交付设计单位。

第3篇　过程流程篇

必须将液体火箭发动机产品保证工作项目融入发动机研制流程才能得到协调和有效实施。而且，不同研制阶段的任务目标不同，产品保证工作侧重点也就有所不同。本篇主要介绍发动机各研制阶段的任务特点和产品保证工作重点。基于发动机研制流程详细介绍了发动机产品保证总流程和各研制阶段的产品保证流程。对产品保证流程中各项工作如何聚焦技术风险的识别与控制进行了详细地阐述。同时，介绍了如何开展产品保证策划、实施、检查和总结等以实现每项产品保证工作的PDCA循环，用以指导各研制阶段的产品保证策划与实施，不同产品实施时可根据自身特点进行适当地补充或裁剪。

第14章　液体火箭发动机产品保证总流程

14.1　概述

液体火箭发动机产品研制是一项技术要求高、研制周期长、系统特别复杂的过程，一般实施分阶段管理，根据不同阶段所承载的任务、面对的挑战和着力的突破点主要分为方案阶段、初样阶段、试样阶段和定型阶段等四个研制阶段。这也是液体火箭发动机产品成熟度不断提升的过程。为了确保在各个研制阶段均能够高质量、高效率、高可靠地完成既定目标，研制全流程产品风险得到全面识别与精益控制，技术指标得到量化确定并全部实现，产品成熟度逐步得到提升并得以认定，需要结合产品研制过程，同步开展产品保证工作，将产品保证工作融入产品研制全系统、全过程、全要素，在液体火箭发动机产品全寿命周期内有效实施产品保证工作项目和质量控制点。通过液体火箭发动机产品全过程产品保证工作流程化管理和实施，明确正向开展针对性产品保证活动的工作时间、工作内容、工作条件，并按照时间顺序进行一系列连续有规律的安排，包括活动之间的相互关系等，实现与产品保证要素相关的产品保证活动与研制过程之间进行有效的逻辑整合。

本章以液体火箭发动机产品研制阶段为基础，将产品保证项目融入研制技术流程，构建出通用的液体火箭发动机产品保证总流程，通过流程框架形式，将液体火箭发动机九项产品保证要素按实际研制流程进行分解，形成各研制阶段通用产品保证流程。

本章主要针对新研液体火箭发动机产品通用研制流程，介绍各个研制阶段如何开展产品保证工作，并侧重于整机级产品保证工作，组件级产品保证工作可参照实施。对于技术成熟度较高的型号，如直接进入批生产阶段的型号产品其研制工作可从试样阶段开始，可根据实际研制流程和任务特点对产品保证工作进行调整、删减、补充和完善。

14.2　依据文件

本章节内容编制主要依据液体火箭发动机产品保证通用要求、液体火箭发动机通用研制技术流程、泵压式液体火箭发动机研制程序标准及相关参考书籍等资料完成。

14.3　发动机产品保证总流程

液体火箭发动机产品保证工作过程严格执行质量管理PDCA循环（开展产品保证策划、实施、检查和总结等）要求，并基于风险的思维对全过程进行有效管理。通过开展系统化产品保证策划，制定产品保证大纲、产品保证计划和产品保证要求，对产品保证项目和资源等进行全面策划、评审和启动实施；通过产品研制技术流程，将产品保证工作融入科研生产过程，并逐项执行产品保证策划项目，落实产品保证各项要求，包括外包产品保证工作；通过各级组织的产品保证月度例会，开展对各级组织产品保证执行情况进行监督检查和改进督导；通过实施交付发动机产品保证总结、阶段研制产品保证总结和定期产品保证工作总结等模式，及时分析与发现存在问题，并采取改进措施，不断增强产品保证实施效果。

14.3.1 发动机研制阶段介绍

对于液体火箭发动机新研型号产品，型号研制过程实行分阶段管理。依据型号产品的特点和型号工程研制程序的规定，其研制过程一般包括方案阶段、初样阶段、试样阶段、定型阶段及发射和飞行阶段等。其中试样阶段可细分为飞行产品研制、产品飞行应用和验证两个小阶段。定型阶段可细分为产品状态固化、产品小批试产和产品批量生产三个小阶段。根据发动机研制实际情况，方案阶段和初样阶段不划分小阶段。发动机各阶段研制工作中，由低到高（1 级～8 级）逐级提升产品成熟度，并开展产品成熟度等级认定，通过全流程实施产品保证，大力支撑产品成熟度的逐级提升。

方案阶段的工作主要是进行发动机研制策划，开展多方案论证比较和优化设计；加强技术统筹和技术经济分析，强化基于型谱和货架产品选用的方案设计，优先采用国产化原材料、元器件等产品；实施发动机原理样机研制和原理性试验，突破关键技术，确定发动机方案；完成转初样阶段评审。发动机产品成熟度达到 1 级要求。

初样阶段的工作主要是进行发动机及配套组件初样方案详细设计、工艺鉴定、工艺总方案设计和初样产品生产，强化风险识别与控制和通用质量特性分析、设计与验证；完成各新研组件、半系统测试和试验，实施发动机整机总装、测试和大型地面试验，进行可靠性试验与评估，必要时完成初样飞行试验和结果确认，验证设计和工艺的正确性、可靠性和发动机整机的协调匹配性；完善设计、生产制造工艺，完成转试样研制阶段评审。发动机产品成熟度达到 2 级要求。

试样阶段的工作主要是进行发动机试样方案详细设计、工艺总方案设计，建立生产基线和试验基线；进行发动机及配套组件产品生产、总装、测试、批次抽检试车，必要时完成工艺验收试车或热标试车，参加总体全箭合练对发动机进行考核，完善设计，使发动机产品成熟度达到 3 级要求；进行试样产品研制、质量确认、验收交付、飞行试验考核和结果确认，确保发动机产品成熟度达到 4 级要求；试样组批生产时，进一步提升产品成熟度，严格控制发动机技术状态；针对不同发射任务需求进行适应性研制，完成发射飞行任务；通过可靠性增长和发射飞行任务验证发射飞行可靠性是否达到设计指标，提高发动机性能、可靠性和任务适应性，完成试样转定型研制阶段评审。发动机产品成熟度达到 5 级要求。

定型阶段的工作主要是先进行发动机设计定型和工艺定型，完成定型鉴定试验及技术指标评定。根据用户试验鉴定要求，在立项之后需配合用户编制鉴定定型试验总方案，实现必要的可靠性增长工作和产品迭代改进，完成技术状态固化，确保发动机产品成熟度达到 6 级要求；其次，在研制阶段需配合用户开展性能鉴定试验和状态鉴定及相关工作，确保生产过程与状态基线进一步稳定，实施小批量试制，并经过多次成功飞行试验任务考核，提高质量与可靠性，实现重复稳定批量生产，确保发动机产品成熟度达到 7 级要求；最后，配合用户开展多次飞行试验任务考核及相关工作，实现货架式产品管理，并结合质量管理加强对产品性能和用途进行持续改进，满足更多用户需求。发动机产品成熟度达到 8 级要求。

在液体火箭发动机研制各阶段、全流程，均应策划与实施产品保证工作，加强全寿命周期的通用质量特性设计、分析与验证，开展面向批生产要求的工艺流程和工艺布局优化工作，按照风险管控相关标准对“九新”风险进行全面地识别与精益控制，不断提升产品成熟度。

发射和飞行阶段的产品保证工作主要是在发射场内进行的总装和测试，实施发射场工作准备，将产品运输到发射台发射，完成运载火箭预定发射（和回收）任务或配合地面测控系统实施航天产品入轨后服役，按程序完成向用户的交付。

14.3.2　各研制阶段产品保证重点工作

（1）方案阶段产品保证重点工作

1）依据任务总体输入的产品保证要求，对任务要求和风险特点进行充分分析，开展项目全寿命周期产品保证策划。

2）建立项目产品保证工作体系，组建能够有效支持项目实施的产品保证组织和队伍。

3）针对系统级产品开展多方案论证比较和优化设计，对优选的方案进行详细设计，经专家评审后实施；针对组件级产品开展多方案论证和优化设计，且多种方案可同时进行详细设计，经迭代后，对多方案进行优选，经专家评审后择优实施。

4）在方案设计阶段应充分采用数字化设计与仿真工具，通过“仿真＋试验、虚拟＋物理”的方式开展发动机研制工作，以保证产品质量与可靠性，仿真模型应在各阶段迭代改进、更新版本，不断提升模型精度。

5）加强技术统筹和技术经济性分析，强化基于型谱和货架产品选用的方案设计，优先采用国产化原材料、元器件等产品；形成货架产品选用分析报告，并经过评审确认后实施。

6）开展产品实现工艺详细设计，形成工艺方案和细化量化规范的工艺文件。

7）开展核心技术、关键技术攻关，对攻关彻底性进行评审，保证技术路径可行。

8）重点细化策划方案阶段产品保证工作，形成产品保证大纲和方案阶段产品保证计划，提出下一级产品保证要求，全流程开展产品保证工作。

9）完成组件、半系统、整机原理试验验证和结果评估确认。

10）完成方案阶段研制总结和产品保证总结，完成转初样阶段评审和 1 级产品成熟度认定。

（2）初样阶段产品保证重点工作

1）进一步健全产品保证组织、队伍和产品保证信息系统。

2）完成初样阶段方案详细设计，经评审确认后实施。

3）系统、全面开展技术风险分析与控制工作，风险控制措施要验证到位，并有明确的结论。

4）进一步深化产品保证工作策划，补充识别产品保证要求（含外包产品保证要求），修订产品保证大纲，制定初样阶段产品保证计划。

5）组织工艺鉴定项目识别与工艺鉴定方案设计，完成工艺鉴定和结果确认。

6）组织建立产品设计验证矩阵，制定产品鉴定状态清单。

7）组织开展可靠性安全性设计及分析工作，确定关键项目及其控制措施，完成可靠性验证与评估。

8）组织开展产品特性分析工作，确定关重件及控制措施；开展测试覆盖性分析工作，确定不可测试项目及控制措施。

9）开展发动机热标（工艺）试车、整机试验等，完成整机试验结果确认，确定试样技术状态基线。

10）完成初样研制总结和产品保证总结，完成转试样阶段评审和 2 级产品成熟度认定。

（3）试样阶段产品保证重点工作

1）结合试样阶段特点，制定和实施试样研制阶段产品保证工作策划。

2）对初样研制工作的充分性进行分析确认，对薄弱的工作进行补充。

3）持续开展产品可靠性验证与增长工作。

4）完成更改项目的分析、验证和补充鉴定，开展试样单机和系统级产品生产基线、试验基线的确定和精细控制。

5）开展设计、工艺及生产过程风险的识别，以及风险控制措施的制定与落实。

6）完善外协外包产品保证要求，加强风险分析与控制，实施核心重要产品外包过程穿透式管理。

7）生产过程检验和不合格控制；产品环境试验、产品生产缺陷的剔除。

8）开展整机研制试验，完成热标（工艺）试车、整机试验等。

9）产品生产数据包建立、交付产品逐级验收和产品出厂最终质量确认。

10）完成试样细分研制总结和产品保证总结，完成细分阶段转阶段及转定型阶段评审，分别完成 3 级、4 级、5 级产品成熟度认定。

（4）定型阶段产品保证重点工作

1）实施质量保证和生产阶段产品保证要求。

2）实施技术状态、关键过程、关重件、不可检测项目及不合格控制、确认制验收等工作，保证产品质量的一致性与稳定性。

3）完成细分阶段研制总结和产品保证总结，完成细分阶段转段评审和 6 级、7 级、8 级产品成熟度认定。

（5）发射与飞行阶段产品保证重点工作

①发射场技术风险分析与控制

进场前要按任务需求编制设备配置清单（含备份设备和配件），必要时开展进场设备专项复查。要确保设备（含备份设备）状态及功能完好，备附件数量及质量均满足使用要求。设备附带的技术类文件应覆盖设备技术状态类文件、操作使用类文件，设备按技术状态文件及操作使用类文件进行必要的演练。对设备的技术风险和保障性风险进行识别，筛选出发射场关键地面设备，形成清单并编写应急预案，完成通用测量器具和专用测试设备的检定、校准。

进场后要对设备进行配套检查、状态确认、调试等工作。设备展开就位后应对设备配套情况和功能完好性进行检查确认。对经长途运输后可能出现的接头、插头、板卡松动等情况，进行专项排查。设备调试前，应做好必要的安全检查。地面设备进场后应遵守发射场相关管理要求，对设备进行挂证和标识。地面设备调试完成后应对地面设备状态进行固化。

②发射阶段安全性保证

进场前，根据型号任务特点编制发射场技术安全操作规程。进场后，对总装恢复阶段（分系统测试、气密检查）、整船测试阶段（整船测试）、加注阶段（加注推进剂、气瓶充气、拆除保护件、应急加注设备恢复调试）、船箭联合测试阶段（发射前检查）等方面进行技术安全检查。在测试过程中对指令安全性保护情况进行确认。发射前对参与发射的地面支持设备指令安全性保护情况进行确认。实施推进剂加注安全演练、安全检查和安全控制。

14.3.3　产品保证总流程设计

液体火箭发动机产品保证是产品研制队伍以各层级产品可用、可靠、安全、满足飞行任务要求为目标，以技术风险控制为核心，按照严密规范的产品保证程序，综合运用产品保证技术和方法，针对整机及组件产品研制过程所涉及的方案阶段、初样阶段、试样阶段和定型阶段等四个阶段，以产品完成设计验证和鉴定，形成产品生产基线、试验基线为完成标志，将各研制阶段重点产品保证工作贯穿其中，在各个研制阶段的关键过程和环节将产品保证相关工作有机融合与有序实施，确保产品实现过程中有效控制薄弱环节、降低风险隐患，强化产品研制过程的质量可靠性，确保研制与生产过程质量保证工作的充分性，提升一次研制成功率。

液体火箭发动机产品保证总流程如图 14－1 所示，在本书第 15～19 章对方案阶段、初样阶段、试样阶段、定型阶段、发射与飞行阶段的产品保证流程进行了详细地展开说明。

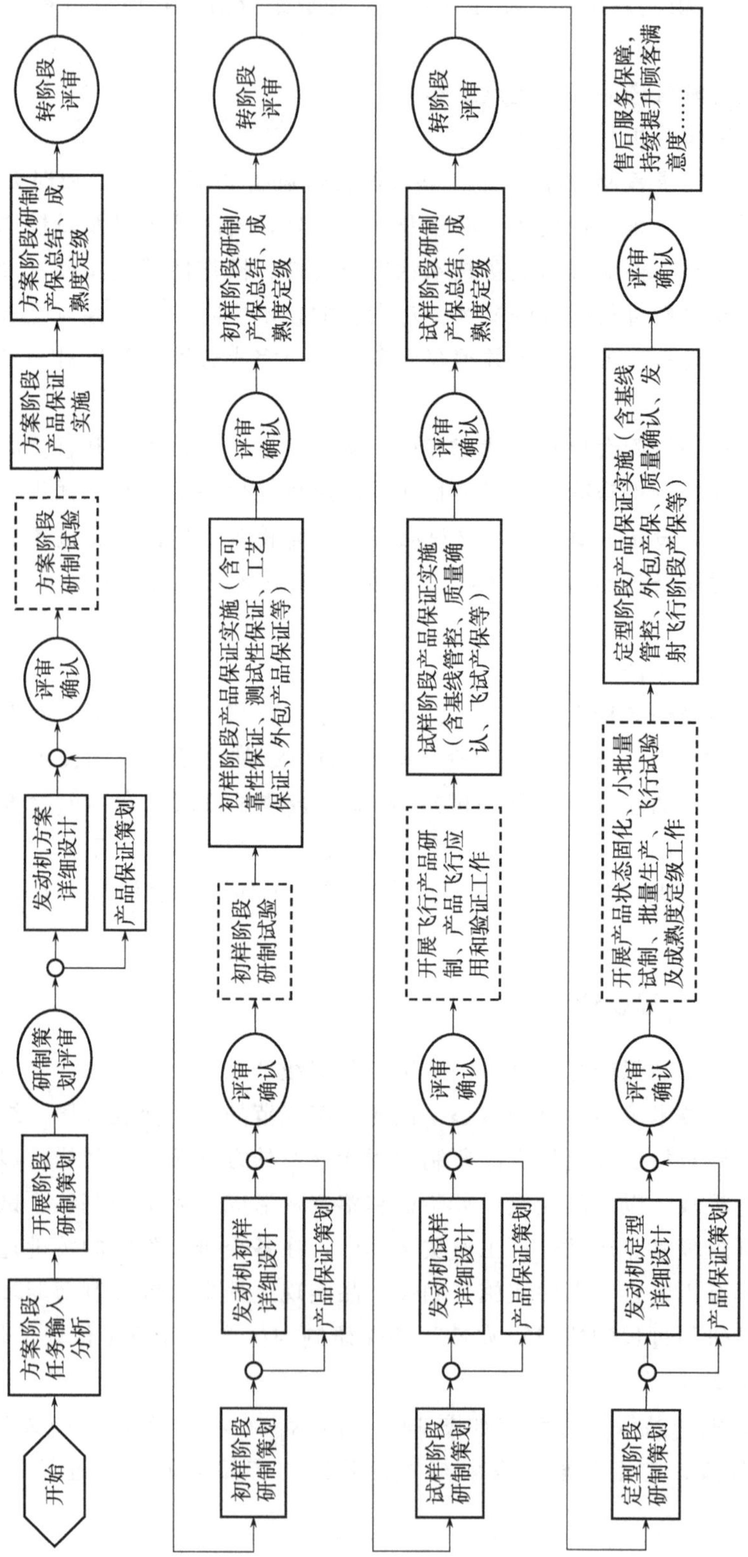

图 14-1　液体火箭发动机产品保证总流程

14.4　流程应用指南

1）根据液体火箭发动机产品研制特点和需要，各项目可据此产品保证总流程细化并制定各研制阶段的产品保证流程，策划与组织开展针对性的产品保证工作，落实精益产品保证要求。

2）在各研制阶段，均应强化正向风险全面识别与精益过程控制工作。风险识别应围绕“九新”风险管理要点，从技术、产品、操作、管理等四个维度（线索）进行全面识别。在各阶段制定详细的控制措施，并在技术文件、管理过程中严格落实控制措施。同时在转阶段、重要试车和发动机产品交付前机制化地开展风险分析与评估，确保风险可接受或制定相关预案后方可转入下一工作流程。

3）对于不包含方案阶段和（或）初样阶段的型号，可将方案阶段和（或）初样阶段进行裁剪；对于裁剪掉初样阶段的情况，需要将相关任务输入要求分析、功能基线确认、发动机技术状态确认、发动机技术要求确立、发动机任务书确定、发动机任务书评审等工作项目纳入试样阶段初期进行。

4）对于各阶段发动机输入文件分析工作，在发动机设计评审前应先开展功能基线确认，确认发动机的技术要求、与外系统的接口类文件是否已经到位，是否具备开展发动机设计评审的条件，明确缺少的输入文件并持续追踪完善到位。

5）发动机及其各级产品的生产基线、试验基线的建立、评审与控制等工作按相关标准执行。在试样阶段产品生产前、试验前完成建立和评审，在生产、试验准备状态评审时进行检查确认。

6）如果评审对应的工作项目被裁剪，则评审项目也一并被裁剪。

7）针对发动机特点，一些不适用的产品保证工作项目，在制定具体发动机产品保证流程时，可进行适当裁剪或整合。

8）相关产品保证文件在满足总体需求和质量管理体系要求的情况下可适当合并或拆分。

9）对于型号总体或用户有特殊要求的发动机，发动机研制工作同时落实型号总体和用户的具体要求。

10）每个研制阶段细化后的产品保证流程，应经过以产品保证经理为组长的审查确认后实施，并纳入产品保证大纲，相关产品保证项目通过产品保证大纲进行逐项详细策划，同时转化为产品保证计划内容，纳入科研生产计划流程予以实施。

14.5　小结

本节对航天液体火箭发动机产品保证总流程进行了梳理，体现了项目研制各阶段产品保证工作重点，突出方案设计阶段方案可行性和方案设计正确性保证工作，初样研制阶段产品详细设计充分性和可靠性保证工作，试样研制阶段技术状态管理和飞行产品质量符合性保证工作，定型阶段关注技术状态固化、批量生产要求等工作，发射与飞行阶段关注技术风险分析与控制、安全性保证等工作。本章为实现与液体火箭发动机型号研制工作的统筹策划、统筹部署和安排，将产品保证工作项目有效融入型号研制流程中，确保了研制过程的严谨规范、产品保证工作的充分有效，有力地指导了各个阶段具体产品保证工作的实施。

第15章 方案阶段发动机产品保证流程

15.1 概述

方案阶段作为液体火箭发动机研制全周期的起始阶段，往往是风险发生频率最高、对后续工作影响最大的阶段，需要根据项目自身的任务特点以及发动机研制特点，制定全寿命周期的产品保证策划，用以指导后续产品保证工作。在方案阶段开展产品保证工作的目的是确保方案论证充分、风险识别全面且管控有效、关键技术攻关顺利，为后续各阶段顺利研制提供有力支撑。

方案阶段的主要任务是根据产品型谱研究规划、专业发展及总体需求，借助先期预研成果和其他发动机成熟技术，对发动机技术方案可行性、采用新技术可行性及经济性进行论证。依据方案可行性论证结果和相关任务要求，完成发动机系统、总体和配套组件方案设计、仿真分析、工艺攻关及产品研制；通过配套组件单项试验、相关组件联试、半系统试车、整机系统原理性试车，验证发动机技术方案的合理性和可行性，突破发动机及组件主要核心技术和关键技术。

围绕上述工作任务，本阶段产品保证工作的重点是在对任务要求和风险特点进行充分分析的基础上开展项目全寿命周期的产品保证策划，建立能够有效支持项目实施的产品保证组织和队伍，清理适用、有效的产品保证标准规范，制定配套的产品保证策划文件，准备相应的产品保证技术和资源，为后续各阶段顺利研制做好充分的准备。

15.2 依据文件

方案阶段产品保证工作流程设计主要依据液体火箭发动机产品保证总流程、液体火箭发动机产品保证通用要求、液体火箭发动机通用研制技术流程，以及任务总体输入的产品保证要求，上级主管部门的产品保证有关制度和要求，发动机研制合同、方案阶段设计任务书等。

15.3 方案阶段产品保证流程

15.3.1 方案阶段产品保证重点工作

（1）方案阶段产品保证目标

1）发动机需求分析正确，方案论证与分析充分，指标分配合理，结构方案设计正确。

2）发动机产品保证组织建设和资源条件策划工作充分到位。成立各个工作小组，进行工作分解和布置，并开展必要的培训，队伍完成思想和知识的准备。

3）发动机产品保证要求明确，产品保证文件体系有效建立。

4）重要外协外包单机产品的产品保证要求明确，执行规范。

5）通过产品保证活动将发动机技术风险控制在可接受范围内，确保各级产品验证充分有效。

（2）方案阶段产品保证重点工作

1）依据任务总体输入的产品保证要求，对任务要求和风险特点进行充分分析，开展项目全寿命周期产品保证策划。

2）重点细化策划方案阶段产品保证工作，形成方案阶段产品保证大纲和产品保证计划，提出下一级产品保证要求，包括外包外协产品保证要求，确保全流程开展产品保证工作。

3）建立发动机产品保证工作体系，组建能够有效支持项目实施的产品保证组织和队伍，明确各单位产品保证责任，并实施产品保证培训，确保产品保证队伍有效履责。

4）开展多方案论证比较和优化设计，对优选的方案进行详细设计，经专家评审后实施。

5）加强技术统筹和技术经济性分析，强化基于型谱和货架产品选用的方案设计，优先采用国产化原材料、元器件等产品；形成货架产品选用分析报告，并经过评审确认后实施。

6）针对发动机任务特点、工作环境、“九新”项目及风险等进行深入分析，制定风险防控措施，并落实于设计文件、工艺文件和研制过程中。

7）开展产品实现工艺详细设计，形成工艺方案和细化、量化、规范的工艺文件。

8）对产品保证资源能力进行分析，筹划重要的、特殊的产品保证资源，确保核心产品设计验证所需关键资源到位。

9）对采用成熟技术地面验证的充分性、沿用成熟产品鉴定状态的符合性、承担研制任务相关单位的产品保证能力等进行分析确认，对不满足要求的项目实施改进。

10）开展核心技术、关键技术梳理并实施攻关验证，对攻关结果及攻关彻底性进行评审确认，保证技术路径可行。

11）完成组件、半系统、整机系统原理性试验、试车验证和结果评估确认。

12）完成方案阶段研制总结和产品保证总结，完成转初样阶段评审和1级产品成熟度认定。

15.3.2 方案阶段产品保证流程设计

发动机方案阶段产品保证流程在第14章发动机产品保证总流程的基础上，根据不同发动机的工作特点进行细化完善及适应性改进，制定出适用于产品特点的方案阶段产品保证工作流程图（见图15-1），作为该阶段产品保证工作的重要依据。

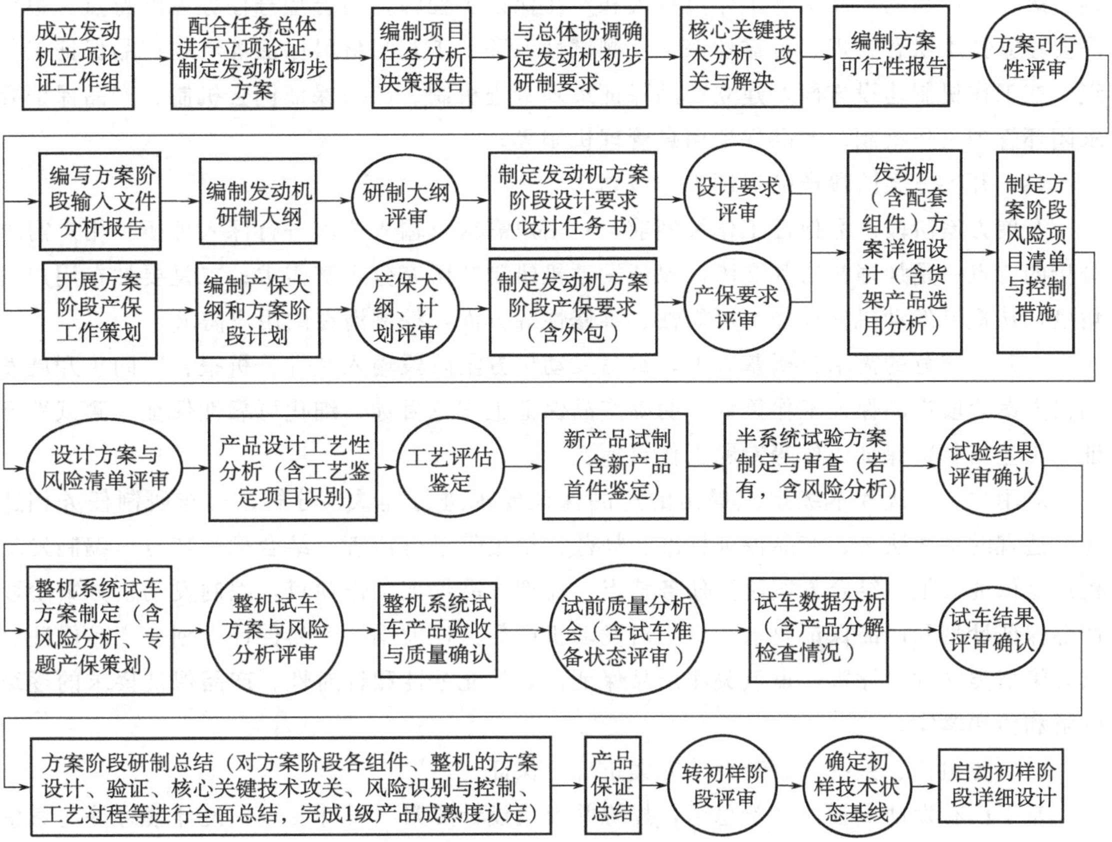

图 15－1　方案阶段产品保证流程

（1）关键技术攻关与方案深化论证

根据上级、用户、总体等相关方的研制总策划以及发动机自身研制需要，可在方案阶段前期开展关键技术攻关与方案深化论证。

关键技术攻关与方案深化论证主要是对发动机设计输入要求进行分析，确认输入要求的完备性及合理性，并与总体进行技术协调。审查总体对发动机方案设计要求文件的完备性、协调一致性和合理性，明确功能基线。

关键技术攻关与方案深化论证应对发动机产品设计、生产及试验等实现过程进行策划。对发动机研制工作进行梳理与策划，明确发动机总体方案、研制工作项目和计划、关键技术及攻关途径、设计评审、新技术新材料新工艺的应用和风险控制要求等。对发动机研制大纲和产品实现策划进行评审，确认工作策划的充分性和合理性。

（2）建立产品保证工作体系和工作机制

方案阶段产品保证工作的首要任务就是建立发动机产品保证工作体系与机制，在此基础上，开展发动机方案阶段的产品保证策划，并为后续工程研制工作的开展进行产品保证技术、资源、能力建设等各方面的准备工作。

发动机方案阶段研制启动后，建立以发动机产品保证经理为核心的产品保证队伍，明确各级各类产品的产品保证工作负责人和产品保证工程师，结合型号任务风险特点，根据需要建立技术状态管理、可靠性保证、测试性保证、工艺与材料保证等专题产品保证工作组。在工作机制建设方面，建立产品保证策划审查机制、产品保证例会机制、产品保证要求闭环管理工作机制、产品保证信息管理机制等。

(3) 开展方案阶段产品保证工作策划

开展方案阶段产品保证工作策划前，对用户需求及输入要求进行深入分析。用户需求分析的要点一是加强沟通和交流，保证发动机研制队伍充分理解需求；二是要站在用户的角度，从提升发动机的性能、可靠性、维修性等方面，挖掘潜在的用户需求。

在开展充分的需求分析基础上，编写发动机方案阶段输入文件分析报告，同步开展发动机方案阶段产品保证工作策划，明确产品保证工作总目标，细化可靠性保证、测试性保证、工艺与材料保证工作等专题工作目标。

对用户、上级和本级组织提出的产品保证要求进行确认、分解，对与研制任务相适应、适宜的法律法规、产品保证标准、规范、规定等进行清理。结合型号特点，编制发动机产品保证大纲；结合方案阶段任务特点，梳理产品保证工作项目，编制发动机方案阶段产品保证计划和产品保证要求。组织对发动机产品保证大纲、产品保证计划、产品保证要求等策划类文件的评审，重点关注产品保证计划的充分性和针对性、产品保证要求的逐级分解和传递落实。

(4) 各组件、系统、总装设计方案正确性保证

基于已有发动机设计经验总结，提炼并形成设计要素、设计要点、设计禁忌等注意事项，纳入产品保证要求和产品保证工作程序。在方案设计过程中，利用检查单、确认表、评审会等形式，对重点事项的落实情况进行检查确认，保证设计方案的正确性。

在方案阶段，鼓励进行多方案设计和比较，通过设计评审和比对，从需求满足情况、技术实现情况、方案先进性等多个角度对设计方案进行综合评价，选出最优方案。

在发动机方案阶段应尽量选用通用、成熟产品，以降低技术难度和风险。要贯彻产品化要求，开展型谱建设，优先选用货架产品、型谱产品。在选用过程中应关注被选用产品的适应性分析，特别是产品的许用环境与应用环境的符合性、产品的技术指标与应用要求的符合性等，开展专题分析和评审确认。

根据发动机研制任务书及总体相关要求，结合发动机系统和总体方案论证结果，协商确定发动机系统设计要求、结构设计要求、电气系统设计要求、软件设计要求或任务书等输入文件，其中发动机系统和结构设计要求必须进行评审。

根据发动机系统和结构设计要求等输入依据，开展各组件的方案论证及详细设计，通过强度、流场、传热等仿真分析确认结构方案，应满足设计输入的要求。若发动机含有软件产品，应按照有关要求，实施软件工程化管理。

发动机研制过程应规范开展工艺工作。严格开展设计文件的工艺性审查，提升产品的可制造性。系统策划全流程和各阶段的工艺工作，开展工艺攻关、工艺鉴定、工艺状态控制、工艺技术风险分析与控制等工作。按要求开展工艺选用，严格控制限用工艺，不得选

用禁用工艺。

在发动机方案阶段，应根据有关标准要求策划试验项目，形成试验验证矩阵，策划结果应反映在研制大纲及产品保证计划中，并据此开展组件级、系统级试验和试验结果确认。

在方案详细设计工作完成后，逐级开展方案设计评审。评审需组织同行专家对方案设计的正确性、合理性、可行性进行审查确认，系统级方案设计和重要分系统级方案设计评审应邀请任务总体和用户参加。

（5）风险识别与控制

发动机方案阶段产品保证工作的重点是风险的有效识别与控制。在开展详细方案设计时要组织充分识别风险项目并制定控制措施，编制发动机技术风险项目清单、技术风险项目控制检查表、高等级技术风险项目控制表，并机制化地实施动态管理。

应对影响产品质量和任务目标实现的技术风险进行全面识别和梳理，对于每项已知风险，评估其发生的可能性和后果的严重性，确定风险评估指数和风险等级，形成技术风险项目清单。

各级产品承研单位应根据技术风险项目清单，在型号制定的风险评估点总结技术风险控制情况，完成技术风险控制检查表。

对于高等级的技术风险项目，各级产品承研单位应建立独立的高等级技术风险项目控制表，全面描述风险项目相关各项信息，产品保证队伍及时跟踪与监督高风险等级的技术风险项目控制过程，确保风险管控有效。

（6）试车方案与风险分析

在方案阶段，应尽快确定发动机联试、整机系统协调性试车等大型地面研制试车的产品状态、试验要求、试验流程、试车时序、测量、试后处理方案、应急预案等，制定试车方案并进行评审确认。

针对方案阶段大型研制试车，应制定产品保证专题计划并开展专题风险分析与控制工作。专题计划要围绕某次试车，从设计图样下厂到试车结果分析评审，制定整个寿命周期的所有产品保证工作项目，并在试车结果分析评审会上对专题计划各工作项目的完成情况进行评审确认。

（7）研制总结及转阶段

作为发动机方案阶段完成的标志，研制单位要组织开展各级产品转初样研制阶段评审工作。评审应逐级实施，自下而上对组件、单机和整机系统分别开展。转初样研制阶段评审的重点工作是对方案阶段工作完成情况、关键技术攻关工作完成情况进行审查确认。

对发动机方案阶段研制工作总结进行评审时要一并对方案阶段产品保证总结进行评审。重点审查产品保证大纲和计划规定的全部产品保证活动开展情况，包括大纲和计划执行情况、质量保证情况、可靠性保证情况、测试性保证情况、工艺与物料保证情况，并对其结果进行分析和评价。对产品的薄弱项目、薄弱环节等进行分析和评价，并对下一阶段产品保证工作重点提出建议。

方案阶段工作的完成标志主要包括：

1）完成方案可行性论证及评审；

2）发动机系统、总体及组件方案经过试验验证，方案确定，且基本满足设计要求；

3）完成发动机整机试车，各组件工作协调，主要性能指标基本满足任务书要求；

4）突破发动机及组件主要核心技术、关键技术；

5）完成原理样机研制，发动机技术方案和状态基本确定；

6）完成异常问题处置，无影响转阶段的技术遗留问题；

7）完成有关技术文件的编写并归档；

8）完成研制工作总结（含产品保证总结）并通过评审；

9）完成发动机1级产品成熟度认定。

15.4 方案阶段产品保证流程应用指南

1）若型号任务输入文件较少，可将发动机方案阶段输入文件分析报告内容合并至发动机方案设计报告，功能基线确认与发动机设计方案评审合并。

2）在设计发动机方案时，各组件设计部门和发动机整机系统设计部门应大力协同，充分考虑发动机关键特性、关键参数及裕度分析要素的落实。

3）核心技术包括原理样机的核心设计、核心工艺、核心材料技术等；关键技术包括原理样机/工程样机的关键设计、关键工艺、关键试验等，需根据型号任务特点对该工作流程进行细化。

4）原则上先进行方案阶段总结评审，再进行转初样阶段后的初样详细设计评审。特殊情况，可将发动机方案阶段总结评审延后，与初样详细设计评审合并进行。

5）如关键技术攻关工作在转初样时仍未完成，应在初样初步设计时对遗留工作进行风险分析，并在初样阶段早期继续进行关键技术攻关工作。待关键技术攻关工作完成后，需对转初样时的遗留工作及风险进行复核并闭环。

6）风险识别应基于“九新”项目，从技术、产品、操作、管理等四个维度（线索）进行全面识别。在方案阶段制定控制措施并严格实施，在转阶段、重要试车和发动机交付前进行风险分析与评估，确保风险可接受或制定相关预案后方可转入下一工作流程。

7）方案阶段转入初样阶段研制时，若发动机方案有较大更改或产品配置有变化，则在转初样评审前应开展专题分析与审查。必要时，应参考技术状态更改评审相关要求进行评审。

8）原则上在方案阶段需编制发动机产品保证大纲、产品保证计划和产品保证要求，且产品保证计划需纳入科研管理计划管理，以确保落实。

9）流程图展现了各工作项目之间的串行或并行关系，对于串行的各工作项目可提前策划、启动，但其完成时机应按串行关系执行，强化前一流程完成方可进入下一流程的质量保证关系；通过关键控制点的过程控制，对之前工作项目完成情况进行监督、检查和把关，以符合产品保证要求。

15.5　小结

本章主要从流程图和重点工作项目两个维度详细阐述了发动机方案阶段的产品保证流程，由发动机产品保证经理牵头，可结合发动机型号特点，落实精益产品保证要求，将产品保证工作策划、产品保证要素覆盖性、技术风险识别与控制、精益过程控制、工艺选用与鉴定、关键技术攻关等工作项目纳入其中，根据发动机产品保证工作流程和产品保证大纲要求，转化为产品保证计划，指导发动机研制队伍高质量地完成各项产品保证工作，保证方案阶段研制任务圆满完成。

第 16 章　初样阶段发动机产品保证流程

16.1　概述

初样阶段主要任务是在方案阶段研制工作的基础上，完成发动机系统及各组件初样设计、仿真分析、工艺攻关及产品研制，按飞行条件完成关键组件功能和性能试验、发动机半系统联试、整机方案匹配性和协调性试车、裕度试车、可靠性验证试车、环境适应性验证试验等，充分暴露设计、生产、试验方面的薄弱环节并逐步迭代改进，彻底解决发动机及各组件的技术问题，全面突破发动机及组件关键技术，发动机主要功能和性能指标满足要求，确定发动机试样技术状态基线。

围绕上述工作任务，本阶段产品保证工作的重点是确保发动机系统及各组件设计方案正确，试验策划充分、验证有效，薄弱环节充分暴露并改进，最终确定发动机试样技术状态基线。

16.2　依据文件

初样阶段产品保证工作的流程设计主要依据液体火箭发动机产品保证总流程、液体火箭发动机产品保证通用要求、液体火箭发动机通用研制技术流程，以及任务总体输入的产品保证要求，上级主管部门的产品保证有关制度和要求，发动机研制合同、初样阶段设计任务书等。

16.3　初样阶段产品保证流程

16.3.1　初样阶段产品保证重点工作

（1）初样阶段产品保证目标

1）以通用质量特性保证为重点的发动机及各组件初样设计方案正确、确认有效。

2）发动机及各组件设计、生产、试验等风险识别充分，控制措施有效。

3）以通用质量特性保证为重点的发动机及各组件试验方案可行、数据可信、验证充分。

4）发动机及组件关键技术全面突破，发动机试样技术状态基线确定。

（2）初样阶段产品保证重点工作

1）进一步健全产品保证组织、队伍和产品保证信息系统。

2）完成初样阶段方案详细设计，经评审确认后实施。

3）系统、全面开展技术风险分析与控制工作，风险控制措施要验证到位，并有明确的结论。

4）进一步深化产品保证工作策划，修订产品保证大纲、产品保证要求，制定初样阶段产品保证计划。

5）组织建立产品设计验证矩阵，制定产品鉴定状态清单。

6）组织开展可靠性安全性设计及分析工作，确定关键项目及其控制措施，完成组件、发动机整机可靠性试验（含环境适应性试验）验证与评估。

7）开展发动机热标（工艺）试车、整机试验等，完成整机试验结果确认，确定试样技术状态基线。

8）完成初样研制总结和产品保证总结，完成转试样阶段评审和 2 级产品成熟度认定。

16.3.2　初样阶段产品保证流程设计

发动机初样阶段产品保证工作流程图在第 14 章产品保证总流程基础上，根据不同发动机的工作特点进行细化完善及适应性改进，制定出适用于产品特点的初样阶段产品保证流程（见图 16 - 1），作为该阶段产品保证工作的重要依据。

发动机进入初样阶段后，重点产品保证流程项目包括：

（1）确定初样技术状态基线

根据方案阶段研制情况，与总体协调沟通，对发动机初样设计输入要求进行分析，形成发动机初样阶段研制任务书等输入文件分析报告，并对其进行评审，审查发动机初样阶段输入要求文件的完备性、协调一致性和合理性，明确发动机初样技术状态基线。当发动机有软件时，要明确软件技术状态基线。

（2）发动机初样详细设计及评审确认

在方案阶段试验验证的基础上，根据发动机初样研制任务书，开展发动机系统和总体方案改进与优化设计，优化各组件设计参数和起动参数；开展发动机总体方案改进及优化设计，完善发动机总体布局和数字模型，优化组件外廓结构及对外接口要求；根据试验验证结果完善仿真模型。完成发动机初样详细设计后，形成发动机初样方案设计报告，对方案设计报告进行评审，确保设计方案的正确性及合理性。

设计完成后，根据需要组织专家对发动机方案、关键参数及裕度等进行复核复算，进一步确认其实现情况。

（3）修订或编制发动机研制策划文件

依据发动机初样输入文件分析报告、发动机方案设计报告等，修订或编制发动机产品实现策划报告、发动机研制大纲、数字化大纲、六性大纲（包含可靠性大纲、安全性大纲、环境适应性大纲、测试性大纲、维修性大纲、保障性大纲）及软件策划（必要时），并对策划的全面性和合理性进行确认。如无特殊要求，六性大纲可包含在产品保证大纲中。

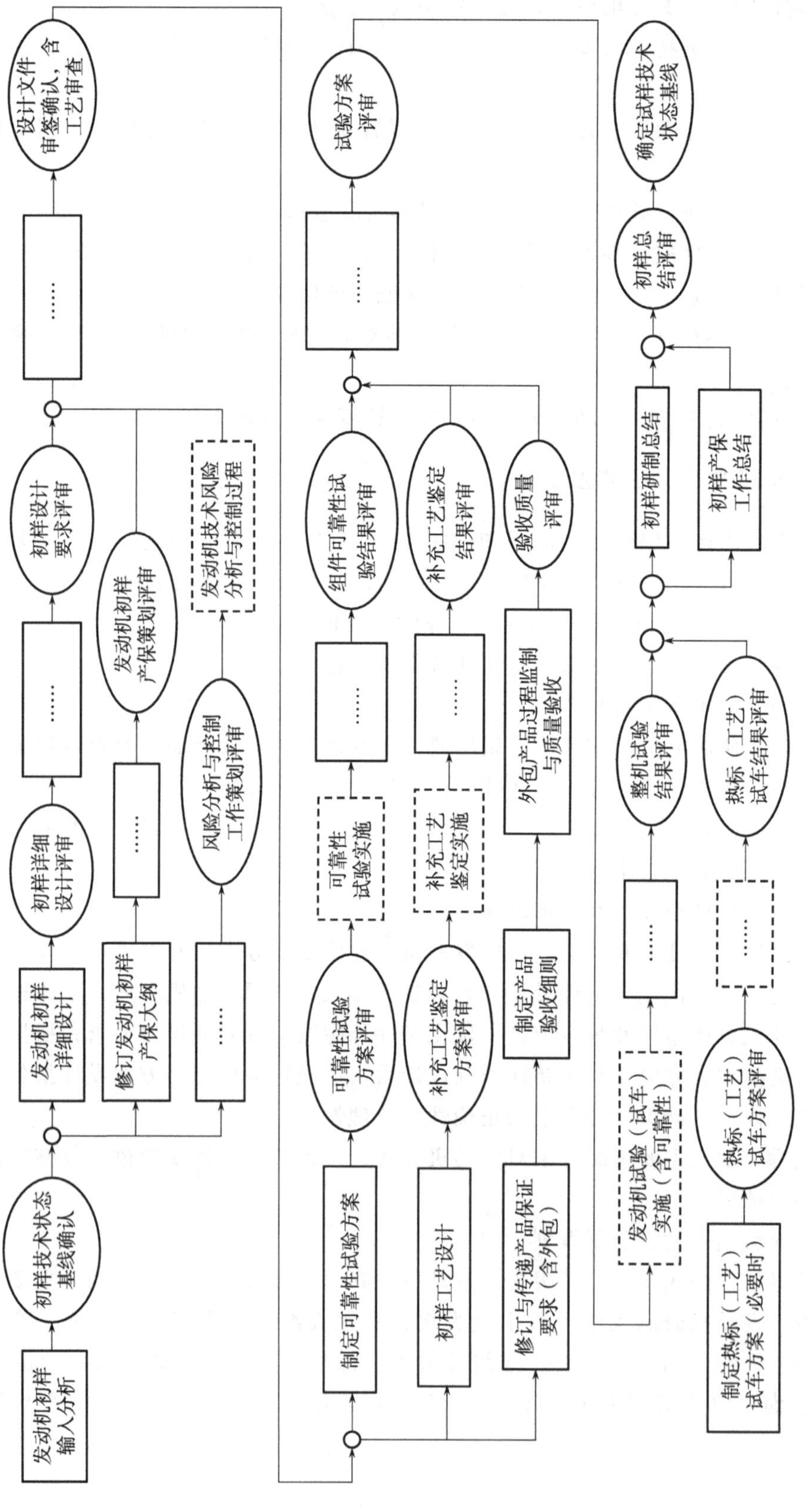

图 16-1　初样阶段研制技术流程图

（4）修订发动机产品保证策划文件

修订发动机初样阶段产品保证大纲。在方案阶段已经制定发动机产品保证大纲的基础上，依据用户的产品保证要求对产品保证目标、产品保证队伍分工、产品保证工作项目等内容进行修订完善。修订时产品保证专业技术支撑机构（如可靠性保证中心、测试性保证中心）应给予规范和方法指导。根据初样阶段产品保证大纲、上一级产品承研单位的产品保证要求及初样阶段产品保证流程，制定发动机初样阶段产品保证计划。根据需要制定产品保证专题计划，如评审专题计划、试验专题计划、可靠性保证专题计划等。根据发动机初样产品保证大纲，修订或制定产品保证要求（含外包），并监督其执行和落实。

（5）发动机技术风险分析与控制工作策划

对标发动机初样研制任务书要求，根据发动机初样系统方案设计和发动机总体方案设计报告的论证结果，对发动机初样阶段存在的技术风险分析及控制工作进行策划，明确初样阶段技术风险分析与控制工作项目，制定发动机初样技术风险分析与控制实施方案，并建立技术风险及控制措施清单。对策划结果进行评审，确认发动机初样技术风险分析与控制工作策划的充分性。

（6）发动机初样设计要求的完善及评审

根据发动机初样系统和总体方案设计报告等，修订和完善发动机系统设计要求、结构设计要求、电气系统设计要求、软件设计要求（必要时）、外包产品保证要求、地面设备任务书等输入文件，并对初样设计要求进行评审，以确保设计指标分配的合理性和准确性。

（7）组件初样结构详细设计及审查确认

根据发动机系统和结构设计要求等输入文件，开展发动机配套各产品（如推力室、涡轮泵、阀门等）方案改进或优化设计，通过强度、流场、传热等仿真分析优化设计方案，以满足设计输入要求。若发动机含有软件产品，开展软件改进及优化，并实施软件工程化管理；组件设计完成后，根据需要开展设计方案评审和必要的复核复算，确认设计的正确性及合理性。

（8）制订或修订发动机初样产品保证过程类文件

这类文件主要包括发动机产品保证“四清单”（技术风险项目清单、产品技术状态控制清单、产品各级项目评审控制清单、产品关键环节及量化控制清单）、不合格清单、外协外包产品保证要求落实清单、现场/实物检查记录清单、产品保证预警信息及跟踪清单等。

制定发动机初样产品保证“四清单”，要依据发动机初样阶段方案报告、初样技术状态基线报告等进行。制定技术风险清单时，要关注方案阶段遗留的风险，此外要关注由于技术状态变化引发的高、中风险项目；制定技术状态控制清单时，要关注相比于初样技术状态基线发生的更改项目，尤其是Ⅰ类和Ⅱ类更改要形成技术状态更改论证报告，对更改的必要性、更改验证方案进行评审确认，对更改验证结果进行评审，确认验证的充分性。

（9）修订或编制发动机初样阶段图样和技术文件

根据发动机详细设计结果，修订或编制发动机图样等技术文件，明确发动机装配、试验及试车工作要求；根据组件详细设计结果，再修订或编制组件图样（或标注完整的三维模型）和技术条件，明确生产、试验及验收等技术要求；对这些文件进行工艺性审查，提出产品设计工艺性改进意见，确保各项要求具备操作性和实现性。

(10) 发动机工艺方案改进、攻关及结果确认

生产单位在方案阶段发动机工艺方案的基础上，根据发动机（含组件）初样阶段的图样及技术文件，开展发动机（含组件）工艺方案改进及优化，对关键工艺项目进行工艺攻关及试验验证，形成发动机工艺总方案报告，对关键工序和需要鉴定的工艺方案进行评审；完成新技术、新材料、新工艺等产品应用研究，解决发动机应用中出现的问题，明确新材料、新技术及新工艺的应用边界，对需要补充鉴定的工艺完成工艺鉴定后实施，形成工艺鉴定工作总结分析报告，承研单位组织专家对工艺鉴定结果进行评审确认，检查是否满足要求，是否能够保证后续生产试验顺利完成；根据初样产品需求，完成产品研制生产。

(11) 发动机（含组件）试验策划、验证及结果确认

根据发动机初样阶段研制大纲及总体技术要求，依次开展组件试验、发动机（半系统）试验及整机试验验证。

在本阶段，首先要开展组件性能试验、裕度试验、力学环境试验、可靠性试验等，充分暴露其薄弱环节，确定其技术状态。对试验方案、试验大纲及试验结果等进行评审确认，确保试验验证的有效性。其次，开展发动机（半系统）联试试验，对发动机匹配协调性等进行试验验证，并对（半系统）试验方案、试验大纲及试验结果等进行评审确认，确保试验风险可控、验证充分。最后，对发动机整机开展拉偏工况、极限工况、环境适应性、可靠性等试验验证，全面验证发动机在稳态工况和各种极限工况下的性能、工作边界、环境适应性等，该过程中要对发动机整机试验方案、试验大纲及试验结果等进行评审确认，确保试验风险可控、验证充分。

(12) 发动机初样研制总结

初样阶段研制完成后，对发动机初样设计及试验验证情况进行总结，形成发动机初样研制总结报告；对发动机初样生产工艺进行总结，形成生产工艺总结报告；依据发动机技术风险项目清单及控制检查表、单点故障模式清单及控制表执行情况，对技术风险分析与控制情况进行总结，对残余风险进行影响分析，形成发动机初样技术风险分析与控制总结报告（可合并在发动机初样研制总结报告中）。

在转试样阶段工作总结时，对本阶段产品保证大纲和产品保证计划规定的产品保证活动的开展情况以及其结果进行分析、评价和总结，形成发动机初样阶段产品保证总结。

对上述研制总结报告进行评审，审查发动机初样阶段工作完成情况，确定是否能转入试样阶段。

(13) 发动机试样技术状态基线确认

初样阶段研制完成后，根据试验验证情况对发动机技术状态基线进行固化，形成发动机试样技术状态基线。

16.4　初样阶段产品保证流程应用指南

1）对于从初样阶段开始研制的情况，在技术风险可控的前提下，允许将发动机初样详细方案设计工作向前合并至发动机转初样阶段工作，同步确定初样研制基线。

2）由方案阶段转入初样阶段研制时，如发动机方案有较大更改或产品配置有变化，则在转初样评审前，需开展专题分析确认。必要时，应按照技术状态更改评审程序要求进行评审。

3）在方案阶段发动机产品保证大纲、计划和要求的基础上，根据初样阶段输入要求和实际研制工作，修订并更新产品保证大纲、产品保证要求，制定初样阶段产品保证计划。

4）不管方案阶段是否编制发动机产品保证“四清单”，都应根据初样阶段研制工作重新编制本阶段发动机产品保证“四清单”。

5）在详细设计发动机初样时，要落实可靠性保证、安全性保证、测试性保证等通用质量特性保证要素，可根据需要形成专项报告。

6）原则上，应在初样阶段完成通用质量特性保证工作策划、实施与结果评估，特别是可靠性保证工作。因特殊情况无法完成的，应投入资源保证在试样阶段初期完成，以尽早确定试样阶段技术状态和交付产品生产基线。

7）在发动机初样详细设计时，开展发动机 FME（C）A 分析过程中，可靠性保证工程师应给予标准规范上的指导，并对工作落实情况进行审查。

8）若型号及总体要求需要开展软件产品保证时，软件产品保证师需要对软件的策划、接口、设计任务书、功能基线、验收等进行审查，同时需在初样研制总结评审时对软件初样研制工作进行验收，确定软件初样最终状态。

9）若在转试样阶段前的组件试验、发动机试车等过程中发生质量问题，应将问题解决或归零后，方可转入试样研制阶段。

16.5　小结

本章主要从流程图和工作项目两个维度详细阐述了发动机初样阶段的产品保证流程，由发动机产品保证经理牵头，可结合发动机型号特点，落实精益产品保证要求，将产品保证工作策划、产品保证要素覆盖性、技术风险识别与控制、精益过程控制、试验充分性覆盖性分析、“九新”分析等工作项目纳入其中，根据发动机产品保证工作流程和产品保证大纲要求，转化为产品保证计划，指导发动机研制队伍高质量完成各项产品保证工作，保证初样阶段研制任务圆满完成。

第 17 章　试样阶段发动机产品保证流程

17.1　概述

试样阶段是在初样阶段研制工作的基础上，进一步实施产品研制和验证。通过充分的地面试车考核，进一步暴露设计、生产、试验方面的薄弱环节并逐步迭代改进，完善设计，确定技术状态，建立交付产品的生产基线、试验基线；通过关键组件和整机级的性能和可靠性鉴定试验、系统测试或联试试验，验证发动机性能、结构可靠性及其功能是否满足研制要求。结合发动机产品保证大纲，产品保证通用要求以及研制任务风险，保证交付总体的发动机产品无质量隐患、无影响使用的遗留问题，技术指标满足总体要求；参加任务总体测试期间全过程质量受控、技术状态受控；发射场工作“零缺陷、零故障、零疑点”；保证最终执行飞行任务圆满成功。

17.2　依据文件

试样阶段产品保证流程的主要依据文件是发动机研制大纲、液体火箭发动机产品保证通用要求、发动机产品保证大纲、初样阶段研制总结和产品保证总结、总体下发的设计要求和产品保证要求、上级主管部门的产品保证有关制度和标准要求等。

17.3　试样阶段产品保证流程

17.3.1　试样阶段产品保证重点工作

（1）试样阶段产品保证目标

1）充分考核发动机极限边界工况、验证飞行力热环境适应性、确定发动机生产、试验基线；

2）保证飞行状态产品技术风险识别全面，应对措施全面有效；

3）完成发动机可靠性、安全性、环境适应性等通用质量特性工作结果最终评估；

4）保证外包产品的质量控制全面可追溯；

5）发动机试车、外场测试和发射场全系统总检查数据判读及时、准确，参加飞行试验零故障；

6）为转入定型阶段工作做准备，确保产品质量的一致性和稳定性。

(2) 试样阶段产品保证重点工作

试样阶段细分为飞行产品研制阶段、产品飞行应用和验证阶段两个阶段。

飞行产品研制阶段在初样阶段研制工作的基础上，进一步实施产品研制和验证。通过充分的地面试车考核，进一步暴露设计、生产、试验方面的薄弱环节并逐步迭代改进，完善设计，建立生产、试验基线；通过关键组件和系统级的鉴定试验、发动机系统试验及全箭试验，验证发动机性能、结构可靠性及其功能是否满足研制要求，发动机产品是否可以用于飞行试验任务。发动机产品成熟度达到 3 级要求。

产品飞行应用和验证阶段是在飞行产品研制阶段工作的基础上，完成飞行产品的生产、试验及交付，并通过抽检试车和验收试车考核；完成发射任务测试，并经过 1 次成功飞行试验任务考核，验证发动机性能、结构可靠性及环境适应性，证明发动机产品性能满足任务飞行应用要求。发动机产品成熟度达到 4 级要求。在产品一次飞行考核工作的基础上，又经过 3 次（含）以上成功飞行试验任务考核，进一步通过迭代改进完善设计，完成发动机性能验证试验考核、寿命试验考核等，证明发动机性能和可靠性指标满足技术要求。发动机产品成熟度达到 5 级要求。

试样阶段产品保证工作以充分考核发动机极限边界工况、验证飞行任务剖面、保证飞行任务成功为目标，确定发动机生产基线、试验基线；保证发动机测试覆盖性；产品技术状态受控；生产试验过程记录完整、准确、可追溯；发动机试车、外场测试和发射场全系统总检查数据判读及时、准确；满足飞行试验发动机零故障目标；使发动机成熟度达到既定目标开展相关产品保证工作。

17.3.2　试样阶段产品保证流程设计

根据试样阶段细分的两个阶段，分别设计了发动机飞行产品研制阶段（见图 17－1）、产品飞行应用和验证阶段的产品保证流程（见图 17－2）。这两个流程的工作为通用产品保证流程，不同发动机可根据自身特点对部分流程进行增补或删减，但产品保证流程中的质量控制点原则上均应保留，作为产品保证工作的重要流程节点予以实施。

试样阶段产品保证流程将发动机研制和飞行应用阶段的复杂产品保证过程分解为工作要素，并按研制先后顺序进行流程化，保证在这一阶段的所有要素得以正确执行。试样飞行产品研制阶段产品保证工作流程重点工作如下：

1）转入试样后，首先根据该阶段总体输入，组织开展发动机试样输入分析，进行发动机试样功能基线确认，形成分析报告，审查总体对发动机试样输入要求的完备性、协调一致性和合理性。在这项工作中，产品保证部门负责组织专家审查或评审总体对发动机试样的输入要求。

2）随后，开展发动机通用质量特性分析和设计工作。依据发动机试样、初样技术状态差异及其影响域分析，开展发动机通用质量特性设计与分析，并对试样阶段工作进行策划，修订发动机研制大纲、产品保证大纲、产品保证要求和“四清单”，制定试样阶段产品保证计划，完成试样产品保证策划评审。

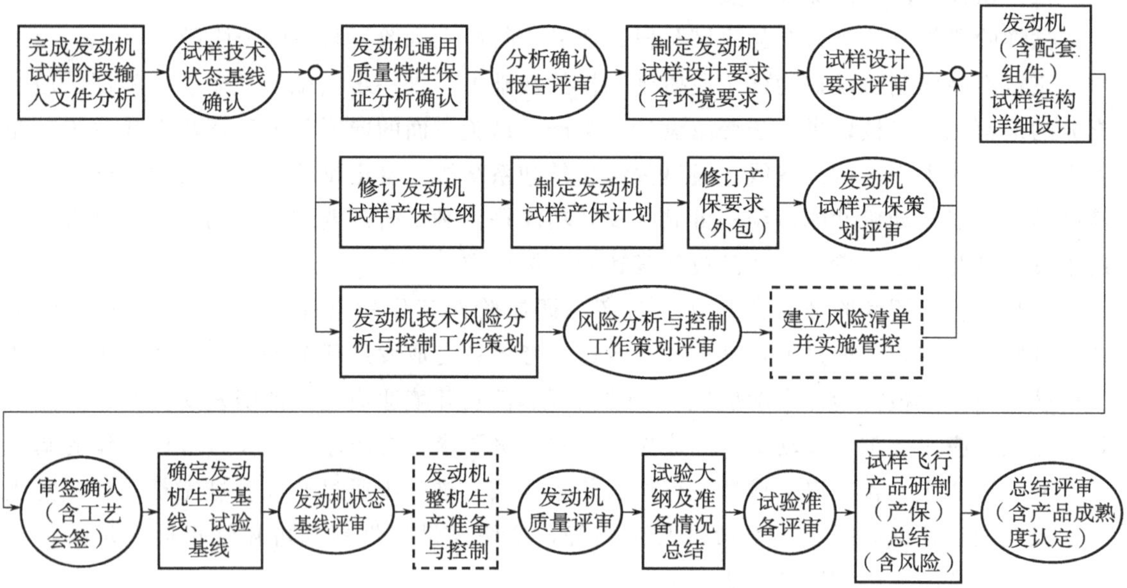

图 17－1　试样飞行产品研制阶段产品保证流程图

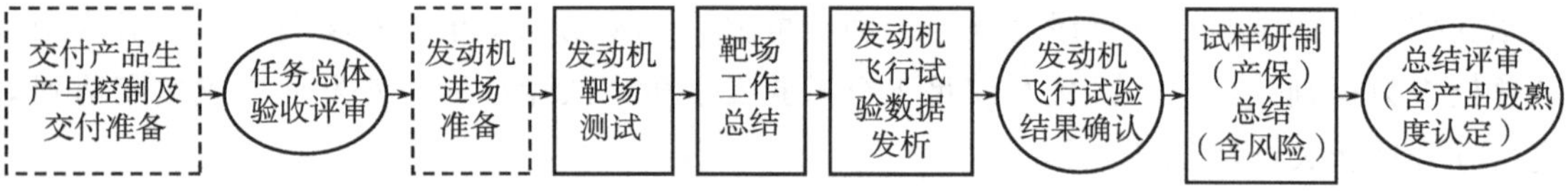

图 17－2　试样产品飞行应用和验证阶段产品保证流程

3）试样详细设计完成后，在设计方面，通过审查发动机试样详细设计，明确设计文件基线。试样设计要求完成后，结合总体输入，对各组件试样设计要求和环境试验要求等文件进行评审，确认其内容的合理性及工作任务剖面适应性。这些工作可与环境适应性、接口一致性、关键特性、测试覆盖性等工作一起集中评审。

修订外包产品保证要求：修订外包产品保证要求时，根据发动机产品保证大纲、外包/关键组件试样设计要求、验收要求等文件，结合外包/关键组件特点，组织修订外包/关键组件产品保证要求，形成试样阶段外包/关键组件产品保证要求。尤其要关注电爆管、火花塞、电子元器件、软管、轴承、外协工序等环节的外包产品保证要求，通过监造、验收等确保要求得到落实。

4）持续开展发动机试样阶段技术风险分析与控制工作策划。明确试样阶段技术风险分析与控制工作项目，制定发动机试样技术风险分析及控制实施方案，并建立发动机技术风险及控制措施清单。对发动机试样技术风险分析及控制实施方案进行评审，确认发动机试样技术风险分析与控制工作策划的充分性。

5）建立与实施发动机生产基线。按照有关标准，针对交付发动机产品，在生产前，建立发动机生产基线，并开展生产前的生产准备状态评审，评审生产准备报告，对试样产品生产所依据的设计文件、工艺文件、生产设备、关键工序的人员资质、生产环境、加工和检验工具以及鉴定产品研制过程中的不合格和待办事项完成情况等进行确认。

在试样阶段生产过程中产品保证需要重点检查工艺保证、三单落实情况，多媒体记录、多余物预防与控制，外包管理、关重件、关键过程、特殊过程、数据包建立情况，不可检不可测项目控制、原材料元器件质量控制情况，质量归零及举一反三等落实情况。详见第6章和第13章。

在生产过程中产品保证工作的重点是对工艺质量控制情况进行检查，主要包括：

a）检查工艺状态是否按照工艺状态基线进行统计，工艺更改是否按照标准要求进行控制；

b）发动机关键工艺参数满足情况，生产过程中工艺异常处理的正确性，部组件无损检测和探伤处理的合格情况，生产环境的控制情况；

c）检查发动机关键件、重要件和关键工序的质量控制情况；

d）检查发动机特殊过程的质量控制情况，质量控制（记录）卡上记录是否完整；

e）使用禁用、限用工艺情况；

f）检查发动机组件装配和总装关键过程的可测性数据及可追溯性；

g）检查发动机易错、难操作项目质量控制情况。

同时，按有关标准，建立与实施试样阶段发动机试验基线，正式试车试验前组织开展试验准备状态评审，确认确保试车顺利完成的相关要素满足情况。

6）开展发动机出厂技术风险分析工作总结。依据动态更新的发动机技术风险及控制措施清单和发动机Ⅰ、Ⅱ类单点故障模式清单及控制表，对发动机出厂前的技术风险分析与控制情况和单点控制情况进行总结，形成专题报告。对残余风险及其影响进行分析评估，确保出厂产品无影响后续任务成败的残余风险。产品保证部门组织专家对发动机出厂技术风险分析与控制情况和残余风险及其影响分析报告进行评审确认。

发动机出厂产品保证总结：发动机生产试验完成后，交付总体进行出厂评审前，对发动机整个设计、生产、试验过程的产品保证工作进行总结，形成发动机出厂产品保证总结报告。

发动机出厂评审：发动机出厂时，对发动机设计质量分析报告、发动机生产质量报告（实施产品质量确认制验收的，为发动机产品质量确认结论报告）和出厂产品保证总结报告进行评审，形成发动机出厂评审证明书。

7）发动机整机试验方案（大纲）、整机质量评审：发动机整机试验方案（大纲）完成后，对其进行评审，确认其内容的合理性。

8）及时完成质量问题（双）归零评审。出现质量问题时，针对试样阶段出现的质量问题，完成质量问题技术归零、质量问题管理归零，组织专家完成归零评审。

9）飞行产品研制阶段工作结束，完成阶段性研制总结及产品保证总结。

10）在发动机研制总结评审时，同步完成发动机产品3级成熟度认定。

产品飞行应用和验证阶段产品保证流程如图17-2所示，本阶段在飞行产品研制阶段工作的基础上，完成飞行产品的生产、试验及交付，并通过抽检试车和验收试车考核；完成发射任务测试，并经过多次成功飞行试验任务考核，验证发动机性能、结构可靠性及环境适应性，证明发动机产品性能满足任务飞行应用要求。发动机产品成熟度达到 4～5 级要求。

试样飞行应用和验证阶段产品保证工作流程重点工作如下：

1）总体验收评审：总体验收时，根据交付发动机研制总结报告、交付发动机产品保证总结报告、其他验收记录/结论等，完成发动机交付全箭质量验收评审，与总体一起确认发动机质量满足飞行试验情况，形成评审结论证明书。发动机验收主要包括发动机总装厂预验收、交接验收及交付评审三部分。发动机验收评审的主要内容包括：

a）审查发动机交付产品应具备的条件，包括产品质量、有效期、技术状态等与设计要求的符合情况；

b）对产品外观、接口以及与总体对接面的多余物情况等进行检查；

c）负责对产品外观、机械接口、非金属件有效期、工艺件、保护件、相关工艺文件等具体项目进行检验；

d）检查产品研制过程出现的技术质量问题是否已经得到解决，相关措施是否得到落实；

e）对不符合验收要求的不合格项提出处理意见；

f）完成产品质量交接验收表的填写；

g）给出验收结论。

2）发动机飞行试验结果确认：完成飞行试验任务考核和数据分析，产品实际性能满足飞行应用要求；通过多次飞行与验证、飞行数据分析比对，开展产品迭代改进与验证，完善产品技术状态和数据包；开展成功包络分析、薄弱环节治理、可靠性增长和举一反三工作，不断迭代提升产品成熟度。

3）发动机试样产品保证总结：发动机试样研制结束时，根据发动机试样产品保证计划、发动机试样研制过程产品保证工作记录、各组件试样产品保证总结报告等工作内容，对发动机试样阶段产品保证工作进行总结，形成发动机试样产品保证总结报告。试样总结完成后，对发动机试样研制总结报告和产品保证总结报告进行评审，审查发动机试样阶段工作的完成情况。

4）按照相关标准要求开展发动机产品成熟度 4 级和 5 级认定工作。

17.4 试样阶段产品保证流程应用指南

1）发动机试样阶段产品保证流程应结合试样阶段研制大纲和产品保证策划进行。试样研制阶段依据总体要求，对试验验证和测试覆盖性，工艺稳定性，技术状态更改情况，单点故障模式控制的有效性，产品实现过程量化控制情况等方面进行全面分析、审查与控制。

2）发动机试样研制阶段的产品保证工作围绕设计工作，遵循“一切通过总体、一切通过试验”原则，确保总体任务剖面明确、到位，地面验证充分、有效。根据任务特点，产品保证经理组织各级产品保证工程师依据标准要求全面策划系统级专项试验、分系统重点专项试验、可靠性专项评估试验等，确保覆盖全面，各环节、各单机验证充分；充分识别任务的各项环境因素，准确量化环境因素及其不确定度；制定检查要求，将环境影响纳入各分系统的设计和各级试验验证项目中。

3）根据发动机及组件试验过程中暴露的薄弱环节，开展迭代改进，完成可靠性增长及试验验证、举一反三等工作，确定最终生产交付产品状态。

4）在试样研制过程中逐步开展设计、生产、试验基线的建立工作，确保产品交付前生产状态、试验状态固化，生产控制要素、试验控制要素满足要求。

5）通过可靠性验证及鉴定试车、发动机试车等考核，产品功能和性能满足飞行要求。

6）对于首飞等重大飞行任务，以技术风险分析为抓手，加强对关键环节的设计完善。研制队伍保证风险分析全面、系统，分系统和组件产品均充分开展了风险分析工作；除常规“九新”风险，还应重点加强对环境、复杂任务时序导致的设计环节风险分析；风险措施应具有可操作性，产品保证助理负责检查风险措施的开展和闭环管理；风险要阶段性清理，完成回归检查确认。

7）研制队伍联合可靠性保证中心，共同将故障模式与试样设计工作结合，可靠性评估与整机和关键组件试验结合，裕度设计与研制试验、可靠性增长试验结合，完成测试覆盖性和有效性确认。产品保证工程师核查发动机与组件的每一项功能和性能的测试情况，确保测试覆盖分析全面，对Ⅰ、Ⅱ类单点故障模式不可测项目，需提交专题报告或客观证据。

8）交付后，发动机在靶场测试过程中，参试队员对参试产品及地面设备状态及测试过程及结果进行确认，形成参试产品状态确认表（含确认结果）、地面设备状态确认表（含确认结果）、总装、总测及靶场工作记录表（含确认结果），产品保证工程师严格过程检查和风险控制，保证飞行工作的可靠性。

9）飞行产品研制阶段完成后，按照相关标准要求开展发动机产品成熟度 3 级认定工作，与转阶段评审合并开展。经过 1 次成功飞行试验任务考核，验证发动机性能、结构可靠性及环境适应性，证明发动机产品性能满足任务飞行应用要求，发动机产品成熟度达到 4 级要求。经过 3 次（含）以上成功飞行试验任务考核，证明发动机性能和可靠性指标满足技术要求后，发动机产品成熟度达到 5 级要求。

综上所述，试样阶段在建立产品生产/试验基线、技术风险有效识别、关键特性分析充分、产品保证要求得到 100％落实、可靠性、安全性分析全面开展，分析记录完整的情况下，可大幅度提升发动机交付飞行可靠性，达到产品保证的最终目标。

17.5　小结

由于试样阶段持续时间较长，所以从飞行产品研制阶段、产品飞行应用和验证阶段分别梳理了产品保证流程的主要工作。从流程图和工作项目两个维度详细阐述了发动机试样阶段的产品保证流程。试样阶段的产品保证工作，由发动机产品保证经理牵头，结合发动机型号特点，落实产品保证各项要求，将产品保证工作策划、产品保证要素覆盖性、技术风险识别与控制、精益过程控制、试验充分性覆盖性分析、“九新”分析等工作项目嵌入产品保证工作流程。根据发动机产品保证工作流程和产品保证大纲要求，转化为试样阶段产品保证计划，指导发动机研制队伍高质量，完成各项产品保证工作，保证试样研制和飞行任务圆满完成。

第18章　定型阶段发动机产品保证流程

18.1　概述

根据液体火箭发动机产品特点及研制流程要求，为固化产品状态，保证产品批产质量的一致性、稳定性，一般基于产品成熟度，开展产品定型工作，实施转定型阶段评审。转定型阶段后，根据产品类型及用途的不同，产品保证工作略有不同，主要区别在于侧重点不同，但核心均是实现产品状态的固化。定型阶段的主要任务是按照定型阶段研制任务书，根据试样阶段研制情况，开展必要的可靠性增长工作和产品迭代改进，完成发动机状态鉴定工作，固化发动机状态，启动发动机定型批产交付工作；通过精细化落地、生产基线和试验基线产品过程控制等手段，确保产品状态的一致性和质量稳定性。

本章对定型阶段的阶段任务、主要工作内容和重点评审项目进行了说明，明确了定型阶段产品保证流程和工作项目内容，可用于指导定型阶段产品保证工作。

18.2　依据文件

定型阶段产品保证工作开展的依据是国家标准及有关鉴定体系文件，液体火箭发动机产品保证通用要求以及产品保证流程等相关文件，在具体实践中还要依据具体型号的产品保证大纲和产品保证要求等开展工作。

18.3　定型阶段产品保证流程

定型阶段产品保证的目标是固化产品的生产基线、试验基线，确保产品质量的一致性和稳定性。定型阶段细化为产品状态固化阶段、小批量试产阶段、产品批量生产阶段等三个分阶段。

18.3.1　产品状态固化阶段

（1）阶段任务

在试样阶段研制工作的基础上，经过多次飞行试验考核，完成必要的可靠性增长工作和产品迭代改进，满足任务要求和规定的寿命指标要求，通过对产品最终状态的全面评价、认定审核，完成技术状态固化，完成状态鉴定试验。发动机产品成熟度达到6级要求。

(2) 主要工作内容

根据试样阶段的研制情况及飞行试验结果，与任务型号总体协调，确定定型阶段发动机研制任务书和产品保证要求，并对其进行评审；按照定型阶段研制任务书和产品保证要求，修订发动机研制大纲、产品保证大纲、产品保证要求和“四清单”，制定定型阶段产品保证计划，根据发动机定型阶段详细设计结果，完善发动机设计图样和技术文件，并进行工艺性审查，保证发动机技术状态处于稳定、受控状态；优化生产工艺，修订工艺总方案，根据设计文件确定产品的定型工艺技术状态，经充分试验验证和评审后，纳入定型工艺文件；梳理生产所需技术文件，确保产品技术文件完善、齐套，工艺和过程控制文件能保证产品重复、稳定生产，满足状态鉴定要求。

完成发动机批抽检试车及飞行试验，分析试车及飞行试验结果，根据获得的地面和飞行考核数据，更新系统静态、动态特性仿真和产品可靠性评估结果；按要求开展发动机各级产品生产和试验。

针对暴露的问题、薄弱环节等，结合新技术、新工艺、新标准的推广应用，对相关产品持续进行迭代改进和可靠性增长，并经过飞行考核验证，完成产品的技术状态固化；固化产品功能和性能指标、产品基础数据和关键特性参数、检验验证方法，建立成功数据包络线，形成信息化数据库，开始累积各项数据；针对使用中出现的问题，完善发动机使用维护要求；开展发动机状态鉴定工作并完成技术文件归档；按照相关要求开展发动机产品成熟度 6 级认定工作。

(3) 重点评审项目

在产品状态固化阶段开展设计定型、工艺定型、研制大纲、产品保证总结和研制总结等的评审。

18.3.2 小批量试产阶段

(1) 阶段任务

在产品状态固化阶段工作的基础上，生产过程与状态基线进一步稳定，经小批量生产验证，并再次经过 3 次（含）以上成功飞行试验任务考核，具有良好的质量与可靠性，可以实现重复稳定批量生产，通过地面抽检和飞行试验考核，开展持续改进，具有较高可靠性水平。发动机产品成熟度达到 7 级要求。

(2) 主要工作内容

开展产品小批量生产、试车及飞行验证，实现重复稳定批量生产；优化生产工艺，确定产品定型工艺技术状态，经充分试验验证和评审后，纳入批生产工艺文件。

针对暴露的问题、薄弱环节、新技术发展等，对相关产品持续进行迭代改进和可靠性增长；在产品数据库补充和比对飞行产品的基础数据、关键特性实测数据、功能和性能地面及飞行实测数据，对固化的产品生产及飞行数据记录项、比对要求进行持续改进；根据增加的地面和飞行试验实测数据，更新产品成功数据包络线和可靠性评估结果。

产品定型文件经小批量生产验证，能够保证产品状态一致、质量稳定；按照相关要求开展发动机产品成熟度 7 级认定工作。

（3）重点评审项目

完成小批试产阶段的研制工作，开展设计、工艺文件评审，试车/飞行试验数据评审，产品保证总结和研制总结评审，成熟度认定评审等。

18.3.3 产品批量生产阶段

（1）阶段任务

在产品小批试产阶段工作的基础上，又经过 2 次（含）以上成功飞行试验任务考核，实现货架式产品管理，批量工业化生产并稳定运行，可生产出具有高可靠性和稳定性水平的产品。发动机产品成熟度达到 8 级要求。

（2）工作内容

开展批量工业化生产、试车及飞行验证，实现产品的高可靠性和稳定性水平；产品数据库补充和比对飞行产品的基础数据、关键特性实测数据、功能和性能地面及飞行实测数据；根据增加的地面和飞行试验实测数据，更新产品成功数据包络线和可靠性评估结果。

实施产品货架式管理，编制产品手册；按照相关要求开展发动机产品成熟度 8 级认定工作。

（3）重点评审项目

在批量生产阶段开展产品批量生产阶段产品保证总结和产品批量生产阶段研制总结评审等。定型阶段产品保证流程如图 18－1 所示。

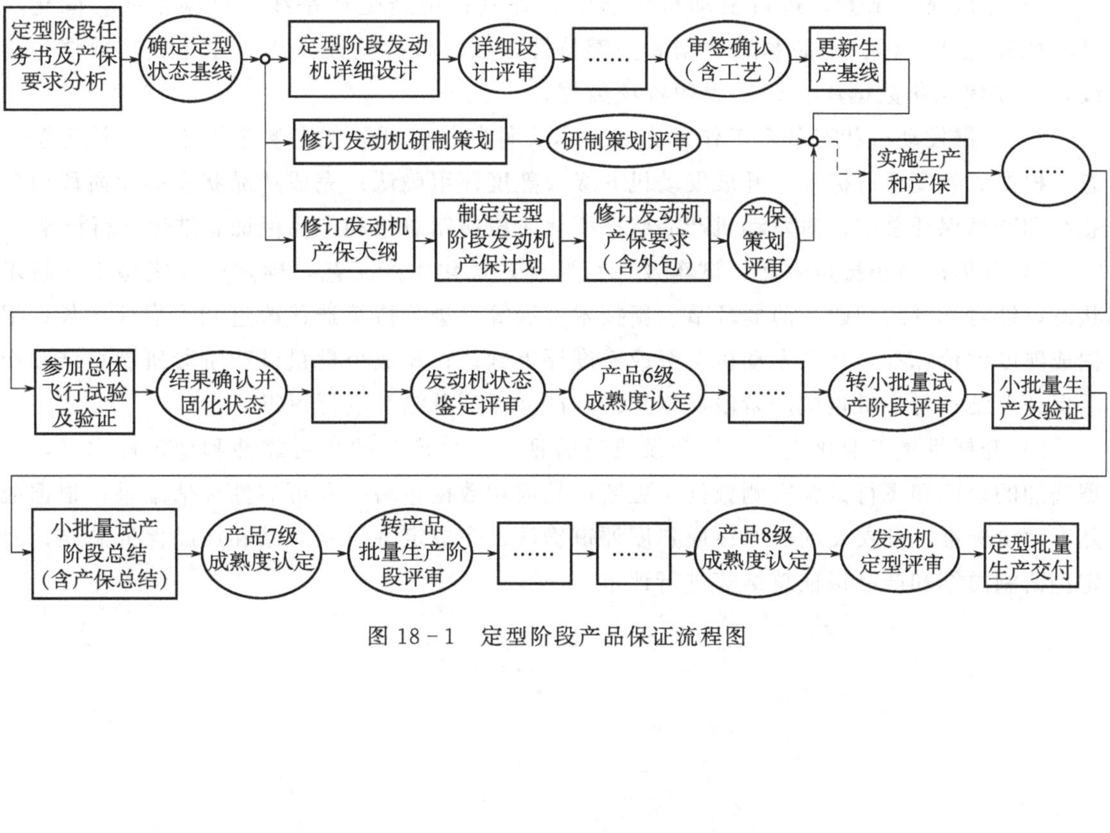

图 18－1　定型阶段产品保证流程图

流程中各项工作说明如下：

1）根据试样阶段的研制情况及飞行试验结果，全面梳理发动机达到的性能指标，发动机的结构、接口及验证考核的环境条件以及通用质量特性要求等，与型号总体协调，确定定型阶段研制任务书；审查总体对发动机定型输入文件的完整性、协调一致性和合理性，明确定型技术状态基线，评审定型任务书。

2）根据定型阶段研制任务书，策划定型阶段工作，修订研制策划；根据研制策划，修订发动机研制大纲，明确定型阶段的主要工作、风险、外包项目及通用质量特性等要求，开展必要的薄弱环节治理、可靠性提升、成熟度评价等工作，并组织开展相关研制工作；依据相关要求，结合型号任务定型工作特点，对发动机产品保证大纲进行修订，明确定型阶段产品保证要素，对定型阶段产品保证工作进行策划；在发动机产品保证大纲基础上，结合定型阶段任务特点，梳理发动机定型阶段产品保证工作项目，制定发动机定型阶段产品保证计划，落实定型阶段产品保证要素；对定型阶段发动机研制策划、各类大纲、产品保证要求等进行审查，确认本阶段产品实现策划的充分性。

3）针对定型阶段或具体任务，持续开展技术风险分析工作，对风险项目不断更新迭代，全面识别风险项目，确定风险控制措施及工作计划。

4）结合定型阶段特点，根据发动机飞行工作模式及性能要求，以及发动机设计要求中具体的功能和性能指标要求，开展测试性分析工作，对测试不到的项目按照“四不到四到”（测试不到要验收到、验收不到要工序检验到、工序检验不到要工艺保证到、工艺保证不到要人员保障到）进行分析，提出在“测试、验收、检验、工艺和人员保障”五个环节的落实情况。

5）完成飞行试验，进行发动机性能综合评判；更新生产基线、试验基线，固化产品功能和性能指标、产品基础数据和关键特性参数、检验验证方法，建立成功数据包络线，形成信息化数据库，开始累积各项数据。

6）开展发动机状态鉴定工作并完成技术文件归档；开展状态鉴定评审，确认定型状态；根据成熟度评价标准，开展发动机 6 级成熟度评审确认；完成产品状态固化阶段研制总结和产品保证总结；对发动机产品状态固化阶段研制总结和产品保证总结等进行评审。

7）开展产品小批量生产、试车及飞行验证，优化生产工艺，确定产品定型工艺技术状态，针对暴露的问题、薄弱环节、新技术发展等，进行持续迭代改进和可靠性增长；根据成熟度评价标准，开展发动机 7 级成熟度评审确认；完成小批量试产阶段研制总结和产品保证总结；对小批量试产阶段研制总结和产品保证总结等进行评审。

8）开展批量工业化生产、试车及飞行验证，实现产品的高可靠性和稳定性水平，根据增加的地面和飞行试验实测数据，更新产品成功数据包络线和可靠性评估结果；根据成熟度评价标准，开展发动机 8 级成熟度评审确认；完成定型研制总结和产品保证总结；对定型研制总结和产品保证总结等进行评审。

18.4　定型阶段产品保证流程应用指南

定型阶段研制流程规定了液体火箭发动机产品进入定型阶段后，其具体开展的工作项目。同时，开展定型工作时，还要做好与型号总体、用户等的沟通，按照标准规范要求开展。

1）进入定型阶段，型号产品保证工作需结合型号总体和用户要求开展，工作前要做好各方沟通，全面梳理分析与策划落实各方产品保证要求。

2）在定型准备中，要根据用户的鉴定工作要求和鉴定试验大纲开展。

3）产品保证工作要对标可靠性指标，结合技术进步和有关质量问题，对产品状态进行必要的改进，允许在必要时，对产品状态进行更改，更改时要按照技术状态更改“六项原则”进行，并分析更改后产品成熟度，确保与定型状态成熟度相匹配。

4）产品的维修性和保障性是本阶段的重点，应进行专门的策划，制定工作方案，并进行相应的评审。

5）进入稳定批产后，应及时开展定型工作，确定产品状态基线。

6）根据研制阶段的转段标志，开展成熟度评估，转入相应阶段。

7）更新生产基线、试验基线。

8）机制化开展薄弱环节治理，持续提高重复投产产品的可靠性。

9）建立产品质量问题台账，做好归类分析，分析产品质量形势，及时予以纠正。

18.5　小结

本章对定型阶段产品保证流程进行了描述，定型阶段的研制工作对产品工程化应用至关重要。在实际工作中，应根据不同发动机产品特点和研制要求的不同，差异化、有针对性地开展定型阶段产品保证工作，提高产品保证工作效率，提升产品保证工作成效，确保产品质量可靠稳定。

第 19 章　发射与飞行阶段产品保证流程

19.1　概述

液体火箭发动机发射与飞行阶段的产品保证是指产品完成设计、生产、试验、测试等工作，并按照规定通过出厂评审后，从开展发射场工作准备开始，到完成运载火箭预定发射（和回收）任务或航天产品入轨后服役结束这一过程所开展的产品保证工作。

按照产品研制流程，发射阶段是航天产品地面研制工作的最后一个阶段，涵盖从发射场工作准备、产品运输到发射台和在发射台发射整个过程。飞行阶段是产品执行任务阶段，涵盖从点火发射开始到航天器在轨运行任务结束和离轨销毁（可重复使用产品或返回航天器还包含再入返回）整个过程。

以液体火箭发动机发射与飞行阶段技术流程为依据，通过梳理发射与飞行阶段质量与产品保证工作项目、建立产品保证流程、制定产品保证计划，使产品保证人员熟知配套产品发射与飞行阶段产品保证流程、工作要求、工作内容和相关人员责任，做到“有计划、有组织、有目的”和“要求明确”，做到“有依据、按依据，过程受控，记录完整全面、可追溯”和“执行到位，符合要求”。

同时，针对目前及未来高密集发射形势，液体火箭发动机在此阶段的产品保证工作必须紧前做好准备，策划好规定的各项产品保证工作，与液体火箭发动机产品及任务总体在该阶段的工作流程和计划进度匹配，不漏项、不拖延。

另外，由于液体火箭发动机可靠性安全性要求高，尤其器箭主动力发动机及其各部组件配置无法完全实现冗余和冷热备份，本质上属于单点失效设备，若在发射或飞行阶段工作中发生人为责任事故或质量问题，其处理复杂程度和难度较产品交付出厂前更高，如处理不好，可能造成发射计划延误甚至撤场，这更是代价沉重。因此做好发射与飞行阶段产品保证工作意义和责任重大。

19.2　依据文件

液体火箭发动机发射与飞行阶段产品保证工作流程设计主要依据液体火箭发动机产品保证总流程、通用研制技术流程、产品保证通用要求，以及任务总体输入的产品保证要求，上级主管部门的产品保证有关制度和要求，产品研制合同、设计任务书等。

19.3 发射与飞行阶段产品保证流程

19.3.1 发射与飞行阶段产品保证目标

1）发射与在轨飞行各项风险全面识别和有效防控；

2）产品保证各项工作明确合理，现场操作文件符合精细量化控制要求；

3）无人为责任事故、无重大质量与安全事故；

4）型号发射、在轨任务圆满成功。

19.3.2 发射与飞行阶段产品保证工作开展思路

1）以高质量保证成功为目标，对标各级要求，提前做好产品保证策划，精细量化产品保证工作项目，加强对关键环节、关重特性、实测数据等项目的实时确认和把关，以实现事后质量复查向过程质量确认转变。扎实做好“四查”“三比对”“双想”、举一反三等专题工作，确保总装和测试各项工作“技术状态确认到位、过程控制到位、关键节点把关到位”，确保操作和测试各项工作质量受控，高质量保证任务成功。

2）以风险有效识别和控制为核心，加强产品Ⅰ、Ⅱ类单点故障、“九新”、测试不覆盖、易错难操作等技术、产品、操作和管理风险要点把控，全面分析和策划需开展的产品保证活动，将分析结果转化为具体的产品保证工作项目，增强产品保证工作的针对性、有效性。加强过程质量把关，确保控制措施得到有效落实，确保控制结果记录有效、可追溯并及时确认，实现风险全面有效识别与管控，确保产品不带隐患地进入下一流程。

3）以压准压实岗位责任为抓手，积极发挥产品保证管理岗位作用，压准压实岗位职责，科学合理制定发射与飞行阶段产品保证工作实施方案。为做好发射和飞行阶段产品保证工作，产品保证人员应熟悉所负责产品的研制过程，熟悉产品在进入发射阶段前的技术状态、质量问题归零情况、主要功能性能满足情况等具体工作内容；要参加产品出厂评审、各专项评审工作，对其内容和结果充分了解和掌握；要熟悉型号产品发射与飞行阶段工作流程（发射飞行阶段产品保证流程、技术流程、计划流程、技术安全工作流程等）；要掌握型号产品保证要求，熟悉各类文件（放行准则、测试大纲、测试文件和工艺文件等发射与飞控用技术文件和管理文件）内容和要求；要了解参与发射场工作的人员队伍基本情况，掌握各岗位人员状态。

19.3.3 发射与飞行阶段产品保证重点工作

1）明确产品发射与飞行阶段质量与产品保证工作目标；

2）建立产品发射与飞行阶段产品保证组织机构，明确各类人员的岗位责任；

3）开展产品发射与飞行阶段风险识别，制定并落实具体控制措施，确保风险得到释放或受控；

4）规范开展产品保证策划，明确产品保证工作要点，策划产品保证活动，落实具体的产品保证工作项目，形成产品保证计划，纳入研制技术流程，建立产品保证流程，实施流程化管理，对产品保证工作进行正向推动、过程监督、闭环管理和及时总结改进；

5）对产品发射与飞行阶段工作流程中的质量与产品保证控制点进行实施和检查确认，包括对表格化文件进行检查，对总装总结、电测总结、加注和充气总结、数据判读报告、飞行试验总结等组织评审；

6）在靶场或飞控阶段组织（或配合总体）开展配套产品质量确认、“7＋7 复查确认”（7 类重点工作：交底充分透彻、流程规范精细、操作精准规范、判读准确细致、预案适用完备、双想迭代深入、举反全面彻底；7 类再确认工作：状态更改再确认、设计质量再确认、关键操作再确认、数据比对再确认、关键产品再确认、最终状态再确认、残余风险再确认）、“四查”（查文件、查岗位、查地面支持设备、查人员对文件掌握情况）、“三比对”（设计值、本次测量值、上一次测试值数据比对）、“双想”（回想和预想，回想前阶段工作中是否存在问题及隐患，复查出现的问题是否得到归零；预想后阶段工作中可能出现的问题和隐患，提出预防措施）、操作演练、表格化管控等工作；

7）按照要求完成质量问题归零和举一反三工作；

8）确认产品发射与飞行阶段产品保证工作符合要求，实现产品保证目标，发射成功、在轨稳定运行，满足任务要求；

9）完成各阶段重点工作后，及时开展发射飞行试验结果分析、产品保证总结等工作。

19.3.4 发射与飞行阶段产品保证流程设计

由于运载火箭、卫星、飞船、空间探测器等航天产品工作剖面差异性较大，发射与飞行阶段工作特点和内容不具备统一条件，装备的液体火箭发动机产品工作流程不能一概而论。综合考虑航天产品特点和发射与飞行阶段工作流程相似性，运载火箭为一类（可细分为发射场加注类、预包装类），卫星、飞船、空间探测器可归属为一类（航天器类）。

以典型航天器类产品为例，发射与飞行阶段产品保证流程如图 19－1 所示。

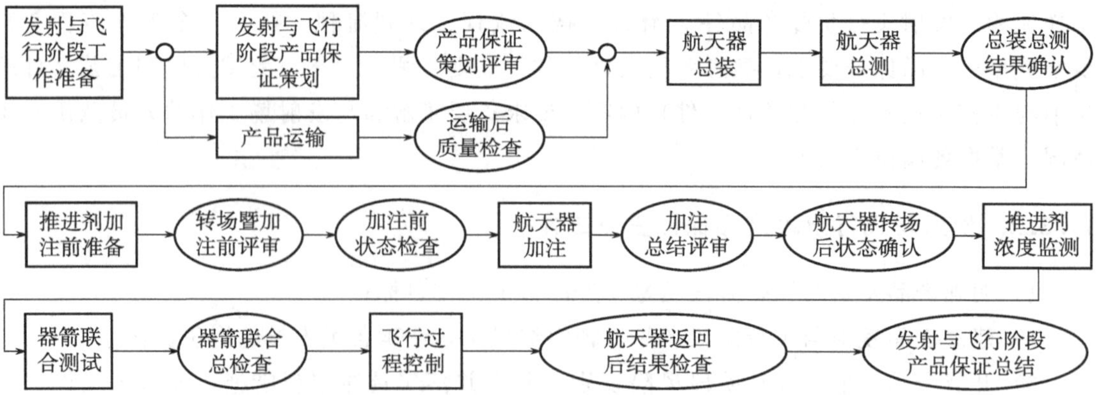

图 19－1 典型航天器类产品发射与飞行阶段产品保证流程

由于任务剖面或型号总体要求各不相同，因此，与各类航天器产品配套的液体火箭发动机发射与飞行阶段产品保证工作项目和流程必然有所差异。产品保证人员需差异化有针对性地设计产品保证流程，制定产品保证工作项目，并据此组织实施具体产品保证工作。

（1）产品保证策划

为贯彻落实好发射与飞行阶段的质量与产品保证管理要求，有计划、有组织、有目的、“严、慎、细、实”地策划和落实好各项工作，产品保证人员在进场前，应对发射与飞行阶段产品保证工作进行周密策划，明确该阶段质量与产品保证目标，建立发射与飞行阶段产品保证队伍，全面识别风险项目，制定有效控制措施，建立产品保证流程，制定产品保证计划。

液体火箭发动机发射与飞行阶段产品保证工作贯穿于航天产品发射与飞行全过程，因此产品保证策划必须围绕进入发射与飞行阶段的工作流程和项目，进行全流程、全要素、全产品策划，识别风险并制定有效控制措施，确定产品运输、地面支持设备展开与调试、厂房环境及航天器状态确认、发射场技术区电测、发射场技术区总装、航天器加注、航天器转场、发射场发射区总装、发射场发射区电测、星箭地联合总检查、射前状态设置、飞行过程控制等重点工作项目与产品保证控制点，并严格落实。同时，按照产品保证文件体系完整性要求，对输入和输出文件进行全面梳理和策划，建立发射与飞行阶段产品保证文件清单。完成产品保证策划文件、过程控制文件编制后，按照要求组织开展评审工作。

（2）工作准备

包含发射场准备和飞控准备。针对液体火箭发动机而言，其发射场准备包括岗位人员准备，文件准备（在发射场使用的技术文件、程序文件、操作文件以及安全性操作规范等），测试项目对应的地面设备、工装和专用工具准备等。飞控准备包括岗位人员准备，文件准备（在飞控时使用的技术文件、程序文件）等。

（3）产品及地面支持设备运输

液体火箭发动机发射场地面支持设备包括产品测试设备和工装设备等。按照工作计划安排，液体火箭发动机产品及配套地面支持设备一般需提前运输进场就位。在进场准备阶段，产品保证人员应组织对产品设备的技术风险和保障性风险进行识别，筛选出发射场地面关键设备，形成清单并制定应急预案。进场前，产品保证人员应组织对地面支持设备及备附件最终状态、发射飞行产品最终状态、产品包装箱状态进行检查确认，提前组织对制定的运输方案以及应急预案进行确认把关。

对照使用维护技术条件或运输技术条件等，对运输状态（运输工具、运输速度、产品固定方式、运输振动条件、环境温湿度条件等）进行确认。运输时，应按照技安要求的表格化文件对产品和地面支持设备状态进行监测，要求产品保证人员或技安人员全程监督，确保运输过程受控。

针对陆地发射产品，其到达发射场当地机场（或车站）后，应立即协助机场（或车站）人员对现场进行严格控制，对产品和支持设备转运进行全过程监督，严格控制公路运输速度，并按照要求的表格化文件对产品和支持设备状态进行监测。水上发射产品可参考制定相应工作计划。

到达发射场区后，应及时对产品状态、支持设备状态进行确认，确认无问题后进行开箱、产品和支持设备展开就位等工作。

本过程产品保证工作的重点：组织对产品和地面支持设备的保护措施、包装箱洁净处理及安全性能进行检查，特别是检查包装箱内产品紧固措施的可靠性以及接地情况；对产品运输过程中的状态监测表格化文件进行监督检查，关注数据的完整性和结果的符合性。

发射飞行产品、地面支持设备运输工作完成后，及时组织开展总结工作，对运输过程及监测数据结果进行再次确认，并形成总结报告，按照要求组织开展评审工作。

（4）地面支持设备展开与调试、厂房环境检查确认

地面支持设备运输工作完成后，应立即展开设备并开始调试工作，确保进场地面支持设备符合发射场测试、总装等工作要求。

产品进场就位后，按照产品对发射场技术要求，发射场相关工作人员应每天提供24小时的厂房环境状态监测数据（包括温度、湿度、洁净度等），产品保证人员应每天及时进行确认。

本过程产品保证工作的重点：对地面支持设备配套的完整性和安全性、各项功能的符合性监督检查；厂房供电安全、插线板安全、接地与防静电措施监督检查；低频电缆导通绝缘测量、高频电缆标定数据、测试系统网络以及调度通信系统的监督检查工作等。

地面支持设备展开与调试工作完成后，在电测工作开展前及时完成工作总结，形成总结报告，并根据需要开展评审工作。

（5）发射场技术区电测

液体火箭发动机产品、地面支持设备、厂房环境等状态均符合要求后，开始进行技术区电测工作。由于各类产品发射场技术区电测状态不同，需针对产品特点，按照发射场电测大纲及电测细则开展测试工作。

针对液体火箭发动机产品，电测项目一般包括：发动机控制电缆阻值、阀门驱动供电电压、阀门动作特性测试、系统导通绝缘测试、传感器零位测试、极性测试（含发动机极性、热极性等）、推进剂路压强、推进线路盒电源电压、气瓶压强、减压阀出口压强、贮箱出口压强、发动机推进剂管路入口压强、贮箱温度、气瓶温度等。

电测前，产品保证人员按“测试（试验）工作状态检查表”，组织检查和签署，保证人员、环境等各方面都符合电测要求。

电测期间，进行班前点名，确保各岗位全员、准时到岗。电测指挥应严格按照电测大纲规定的产品状态和测试流程进行指挥，各岗位人员应严格按电测指挥的口令和电测细则文件规定的程序进行测试操作和记录，一岗操作，二岗监督检查，要求做到无误口令、无误操作、无漏操作，及时判读。

电测结束后，应完成以下工作：

1）完成测试数据整理；

2）各岗位测试人员填写“综合测试日报表”，交现场电测指挥，电测指挥汇总后在班

后会上进行通报；

3）及时配合总体对测试数据进行判读，并与出厂前和上次测试结果进行比对，编制包括产品状态、测试项目和数据判读比对等内容的电测报告。发现异常时填写“测试数据判读异常数据记录表”，产品保证人员、技术组人员应及时组织进行分析和处理。

本过程产品保证工作的重点：电测前组织对电测文件表格进行监督检查；电测期间，全程现场监督，确保各岗位人员在岗，并按程序执行；对出现的疑点和异常现象所采取的措施和落实情况应跟踪和闭环管理，同时应及时组织开展电测各阶段小结以及电测完成后的总结及数据判读工作。

（6）技术区发射场总装

此工作主要由任务总体负责完成，发动机技术人员一般担任副岗现场协助。

液体火箭发动机涉及的总装工作一般包括：产品状态检查、产品安装（根据型号不同，主要包括电爆管安装、火药装药、喷管延伸段安装等）、航天器吊装上加注台、航天器与支架对接等。

总装工作完成后，应及时完成工作小结，并形成总结报告，按照要求组织开展评审工作，形成评审证明书。

（7）航天器加注及充气

航天器加注及充气工作一般由液体火箭发动机产品试验队负责完成。

加注充气前，试验队需系统全面地开展加注准备工作，产品保证人员负责组织对工作过程和结果进行检查确认，确保实现“三不二准”（即不发生质量问题，不发生安全事故，不泄漏一滴推进剂，准确、准时完成推进剂加注任务）的质量控制目标。

加注准备工作一般包括：加注人员岗位责任制落实与检查；对加注状态（包括产品状态、推进剂和高压气体状态、加注设备状态、产品防护措施、加注环境、加注人员岗位设置、加注文件、加注演练过程中待办事项落实情况等）进行再次确认，确保其工作状态良好，具备操作实施条件；对加注管路提前进行铺设，并完成检漏试验；对所需操作文件进行评审，确保其经各方认可；操作人员熟练掌握工作内容、具体实施流程及故障预案；完成推进剂及气体化验，确保推进剂各项参数指标符合要求；同时，根据加注前质测结果和前期产品试验数据，对推进剂加注量进行计算和复核，明确加注参数；最后，严格按照加注后推进剂相关监测要求开展安全监测。

加注前，发动机产品保证人员组织相关人员对加注工作文件清单进行复核确认，必要时召开评审会对操作文件进行审查把关。试验队应与发射场系统协同开展加注演练工作，一般包括：加注口令演练、加注操作演练、加注抢险演练（防毒面具使用演示、灭火器使用演示、抢险救人演练等）。加注演练完成后由加注指挥和试验队负责人对演练过程进行分析和总结，并对后续加注工作提出要求和做出具体部署。

在加注过程中，发动机产品保证人员与技安组要加强现场管理，确保无关人员不得靠近加注现场，监督加注人员严格按加注规程操作，杜绝一切违反操作规程的行为，消除安全隐患，保证产品和人身安全。

本过程产品保证工作的重点：加注前组织对加注状态（包括产品状态、推进剂和高压气体状态、加注设备状态、产品防护措施、加注环境、加注人员岗位设置、加注文件、加注演练过程中待办事项落实情况等）进行再次确认，确保其符合加注要求；加注时必须坚持现场监督，及时掌握加注过程中的量化数据；加注后扣罩前的安全监测等。

加注工作完成后应立即组织相关人员对加注工作进行总结，对加注过程的质量记录进行再次确认，确保加注工作结果符合要求，并形成总结报告，按照要求组织开展评审工作，形成评审证明书。

（8）器、箭转运至发射场发射区

此项工作主要由任务总体负责完成。

按照工作流程，发动机产品保证人员应全程监督完成转场工作，转场时要按照要求，知悉和确认转运车速符合控制车速要求（一般为≤20 km/h，垂直运输时需注意具体车速要求）；路途中技安相关人员应按照总体要求组织对液体火箭发动机容器温度和压力进行检查，确认液体火箭发动机产品转场过程符合要求。

（9）发射场发射区总装

此项工作主要由任务总体负责完成。

发动机产品保证人员应全程现场监督检查，并围绕产品最终状态确认、塔上安全及现场质量管理开展产品保证工作。

（10）发射场发射区电测

此项工作主要由任务总体负责完成，发动机产品技术人员一般担任副岗在现场协助。

发动机产品技术人员应配合总体形成发射区塔上电测期间的测试总结，产品保证人员应协同总体对系统级测试总结及数据判读报告开展评审工作。

（11）运载火箭加注

此项工作主要由任务总体负责完成。

（12）器箭地联合总检查

此项工作主要由任务总体负责完成，发动机产品技术/产品保证人员一般担任副岗在现场协助。

（13）射前状态设置及发射

此项工作主要由任务总体负责完成。

（14）飞行过程控制

此项工作主要由任务总体负责完成，发动机产品技术/产品保证人员一般担任副岗现场协助。

针对液体火箭发动机，其飞行过程包含待发段状态设置（包含发动机控制部件加电、上电状态监测等），姿轨控管路真空排气，发动机动作试验等在轨自检工作，电爆阀起爆和推进剂充填，贮箱增压，发动机工作实现航天器姿态调整、轨道变换、轨道转移、在轨补加、交会对接、目标星体着陆等工作。

在飞行控制实施过程中，发动机产品飞控人员应协同总体和用户，在发动机固有质量和可靠性的基础上，合理利用遥控指令（数据注入、软件修改）等手段，充分发挥航天器（潜在）能力，尽可能地以当时最佳状态投入使用。

（15）航天器离轨销毁，运载火箭/航天器返回

此项工作主要由任务总体负责完成。

（16）产品保证总结

对发射与飞行阶段产品保证工作进行全面总结，总结全部产品保证活动落实情况，给出客观证据并对其结果进行分析和评价，给出产品质量符合性结论和后续改进建议。

19.4　发射与飞行阶段产品保证流程应用指南

发射场产品保证工作的顺利开展是确保圆满完成发射任务的基础，开展产品保证工作需全面策划，应始终坚持“做事有依据，做事按依据，做事留记录，记录可追溯”的原则。在流程应用时，除需满足产品保证通用要求外，还需注意以下几点：

1）发射场产品保证流程设计和工作策划应在进场前完成并制定，纳入发射场工作手册，进场后按要求发放，并组织试验队全员开展宣贯学习，切实有效提升试验队全体队员的质量意识、安全意识；

2）除了在发射场首次开展工作的项目外，进场后所有开展的工作项目，必须在进场前完成相关验证，禁止擅自增加；如果必须增加，应按照要求进行上报、讨论、分析，对其可行性进行判断和审批后方可开展增加项目的工作；

3）产品进场后，产品保证人员要及时掌握工作进展及产品状态，及时组织检查电测文件、总装文件、表格化文件的执行情况，发现问题和不足，应及时改正；

4）加强现场质量管理，严格控制工作厂房环境和现场人员，并组织检查岗位人员到位情况、防静电措施执行情况等，确保现场管理符合要求；

5）在总装、电测、产品交接等工作过程中，监督各相关人员及时进行数据记录以及签字确认，择机组织进行检查，切忌事后补签；

6）按照发射场产品保证计划中的评审策划制定详细协调的评审计划，严格按照计划组织开展各阶段工作总结报告、复查报告、分析报告的评审工作，并监督和检查待办事项的闭环管理，确保发射与飞行阶段各项工作顺利开展。

19.5　小结

发射与飞行阶段是航天产品服役的关键阶段，液体火箭发动机在该阶段的工作表现对任务成败有极大影响。考虑到液体火箭发动机在该阶段已交付任务总体，大量工作需协同或配合总体开展，对有效开展产品保证工作提出了更高的要求。液体火箭发动机产品保证队伍需紧前策划、积极高效地协调发射场和飞行控制中心相关方，以高质量开展产品保证工作，确保任务成功。

第4篇　实践案例篇

产品保证理论和方法的形成来源于具体的工作实践，航天推进技术研究院围绕组织所处的环境、项目管理的特点，在产品保证工作体系建立、专项产品保证工作等方面开展了许多有效的探索和实践。本篇以实践案例的形式，从工作背景和需求分析出发，阐述典型产品保证工作的具体做法，提炼从中获得的普适的经验和启示，对于建立系统有效的产品保证工作体系和专项产品保证活动的开展具有指导意义。

第 20 章　液体火箭发动机产品保证“六化”工作模式实践

20.1　概述

本书第 2 篇、第 3 篇介绍了液体火箭发动机产品保证工作 9 个要素的要求和产品保证工作在流程中的实施。为了确保上述工作的有效落地，需按照体系化、要素化、机制化的系统思维开展产品保证工作体系建设。“体系化”是指建立和运行产品保证工作体系，其重要性和必要性在本书第 3 章已有论述。“要素化”是指产品保证工作体系诸要素及产品保证工作 9 个要素的具体落实。“机制化”是指推进产品保证体系建设和面向产品的产品保证工作实施的一系列工作机制。

航天推进技术研究院以保证发动机最终执行任务成功为目标，探索并建立了“体系化建设、机制化推进、领域化实施、精细化落地、数字化贯通、专业化支撑”的“六化”工作模式（见图 20－1），以技术风险正向识别与精益过程控制为核心，将产品保证工作嵌入科研生产流程，构建了覆盖全员、全系统、全要素、全流程、全数据的产品保证体系。

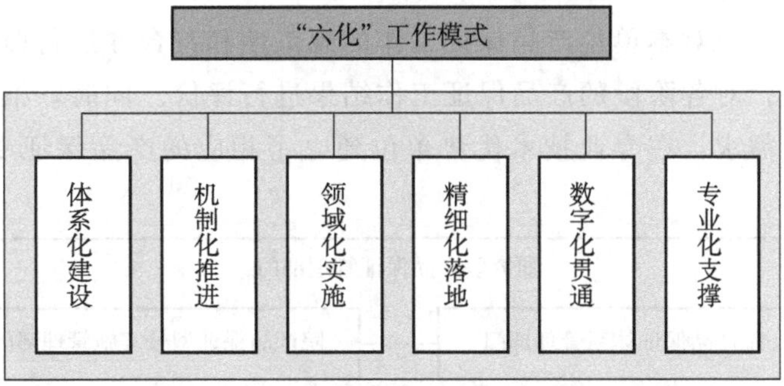

图 20－1　液体火箭发动机产品保证体系“六化”工作模式

20.2　实践背景

液体火箭发动机研制过程复杂、保证难度大、零部件承研单位多。任何一个研制单位想快速有效地实施产品保证都不是一件容易的事。这就要求既要统筹建立与现有研制管理模式紧密衔接且相适应的产品保证体系，又要结合发动机产品特点规范有效地实施产品保证措施。航天推进技术研究院基于研究院顶层统筹管理和下属设计、生产、试验单位分别联合承研的研制模式，结合当前企业质量管理体系、发动机领域化管理模式对发动机产品进行纵向穿透式管理，以及发动机产品研制在可靠性、测试性、工艺、材料等方面的高要求，在大力推行发动机数字化、信息化等背景下，探索出了适合于液体火箭发动机的产品保证体系建设的“六化”工作模式。

20.3　“六化”工作模式实践

20.3.1　体系化建设

体系化建设的核心是建立适用于液体火箭发动机研制的产品保证工作体系，通过建立健全产品保证组织机构、产品保证队伍、产品保证标准体系及文件体系、产品保证专业支撑机构，确保产品保证实施的系统性、权威性、专业性、规范性和独立性。

20.3.1.1　产品保证组织建设

在产品保证组织机构方面，在研究院、各分承研单位两级分别设置了产品保证管理部门（见图 20-2）。在研究院层面设立了产品保证体系管理部门和产品保证型号实施管理部门。产品保证体系管理部门负责组织全院产品保证体系的建立、运行与维护，保证产品保证工作全面规范开展；产品保证型号实施管理部门负责产品保证各项工作要求在发动机产品实现全过程的落实，组织开展各发动机产品保证实施文件的制定和相关产品保证活动，对产品保证实施结果进行确认。在分承研单位层面，设计、生产、试验等单位在研究院统一组织下，分别设立本单位独立的产品保证部门，负责本单位产品保证工作的顶层策划和组织实施，组织落实各级产品保证要求，开展产品保证人员的选拔、培训、聘任、考核和评价等工作，负责组织对本单位产品保证工作的规范性和符合性进行监督，对产品保证活动提供必要的支持，对各阶段的产品保证工作结果进行评价。同时，根据产品保证工作需要和专业技术发展需求，在专业技术优势单位建立了相应的产品保证专业技术支撑机构，详见 20.3.1.5 节。

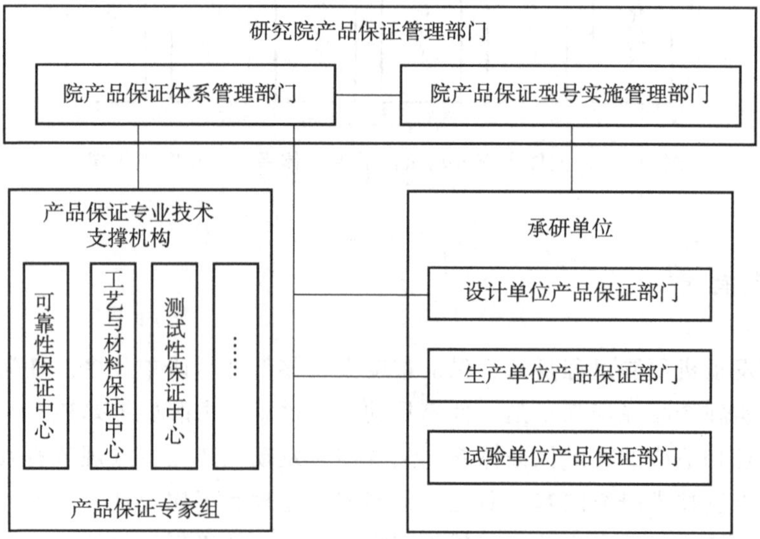

图 20-2　液体火箭发动机产品保证组织架构

液体火箭发动机产品保证组织机构接口关系如图 20－3 所示。院产品保证体系管理部门通过建立顶层制度和产品保证标准体系，明确全院产品保证工作顶层要求；院产品保证型号实施管理部门组织产品保证队伍和工程技术队伍，面向发动机各级产品，制定专用的产品保证要求、产品保证大纲和计划，确保各项产品保证要求在发动机研制全过程得到贯彻落实。各承研单位产品保证部门负责组织本单位将产品保证的各项要求落实到设计、工艺等文件中，并确保产品实物质量可控；专业技术支撑机构负责产品保证专业技术的基础研究，为发动机研制过程专业产品保证提供技术支持。

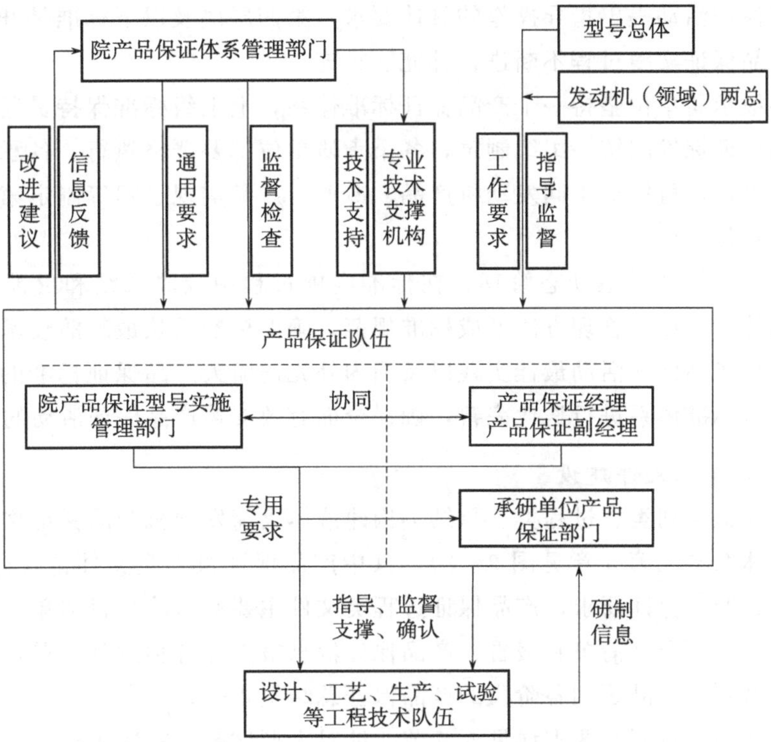

图 20－3　液体火箭发动机产品保证组织机构关系

20.3.1.2　产品保证队伍建设

在发动机产品保证队伍中设置产品保证经理、产品保证副经理、产品保证助理、产品保证工程师和专业产品保证工程师。实行由下对上逐级负责的责任制管理模式，即由产品保证经理全面统一组织、统一协调，各级产品保证人员逐级负责，确保产品保证工作有序开展和闭环落实。

发动机产品保证经理、副经理和助理由研究院聘任。产品保证经理从设计单位总师或主任设计师中选拔，对发动机产品保证工作负总责，牵头组织开展所负责项目的产品保证策划和实施，协调产品保证实施所需的资源保障。产品保证副经理从生产、试验单位副总师中选拔，在产品保证经理的领导下，组织实施发动机生产、试验阶段产品保证工作。发动机产品保证助理设置在项目办，在产品保证经理领导下负责开展产品保证管理工作。发动机产品保证工程师由院属各单位聘任，从设计、工艺队伍中选拔，在发动机产品保证经理、副经理的领导下，支撑发动机产品保证各项工作。专业产品保证工程师主要设在专业技术支撑机构，一般由挂靠单位聘任，从设计、工艺以及专业技术研究队伍中选拔，负责发动机专业技术支撑。

20.3.1.3 产品保证标准建设

液体火箭发动机产品保证标准体系框架结构包含三个核心层次（见图 20-4）：第一层次标准为液体火箭发动机产品保证的目标和原则；第二层次标准包括 9 个产品保证专业要素的顶层要求；第三层次标准是第二层次标准实施所需的支撑性标准及各工作项目的操作依据，对产品保证活动提出指导操作的具体要求。第四层次及以下标准是开放式的，各承研单位可在产品保证实践过程不断进行补充、扩充。

研究院各级承研单位坚持一个产品保证标准体系，上下级标准保持贯通，特别是前三个层次的产品保证标准应统一组织制定，各个承研单位都要严格执行。各承研单位为了更好地指导实际操作，可针对不同发动机产品、专业、产品实现过程等制定第四层级及以下更加细化的产品保证标准。

产品保证标准体系实施动态管理，在标准实施过程中及时总结和反馈应用情况和问题，针对新的技术方法、管理方法形成标准规范，确保标准反映最新的技术共识和管理共识。同时，结合产品保证活动最佳实践以及国内外先进航天产品保证标准的跟踪情况，不断升级换版，对标准体系进行迭代完善，确保全面有效支撑产品保证活动的实施。

20.3.1.4 产品保证文件建设

按照产品保证策划类、过程类、总结类构建液体火箭发动机产品保证文件体系（典型产品保证文件体系参见第 3 章见图 3-8），其中产品保证策划类文件包含产品保证大纲、产品保证计划、产品保证要求，产品保证过程类文件主要有风险项目清单、关键环节及量化控制措施清单、不合格清单和报告、产品保证信息报告等各种过程表单，产品保证总结类文件主要有型号或产品研制各阶段的产品保证总结报告等。

策划类文件相关编制与要求详见 5.5 节。针对大型试验、首次飞行、重大工程任务等产品保证对象，可开展产品保证专题策划，编制产品保证相关要素的专题策划文件（如可靠性保证计划、软件产品保证计划等）。发动机各级产品的产品保证大纲、计划、要求的逻辑关系如图 20-5 所示。

图 20-5 是按照产品层级逐级传递产品保证要求的。在实际研制工作中，针对产品设计、生产、试验过程分离的单位，设计单位也可以向生产单位、试验单位传递产品保证要求。

产品保证过程类文件是对发动机产品保证工作实施情况进行控制、确认与闭环的重要载体，通过过程类文件的实施，可以确保关键或重要环节按要求开展，各项参数能够得到完整记录并满足相关要求，在产品实现的每一个环节和过程做到对风险的及时管控。一般来说，发动机各级产品实施的过程类表单应由相关技术人员根据标准、制度或文件等选用，或根据实际情况需要进行编制，由产品实现过程的操作、检验等人员进行填写，由产品保证人员负责管理和执行过程监控，实现过程产品保证信息的记录、传递和分析，以及进行正向风险控制和预警。

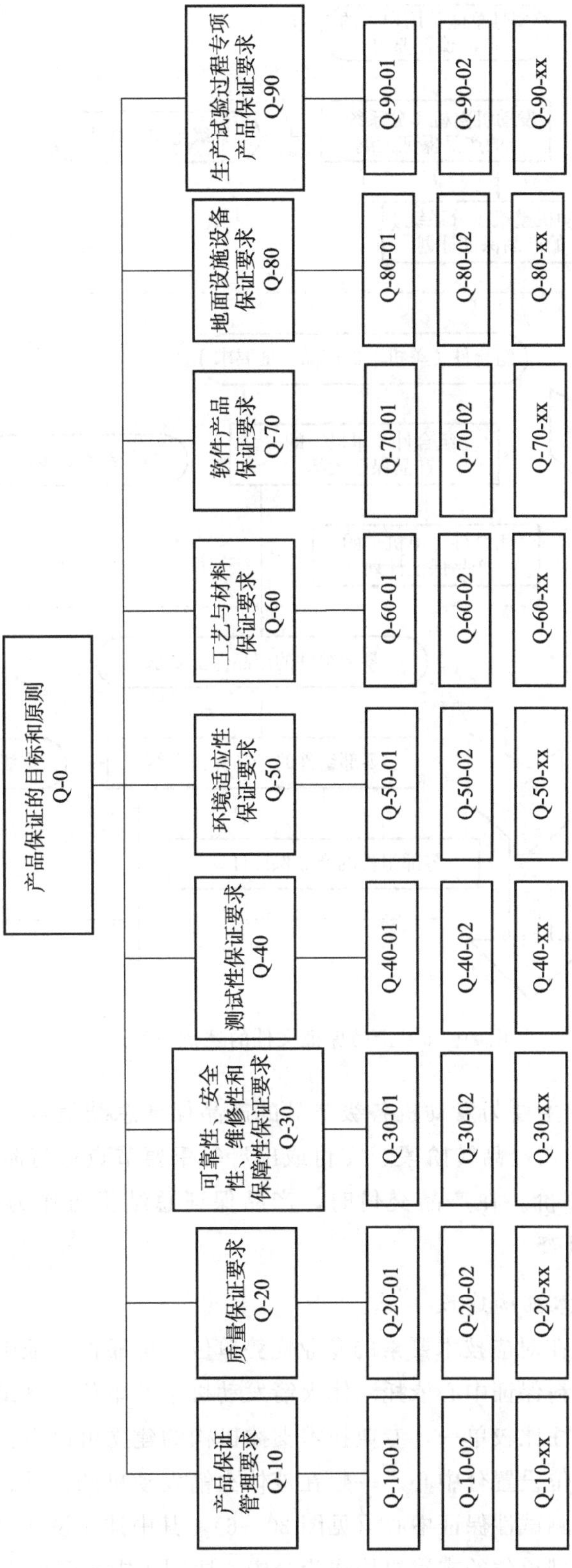

图 20-4　产品保证标准体系框架结构

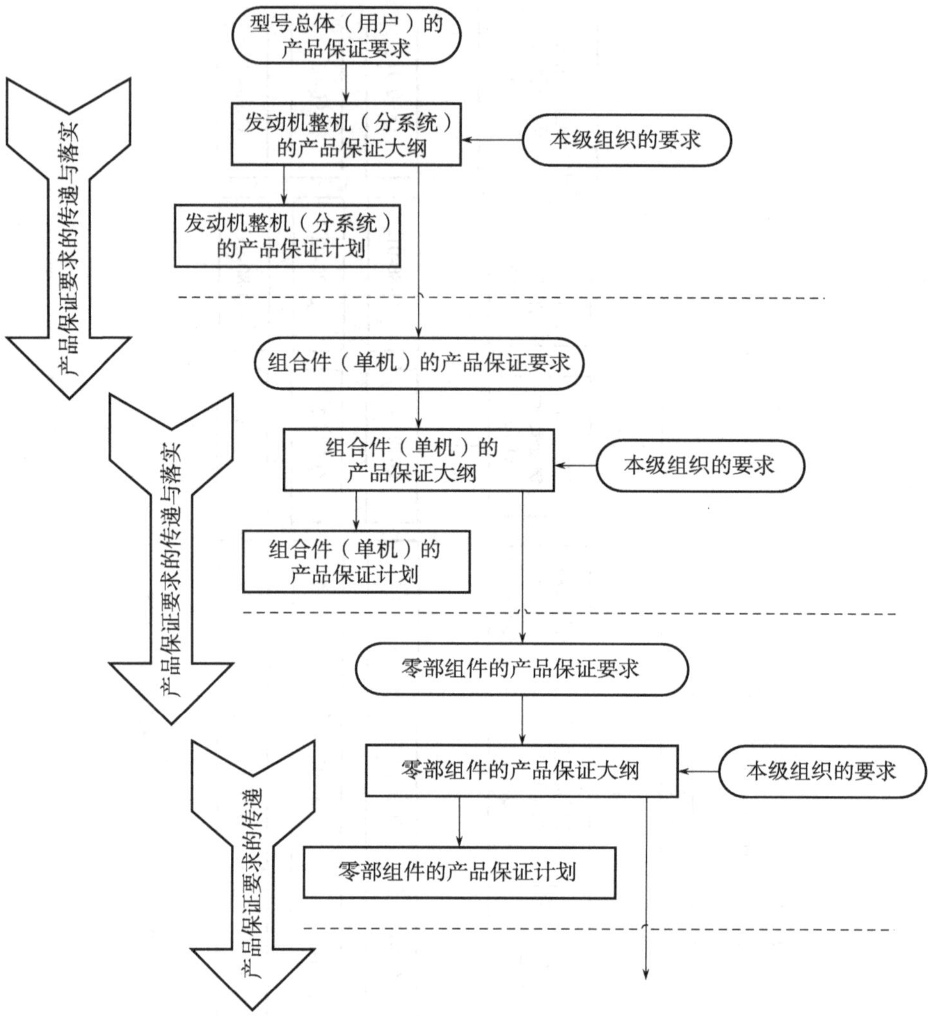

图 20－5　产品保证文件的逻辑关系

产品保证总结类文件主要为发动机各级产品的产品保证总结报告，依据产品保证大纲和计划策划的工作项目，在产品转阶段、交付或出厂等重要节点进行阶段性总结，对产品保证工作开展情况进行评价。在产品交付时，产品保证总结报告作为产品交付数据包内容，提交产品接收单位审查。

20.3.1.5　专业技术支撑机构建设

专业技术支撑机构设在对应技术要素的专业优势单位。可靠性保证中心依托液体火箭发动机设计单位，工艺与材料保证中心依托液体火箭发动机生产单位。测试性保证中心由于单个单位的专业技术能力往往比较单一，专业技术支撑机构的建立可以由主要优势单位牵头建立主中心，在其他相关单位设置分中心。一般在液体火箭发动机的设计、生产、试验和测试技术基础研究单位均建立测试性保证中心（见图 20－6），其中挂靠设计单位的支撑机构一般作为主中心，挂靠其他类型单位的支撑机构作为分中心协同主中心开展支撑工作。

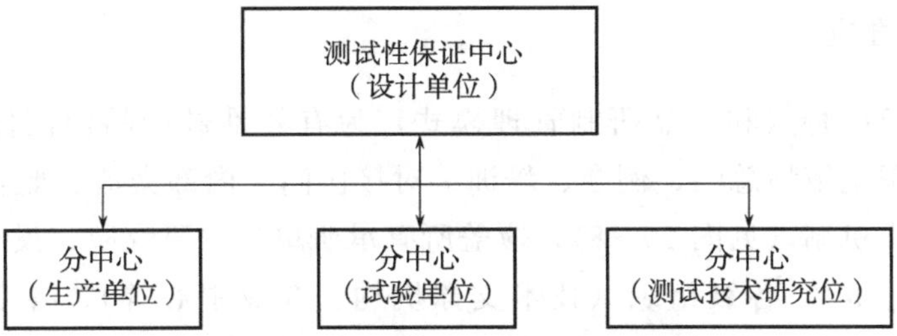

图 20－6　测试性保证中心的架构分布

专业技术支撑机构通过配备专业产品保证工程师，建立技术专家组，开展具有液体火箭发动机特点的产品保证技术要素研究和业务指导工作。下面以可靠性保证中心为例介绍内部架构情况。可靠性保证中心内部设有可靠性保证技术问题研究小组，该小组的职责是收集、分析整理液体火箭发动机可靠性问题、经验教训，结合技术发展规划，有针对性地研究可靠性保证技术与方法；内设的产品可靠性保证支持小组，研究制定型号产品具体的可靠性保证工作流程、方法，指导研制队伍开展面向型号产品的可靠性保证工作；内设的专业技术研究小组，负责整合燃烧过程、结构强度等与可靠性相关的专业技术力量，开展深层次机理问题研究，支撑可靠性保证工作；内设的标准规范研究小组，制定融合于产品保证标准体系的可靠性保证标准子体系，指导研制队伍严格按规范开展研究工作；内设的可靠性保证队伍培养小组，负责培养可靠性保证人才队伍。

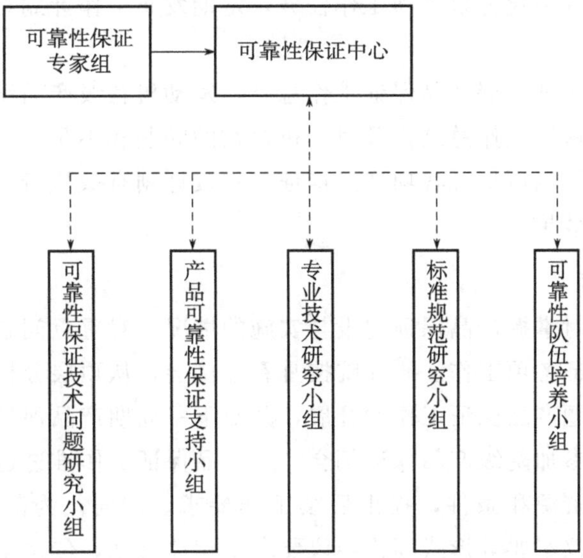

图 20－7　可靠性保证中心的内部架构

内部架构各小组的具体设置取决于单位情况以及要素的特点，原则是要覆盖专业技术支撑机构的职责定位，共同配合实施专业产品保证支撑工作。以可靠性保证中心为例的专业技术支撑机构作用发挥在本书第 23 章有具体介绍，供读者参考。

20.3.2　机制化推进

结合研究院组织特点和产品研制管理模式，为有效推进产品保证体系建设和落地实施，研究院重点围绕策划总结、例会、培训、对接协同、内部交流、监督检查、考核激励等方面建立了工作机制（见图 20－8），覆盖所有承研单位（研究院、设计、生产、试验单位，以及外协外包等）、各级组织（技术支撑机构、专业中心等）、各个环节（研制、生产、交付、售后等）等。以下以研究院层工作推进机制为例进行介绍。

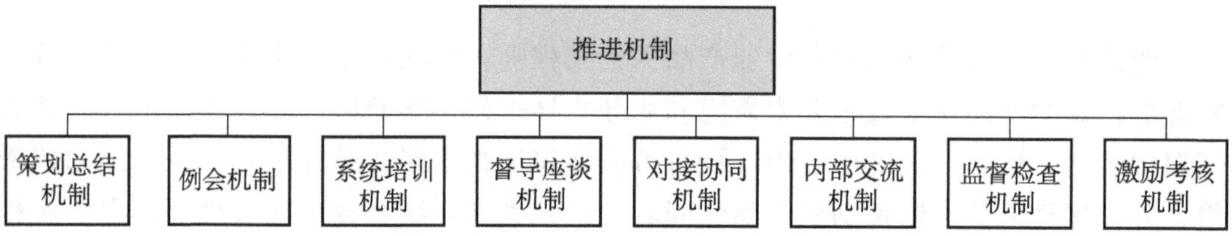

图 20－8　产品保证建设的主要推进机制

20.3.2.1　策划总结机制

凡事预则立，不预则废。研究院在每年年初对全年产品保证体系建设、产品保证实施工作进行全面策划，针对薄弱环节治理、型号产品保证监督检查、产品保证培训等重点工作开展专题策划。各级组织承接院级总体策划，开展本级组织、本项目产品保证工作策划，并按月度、季度等细化分解各项工作任务，定期发布工作计划，对各项工作完成情况进行闭环管理。

研究院按月度和年度开展产品保证工作总结，发动机各级产品结合发动机的研制流程和节点实时开展产品保证工作总结，及时分析存在的问题和不足，采取纠正措施，及时纠偏。良好的策划总结机制可保证各项产品保证工作按计划有效执行，各项要求能够切实落实到位，达到预期的效果。

20.3.2.2　例会机制

例会机制是为及时掌握产品保证建设与实施的情况，对重点问题和事项进行协调，统筹推进本单位产品保证各项工作。研究院按月召开例会，从顶层分析产品保证工作存在的问题与不足，督导专题产品保证工作的开展，并对下一周期产品保证工作提出要求。研究院产品保证主管领导参加院级产品保证例会，对产品保证工作推进过程中的重大事项进行决策，协调保障相关资源和条件，提出后续工作要求。同时，为落实例会协调达成的事宜，必要时可采取会议纪要等形式固化会议要求及相关措施，传递至各级组织、各产品队伍等，确保相关工作能够严格按要求和计划进行闭环落实。

20.3.2.3　系统培训机制

系统的产品保证培训是为了牢固树立全员产品保证理念和意识，推进产品保证队伍掌握基本的产品保证知识和方法，提升产品保证队伍履职能力。研究院按产品保证经理、产品保证工程师、专业产品保证工程师、产品保证管理人员、设计师、工艺师等分别设置了针对性的系列课程。课程包括产品保证基础知识、产品保证要素、产品保证制度和标准、产品保证工具方法、产品保证新要求等，并按照产品保证岗位和课程“双向覆盖”的原则建立了系统的产品保证队伍培训体系，比如发动机产品保证工程师以产品全生产周期保证等要素为重点、专业产品保证工程师以专业要素课程等为重点等。培训方式一般采用集中培训、专题讲座、导学、考试等，在培训后可组织考试或考核，合格后方可上岗或开展相应的产品保证工作，特别是新聘任的或调整到新岗位的产品保证人员。

研究院按年度开展产品保证培训策划和组织实施，针对产品保证队伍不断开展能力提升培训，结合各级最新相关要求和产品保证实施过程存在的问题，以及产品保证队伍出现的能力短板，有针对性地开展相关专业能力培训，比如发动机上级总体对产品鉴定提出了新要求、新研发动机对可靠性评估方面有更高要求等，确保产品保证队伍能够及时满足工作开展的能力需求，能够对发动机技术风险进行有效识别与管控。

20.3.2.4　督导座谈机制

督导座谈机制是指单位领导层要针对产品保证推进与实施的薄弱环节或重点工作，对下一级组织或项目开展督导座谈或监督检查，推动各级队伍树立统一的产品保证思想和认识，及时协调和解决突出问题。督导座谈在产品保证体系建设和运行初期至关重要，是推动产品保证工作有效实施的重要抓手。

研究院主管领导面向设计、生产、试验等单位的主管领导进行督导座谈，必要时深入基层一线车间/处室或班组开展座谈。各承研单位主管领导针对重点产品研制队伍、专业技术支撑机构、各单位和部分车间/处室开展座谈和督导，将工作理念和要求逐级推送到基层，并及时掌握一线实际情况。各承研单位的产品保证管理部门领导要与车间/处室、班组开展座谈，推广成功的经验和方法，了解各部门产品保证工作遇到的问题，研讨措施。

20.3.2.5　对接协同机制

液体火箭发动机作为运载火箭、卫星、探测器等航天器的配套产品，涉及型号总体、产品使用的上级用户或顾客等，也涉及为发动机提供原材料、零件和承担协作工序的外包单位，为保证用户、总体与研究院，以及研究院与外包供方之间产品保证要求和实施工作的协调一致，需要开展纵向贯通的协同，定期开展产品保证工作的对接。

研究院牵头与型号总体单位、上级用户或顾客等进行对接并建立协同工作机制，在研制初期针对型号总体单位关于发动机的产品保证要求进行深入全面地沟通，确保各项要求深入了解和贯彻分解到位。在研制过程中就配套发动机研制情况、薄弱环节治理、产品保证工作实施等方面问题进行协同解决。在产品研制及交付后进行后续总装总测、联试等工作的协同对接。

针对与外包供方的协同对接，重点是将关于产品的外包产品保证要求传递到位，对于关键过程或环节的相关工作要求与外包供方相关技术人员开展深入的技术交底工作，各项要求的落实情况要通过对接交流等方式实时掌握，必要时深入外包供方现场开展相关对接检查工作。对于重点产品或问题频发的外包供方要定期开展对接交流工作，及时了解外包产品研制生产过程的问题并协调解决。通过与外包供方搭建良好的协同对接机制，有利于各项要求的落实，并促进产品保证体系管理工作向外延展。

20.3.2.6　内部交流机制

内部交流机制是指研究院内部要组织开展产品保证经验和先进做法的交流，取长补短，相互促进，以进一步激发全员开展产品保证工作的积极性和创造性。

内部交流的形式和主题内容不限，可以是成果经验的分享会，也可以是座谈交流、技术论坛等。凡是对产品保证体系建设与推进实施有益的，比如好的经验、成熟做法、心得体会等都可以进行交流。研究院针对全院范围开展内部交流，重点是研究院层面推进的相关工作、发动机共性问题研究等；各发动机领域结合领域内各发动机的产品保证工作情况开展交流，比如产品保证文件编制、技术风险识别与管控、推力装置可靠性设计、生产基线建立与管控等；各级承研单位组织单位内部的设计室/车间、班组、产品保证队伍等开展交流，比如某些专项工作的推进、产品保证工程师履职、产品保证工作实践经验等。

20.3.2.7　监督检查机制

监督检查机制是对产品保证体系建设与实施的各项工作开展监督检查，确保各项工作按计划完成，达到预期效果。同时定期对产品保证体系开展检查评估，查找体系建设与实施存在的问题并不断进行迭代完善。

研究院定期对下一级组织开展产品保证体系评估。评估内容覆盖产品保证组织、产品保证队伍、产品保证标准/文件、产品保证专业技术支撑机构等体系建设要素。针对产品保证体系建设与运行工作的重点工作、核心内容、突出问题等设置了相应的评估要素。对各评估要素的评估，可采取符合性的方式，也可采取成熟度等级的方式，目的是要查找评估要素所涉及各方面工作存在的问题和薄弱环节，总结提炼产品保证实践过程中的经验，为后续产品保证体系建设与实施的迭代完善明确工作的方向及措施。在检查评估的基础上，还可采取开展问卷调查、意见征集、座谈等方式，收集各方面的意见和建议。

监督检查重点面向发动机项目产品保证实施。发动机各级产品保证工程师严格按照计划对各项产品保证工作开展情况进行监督，比如产品保证计划是否逐级向下分解到每一级产品、技术风险控制措施是否落实到相关文件并有效执行、技术状态是否更改论证充分等，对不符合要求、存在隐患和风险等情况要及时实施预警与叫停。另外，研究院、各发动机领域、各承研单位在转阶段、产品验收、发动机交付或出厂等重要节点，对各项产品保证工作情况进行全面检查和分析总结，针对存在的遗留问题或风险要采取补充验证或相应措施。

20.3.2.8　激励考核机制

产品保证激励考核是有效推进产品保证建设与实施的必要手段，研究院将产品保证工作开展情况纳入对下级单位的工作考核，以促进产品保证工作责任和任务的落实。面向产品保证队伍建立了完善的激励考核机制，包括短期津贴（月或季度）、中长期考核奖励（半年或年度）等方式，其中短期津贴可以覆盖所有产品保证队伍，也可以是某一段时期的考核优秀人员。按年度评选产品保证最佳实践团队和个人，对表现突出的产品保证人员和团队进行表彰。同时，还设立了产品保证专项奖励基金，用于对产品保证攻关、产品保证改进和优化、产品保证创新成果等方面的表彰和奖励。通过相应的激励考核措施和手段，充分激发产品保证队伍的主观能动性，系统、规范地推进各项任务实施。

20.3.3　领域化实施

发动机领域化管理是我国液体火箭发动机研制单位针对设计、生产、试验任务由不同法人单位承担的流程和组织结构特点，提出的按项目（产品）集成管理的工作模式，其本质是纵向的、跨法人单位项目群管理，具体按发动机的产品大类划分若干发动机领域，具体的介绍详见第 3 章。

发动机领域是产品保证工作实施的责任主体，负责所属发动机产品保证工作的顶层策划和实施，发动机领域总指挥是领域产品保证工作的第一责任人。通过领域化实施实现了发动机领域层面的工作抓总，以及产品层级的高效集成、产品过程的紧密集成管理。

各发动机领域明确领域内各发动机的产品保证队伍配置及分工、产品保证工作机制、产品保证文件体系及审批责任、薄弱环节治理步骤、工作主要流程及节点等，为所属发动机队伍、承研单位以及专业技术支撑机构落实产品保证工作提供输入，建立领域内发动机嵌入产品工作项目和控制点的通用研制技术流程，并针对领域内不同阶段产品制定差异化流程，将产品保证工作纳入计划管理、配置相应资源。

在产品层级实现高效集成管理，从发动机到组件、到生产试验、外协等分层级传递产品保证要求，分层级确认产品保证要求的实现。在产品过程实现紧密集成管理，领域办/项目办统筹各单位开展产品保证工作策划，实施产品保证计划。

各发动机领域同时基于实践经验，建立领域重点工作推进机制，并结合领域自身情况建立例会机制、薄弱环节治理机制、产品保证工作月报等机制，制定领域的质量与产品保证工作细则，持续完善领域工作流程。

发动机领域化管理在产品保证工作方面的具体工作方式和作用发挥，在第 2 篇、第 3 章及第 4 篇部分案例中均有所体现，贯彻于发动机各层级产品、各研制阶段、各承研单位。

20.3.4　精细化落地

液体火箭发动机由于产品研制周期长、服役周期长，设计、生产、试验任务由不同法人单位承担，一些深层次理论问题没有完全解决，因此客观上需要“成功状态产品”的严格复制，控制产品实物状态偏离带来的风险。基于此，航天推进技术研究院针对产品实现依据性文件，提出了产品保证精细化落地的方法。

液体火箭发动机的产品保证精细化落地是以发动机领域为责任主体，以“文需一致、文文一致、文实一致”“四可三不同”和记录可追溯为工作标准（详见第 27 章），设计、工艺、操作及检验上下游“四结合”，深入开展设计文件、工艺文件和记录文件等产品实现依据性文件的细化量化工作，消除生产过程的非技术因素风险，提升产品质量的稳定性和一致性，其也是产品生产基线和试验基线建立的基础。

对于批产发动机，设计文件、工艺文件和记录文件等产品实现依据性文件已经固化的，一般主要采取专家审查、自我查摆等方式进行重新审视，检查文件要求是否存在不细化、不量化、有质量隐患或引起质量波动的环节等，进一步细化完善相关要求。对于研制类发动机，在发动机模样、初样研制阶段产品详细设计前对各类文件输入要求的分解、细化和落实情况进行确认，在文件形成过程中严格按照相关细化量化标准进行编制，在正式批准发布前组织相关人员对文件进行全面审视，同时可考虑按按年度、批次或结合重要研制节点对各类文件的精细、量化程度以及执行情况进行定期和不定期的监督和检查，不断迭代完善。外包产品委托方将产品保证精细化落地要求传递到外包供方并组织实施、检查确认。

第 21 章详细介绍了液体火箭发动机产品保证精细化落地的具体实践。

20.3.5　数字化贯通

实现数字化转型已是我国制造业的必然趋势，而且液体火箭发动机承研单位存在设计、生产、试验相互分离的研制模式，同时液体火箭发动机产品结构和生产过程复杂，产品实现过程数据量大，检验检测任务繁重且要求高，而且目前发动机产能需大幅提升，因此液体火箭发动机实施产品保证必须应用数字化手段。

液体火箭发动机的产品保证数字化贯通就是以实现发动机产品保证工作数据在各承研单位间、面向产品的集成贯通为首要目标。通过采用数字化手段，实现产品和过程数据在设计、生产、试验的上下游/跨单位贯通，实现技术状态管理、质量确认、质量问题管理等产品的相关业务流程在线上跨单位实施与贯通，实现“故障模式实例库、故障模式库和发动机试车与飞行数据库”、工艺目录、材料目录、标准规范等产品保证技术支撑资源的跨单位共享应用，以此来实现产品保证活动在线运行、控制和评估，产品质量的精准分析和产品保证工作的高效运行，促进面向产品的质量分析与改进，提升质量工作效率。

第 24 章详细介绍了液体火箭发动机产品保证数字化贯通的具体实践。

20.3.6　专业化支撑

通过建立产品保证专业技术支撑机构，充分发挥专业技术支撑职能，高效推进产品保证工作，按照“扎根专业，辐射全面；主动融入，全力支撑；钻研规律，厚积薄发；培养人才、持续发展”等思路，梳理和分析液体火箭发动机典型质量问题，提炼研究项目，积极融入科研生产活动，培养专业化产品保证人才。

各专业技术支撑机构建立与科研生产队伍的常态化对接机制、中心与分中心之间的协同工作机制等，有序推进各项工作实施并主动融入科研生产活动。通过产品保证标准建设、质量管理体系文件修订以及相关制度建设等工作，将专业技术支撑机构在相关业务流程中需要开展的活动进行了明确和固化。各专业技术支撑机构要以发动机研制需求为牵引，积极跟踪国内外相关专业领域产品保证技术发展现状、研究动态与研究成果等情况，并结合实际需求制定研究院相关专业产品保证技术发展规划，明确重点研究攻关方向和能力建设需求。全面参与发动机设计、生产、试验、交付和售后服务等全流程的工作策划、技术评审、生产过程控制、重大技术问题归零等产品保证活动。参与发动机问题治理、禁（限）用工艺治理、焊缝无损检测率提升等重点工作，牵头建立发动机故障模式库和案例库，在发动机研制生产、共性问题治理等方面推进产品保证能力提升。

第 23 章详细介绍了产品保证专业技术支撑作用发挥的方法和案例。

20.4　启示

航天推进技术研究院通过两年左右时间基本建成体系完善、组织队伍完备、专业技术支撑到位、标准/文件体系覆盖、具备自我持续改进能力的液体火箭发动机产品保证体系。全员产品保证理念已牢固树立并逐步转化为行动自觉。专业技术支撑机构提升了产品在各研制单位的协同作战能力。实现了产品保证要素正确执行、产品可靠性设计精细化、正向风险识别与控制常态化。产品质量问题得到明显控制并逐步减少，有效提升了发动机可靠性保证能力、风险防控能力和型号保证成功的能力。

通过探索建设完备的液体火箭发动机产品保证体系，得到以下启示：

1）产品保证标准和文件体系建设是产品保证体系建设的关键，在产品保证组织和人员队伍明确的前提下，如何规范开展产品保证工作，必须由健全完善的产品保证标准和文件进行指导。

2）建立发动机领域化实施纵向贯通、清晰明确的责任链条是产品保证有效实施落地的前提，各发动机产品保证队伍跨域不同的单位、不同的部门，必须通过清晰的责任链条进行有机地组合并形成合力，统筹项产品保证工作有序实施。

3）发动机专业化支撑是产品保证实施的重要抓手，各专业支撑机构重点开展专业技术研究、标准规范制定，研究解决重大共性专业技术问题，为型号产品提供专业技术把关，同时研究专业技术支撑活动如何进入发动机研制流程主线，承担研制流程中的专业技术工作。

第21章　产品保证精细化落地案例

21.1　概述

产品保证精细化落地的核心内容是“产品保证”，强调风险的正向识别与控制。精细化落地的目的是将技术风险识别与精益过程控制的措施以精细、量化的形式，通过各级正式文件进行固化，并传递到设计文件、工艺文件、过程记录文件等产品实现依据性文件，精准指导现场操作，消除非技术因素风险，确保产品质量稳定可靠。产品保证精细化落地是批产发动机建立生产基线、试验基线的基础，也是研制发动机由研制转向批量生产的前提条件，是产品保证工作落实落地的重要体现。

本章以某型批产交付的液氧煤油发动机为例，介绍液体火箭发动机产品保证精细化落地的工作要求、方法及取得的效果等。

21.2　案例背景

液氧煤油发动机是我国新一代无毒、无污染、大推力高压补燃发动机，其不同状态的产品配套并应用于我国多型新一代运载火箭，参与空间站建设与运营、月球探测、深空探测等重大工程任务。随着我国航天事业的发展，新一代运载火箭对液氧煤油发动机的需求快速增长，液氧煤油发动机的生产必须实现从工程研制阶段向工程应用阶段的转型。

由于液氧煤油发动机的研制历程长、设计难度大、工艺过程复杂，因此，在研制过程中需不断进行设计状态、工艺状态改进，以此来提升发动机可靠性。在这一过程中，涉及的设计文件、工艺文件等生产过程依据性文件数量达到上万份，在迭代改进过程中难免存在设计文件和工艺文件不一致、产品实物状态和文件要求不一致、操作指导文件不够细化量化、部分产品实现环节和过程靠人员经验保证的情况。要保证发动机试验、飞行次次成功，必须要消除各类产品实现依据性文件中不确定、不一致、有歧义的要求，确保各项产品保证要求能够落实到产品实现依据性文件，实现不同时间、不同地点、不同人员生产出状态一致的合格产品，保证发动机在量产、批产情况下质量状态的一致性和稳定性。

21.3　工作要求

21.3.1　精细化落地工作标准

产品保证精细化落地应符合“三个一致”“四可三不同”和记录可追溯三方面标准。产品保证精细化落地涵盖发动机产品设计、物资采购、生产、试验、交付、外场保障、飞行/使用、维护等全流程、全生命周期的所有产品实现依据性文件，设计和工艺人员要在精准识别、传递和落实产品研制生产的各级要求的基础上，对关键环节实施精细化、定量化、数据化的控制，确保各类产品实现依据性文件要求明确、准确、量化，全面有效承接上级文件要求，达到“文需一致”“文文一致”和“四可三不同”；操作人员、检验人员要严格按照设计文件和工艺文件要求进行操作并记录，确保“文实一致”和记录可追溯，详见图 21－1。

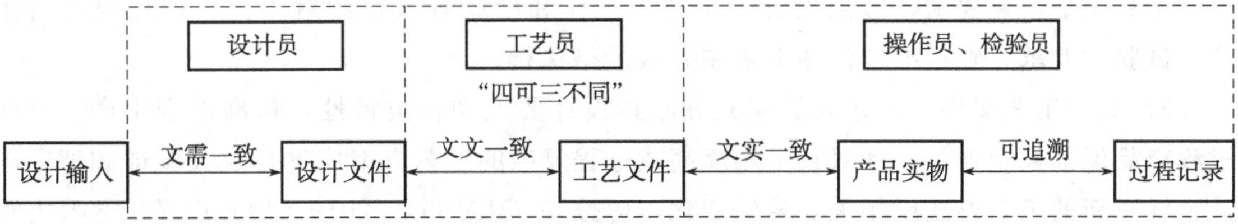

图 21－1　精细化落地工作标准关系图

（1）“三个一致”

“三个一致”是指“文需一致”“文文一致”和“文实一致”。

“文需一致”要求发动机设计文件全面承接设计任务书为主要载体的全部输入要求，设计文件确定的功能特性、性能指标、通用质量特性以及相关生产、试验要求满足任务提出方的明示和潜在需求。

“文文一致”要求发动机各级各类相关文件的要求、参数和指标相互协调、统一，工艺文件全面承接设计文件的要求，生产、试验方案和相关的方法、设备、工装能够满足或实现设计文件要求。

“文实一致”要求发动机生产、试验等全流程的操作人员严格按照现行有效的依据性文件进行操作，将相关文件的所有要求准确落实到产品实物及过程记录。

（2）“四可三不同”

“四可三不同”要求发动机工艺文件做到可操作、可检查、可量化、可重复（即“四可”），以实现在不同时间、不同地点、不同人员可以重复生产出符合要求的产品（即“三不同”）。

（3）记录可追溯

记录可追溯要求发动机生产、试验过程的记录要真实、完整、量化、受控。

21.3.2　文件细化与量化要求

产品实现依据性文件的细化与量化要求主要体现在两个方面。第一，产品实现依据性文件的内容，应全面、及时、准确落实发动机研制单位现行有效的各级管理制度、标准规范等相关要求，充分识别、梳理发动机各类特性，细化、分解与特性相关的控制要求，并进行详细标识，针对发动机生产过程风险要制定具体的控制措施并落实到发动机产品设计、生产、试验和发射场操作等过程控制文件中；第二，产品实现依据性文件的表述，应准确无歧义，各项要求应尽可能详细，各类特性的控制和记录要求要全部量化，为对应的操作过程或下游文件提供精准输入，确保操作过程或下游文件满足预定要求。在上述要求的基础上，根据设计、工艺和过程记录文件类型的不同，具体要求各有侧重：

1）对于设计文件，设计人员应与相关方进行充分沟通，以交流、协调纪要、技术文件会签、评审等方式，充分吃透上级产品设计任务书及相关设计输入，并在设计文件中逐一落实，保证设计文件与上级输入文件“文需一致”。同时设计文件输出的所有参数应准确、量化，各类要求应能被准确理解和执行，最大程度地减少“工艺保证”“设备保证”或“工具保证”等要求，做到设计、工艺、操作和检验等人员理解一致，确保设计对生产、试验的要求完整精准地传递至末端并被严格执行。

2）对于工艺文件，工艺人员应充分吃透设计要点和各类特性，精准识别生产、试验过程产品保证控制项目。针对技术难度高或过程复杂的工艺方案应进行攻关验证和评审确认；针对新的工艺方法或相关要素的变化，应按Q/QJA 694—2019《型号产品工艺鉴定管理要求》在交付实物产品投产前完成工艺鉴定，确保工艺文件与设计文件“文文一致”。同一产品生产、试验过程的不同专业工艺或工序之间应充分沟通、交底和协调，吃透上下游的工艺状态，以正式文件明确工艺状态接口并在工艺文件中严格落实，确保各专业工艺或工序协调一致，确保工艺文件之间“文文一致”。同时工艺文件输出的所有参数应确定、量化，要求详细并能被准确理解和执行，做到工艺、操作和检验等人员理解一致，能传递至末端并被严格执行。

3）过程记录文件应与生产、试验过程的控制要求保持一致且精细、量化，相应的表格、模板要全面承接和落实设计文件、工艺文件的要求，现场异常处理要求应明确。产品实现过程中的记录应规范、量化、详实，及时落实设计文件和工艺文件的变更要求，对于产品关键环节应充分利用多媒体、数字化等技术手段进行直观记录，确保产品实现过程记录可追溯。

21.3.3 文件持续精细化要求

在发动机研制、生产、试验过程中，发动机的技术状态会根据客户需求变化和发动机可靠性提升、禁限用工艺治理、工艺装备改进、发动机质量问题归零、完善管理要求等相关工作发生变化，相关的产品实现依据性文件需要不断进行适应性修订。在文件修订过程中，应按照产品保证精细化落地的标准要求进行修订，完善相关内容，确保修订后的文件能精准指导现场操作。

发动机设计人员、工艺人员应及时将型号总体或用户、上级单位以及本单位最新的相关规章制度、标准规范要求全面落实到相应的文件中，同时应充分征集操作和检验等人员关于提升产品质量稳定性的意见和建议，持续优化和完善设计、工艺文件。针对发动机产品可靠性增长、禁（限）用工艺替代、合格率提升以及质量问题举一反三等薄弱环节治理成果以及各种原因引起的技术状态变化项目，在得到充分验证后应及时落实到正式文件中。同时结合产品保证精细化落地自查及专题检查等方式，充分识别各类文件中不符合产品保证精细化落地标准的环节，持续对标改进和完善。

21.4　工作实践

21.4.1　工作流程

采取领域化实施工作模式，由液氧煤油发动机领域办全面组织、策划、推进液氧煤油发动机的产品保证精细化落地工作，并将其划分为四个阶段，包括工作策划阶段、自查改进阶段、监督检查阶段和持续完善阶段，具体流程如图 21-2 所示。

（1）工作策划阶段

液氧煤油发动机领域办通过全面梳理发动机生产、试验、交付等全流程可能存在的要求不明确或落实不到位的环节，从“技术状态管理”“设计、工艺要求的规范性与可操作性”“图纸中‘工艺保证’和‘参考’尺寸”“关键尺寸可检测性”“中高风险项目过程控制措施的可执行性”“工装管理的规范性”“评审会待办事项闭环落实”“质量问题举一反三闭环落实”“例外放行闭环落实”“外包产品技术要求传递”等 10 个方面明确产品保证精细化落地的工作要求，并制定工作计划和监督检查计划。

按照液氧煤油发动机领域办策划文件要求，设计单位从可靠性增长项目落实、技术文件一致性、流程优化项目规范性、长期超差代料项目、长期以通知单明确的项目等方面开展精细化落地工作策划；生产单位从工艺文件是否与设计文件保持一致、工艺要求是否细化量化、工艺临时性要求是否长期存在、检测要求是否全面到位、薄弱环节治理成果是否已在工艺文件落实、异常情况处理是否规范、记录是否准确完整等方面策划开展精细化落地工作策划。

（2）自查改进阶段

设计单位和生产单位依据液氧煤油发动机领域办的工作计划，组织设计、工艺、操作和检验等人员按照产品保证精细化落地工作要求，以“四结合”的方式，对相关文件及落实情况进行自查，形成自查改进问题清单，进行立行立改并制定整改措施和计划。

（3）监督检查阶段

在设计和生产单位完成自查改进的基础上，液氧煤油发动机领域办组织专家组深入设计和生产一线，按照产品保证精细化落地工作要求，对相关文件及落实情况进行监督检查，形成监督检查问题清单。责任单位按照清单问题进行整改并举一反三，提升设计文件和工艺文件的细化量化水平。

（4）持续完善阶段

设计单位和生产单位在产品发生技术状态变化、转研制阶段、产品生产过程出现质量问题或进行质量问题举一反三等需要对设计文件和工艺文件进行更改时，深入查找相关文件是否存在要求不到位、不细化等情况，及时完善优化，持续提升设计文件和工艺文件的细化量化水平。

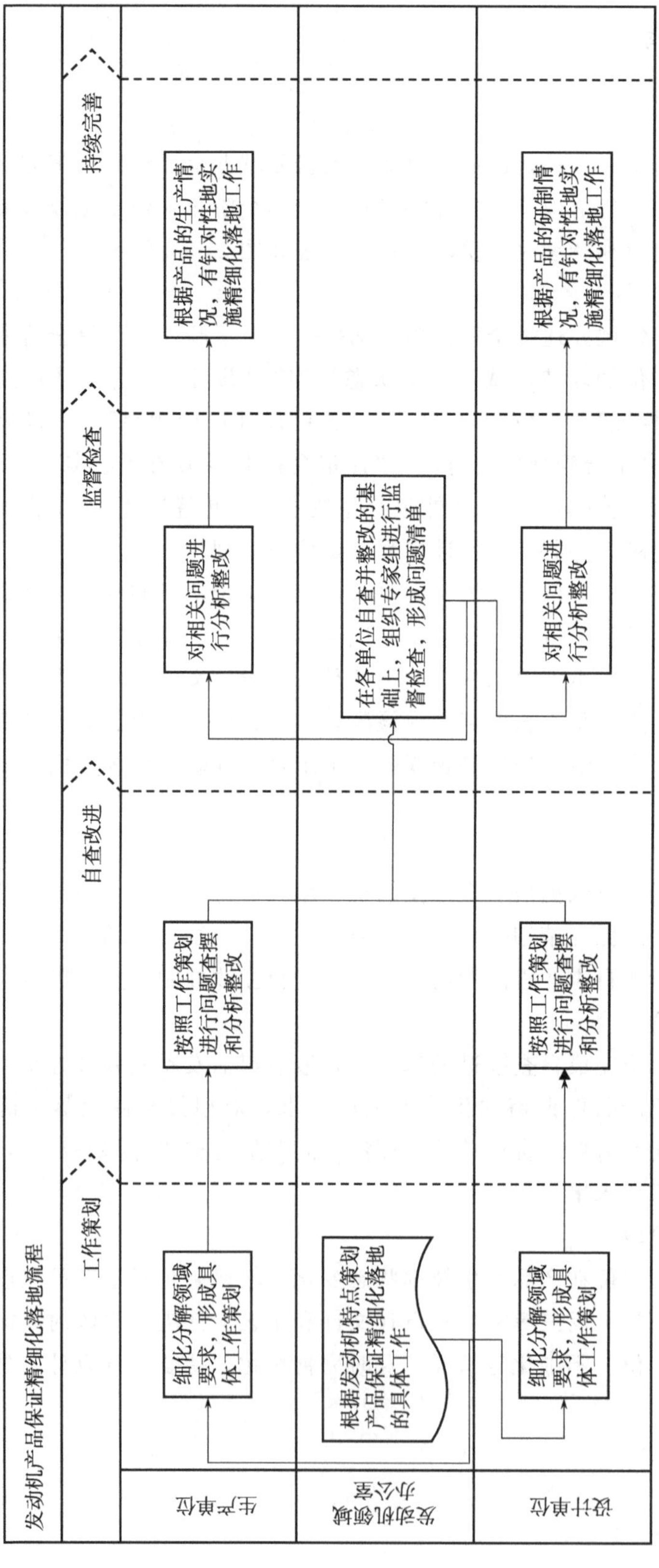

图 21－2　发动机产品保证精细化落地工作实施流程图

21.4.2　问题查摆

问题查摆作为自查改进阶段和监督检查阶段的共同要素，按照单位自查和发动机领域办专题检查两步开展。各单位先行开展本单位文件的自查工作，编制自查报告并形成问题清单，制定整改措施和计划，提交发动机领域办。发动机领域办组织产品保证专家对设计、生产单位进行全面检查，对各单位自查出的问题进行确认，并进一步查找上下游文件不一致和不细化、不量化的问题，形成发动机产品保证精细化落地问题清单。

液氧煤油发动机问题查摆以发动机的产品 BOM（Bill of Materia，物料清单）结构为基础，由液氧煤油发动机设计人员和工艺人员全面审查从发动机整机到组件、部件、零件在各级产品生产、装配、试验过程中的设计文件、工艺文件和过程记录文件。

（1）问题查摆重点内容

设计文件的问题查摆重点检查以下方面：

1）设计提出的要求是否完整传递了上级产品的要求；

2）上级下达的要求是否正确、准确、经过验证、可量化（如力矩量化等）；

3）设计对下级的要求，设计、工艺、检验等人员是否理解一致，是否能传递至末端并严格执行；

4）检查通过研制、“三再”（再设计、再分析、再验证）梳理、治理问题归零、质量问题举一反三、薄弱环节治理等工作形成的措施要求（参数、方法等）是否落实到执行文件中（比如影响大振动的加工细节，影响焊接质量的焊接方法、检验方法等）；

5）检查现场临时文件是否受控，并回归到受控设计文件、图样中；

6）检查设计文件中有无不确定、不量化参数，需要进一步研究确定的，特别是涉及可靠性或对参数敏感环节，例如对燃烧、振动等工作性能敏感的参数，对此类不确定参数建立目录，拉条挂账，尽快解决。

工艺文件的问题查摆重点检查以下方面：

1）工艺文件是否完整准确承接设计要求；

2）是否存在歧义；

3）实际操作过程是否与工艺文件要求一致；

4）现场临时变更是否回归工艺文件；

5）现场异常处理措施是否回归工艺文件，并将预案落实至工艺文件。

过程记录文件的问题查摆重点检查以下方面：

1）所有记录文件是否受控管理并纳入归档范围；

2）所有检验检测记录数据是否据实量化记录；

3）所有异常处理过程是否完整记录。

（2）典型问题

设计文件问题查摆过程中发现的典型问题示例如下：

1）针对螺栓螺母连接结构，为了防止拧螺栓头和螺母导致轴向力不同，在设计技术条件中细化明确“对于螺栓螺母连接结构，力矩应施加在螺母上”；

2）液氧煤油发动机导管一般按样件生产，为了保证某关键部位间隙，增加“换向阀煤油进口导管直线段长度 5±0.5 mm”的细化要求；

3）为了控制摇摆软管在发动机装配过程中受到的应力，增加了“摇摆软管装配后波纹管身部不应出现扭曲、变形、弯曲”的细化检查要求。

工艺文件和过程记录文件问题查摆过程中发现的典型问题示例如下：

1）操作要求不明确的典型项目示例：针对某阀门产品的装配过程，工艺文件要求“不允许赤手触摸阀芯和弹簧”，未正向明确如何触碰阀芯和弹簧，细化为“必须戴洁净白手套或橡胶手套触摸阀芯和弹簧”；

2）文件要求不明确的典型项目示例：氦质谱检漏有多种方法，某工艺文件中仅明确“要求在 1×10^{-7} Pa · m^3/s 下不渗漏”，未明确采用何种方法，要求表述不细化。实际产品一直采用负压法，细化为“采用负压法检查，漏量不大于 1×10^{-7} Pa · m^3/s”；

3）文件要求不细化的典型项目示例：针对某产品的焊接过程，工艺文件要求“焊接材料应严格按专用技术要求储存……”，应细化明确具体的专用技术要求编号和名称，或直接引用相关要求；

4）要求不具有可执行性的典型项目示例：针对某产品的外观检查，工艺文件明确“不允许有超出要求的机械损伤、变形”，表述不清楚，无法作为产品检查依据；

5）过程记录不细化的典型项目示例：某产品液流试验后，要求烘干时间不小于 2 小时，但是过程记录文件仅要求记录烘干时长，并未记录烘干的开始时间和结束时间。

21.4.3 分析与整改

发动机领域办对自查和监督检查发现的所有问题进行汇总、分类和分析，并制定工作计划，逐条明确责任人和完成形式，形成专题总结报告并组织进行专题审查。针对短期内能完成的工作进行立行立改，对于需研究验证后才能精细、量化消除风险的项目建立工作项目清单，按照机制化薄弱环节治理等相关工作要求推进实施。

责任单位产品保证部门按照发动机领域办要求组织发动机设计人员和工艺人员针对检查出的问题进行风险分析，按措施类别划分为完善文件、细化量化要求、完善质量记录、完善制度等，分门别类地明确改进措施、时间节点和责任人，并监督责任部门整改落实。

设计、生产和试验单位建立精细化落地常态化工作机制和责任体系，落实发动机领域办相关要求，结合实际情况组织发动机设计、工艺、操作、检验和产品保证等人员开展相应的产品保证精细化落地工作，确保覆盖产品全层级、全流程、全文件。同时开展本单位共性问题的控制与整治，以标准、规范及文件模板等形式固化和推广工作成果。

21.5　启示

在液氧煤油发动机繁重的生产交付任务和产能提升的双重压力下，通过液氧煤油发动机领域办的周密策划和组织，设计单位和生产单位按上述要求和流程完成了精细化落地检查与整改，基本消除了文文不一致、文实不符的环节，细化量化了设计技术条件、图纸及工艺规程的各类要求，固化了薄弱环节治理、举一反三等工作成果和经验，识别并管控了生产过程中的管理和操作风险，实现了产品研制向批生产阶段转换过程中设计和工艺文件的有效升级换版，提升了发动机质量一致性和稳定性，避免了发动机产品在试车、交付、飞行过程中的低层次质量问题，同时也为后续液氧煤油发动机建立生产基线和试验基线夯实了基础。

通过产品保证精细化落地工作实践，得到以下启示：

1）产品保证精细化落地工作要覆盖设计、生产、试验、交付、应用的全过程；

2）型号产品的技术负责人要加强顶层策划，将精细化落地工作纳入产品保证工作计划进行管理，包括工作策划、检查、问题分析、改进、总结等；

3）要充分动员一线设计、工艺、试验、检验、操作人员，通过“四结合”的方式对编制的依据性文件进行详细检查；

4）在自查基础上，要组织产品保证专家组进行监督检查，对自查及监督检查出的问题进行清单式管理；

5）设计师、工艺师要对检查出的问题进行认真整改，并逐项落实到依据性文件中，产品保证工程师要对整改情况监督把关；对于需要研究验证后才能明确细化、量化措施的问题要拉条挂账，纳入薄弱环节进行机制化治理，治理完成后及时落实到相关文件中；

6）全套产品实现依据性文件经过精细化落地工作后，要升级换版并重新签署，形成基线文件并严格管控。

第 22 章　生产基线建立与应用案例

22.1　概述

对于进入批产阶段的液体火箭发动机而言，各级产品在产品实现全过程的技术状态管控、产品质量符合性和稳定性保证是其产品保证工作的重点，为此引入生产基线的概念，实施生产基线的建立与管控。建立一个完整、准确，能够全面反映产品生产及实物状态所需的全部依据的生产基线，是有效开展批产阶段产品保证工作的基础和前提。

液体火箭发动机生产基线应在试样生产或批生产开始前建立，且技术状态已基本固化，覆盖生产各环节所需的全部内容，其载体为描述和规定产品生产状态的一系列文档，主要包括设计文件清单、工艺文件清单、产品保证文件清单、产品物资控制清单、生产控制项目清单、关键过程控制清单、重要岗位要求清单、重要设备/工装要求清单、生产环境要求清单、外包项目确认清单等。

本章以某型批产交付发动机生产基线建立与管控为例，从生产基线建立、确定、管控等方面，详细阐述该发动机生产基线建立与管控情况，对取得的经验进行了总结。

22.2　案例背景

某型发动机属于常规运载火箭三级发动机，现阶段按批次进行生产和交付。现阶段已持续开展了工艺技术风险分析、工艺“三再”、薄弱环节治理、合格率提升、可靠性提升、工艺攻关、工艺鉴定、质量问题归零及举一反三等工作，已突破了关键设计技术和工艺技术，产品生产质量稳定。在产品保证工作实践过程中，持续开展工艺文件精细、量化工作，完成工艺文件升级换版，建立了稳定、可靠的生产基线，并严格开展过程管控，保证了生产过程“人、机、料、法、环、测”要素变化均处于受控状态，实现“关键人员必须评估，关键设备必须鉴定，关键材料必须包络，加工方法必须受控，环境条件必须保证，测试方法必须有效”。

22.3　工作实践

型号技术队伍（含工艺和设计）、产品保证队伍、检验人员、操作人员完成了产品保证精细化落地工作，按照“四可三不同”“三个一致”、记录可追溯等三个标准，对设计文件、工艺文件进行全面自查和检查，对查摆出的问题进行改进落实，并完成设计文件、工艺文件的迭代升级换版。在产品保证精细化落地工作的基础上，完成了生产基线建立工作，按照组件级、整机级两个层级编制形成了生产基线报告，覆盖到发动机配套各个产品。以生产基线报告为管控依据，生产过程中对“人、机、料、法、环、测”进行全面规范管控，保证了产品实物状态和产品质量的稳定、可靠。

22.3.1　生产基线的建立

（1）开展精细化落地工作

生产基线应基于成熟、稳定的设计和工艺状态来建立，且描述的工艺方法应经过验证，方能建立科学、合理的生产基线。因此，该型号在建立生产基线前，产品保证经理和产品保证副经理组织技术队伍开展了全面、系统的产品保证精细化落地自查和整改工作。同时，发动机领域办下发工作计划，组织研究院、设计、生产单位专家，对设计、生产单位精细化落地工作开展情况进行检查。通过设计、生产单位自查和专家检查，共查摆出 400 余项问题。技术队伍和产品保证队伍一起对问题逐一研究落实，对于涉及可靠性增长的问题拉条挂账，制定计划，长期跟踪，完成对设计、工艺文件的升级换版。此项工作开展为后续建立合理的生产基线打下了坚实基础。

（2）编制生产基线报告

生产基线报告编制按照生产基线管理标准中的编制要求及报告模板进行，由组件产品车间和发动机总装车间的主管工艺师牵头编写，专业生产车间工艺员配合，设计师提供设计文件清单及相应产品保证文件清单，产品保证队伍进行协调、指导和把关。该发动机生产单位、设计单位分别形成 17 份、5 份生产基线报告，22 份生产基线报告覆盖了该发动机各层级产品。

为顺利推进生产基线的建立，将生产基线建立工作纳入科研生产计划中进行管理和考核。

22.3.2　生产基线的确定

生产基线编制完成后应进行评审。在评审会前，由生产单位发动机产品保证工程师将生产基线报告呈送评审专家审阅。评审专家以生产基线报告为依据，检查设计、工艺文件和生产现场实际情况，将发现的设计、工艺文件、生产现场与生产基线报告不一致的问题，反馈给发动机产品保证工程师，由发动机产品保证工程师在评审会前组织相关工艺师完成整改。

生产基线评审会由发动机产品保证工程师组织，评审专家由质量监督代表、产品保证专家、发动机产品技术负责人、发动机产品保证经理、产品保证副经理等组成，相关设计及工艺人员参会，严格按照生产基线管理办法规定的评审要素开展审查。评审会上形成了明确的评审结论，产品保证工程师将评审专家的意见和建议列入待办事项进行跟踪闭环。评审会待办事项落实闭环后，进行生产基线报告的签署，签署完成则标志着生产基线的正式建立。

22.3.3 生产基线的管控

(1) 投产前生产准备状态检查

在该发动机某批产品投产前，生产单位产品保证部门发动机产品保证工程师和生产计划部门联合印发发动机生产准备状态检查工作策划要求，组织开展了生产准备状态检查工作，由各产品车间的产品保证工程师和专业车间的产品保证工程师组织各自车间工艺人员、生产计划人员对本车间的生产准备状态和生产基线报告的符合性进行检查确认，同时各产品车间和专业车间的产品保证工程师对生产基线文件清单逐项确认，将识别出的不一致项目发相应责任部门进行整改，并对整改落实情况进行监督检查，最终由产品车间主管工艺以组件为单位形成了生产准备状态检查报告，报告中包含了专业车间生产准备检查结果。生产准备状态检查报告经过会议评审，其评审流程和要求同生产基线评审，并邀请用户参加评审。

(2) 生产过程控制

生产过程“人、机、料、法、环、测”要素均处于受控状态，实现“关键人员必须评估，关键设备必须鉴定，关键材料必须包络，加工方法必须受控，环境条件必须保证，测试方法必须有效”。生产单位是生产基线执行的责任主体，在生产准备状态检查完成及其待办事项完成后启动生产，严格按照生产基线报告要求组织生产，保证生产使用的设计文件/工艺文件、人员、重要设备/工艺装备、材料、环境、外包供方等符合生产基线要求，对基线偏离和更改严格按照程序文件要求进行，同时积极配合完成各级产品保证人员发出的过程整改意见，符合要求后方能继续生产。

发动机产品保证工程师、单机产品保证工程师、专业产品保证工程师在产品生产过程中，依据生产基线报告中的规定，对基线各要素的落实情况、变更及闭环情况进行监控。如果发现生产活动不符合生产基线报告要求的，立即停止该项生产活动，并督促相关部门对不符合项进行整改，采取处理措施后方可恢复生产。

(3) 生产基线的更改/偏离控制

产品生产基线确定后，严格控制状态，一般不得更改，确需更改的，则履行分级分类的控制程序。生产基线包含人、机、料、法、环、测六大要素，不同要素、不同程度变更伴随的技术风险存在差异。技术状态变化引发的生产基线更改，按照技术状态更改“六项原则”进行，履行技术状态更改申请和更改手续。对于技术状态更改涉及范围以外的履行生产基线更改申请和更改手续。

生产过程临时偏离生产基线时，应按照 Q/QJA 32A—2021 规定的偏离控制要求执行，重要偏离由设计师或工艺师提出偏离许可申请，产品保证人员会签，原文件批准人批准后填写偏离单；一般偏离可由提出者直接填写偏离单。

(4) 生产基线报告的版本维护

下一批生产前，对前一批生产期间的更改文件进行了确认，经型号队伍再次评估风险后，对生产基线报告进行了换版，作为下一批产品生产的依据，新生产基线报告中注明本次更改的项目，原版本基线报告进行保存，新版生产基线报告更改完成并经审批后，生产单位方依据更新后的生产基线报告开展工作。

为实现生产基线报告版本受控，将经评审及审批后的生产基线报告置于本单位数字化平台系统上，方便各类人员查阅。

（5）生产基线的记实

产品生产完成后，组织对生产过程中的依据文件、人员、原材料、设备、生产环境和关键过程控制要求等控制及更改情况进行收集汇总，形成产品生产基线记实，记实反映在组件、整机出厂质量报告以及批次产品保证总结报告中，记实包含了生产基线的建立、控制、偏离和更改等情况，具体包含了生产过程中的设计文件、工艺文件、重要岗位/人员、原材料、元器件、设备、生产环境和关键过程控制要求等的控制及更改情况，生产基线日常检查、更改及产品数据包检查等情况，以及与生产基线相关的偏离单、返工/返修单等单据的落实情况等。

22.4　启示

生产基线的建立与管控适用于产品技术状态固化、生产控制要素相对稳定的批次投产产品，产品保证精细化落地工作是生产基线建立的前提。生产基线建立前，按照“四可三不同”“三个一致”“记录可追溯”标准，对设计文件、工艺文件进行了细化量化完善提升，提高了设计文件、工艺文件质量，有效规避了相关风险。通过建立生产基线，对生产过程中涉及的人、机、料、法、环、测六大要素进行了固化，形成了设计文件清单、工艺文件清单、产品保证文件清单，对产品生产全部涉及的环节进行了一次细致的梳理；确认了不同产品的人员资质要求、设备、工装要求及生产环境要求；对所用到的原材料、辅材及标准件采购厂家和标准进行了复核；对所有外包产品生产厂家进行了逐一确认，为后续投产和过程规范管控提供了保障。

第 23 章　可靠性保证专业支撑作用发挥

23.1　概述

产品保证专业技术支撑机构是产品保证工作体系的重要组成部分。专业技术支撑机构专注于产品风险识别与控制规律的研究和应用，对组织的经验、教训进行系统全面地分析研究，将研究成果转化为正向的风险防控产品保证标准、知识、程序和方法，从而支撑液体火箭发动机产品保证的实施。

本章以可靠性保证专业技术支撑机构为例（其组织架构、职责在本书 3.2 节液体火箭发动机产品保证工作体系中对产品保证专业技术支撑机构已有简要介绍），主要介绍其如何通过开展专业技术研究与专业技术支撑工作发挥对液体火箭发动机产品保证的支撑作用。

23.2　工作要求

可靠性保证专业技术支撑机构按要求负责可靠性保证相关的技术研究、技术支持和人才培养，主要工作要求包括：

（1）可靠性保证专业技术规划与建设

1）制定液体火箭发动机可靠性保证专业技术发展规划，提出专业技术发展项目；

2）建立液体火箭发动机可靠性保证工作流程、标准规范体系、方法工具、工程基础数据库等；建立液体火箭发动机及其核心部组件可靠性设计与分析、试验与评估工作流程、标准规范和平台工具；制定液体火箭发动机力热环境条件分析、试验、评价相关准则；

3）开展液体火箭发动机可靠性保证专业技术研究，开展专业技术研讨与交流，带动和引领专业技术发展。

（2）型号专业技术支持与服务

1）分析和解决液体火箭发动机可靠性保证方面的重大和共性问题，建立和维护重大和共性可靠性问题清单、液体火箭发动机及其核心部组件可靠性常见多发问题清单等，牵头制定与实施相关控制要求；

2）开展可靠性保证策划、可靠性设计与分析、可靠性试验项目策划与结果评估等工作；向相关部门派驻可靠性保证工程师并统一培训，支持其开展可靠性保证工作；参加评审、过程确认、归零等活动；

3）受型号或项目委托，承担可靠性保证专题技术研究。

23.3　工作方法

在可靠性保证专业技术支撑机构的运行实践中，探索出了在知识宣传、交流培训、支撑型号、经验总结等方面的一些具体的工作方法，供读者参考。

23.3.1　导入可靠性理念

可靠性保证作为一项覆盖设计、生产制造与试验的全流程化系统工程，仅仅依靠专业支撑机构履职并开展相应工作是难以实现全面落地的。专业技术支撑机构需要广泛策划并开展可靠性宣传活动，积极宣传培养全员可靠性理念，强化研制队伍可靠性意识。

1）组织征集研制人员可靠性工作建议，了解各相关人员对可靠性的认识和理解，听取研制队伍对可靠性工作合理建议，实现把握重点、有的放矢地开展可靠性工作。

2）以对液体火箭发动机产品可靠性提升和技术风险控制工作有所帮助与提示为目标，编制可靠性保证知识应知应会手册等教材资料，通过阐述可靠性基本概念、可靠性数学、可靠性管理、可靠性设计与分析、可靠性试验、可靠性数据处理与评价等可靠性保证基本知识及要素，提高研制队伍全员可靠性意识，增强全员可靠性理念，传播可靠性基础知识，形成人人重视可靠性的氛围，推动可靠性工作贯穿全员、全要素、全过程、全数据，促进对产品保证的专业技术支撑作用。

23.3.2　提高人员可靠性专业水平

可靠性保证专业技术支撑机构牵头开展液体火箭发动机可靠性保证专业技术研究、专业技术研讨与交流，带动和引领专业技术发展，广泛开展交流与培训，提高可靠性技术人员基础知识水平与业务专项技能。

1）以技术交流会为平台，开展全面技术交流，通过策划可靠性试验、可靠性设计、可靠性故障案例分析等专项交流，总结、提炼和传承液体火箭发动机产品可靠性工程研制经验，推广先进可靠性工作方法，推动各型号产品可靠性专业技术研究水平横向一致、成果共享，提升可靠性保证水平。

2）广泛开展可靠性技术培训，通过主讲与聘请相关机构可靠性专家、高校老师相结合的方式，对可靠性技术与方法进行系统性培训，全面提升可靠性技术人员知识技能水平，并结合发动机专业进行推广使用。

23.3.3　可靠性工作融入研制流程

可靠性保证专业技术支撑机构全面融入液体火箭发动机型号产品可靠性保证相关的策划、设计、分析、验证、评估、总结和技术归零等工作，发挥专业技术支撑机构的咨询服务和审查把关（含会签、评审、复核复算、专项审查、独立评估等）的支撑作用。

1）参加型号产品保证大纲、产品保证计划、产品保证要求、四清单等的评审及会签，确认在研制策划中是否全面覆盖产品保证通用要求中明确的与通用质量特性相关的保证要素；参与可靠性大纲、“故障模式、影响及危害性分析”等可靠性设计分析相关文件的编写，确认产品全寿命周期内可靠性分析的全面性和充分性，通过融入型号嵌入产品保证流程发挥专业支撑作用。

2）直接介入型号研制中归零问题的分析处理，利用可靠性技术方法（如数据挖掘、一致性评估），对故障产品相关信息进行梳理、分析，发现薄弱环节，为归零定位提供技术支撑。

23.3.4 固化形成可靠性工作规范

可靠性保证专业技术支撑机构通过总结提炼工作中的经验成果，并通过标准规范等形式进行固化，支撑型号产品研制队伍的工作。

1）对标国内、外先进可靠性技术研究进展，分析技术差距和不足，结合液体火箭发动机研制需求，明确可靠性技术发展方向，制定液体火箭发动机产品可靠性保证技术研究发展规划，明确后续思路。开展液体火箭发动机可靠性技术体系及解决方案研究，建立液体火箭发动机各研制阶段可靠性工作流程，系统构建液体火箭发动机可靠性技术体系，给出各工作项目的解决方案，使液体火箭发动机可靠性工作能够逐步做到“横向链接，纵向落地”。

2）结合液体火箭发动机可靠性发展需求与各层次产品保证要素，开展液体火箭发动机产品可靠性标准体系建设，梳理可用于液体火箭发动机可靠性工作的现行相关标准规范，构建可靠性标准体系表，有计划地开展液体火箭发动机产品可靠性相关标准编制与修订工作。

3）通过编写设计禁忌和梳理重大共性及常见多发问题，为设计过程和课题研发方向提供指导，形成相对成熟的经验、标准和规范，提升设计可靠性水平。

4）开展故障模式库、故障案例库、试车与飞行数据库等可靠性基础数据库（以下简称“三库”）建设和应用，通过可靠性流程、信息管理和可靠性工作项目的软件化、工具化、方法化，提升可靠性工作的能力和效率，为可靠性设计分析提供基础支撑。

23.4 典型案例分析

本节选取了可靠性保证专业技术支撑机构工作的三个典型案例，涵盖了共性知识总结、基础数据支撑、型号产品服务三个方面，供读者参考。

23.4.1 可靠性标准子体系建设

液体火箭发动机经过60多年的发展，形成了包含可靠性相关标准的从设计、生产、试验到使用的覆盖产品全寿命周期的标准体系。但型号飞行、试验过程中暴露出来的问题，反映出标准体系中可靠性标准存在缺项、标准有效性不强、横向标准使用不一致、可靠性要求分配传递不闭环、薄弱环节识别不到位、试验矩阵不完整、试验样本数量规定不明确等问题，同时也存在着因可靠性标准执行不到位而导致的故障。因此需对液体火箭发动机产品可靠性保证标准子体系进行充实、完善，做好发动机可靠性标准子体系的顶层谋划，切实提升发动机可靠性标准的指导性、有效性、协调性，发挥标准技术支撑作用，有效规范发动机可靠性工作，提升产品可靠性水平。为此需要开展如下标准体系建立和实施相关工作：

1）编写《液体火箭发动机可靠性、安全性、维修性和保障性保证要求》，作为液体火箭发动机可靠性保证的顶层标准（即产品保证标准体系中的二层次标准），提出可靠性保证要素矩阵表与各可靠性保证要素的保证要求。

2）通过调研、会议交流等形式了解一线设计师对可靠性标准的需求。

3）调研用户的可靠性需求，通过提前布局，达到标准涵盖用户的潜在可靠性要求的目标。

4）在已有标准的基础上，对可靠性保证标准应用情况及横向一致性按照可靠性保证要素开展分析评估，根据分析结果和存在的问题确定“保留”“废止”“修订/修改”“降级”“整合”的初步意见。

5）以可靠性保证标准覆盖可靠性保证要素为原则，结合上述调研分析工作，建立满足使用要求的可靠性保证标准子体系（见表 23-1），研究制定具体的相应标准规范，指导可靠性保证工作实施。

6）在此标准体系下，开展具体的专业产品保证工作。在可靠性相关的产品保证活动中，同时在相关平台上向设计师推送可靠性保证标准，推动可靠性工作向“有标准、按标准、留依据”的方向发展。

表 23-1　液体火箭发动机可靠性保证标准子体系表（供参考）

要素分类	工作项目	标准名称(示例)
可靠性管理	可靠性保证计划	液体火箭发动机可靠性产品保证策划指南
	可靠性评审	可靠性维修性评审指南
	对供方的监督和控制	航天产品外包质量控制要求
	可靠性信息管理	航天产品质量与可靠性信息管理要求
	可靠性增长管理	可靠性增长管理手册
可靠性分析	寿命和任务剖面分析	液体火箭发动机寿命和任务剖面分析指南
	功能分析	液体火箭发动机功能分析指南
	继承性分析	液体火箭发动机继承性分析指南
	FME(C)A	航天产品故障模式、影响及危害性分析指南
	FTA	故障树分析指南
	可靠性建模、分配与预计	液体火箭发动机可靠性建模、分配与预计方法

续表

要素分类	工作项目	标准名称(示例)
可靠性设计	可靠性设计准则	液体火箭发动机可靠性设计准则
	可靠性关键项目的识别与控制	液体火箭发动机关键项目管理与控制要求
	抗力学环境设计	液体火箭发动机力学环境预示与分析方法
	强度设计	液体火箭发动机结构强度设计准则
	疲劳设计	液体火箭发动机疲劳、损伤容限与耐久性设计指南
	耐久性设计	
	损伤容限设计	
	热设计	液体火箭发动机热设计准则
	电磁兼容设计	液体火箭发动机电子产品电磁兼容性设计指南
	燃烧稳定性设计	液体火箭发动机燃烧稳定性设计指南
	连接和密封可靠性设计	液体火箭发动机连接与密封可靠性设计指南
	防多余物设计	液体火箭发动机多余物预防和控制
	裕度设计	液体火箭发动机裕度设计指南
	降额设计	元器件降额准则
	冗余设计	液体火箭发动机冗余设计指南
	防差错设计	液体火箭发动机防差错设计控制要求
可靠性试验与评估	环境应力筛选	液体火箭发动机环境应力筛选要求
		航天产品环境应力筛选指南
	可靠性研制增长/试验	液体火箭发动机可靠性研制增长试验要求
	可靠性鉴定试验	液体火箭发动机评估和试验要求
	可靠性验收试验	
……		

23.4.2 基础数据库建设

液体火箭发动机企业原有的发动机试车和飞行数据库（试验数据库）处于按文件存贮的数据管理阶段，存在诸多不足：产品数据库结构缺陷、入库信息量少、故障模式、故障案例包含的可靠性信息不足；数据共享性差，冗余度大；程序和数据之间独立性不高；数据缺乏统一的管理和控制等问题。设计师使用体验不佳，数据库对可靠性分析设计帮助效果不明显。

可靠性数据收集、存贮、管理、分析作为贯穿产品研制、生产、使用和维修全过程的一项基础性工作，在可靠性工程中始终发挥着重要作用。液体火箭发动机可靠性工程最主要的基础数据库包括故障模式库、故障案例库和试车/飞行数据库，“三库”是可靠性信息获取的主要抓手，是开展各项可靠性工作的基础，为此开展了如下“三库”建设相关工作：

1）广泛调研，了解故障模式库、故障案例库、试车与飞行数据库现状及存在的问题和一线设计师的需求，在此基础上初步形成数据库建设目标及思路。

2）开展液体火箭发动机产品典型故障案例研究，分析其故障模式、故障原因、发生频次、造成的后果、采取的纠正和预防措施，参考 GJB 3386—98《航天系统质量与可靠性信息分类和编码要求》、QJ 2731.5《航天产品质量与可靠性信息分类与代码航天产品缺陷和故障模式分类与代码》等标准要求，结合各型号液体火箭发动机产品 FME（C）A（故障模式、影响及危害性分析）工作成果，系统梳理液体火箭发动机故障模式，按发动机和各组件功能，分层级建立产品功能故障模式，经多轮修改完善、反复迭代后建立了液体火箭发动机故障模式清单，供型号研制人员在实际工作中应用。

3）依照 Q/QJA 11B《航天产品质量与可靠性信息管理要求》和 Q/QJA 641《航天产品故障模式库建立工作指南》等标准规范要求，建立航天液体火箭发动机产品故障模式库和产品故障案例库。

4）编写数据库管理制度并组织宣贯，开展数据动态维护，保证三库数据库投入使用后出现的故障信息数据及时录入，监督信息录入的质量。

23.4.3　发动机可靠度评估

某新研发动机型号是一种泵压式液体火箭发动机，其系统方案与现有某型号发动机基本一致。为了提高现有发动机性能精度和稳定性，在现有发动机基础上增加了压力调节装置，并对涡轮泵进行了改进设计。现需要针对该新研发动机型号在缺乏足够子样数的情况下开展首飞可靠性评估。

可靠性保证专业技术支撑机构与型号产品设计部门合作，充分分析系统方案，将现有发动机及部组件研制过程中的可靠性试验信息纳入评估流程，采用基于贝叶斯信息融合算法建立可靠性评估模型，成功开展了可靠度评估工作，支撑型号成功首飞。主要工作如下：

1）通过故障树建模方法，对该发动机进行建模并逐级分解至故障模式底事件，并根据故障模式提取对应的可靠性特征量，建立相应可靠性评估数学模型。

2）以现有发动机部组件和新研部组件的试验数据为输入，采用基于不确定性传播的可靠性模型解算，获得基于部组件信息的发动机可靠性先验概率分布。

3）以现有发动机历次试车和新研发动机整机试车的试验数据为输入，采用威布尔分布可靠度评估方法计算获得基于整机试验信息的可靠性追加信息概率分布。

4）运用基于贝叶斯的数据融合算法，将计算出的先验分布与追加试验信息进行融合，并解算获得新研发动机的可靠度评估结果。

在本次专业产品保证活动中，可靠性保证专业技术支撑机构通过与设计部门反复沟通确认发动机整机及组件的各级有效相关信息，采用新的思路得到了各方认可的评估结果，打破了传统只能利用整机信息评估发动机可靠性水平的制约。通过充分利用发动机及组件各层级信息对发动机可靠性进行评估，拓宽了发动机可靠性评估思路，提高了各级产品试验数据的利用率，将组件试验数据与整机试验数据有机结合，在降低试验成本，缩短试验周期的同时实现了有效评估。

23.5 启示

可靠性保证专业技术支撑机构通过建立培养专业队伍，围绕液体火箭发动机设计开发、产品实现至产品全寿命周期可靠性保证需求，开展专业技术研究和支撑活动，提高了各层级研制队伍可靠性意识，实现产品可靠性分析从被动到主动、从事后分析到事先预防分析的转变，建立完善了专业技术研究机构支撑具体型号研制解决问题的新流程，促进了个人、产品研制队伍掌握的研制经验向共享应用的知识成果的提炼转换，为液体火箭发动机可靠性保证工作提供了有力的专业技术支撑，进一步夯实了液体火箭发动机产品保证能力基础，有效提升了发动机可靠性保证能力、风险防控能力和型号保证成功的能力。

可靠性保证专业技术支撑机构在工作中形成了以下几点认识，供读者参考。

1）可靠性工作是系统性工程、基础性工程，要通过长期积累、不断改进，提炼，形成标准、规范，指导可靠性工作。

2）液体火箭发动机产品的可靠性工作以围绕故障的可靠性和围绕危险的安全性为主，在当前高强密度发射和研制生产任务的新形势下，面临的主要问题是产品可靠性设计裕度不足，技术风险识别不全面、不到位，风险影响因素多等，靠岗位人员有限的知识、零散的经验已很难保证。需大力引进开发先进方法、工具，系统性地在研制流程中固化可靠性保证相关工作并有效监督落实，采取措施将事后处理改为事前预防。

3）加强可靠性基础性研究工作，及时推广成果，指导设计、生产、试验、使用全过程，提升可靠性水平。

4）可靠性工作是一个持续积累和螺旋式提升的过程，需要专业支撑机构主动推进、所有研制队伍共同参与共同提升。

第24章　产品保证数字化贯通实践

24.1　概述

产品保证数字化贯通是航天推进技术研究院在液体火箭发动机产品保证体系完成初步建成任务、迈入迭代改进阶段时，为了支撑液体火箭发动机产品保证体系建设和实施的实际需求，提升产品保证工作效率，在原“体系化建设、机制化推进、领域化实施、精细化落地、专业化支撑”工作模式的基础上提出来的。产品保证数字化贯通是以基于流程、数据的项目全寿命周期产品保证工作需求为输入，通过信息化手段开展面向产品保证数据、流程的数字化建设，打通院属的设计、生产、试验单位间的信息传递链路，实现产品保证工作跨单位运行，提升液体火箭发动机产品保证工作效率，支撑液体火箭发动机精益质量管理体系的建设。

本章针对液体火箭发动机产品保证数字化贯通的工作要求、工作方法、工作实践及取得的效果进行详细阐述。

24.2　实践背景

液体火箭发动机的设计、生产、试验任务按照职责分工，分别在不同的法人单位进行。各单位为适应任务量急剧增长的形势，开展了生产管理模式的数字化转型工作，建设和部署了相关信息化系统，逐步实现产品保证数据和流程的线上流转运行，提高各单位的产品保证工作效率。然而，因为不同法人单位间的基础数据不统一，设计、生产、试验单位的数据管理分散，缺乏并行协同流程，系统难以集成等各种原因，各单位间的各类协同工作无法线上开展，逐渐成为制约产品保证工作效率提升的主要矛盾。

基于航天精益质量管理体系的建设理念以及液体火箭发动机实际需求，提出了液体火箭发动机产品保证数字化贯通工作模式并进行了探索与实践，旨在充分利用信息化手段开展航天精益质量管理体系的建设、运行及评价，推动业务模式转型，提升数据驱动能力。

24.3　工作要求

24.3.1　贯通工作范围

产品保证数字化贯通以液体火箭发动机设计、生产、试验全过程的产品保证数据、流程和技术支撑资源为对象开展工作。

产品保证数据是指所有支撑液体火箭发动机产品保证工作的数据，如产品验收所需的生产和试验过程数据、技术风险管控数据、技术状态管理数据、不合格数据等；产品保证流程是指包含产品保证全部工作项目、工作输入、工作输出、实施时机和质量控制点等信息的产品保证工作全流程管理，以及技术状态管理、生产/试验基线管控、技术风险管控、物料选用控制、产品质量确认验收、质量问题管理等专项流程；产品保证技术支撑资源是指包含面向通用质量特性保证、工艺保证、材料保证等的知识库、禁忌库，产品故障模式库、产品故障模式实例库、试车/飞行数据库，工艺选用目录、材料选用目录、标准规范、评估工具等。

24.3.2　贯通工作思路

产品保证数字化贯通由产品保证管理部门牵头实施。院产品保证管理部门充分调研设计、生产、试验单位产品保证工作现状，征集产品保证数字化贯通需求，以“急用先行，重点突破”为原则，目标导向和问题导向相结合，紧密围绕产品保证数字化贯通需求的实现，基于项目化管理的思路将需求转化为具体工作项目；院属单位产品保证管理部门充分利用现有的信息化条件分解工作项目，确定具体工作内容和计划，分解并压实工作责任，以院级工作方案为指引，各单位具体策划为支撑，上下联动，共同发力，实现全院各所/厂间面向产品的产品保证数据的贯通，实现院及各单位之间产品保证相关业务的线上流程贯通和技术支撑资源的共享应用。具体工作思路如图 24－1 所示。

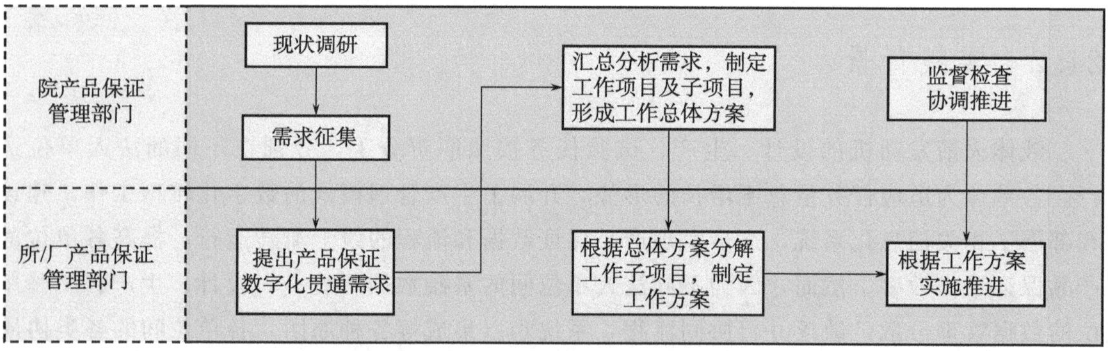

图 24－1　产品保证数字化贯通工作思路

24.3.3　贯通工作目标

产品保证数字化贯通的目标是在各单位间实现产品保证数据的线上流转、产品保证流程的线上运行和产品保证技术支撑资源的线上共享应用，并延伸至相关岗位的工作终端。

产品保证数据线上流转要实现本级产品设计、生产、试验单位间的数据贯通，包括生产过程中不同环节间及上下级产品间的数据贯通；产品保证流程线上运行是以技术状态管理、技术文件审签、质量确认等流程为先导，实现产品保证相关业务流程的线上实施与贯通；产品保证技术支撑资源线上共享应用要实现产品故障模式库、产品故障模式实例库、试车/飞行数据库、工艺目录、材料目录等产品保证技术支撑资源的院级共享应用；数字化贯通延伸至相关岗位的工作终端要实现产品保证数据、流程和技术支撑资源面向相关岗位的可知、可视和可用。

24.4　工作方法

24.4.1　现状调研

产品保证数字化贯通现状调研是为了掌握设计、生产、试验单位间产品保证数据、流程贯通和技术支撑资源共享应用的现状和问题，找准产品保证数据、流程贯通和技术支撑资源共享应用存在的断点、堵点和关键因素，研究提出有针对性的对策和建议，逐步解决数字化贯通工作存在的问题。

调研以座谈和现场查看两种方式开展，通过与产品保证、信息化建设、能力建设等一线人员的座谈，了解各单位产品保证数字化贯通工作的现状和问题；通过现场查看各单位信息化系统的建设和应用情况，掌握各单位产品保证数据、流程、技术支撑资源跨单位贯通的信息化基础条件，为后续工作开展奠定基础。

24.4.2　需求征集

以问题为导向，面向设计、生产、试验单位从产品保证数据、流程跨单位贯通和技术支撑资源共享应用三个方面开展产品保证数字化贯通需求征集。设计、生产、试验单位围绕现状和存在的问题，识别和分析实现单位间产品保证数据、流程贯通和技术支撑资源共享应用存在断点和堵点，系统梳理单位间产品保证数据、流程贯通和技术支撑资源共享应用的需求，并与被需求单位进行沟通确认，形成产品保证数字化贯通需求。

24.4.3　贯通工作项目制定

在现状调研的基础上，以设计、生产、试验单位的需求为依据，院产品保证管理部门围绕产品保证数据贯通、流程贯通和技术支撑资源共享应用三类工作，汇总各单位需求，对相同类型需求进行整合归纳，以项目化管理的思路分析、制定、形成工作项目，并按照责任单位将工作项目分解为具体可行的工作子项目，以被需求单位牵头、需求单位配合为原则明确各工作子项目的责任单位。同时，结合各单位现有的信息化基础条件，以及各工作子项目完成的难易程度，分阶段制定工作实施计划，形成产品保证数字化贯通工作总体方案。

24.4.4　贯通工作子项目分解

各牵头单位产品保证管理部门负责工作子项目的具体工作分解，组织配合单位产品保证管理部门及本单位信息化部门等，围绕负责的工作子项目，在现有的信息化条件基础上共同协商制定具体的工作内容和详细的工作计划，确定每项工作的责任人，形成各单位产品保证数字化贯通工作方案，作为后续推动工作的具体抓手。

24.4.5 工作机制

产品保证数字化贯通是一项多方协同开展的工作，需要相关单位紧密配合共同推进。为保障各项工作有序实施，制定了项目协调机制和监督闭环机制。项目协调机制分层级进行管理，各子项目责任人负责本单位问题的处理，针对项目实施过程中存在的跨单位问题组织项目相关单位进行沟通协调处理，无法达成一致意见的提交院产品保证管理部门进行协调处理；监督闭环机制是各子项目责任人针对已完成的各项工作，要组织与实际应用人员进行沟通确认，眼见为实，对反馈的问题要及时与相关责任人沟通协调处理，有效闭环各项工作，确保功能的适用性。通过规范运行项目协调机制和监督闭环机制，监控工作执行进度，检查工作完成质量，有序推进各工作子项目的实施。

24.5 工作实践

通过产品保证数字化贯通工作应用与实践，共征集到48项具体需求，制定了13个工作项目，分解成47个工作子项目，各单位针对各工作子项目进行了具体策划分解，形成189条工作计划。院产品保证管理部门依据形成的工作计划，每月组织召开例会，监督检查各单位工作计划的完成情况，协调各单位间无法达成一致意见的问题，有序推动各工作子项目的实施。

以数据贯通的“发动机台份数据线上贯通”工作项目实践为例，阐述从需求提出到需求实现的具体实践过程。发动机台份数据是基于生产单位的台份管理系统与TC、MES、SAP等系统的集成，通过自动采集TC、MES、SAP等系统中的产品数据，按台次生成发动机产品的数据包。工作项目来源于设计单位对生产单位提出的需求“查阅生产单位发动机台份数据”，分解成具体的工作子项目为“××生产单位向××设计单位共享某型发动机台份数据”。此工作子项目由生产单位产品保证管理部门牵头，需求提出的设计单位紧密配合，共同协商制定工作计划，见表24-1。

表24-1 发动机台份数据线上贯通工作计划表

序号	工作项目	工作子项目	工作内容
1	发动机台份数据线上贯通	××生产单位向××设计单位共享某型发动机台份数据	在TC系统完成某型发动机工艺文件的数据包数据特性标识
2			对台份管理系统在MES系统中提取的发动机台份数据进行确认，迭代完善，确认从零部件、组件到整机的数据包的完整性、全面性和正确性
3			建立数据库空间，与设计单位的信息系统开展紧耦合数据集成，向设计单位开放数据库
4			开发测试发动机台份数据查看确认功能，将接收到的数据库转换成设计师工作终端可查阅的数据
5			某型发动机台份数据正式上线共享

在项目实施过程中，生产单位产品保证管理部门针对贯通台份数据的范围、与设计单位信息系统集成的方式等问题，组织设计单位及本单位相关部门进行了多轮沟通协商，确定相关要求，各责任部门按照工作计划开展相关工作，最终实现设计师在工作终端查阅生产单位发动机台份数据的需求，提高了设计师确认产品数据、验收产品的工作效率，有力支撑了产品质量确认验收工作。

24.6　启示

通过院和所/厂两级产品保证管理部门的统筹协同，以项目化管理的方式打通了不同法人单位间的信息传递链路，实现了各单位间产品保证数据、流程贯通和技术支撑资源共享应用的需求，提升了单位间的产品保证工作效率，为液体火箭发动机产品保证工作的持续迭代完善打下良好的基础。

通过产品保证数字化贯通的工作实践，得到以下启示：

1）顶层抓总、协同推进。产品保证数字化贯通工作具有涉及单位广、产品数据多、流程复杂、掣肘因素多等特点，需要顶层系统抓总、统筹协调，同时也需要设计、生产、试验单位大力协同、扎实推动，才能确保产品保证数字化贯通的各项工作有效协同、精准实施；

2）项目化管理。项目化管理的核心理念是“以目标为导向、以团队为模式、以计划为基础、以控制为手段”。产品保证数字化贯通由产品保证业务部门牵头，以实现产品保证数据、流程贯通和技术支撑资源共享应用为目标，围绕制定的工作项目和计划，通过项目协调机制和监督闭环机制高效推动工作，最终实现产品保证数据的互通、互享、互用。

第 25 章　发动机单机产品保证案例

25.1　概述

随着我国航天技术的发展和发射任务的不断攀升，发动机单机产品研制难度逐步加大，呈现出使用环境严、批次量大、涉及环节多、协同要求高等特点，单纯依赖传统的质量管理手段，难免会出现风险识别不充分，过程把控不力的隐患。为满足星、船、弹、箭、器等多类型任务需求，适应新形势下发展态势，需要建立完善的发动机单机产品保证运行机制，通过实施科学、系统精细、专业化的产品保证工作，对产品质量的各种要素实施有效的控制，强化风险的全面识别与管控，提高产品研制与生产能力，有力支撑各项任务的圆满完成。

本章以典型空间飞行器用双组元姿轨控发动机单机为例，对其开展产品保证工作的实践、效果及经验等进行概要介绍。

25.2　案例背景

当前空间姿轨控发动机通常采用甲基肼和四氧化氮两种组元推进剂组合，主要用于提供航天器变轨时所需的动力，需要具备稳态长时间工作以及多次启动工作的能力，作为推进分系统的核心单机，是决定航天器任务成败的单点失效单机。某姿轨控发动机处于定型阶段，技术状态已经固化，成功参与多次飞行任务，该发动机主要由推进剂控制阀、推力室和热控组件三大部分组成。

随着应用范围不断拓宽、生产规模不断扩大、发射任务和研制任务量逐年增加，对于“产品可信、过程可控、数据包可视”的产品保证要求及精细化质量管理要求空前强烈，对该发动机高质量连续保证成功能力提出了更高的要求。为了提升空间姿轨控发动机产品保证精细化管理水平，确保设计正确、验证充分、过程受控和产品可信，实现全面正向风险识别与控制的常态化，杜绝已经认识的风险变成问题，避免已经发生的问题再次发生，提供可靠、稳定、合格的产品，满足用户要求，持续提升保证成功的能力，必须从源头抓起、系统预防、规范管理、强化监督，科学组织策划和实施发动机产品保证活动，实现产品保证与生产流程的深度融合，确保各项产品保证要素的精准实施，有效提升产品质量。

25.3　工作要求

发动机产品保证经理作为发动机产品保证工作的责任主体，以“确保设计正确、验证充分、过程受控和产品可信，保证研制过程风险可控，支撑飞行任务成功、在轨稳定运行，满足用户需求”为目标，以技术状态控制为核心，组织产品保证队伍依据策划的产品保证计划在产品设计、生产、试验、交付现场对识别出的产品保证项目是否符合要求开展检查、验证和确认等活动。发动机产品保证活动按照严密规范的产品保证程序，面向产品研制全流程、产品保证全要素，组织开展产品保证策划和具体实施。具体工作要求如下：

1）合理设置产品保证队伍，建立有效的运行机制，强化单机产品保证工程师、主管设计师、工艺师、专业保证工程师在产品保证工作中各自作用的发挥，确保分工明确、协同一致、发挥合力；

2）加强对用户或上级产品保证要求的分析确认与分解落实，确保发动机产品保证工作的全面性和充分性；

3）强化外包产品保证要求的传递和落实情况审查，确保各项产品保证要求得到有效落实；

4）充分结合产品特点和研制阶段，全面辨识风险，并突出重点，开展有针对性的产品保证工作，确保工作的有效性；

5）将产品保证工作程序和工作项目融入产品研制过程，实现产品保证工作与产品研制过程的统筹策划、统筹实施；

6）充分利用产品保证资源，发挥专业支撑机构、专家组等支持保证作用，采用适宜产品特点的标准规范、工具和方法。

25.4　工作实践

对该发动机按照液体火箭发动机九大产品保证要素，科学系统地制定了发动机产品保证大纲和产品保证计划。产品保证大纲明确了发动机定型阶段研制技术流程、质量控制点、生产基线、试验要求等，对设计、生产、测试、试验、交付与验收等全过程按九大要素开展产品保证活动策划。同时，按批次编制产品保证计划，将产品保证计划融入科研生产计划中，对该批次产品的产品保证工作项目、工作内容、开展时机、完成结果及责任部门、责任人等进行规定，确保本产品研制和质量保证工作在定型批生产过程中有效落实。

发动机产品保证工作紧密结合产品任务特点，依据研制技术流程，将产品保证工作项目、产品保证标准规范、质量管理规章制度等嵌入研制程序，将产品保证内容分解纳入研制流程各工作项目，通过产品保证流程驱动，过程类表单规范落实，形成覆盖产品研制全流程的产品保证工作模式，确保“管理体系化、工作流程化、实施定量化”。

在发动机产品保证具体实施过程，充分结合产品批生产的特点，通过敏锐识别产品质量特性要求和技术风险，周密策划涉及产品质量特性和风险的产品保证项目，从严控制产品保证项目要求，确保技术风险控制、技术状态管理、生产基线管控、生产过程风险控制、关键/强制检验等强化控制措施的有效落实，审慎确认风险控制实施结果，总结产品最终质量确认情况，确保顺利完成产品保证目标，产品质量满足用户要求。

25.4.1 产品保证目标

根据发动机研制任务书、产品保证要求，结合任务特点和发动机产品保证通用要求等，针对产品保证的各要素开展系统、规范和严格的技术和管理活动，确定了发动机定型阶段产品保证工作目标：

1）生产基线明确，技术状态更改控制和更改分析验证充分到位，基线变更100%受控；

2）对工艺与过程控制关键特性识别充分，控制措施100%落实；

3）过程不合格得到有效控制，质量问题100%归零，举一反三措施有效，产品缺陷得到有效剔除；

4）产品数据包完整、清晰，验收检查100%全覆盖，产品质量可追溯；

5）残余风险可接受，风险可控，故障预案充分有效；

6）交付验收评审一次通过，交付产品合格率100%；

7）批抽检试车和飞行任务100%成功；

8）产品质量满足用户要求。

25.4.2 产品保证队伍

依据研制单位产品保证人员管理办法的要求，结合产品特点、产品保证要素以及任务实际需求，建立发动机产品保证队伍，见表25-1。各发动机研制单位可在表25-1的基础上，根据型号任务特点以及专业领域要求，适当增减产品保证队伍人员。发动机产品保证队伍主要由产品保证经理、产品保证副经理、质量保证工程师、各级产品保证工程师、专业产品保证工程师等组成，各级产品保证人员在产品保证经理的统一组织下，对发动机产品保证工作实施管理和控制，负责产品保证工作的策划、实施、监督检查、总结等工作。

表25-1 发动机产品保证队伍

序号	职务	职责	备注
1	产品保证经理	产品保证负责人	
2	产品保证副经理	试验阶段产品保证直接责任人	
3	产品保证助理	领域产品保证综合主管人员	
4	质量保证工程师	产品保证工作策划、协调	
5	计划调度	产品保证计划、协调沟通	

续表

序号	职务	职责	备注
6	可靠性保证工程师	可靠性保证工作	
7	发动机产品保证工程师	发动机产品保证工作	
8	阀门产品保证工程师	阀门产品保证工作	
9	热控组件产品保证工程师	热控组件产品保证工作	
10	工艺/材料保证工程师	工艺与材料保证工作	
11	生产阶段产品保证工程师	发动机生产产品保证工作	

发动机产品保证队伍，尤其是各级产品保证工程师的主要职责如下：

1）单机产品保证活动管理与资源协调；

2）配合编制产品保证大纲与监督执行；

3）产品保证项目的策划与持续改进；

4）技术风险和技术状态变化的识别与全面控制；

5）生产基线的建立与维护；

6）外协外包供方的管理与控制（审核，评审、强检和验收等）；

7）归零举一反三措施的落实监督；

8）产品保证信息的收集与分析总结；

9）监督单机产品自验收和残余风险确认。

25.4.3　产品保证策划

25.4.3.1　产品保证工作关注重点

发动机研制已进入定型阶段，产品保证工作主要重点关注的方面有：

1）生产和试验过程的量化控制；

2）生产基线与试验基线管控；

3）薄弱环节治理；

4）可靠性验证与评估；

5）技术状态更改管控；

6）不可检、不可测项目识别与控制；

7）产品数据包的建立与分析；

8）外包供方管理；

9）逐级验收、确认制验收等工作；

10）产品保证信息管控。

25.4.3.2　技术风险清单

依据 Q/QJA 670—2018《航天器技术风险管理要求》等技术风险相关标准要求，针对型号对发动机的研制要求和使用要求，对其任务剖面、环境条件、使用状态等方面进行分析，开展技术风险分析再识别工作。

对照该发动机生产基线，开展新技术、新材料、新工艺、新状态、新环境、新设备、新单位、新岗位、新人员等“九新”分析，识别出技术风险点和关键环节，制定相应的控制措施。对识别出的新技术、新材料、新工艺、新状态需开展相关鉴定和试验验证工作，编制相应的报告，并组织进行评审。同时，按照空间推进系统测试覆盖性分析及不可测试项目控制要求，充分识别产品的不可检、不可测项目，对设计、工艺、生产、测试、试验、安装各个环节制定管控措施，形成可检查的过程记录，纳入产品数据包。此外，发动机交付验收评审前要按照要求完成关键特性数据成功包络线的分析，对超出成功包络线的重要特性、喉部温度、真空比冲等各种关注参数给出对本次任务有影响的明确结论。

通过技术风险再识别，形成发动机风险项目清单，包括无推力输出、爆炸、推力偏小、混合比偏离、非预期推力、产品泄漏、推力偏斜、温度偏高、推力偏大、比冲偏低、响应特性超差、机械接口异常、高偏工况工作可靠性降低等共 13 项风险项目。重点聚焦制造测试阶段的过程控制风险以及交付后的使用风险，对这些风险均制定了相应的控制措施，通过采取控制措施可以降低或消除风险。生产、试验过程中，各级产品保证工程师监督检查各项风险控制措施的落实情况，动态管理技术风险项目清单和技术风险控制检查表，并开展发动机技术风险控制总结；产品交付时，对发动机技术风险控制总结进行评审，全面确保产品质量。

25.4.3.3 产品保证流程

发动机生产阶段产品保证控制项依据以下准则进行识别：

1）产品关键特性的形成过程；

2）工艺实施难度大的过程；

3）易错的过程；

4）曾经出现过质量问题的过程；

5）涉及Ⅰ、Ⅱ类单点故障模式的过程；

6）产品不可测项目的过程；

7）连续实施或一次完成后不可逆的关键过程。

在识别产品保证控制项的基础上，以发动机定型研制技术流程为框架，参照液体火箭发动机通用研制技术流程，以“主流程＋专项流程＋工作程序”的模式，明确了产品保证工作项目、工作输入、工作输出、保障条件、实施时机和产品保证控制点等信息，形成发动机产品保证流程，需关注的重要环节包括技术状态更改、外协部件验收、生产准备状态检查、生产过程控制、试车准备状态审查、试车结果分析、交付评审等。

25.4.3.4 产品保证要素

依据液体火箭发动机产品保证通用要求开展发动机产品保证策划工作，结合该发动机目前处于定型阶段的特点，在研制过程中已完成的工作本阶段不再开展，对通用产品保证要素进行裁剪。经分析，三层次产品保证要素中，涉及产品保证管理 15 项、质量保证 15 项，可靠性、安全性、维修性和保障性保证 1 项，测试性保证 2 项，工艺与材料保证 26 项，地面设施设备保证 2 项，批生产阶段产品保证 8 项，不涉及软件产品保证。

25.4.3.5　产品保证策划文件

依据用户下发的发动机产品保证要求，以及承研单位产品保证相关标准规范等制定了发动机产品保证大纲，对定型阶段产品保证工作进行系统策划，并按批次编制产品保证工作计划，对定型阶段各批次生产产品保证工作项目、工作内容、开展时机、完成结果及责任部门责任人等进行规定，确保产品保证工作在定型阶段批产生产过程中得到有效落实。

对于外包零部件推力室身部，按照“A＋B＋C”的管控模式，在研制单位级的《外包产品通用保证要求》，以及推力室产品通用要求《发动机推力室身部外包质量专业保证要求》的基础上，针对研制、验收评审、强制检验等要求进行了细化，形成了本发动机《发动机推力室身部产品专用保证要求》，要求外包供方编制产品保证大纲，并建立生产基线、按照生产基线管理身部生产，严格身部生产及工艺技术状态控制。

此外，发动机热试车为外协试验项，包括交付产品的推力矢量热标试车和鉴定级批抽检热试车，编制并传递《发动机试验阶段产品保证要求》，主要明确试验过程风险分析与控制、试验过程产品保证控制项目管理要求、试验基线的建立和控制等，监督承试单位建立发动机试验基线，按照试车任务书和试验基线开展相关试验工作，严格试验系统及状态控制等试验阶段产品保证工作。

25.4.4　产品保证实施

25.4.4.1　技术状态管理

技术状态管理严格按 Q/QJA 32A—2021《航天产品技术状态控制要求》实施，执行技术状态更改控制程序，对Ⅰ类技术状态更改和Ⅱ类技术状态更改，必须在开展更改可行性论证的基础上，提出技术状态更改申请，经相应级别技术状态委员会审查批准后方可编制更改单实施，技术状态更改申请和更改单均作为技术状态文件进行管理。对Ⅲ类技术状态更改可直接编制更改单后实施。

经过初样阶段研制，发动机技术状态已确定，以此为基线，进行过两项技术状态更改，均为标准升级，更改内容通过更改单在生产中已落实。此外，由于用户对本发动机在轨使用工况进一步梳理和完善后，下发的补充技术要求更新发动机的试验考核程序和无损检测要求，并在补充技术要求的验证试验总结报告通过用户组织的评审后，在后续批次发动机上实施。因此及时对发动机技术状态进一步固化，并对生产基线进行版本升级，严格控制更改和偏离许可。

25.4.4.2　精细化落地

为严控生产过程风险，提升产品质量的稳定性和一致性，根据液体火箭发动机产品保证精细化落地的要求，持续采用自查与专家审查相结合的形式开展了精细化落地审查。组织设计、工艺、操作、检验人员，针对系统设计输入文件、设计文件（含设计图样、技术条件、操作细则、技术要求等）、工艺文件、试验操作文件、产品保证文件等技术文件以及产品过程记录进行全面自查。同时，组织专家对问题进行再次确认和补充检查。梳理、分析发现的问题，各方意见一致的改进措施，及时更改完善落实到受控执行文件中。通过发动机精细化落地审查，对振动试验温湿度环境条件未明确等 13 项问题进行了整改，改进后的全套设计、工艺和记录文件，作为生产基线更新完善的基础。

25.4.4.3 生产基线建立与管控

在该发动机产品小批量生产过程中，人、机、环等次要因素对产品质量影响难以预测和诊断，传统技术状态控制难以取得理想效果。以产品保证工程师为主体的生产基线全过程管理应运而生。

按照液体火箭发动机生产基线建立与管控标准要求开展了发动机生产基线管理工作，主要包括生产基线的建立、确定、变更控制、记实等。

按照“生产前建基线、过程中管基线”的原则，及时建立生产基线报告，降低要求不明确带来的风险。以明确的产品状态为基准，规定了生产文件配置、产品物资控制清单、关键过程控制清单、设备要求、生产环境要求等项目，作为发动机后续各批次研制生产的技术状态基线及依据，固化人、机、料、法、环、测（“5M1E”）及生产阶段产品保证要素等相关要求。

投产前，确认生产基线文件完整、协调、准确，能够正确描述生产全过程的“5M1E”状态，生产阶段产品保证要素需在生产基线文件中得到有效落实。生产基线报告主要检查确认的内容包括：

1）生产基线文件配置清单：包括设计文件、工艺文件、产品保证文件等；

2）产品物资控制清单：包括原材料、元器件和标准件控制清单；

3）生产阶段产品保证要素清单：包括关重件、关键项目、关键工序、关键强制检验点清单；

4）三类关键特性控制表：包括发动机设计、工艺、过程控制关键特性表；

5）重要岗位要求：主要针对液流试验操作人员的资质和操作依据进行了规定；

6）重要设备/工装要求：生产前进行确认，设备和工装均要检定或复验合格后才能投入使用；

7）生产环境要求：包括液流试验台、管路、酒精清洗装置等提出了具体要求；

8）外包产品确认：发动机身部外包供方控制要求，发动机热标试车和批次抽检试车外协承试单位控制要求。

生产基线控制工作就是刚性落实各类要素，控制要素落实不到位就会产生风险。通过将实际生产要素和生产基线比对，按照变化的类别和影响分级控制要素变更，控制要素变更风险。该发动机形成生产基线控制文件共 112 份，向外协供方传递 6 份，其中工艺规程 84 份，研制单位内部 80 份，外协供方 4 份。

25.4.4.4 生产过程管控

（1）一般要求

依据生产基线，对从事产品生产加工、装配、调试、测试、试验的人员，纳入生产作业人员管理，明确质量职责，开展资质认定持证上岗，并符合生产基线要求。

强化了工艺规程的细化、量化，覆盖“5M1E”状态和产品生产流程，采用面向产品结构化与可视化工艺、工艺附图等方法，提高工艺文件的可读性、可操作性；工艺参数应量化，并有明确的检测方法和工具要求、数据记录要求。生产依据性文件应按生产基线文件清单发放，并现行有效。

关键过程控制依据《关键过程控制程序》文件执行。在文件中明确产品生产过程中使用的特种工艺，对所涉及的人员、设备、材料（含工艺介质）、工艺文件、工作环境和测试方法应按规定进行确认。

（2）生产过程产品保证控制实施

为进一步强化产品生产过程控制，确保产品保证工程师及时实施产品保证活动，切实发挥正向风险识别作用，针对发动机产品保证计划中识别出的产品保证控制点，形成产品保证控制点审查表单，明确产品实现过程产品保证控制工作的确认项目、确认内容、责任人等，见表 25 - 2。

表 25 - 2 发动机生产过程产品保证控制点（示例）

序号	控制点名称	确认内容	记录表单	备注
1	生产前准备状态检查	1)根据生产基线文件确认生产状态与生产基线符合性； 2)头部、身部批次情况确认； 3)身部涂层数据确认	1)产品开装前检查确认表 2)头部、身部批次情况确认表 3)身部喉部内表面涂层厚度确认表	
2	头部配套确认	确认各零件配合间隙是否满足钎焊要求，是否在历史包络范围内	头部零件配套确认表	
3	头部液流数据确认	1)头部流阻、边区数据是否满足设计文件要求； 2)头部流阻、边区数据是否有超包络数据，是否存在异常数据	头部液流数据及历史成功包络范围	
4	发动机配套确认	确认发动机氧/燃两路阀门配套，开关机响应，以及有行程要求的配套关系	发动机配套表	
5	发动机节流圈调试确认	1)调试结果是否满足工艺文件要求； 2)调试数据（流阻及节流孔板）有无异常、超历史包络数据	发动机液流数据确认表	
6	发动机试车结果确认	1)发动机试车是否完成试车任务书要求； 2)试车过程有无异常问题处理	发动机试车结果确认表单	
…				

在发动机生产程序文件中，针对产品保证控制点实施流程进行了明确：

1）将产品保证控制点审查表单融入生产过程记录卡；

2）产品调度人员依据要求，在生产过程记录卡上加盖产品保证控制点专用标识；

3）生产调度人员提前 1 个工作日，提请产品保证工程师开展产品保证控制点确认；

4）检验人员负责监督产品保证控制点的实施过程，确保不发生越点；

5）产品保证工程师对审查发现的问题组织闭环整改。

通过生产过程产品保证控制点的实施，实现了产品生产过程表单化管控，产品保证工程师能够及时介入生产过程，及时发现问题和解决问题，真正实现了过程质量控制重心前移。

25.4.4.5　试验过程管控

（1）试验控制要求

试验控制包含产品交接控制、易错难操作控制、产品防护控制、试验测试控制、试验事故预想、试验过程控制、试验异常问题管理、试车安全管理等内容。

发动机高空模拟热试车承试单位产品保证工作按液体火箭发动机试验基线管理要求、发动机产品保证大纲、试验阶段产品保证要求以及试验质量保证大纲等产品保证要求执行。在发动机试验前，对试验准备状态进行确认，并严格控制试验基线的偏离和更改。

（2）试验风险分析与控制

针对试验的发动机产品特点，由试验阶段产品保证工程师组织，试验技术负责人对试验产品、试验流程、试验设备方面开展试验阶段技术风险识别与控制工作。试验流程风险识别控制应包含试验产品推进剂加注及热试车过程。按试验流程对与试验产品相关的设备技术指标满足性与稳定性、过程操作安全性与可重复性、检测手段准确性与有效性等对试验过程进行风险分析。

经分析，发动机热试车风险包括真空舱及吊装系统、引射系统、引射工质供应系统、循环冷却水系统、循环冷却水系统、推进剂供应系统、废气处理系统、测控系统等方面的风险，对试验阶段识别出的风险，承试单位编制了技术风险项目清单及技术风险项目控制检查表，确保了风险应对措施充分、有效、合理。

（3）试验过程产品保证控制项目管理

根据发动机试验特点，在正式试验任务实施前，按照“通用控制项目＋专用控制项目”的模式识别发动机试验过程产品保证控制项目。针对发动机试验过程中存在的共性问题和薄弱环节提炼通用控制项目。专用控制项目是根据具体型号发动机试验的特点识别出的项目。

试验过程产品保证控制项目识别线索如下：

1）影响试车成功的因素；

2）影响发动机工作模式预期验证及数据采集全面性的环节；

3）试验系统关键产品及过程；

4）易错难操作的过程；

5）曾经出现过质量问题的产品及过程；

6）涉及试验系统Ⅰ、Ⅱ类单点故障模式的产品及过程；

7）不可检、不可测项目。

通过识别试验过程产品保证控制项目，明确控制项目的名称、控制要求或方法、确认时机、合格判据、过程记录要求等内容，纳入发动机试验关键过程控制文件、发动机试验多媒体记录等试验技术文件中，以表格化形式在试验文件中明确控制项目的记录内容，并形成多媒体记录。产品保证人员在试验任务实施前，对产品保证控制项目在试验操作文件上的落实情况进行检查确认，形成控制项目落实结果确认表，确保在试验过程中有效落实。

(4) 试验基线建立与管控

试验基线的主要工作内容包括试验基线的建立、确定、状态控制等。发动机热试车基线包括试验系统基线和试验流程基线。试验系统基线主要包括发动机状态、试验系统状态、试验介质状态及试验辅助系统状态等。试验流程基线主要结合发动机试验工艺方法，根据试验过程涉及的人、机、料、法、环、测、管理七要素，固化试验工艺流程。

试验基线确定后，严格控制状态，一般不应更改。若确需更改，以“谁变更、谁申请”为原则，更改时应遵守“分类准确、论证充分、试验验证、各方认可、审批完备、落实到位”六项原则，确保更改受控、验证充分、可追溯。

发动机试验基线报告文件包括当前试验系统基线说明报告、基线更改、让步状况报告、基线更改实施和验证报告等。基线记实文件由承试单位负责归档，归档文件采用纸质载体和磁介质等方式，并按档案管理的规定和标准处理。

(5) 试验准备检查确认

主要检查确认以下内容：

1) 试验系统的技术状态是否与任务书提出的要求相符；

2) 试验产品交接验收以来的工作准备情况，包括试验技术文件资料完备情况、监视和测量设备仪器受检情况、多余物控制情况、试验系统单元、综合测试检查情况；

3) 风险的识别与控制情况；

4) 试验准备过程中和以往试验过程中发生的质量、安全问题的归零情况、纠正措施的落实及举一反三情况；

5) 试验系统满足试验任务要求的符合情况；

6) 确认试验准备状态与试验基线的符合性，试验基线变化是否履行审批手续。

(6) 试验结果分析与应用

试验完成后，承试单位负责对试验参数的获取情况、工艺数据开展分析和确认工作，形成总结报告，对过程中涉及发动机产品的所有问题、异常数据以及与发动机产品实物相关、与发动机测试数据采集和处理方式相关的技术状态变化情况及时反馈。

试验提出单位对发动机产品状态和性能参数数据进行分析、确认并形成报告，必要时进行会议评审，给出试验结果是否满足试验目的的结论。

试验提出单位和试验承担单位分别对试验过程中产品及试验系统发生的问题开展分析，提出改进措施，制定问题的整改计划并落实。

25.4.4.6　外包产品管控

发动机推力室身部外协承制，依据发动机身部技术条件、设计图纸等技术文件开展相关研制、验收评审、强制检验工作，外包管理要求依据研制单位《外包产品通用保证要求》《发动机推力室身部外包质量专业保证要求》《发动机推力室身部产品专用保证要求》

执行。身部燃烧室段和喷管延伸段的电子束焊接由外协供方二次外协进行，身部喷涂的涂层粉体材料由下游配套单位提供，身部基体铌钨合金由材料厂家提供，所有二次外协供方均应为外协供方长期合作的合格供应商，均有相应的技术协议和产品保证要求。

对于外包/外协供方，建立外包产品保证要求的传递与落实机制，对外包产品保证要求进行逐级确认和分解，确保产品保证要求得到有效落实。发动机身部产品保证要求均已传递至外协供方，并完成相关产品保证培训交流，为加强过程监控，新增设置了涂层前的身部强制检验点，加强产品验收质量及生产基线变化控制，确保外包产品得到有效管控。发动机身部验收时，对生产过程数据包的完整性、正确性、可追溯性进行检查，对不符合要求的产品应坚决拒收。

25.4.4.7　产品数据包管理

依据发动机产品保证大纲的要求，开展产品数据包的策划、建立、生成和管理工作。发动机产品数据包交付的文档中，按文档类型分为清单、记录、文件三类。各类文档的管理和交付要求如下：

（1）清单类

清单类为各类文件、记录和专题项目的汇总清单，如设计文件清单、原材料清单等。

（2）记录类

记录类为研制过程中形成的各类过程记录，如密封件有效期证明、焊缝质量检测证明、关重特性检验记录等。

（3）文件类

文件类为研制过程中形成的各类正式文件，如图纸、技术条件、检查确认报告等，已完成归档。

产品保证工程师在产品验收过程中，组织对发动机产品数据包的完整性、正确性进行检查确认。数据包文档清单参考见表 25-3。

表 25-3　数据包文档清单（示例）

序号	类别	项目	类别	文档名称
1	设计输入文档	任务书	文件	
2		IDS 表	文件	
3	设计文档	单机设计报告	文件	
4		产品设计关键特性表	文件	
5		图纸	文件	
6		使用说明书	文件	
7		设计更改清单	清单	
8	技术状态控制文档	技术状态更改项目清单	清单	
9		技术状态更改申请单	记录	
10		技术状态更改落实检查单	记录	
11		技术状态更改专项论证报告	文件	

续表

序号	类别	项目	类别	文档名称
12	工艺文档	工艺清单	清单	
13		产品工艺关键特性表	清单	
14		工艺更改清单	清单	
15	物资配套使用清单	原材料清单	清单	
16		材料复验证明	记录	
17	测试、试验文档	测试覆盖性分析报告	文件	
18		测试覆盖性检查报告	文件	
19		单机试验总结报告	文件	
20	生产过程记录	生产过程记录	记录	
21		产品多媒体记录	记录	
22		外购、外协件清单	清单	
23		外购、外协件质量证明、验收证明文档	文件	
24	关键项目控制记录	关键项目过程控制情况检查表	清单	
25		关重件过程控制情况检查表	清单	
26		关键(强制)检验点控制情况检查表	清单	
27		关键(强制)检验点检验记录	记录	
28		不可测试项目控制情况检查表	清单	
29	问题处理信息	技术问题处理清单	清单	
30		偏离/超差项目清单	清单	
31		质量问题归零清单	清单	
32	产品验收文档	验收大纲或验收技术要求	文件	
33		质量评审证明书	文件	
34		发动机研制及产品保证报告	文件	
35		产品证明书、履历书	其他	
36	生产要素	生产要素识别清单	清单	
37		生产要素结果检查确认清单	清单	
38	……	…		

25.4.5 产品保证工作总结

在发动机产品交付前，按照型号配套情况，编制研制及产品保证总结报告，主要针对产品研制过程、产品试验情况、质量控制情况、技术风险识别与控制情况、质量问题举一反三情况、关键特性与量化控制分析确认情况、“九新”分析等研制工作进行总结，并对其结果进行分析和评价，并作为产品交付数据包内容，随产品交付验收一同评审。总体及分系统在产品验收时对报告中涉及的产品保证工作落实情况、客观证据及产品质量的符合性结论进行检查和确认。

25.5 启示

通过对典型空间飞行器用双组元姿轨控发动机单机实施产品保证工作，效果逐步显现，体现在以下几个方面：

（1）技术风险充分识别

发动机研制队伍，紧密围绕精益产品保证要求，利用科学、系统的产品保证方法对产品技术风险再分析、全过程薄弱环节再梳理，充分识别发动机的全流程技术风险。

（2）生产基线有效管控

通过对发动机各零部件精细化落地、生产试验基线管控、生产过程产品保证控制点实施等举措，深度理解、细化落实用户以及各级产品保证要求，有效控制产品生产、试验等过程的风险点及关键环节，细化量化了产品实现过程依据性文件，完善各类产品保证工作表单，审慎建立并有效维护生产基线和试验基线，一定程度上提升了产品质量的一致性和稳定性。

（3）产品保证队伍能力提升

发动机产品保证队伍按照人员管理办法以及岗位职责、产品保证工作细则等严格履职，熟练掌握并应用各项产品保证工作执行标准和规范开展产品保证工作，指导并有效控制产品研制生产全过程。各级产品保证工程师对技术风险和质量问题具有强的敏感性和判断力，能够高效处置发生的风险问题。

（4）产品保证效果逐步显现

通过实施科学、系统、精细、专业化的产品保证活动，以技术风险正向识别与精益过程控制为核心，将产品保证工作嵌入科研生产流程，构建覆盖全员、全系统、全要素、全流程、全数据的产品保证体系，促进了本发动机质量管控能力提升。确保连续多个批次产品“零缺陷、零疑点、零故障”，一次成功交付率100%，数十台产品参加飞行试验连续100%成功，产品保证的风险管控作用逐步显现。

在实践过程中，形成了以下几点认识，供读者参考。

1）产品保证队伍统一思想、加强学习。产品保证经理代表的产品保证队伍本质上是承担一定管理职能的工程技术专家。在产品保证实施以来，发动机产品保证经理、负责人、产品保证工程师主动克服重技术、轻管理的思想，积极转变工作重心，通过产品保证培训、交流，准确理解了产品保证的本质与精髓，不断研习产品保证工作方法，提升工作能力，开展了产品全过程研制风险的辨识与管控。为做好“质量活动的引领者、技术风险的监控者、关键过程的见证者、外协质量的监督者”，他们紧扣产品保证履职要点，按照产品保证计划，在策划好的时点对产品的各项产品保证活动逐项开展指导、检查、验证、确认；见证、记录并适时报告产品保证结果，确保了产品保证活动的规范性，产品风险控制措施的有效性，产品质量问题闭环的及时性，产品数据包验证结果的准确性。

2）产品保证策划抓住关键、规范实施。全面梳理发动机技术流程，充分结合产品特点，以技术状态控制为核心，科学制定产品保证要素，合理策划产品保证工作项目，形成了覆盖产品制造、测试及试验等各个环节的产品保证控制点。同时，系统规划，合理调配资源，精细安排产品保证工作计划，梳理细化保障条件，一定程度上解决了传统质量管理模式被动式、应急式管理所造成的风险管控能力不足；合理实施嵌入生产流程的产品保证控制点，紧扣产品生产过程关键环节，设置合理高效的风险控制时机，通过流程驱动落实，表单化管控，有效见证、监控、规范指导产品保证要求在一线的落实落地。

3）重要外协严控变化、细致督促。外协产品产品保证管理文件中要求加强对供应商“全领域、全级次、全过程、全要素”管理，将产品保证要求和相关标准传递到最末端供应商，确保航天质量要求和标准落实到外协产品研制生产全过程。发动机对外协部组件制定并正确传递外包产品保证要求，明确了产品验收项目和产品数据包要求，合理设置强制检验点。以生产基线管控为抓手，以精细化落地为目标，通过开展生产阶段产品保证控制项目识别，固化人、机、料、法、环、测等状态，建立生产基线，在生产过程中对基线变更实施控制，最终确保了产品质量。

第 26 章　发动机试验过程产品保证案例

26.1　概述

发动机点火试验是发动机研制工作中的重要一环，设计生产完成的发动机，都要在专门的试车台开展点火试验工作。发动机的研制阶段虽然存在不同，但是点火试验的流程基本是一致的。试验通用过程一般包括试验方案评审、试验准备与控制、试验质量评审、试验实施和试验后分析等。

在进入试验准备阶段后，产品保证的主要目标是确保发动机试验成功，试验参数全部获得。试验前，应组织对试验准备状态评审，对试验基线进行检查确认，检查并确认试验的产品状态、试验设备、环境以及人员岗位，确保其符合要求。试验完成后，组织对试验数据分析评审或确认，确保试验数据、分析结果满足试验目的和产品性能功能指标要求。根据试验流程细分，发动机试验过程产品保证需要在产品交接、安装对接、产品测试、系统测试、试验准备评审、试验及试后数据分析等环节开展，技术风险识别与控制工作贯穿于试验全过程，保证各项工作的质量结果满足要求。

发动机所处研制阶段不同，试验过程开展产品保证的侧重点也有所差别。对处于方案阶段、初样阶段的发动机试验，在关注过程控制的同时，还要关注产品不稳定对试验台引入的风险控制；而对于已进入试样批产阶段的发动机试验，试验产品与试验流程基本固化，试验过程更多关注的是试验系统的可靠性、试验基线管控等方面的风险。

本章以某型氢氧液体火箭发动机产品校准试车为例，对其试验过程所开展产品保证工作的实践、效果及经验等进行详细介绍。

26.2　案例背景

该型氢氧液体火箭发动机已参加了多次飞行试验任务，目前处于批产阶段。发动机在交付前需要进行地面校准试验，属于验收试验的一种。由于是即将交付飞行的发动机，更应遵循“像飞行一样试验，像试验一样飞行”的原则。承担发动机试验任务的试车台为专用试车台，人员、设备、流程基本固定不变。该型发动机试验过程中按照九个产品保证要素进行了产品保证工作的系统策划，组建了产品保证队伍，开展了试验全流程规范化管控、产品保证专用控制项目识别、技术风险识别与控制、产品保证精细化落地、试验基线建立等一系列产品保证工作。

26.3　工作要求

发动机试验过程的产品保证工作要求是：

1）建立产品保证工作体系，完善制度、建立队伍；

2）开展校准试验阶段的产品保证工作策划，编制产品保证大纲、产品保证计划，将产品保证要求纳入型号研制计划予以实施；

3）以目标为导向，在实践中不断探索方法、优化流程、持续改进；

4）对试验过程中的质量控制点进行 100%地检查、监督；保证发动机和试验系统安全，试车达到目的，试验数据真实可信。

26.4　工作实践

26.4.1　产品保证队伍和工作方式

发动机校准试验产品保证工作在产品保证副经理的统一组织和协调下开展。设置了一名专职产品保证工程师，根据工作需要设置了两名兼职的主管产品保证工程师，专、兼职产品保证人员在各自职责范围内开展工作。根据设定的产品保证和质量控制目标，以“责任书”形式确定和传递产品保证人员的具体职责。同时还明确了试验主管领导、试验指挥员和各分系统技术负责人的产品保证职责，他们事实上是产品保证工作“落地”的人员。按照体系管理要求，逐级分解和细化了责任，便于产品保证工作的开展。

以“识风险、控变化、抓落实、督外包”为工作原则，产品保证工程师采取组织/参与评审、文件见证、现场见证、检查确认等方式开展指导建议和监督工作，同时通过预警、叫停等手段保障关键环节风险受控。在表 26－1 的示例中可以看到，不同的工作项目对应了不同的产品保证控制点，相应的工作人员和见证方式也因事而异。

表 26－1　发动机校准试验产品保证实施要求（示例）

工作项目	工作项目内容	产品保证要点	产品保证人员	见证方式
A1	试验任务书提出	—	—	—
Q1	任务书评审、会签	要点 1 要点 2 要点 3	产品保证工程师	现场见证 文件见证 会签确认
M1	技术文件编写	要点 1 要点 2 要点 3	研制队伍人员 1 研制队伍人员 2 产品保证工程师	文件见证
……	……	……	……	……

续表

工作项目	工作项目内容	产品保证要点	产品保证人员	见证方式
M14	火工品安装	1)火工品电性能测试结果是否满足指标要求 2)火工品安装过程、安装力矩是否满足指标要求	产品保证工程师	现场见证
……	……	……	……	……

26.4.2　发动机试验全流程管控的实现

发动机校准试验工作流程主要可分为试前准备阶段、试验实施阶段和试后处理阶段。将产品保证工作嵌入发动机试验工作流程，形成的发动机试验产品保证流程如图 26－1 所示（方框内容为工作项目，椭圆内容为产品保证控制点）。

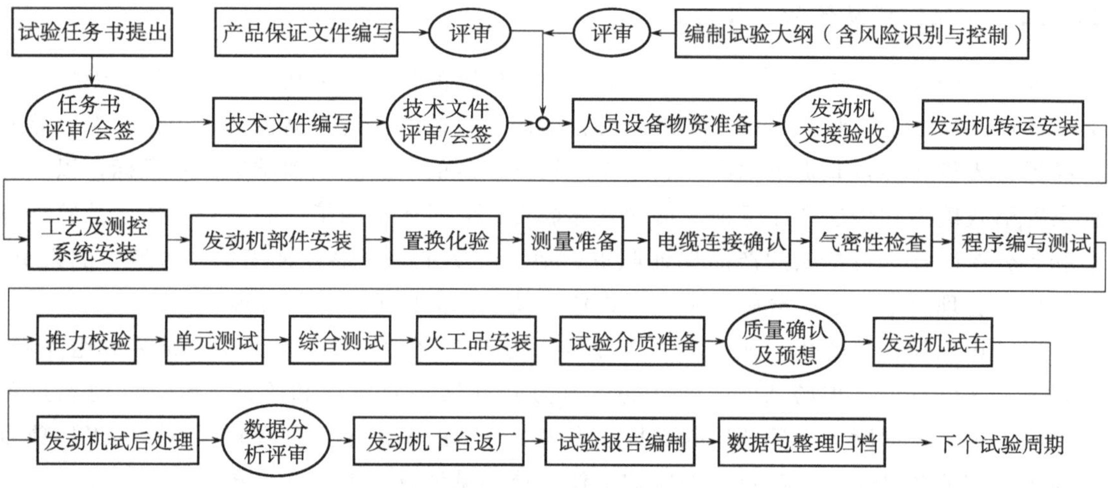

图 26－1　发动机试验产品保证流程

发动机试验产品保证工作大部分集中在试前准备阶段的流程控制上，原则上遵循第 6 章第 6.12 节“试验控制”的要求开展工作，每个阶段的具体工作如下。

26.4.2.1　试验准备阶段

(1) 文件准备

校准试验文件主要包括两部分，一是试验委托单位提供的任务书、技术要求等设计文件，二是试验承担单位根据设计文件和试验系统功能编制的试验大纲、试验操作规程等工艺文件。试验承担单位在接到任务书后，与试验委托单位就任务书的具体细节进行技术交底，双方达成一致意见。试验任务开展前，由试验管理部门组织对试验任务书进行评审，对满足试验要求的能力进行评估，经试验双方协商一致按规定签署完整后执行。需要对任务书内容进行一般性更改或补充时，试验委托单位及时向承担单位明确具体要求，并在试验实施前提供签署完整的、经试验任务承担单位会签确认的更改单或补充任务书。试验任务书内容发生重大更改或补充时，试验双方需要对补充任务书进行评审并确认。

试验指挥员根据任务书要求，结合试验系统功能编写试验大纲，依照其内容具体组织实施。当遇到发动机首次试车、试验任务发生重大技术状态变化的试车，或者试验台改建后再次承担试验任务等情况时，还应组织相关单位对试验大纲进行专题评审。试验任务承担单位要明确试验大纲编写的具体要求，一般包含试验名称（代号）、编写依据、试验目的、发动机（试验件）状态、试验台各系统状态、试验当天工作流程、试验后处理、物资保障、应急处理要求、风险分析与评估、其他质量与安全要求等。

试验工艺规程和各分系统操作细则、设备设施维护细则、试验安全技术规程、试验口令表等工艺文件，在编制时要做到可操作、可检查、可量化、可重复，能够实现在不同时间、不同地点、不同人员可以重复操作的目的。试验工艺文件在首次使用前，应组织对其进行评审。之后技术状态变化不大时，其试验文件可不评审，履行审批程序后使用；若技术状态发生重大变化，必须对有关试验文件进行再次评审。

以上文件涉及的评审，产品保证工程师都要参与，并予以监督和过程指导。

（2）人员准备

按发动机试验各分系统定岗、定员、定职责，重要岗位设立双岗，实行自检、互检和专检“三检制”。对全体参试人员需要进行发动机试验相关知识的培训、教育、考核和发证。重要岗位人员的更换，要按照技术状态管理要求或试验基线的控制要求进行管理。产品保证工程师需要对人员能力和自检、互检、专检的落实情况进行监督见证。

（3）设备设施准备

试验单位应组织对试验设备设施进行检查、维护与保养，确保规格、型号使用正确，功能、性能与运行状态完好。产品保证工程师按分工对校准试验使用的计量器具、特种设备以及精、大、贵、关、重设备仪器的校验、检验情况进行检查，确保在有效期内可靠使用。

（4）多余物控制

建立与实施多余物控制的管理制度，制定防控操作文件。在产品交接验收阶段应对交接环境和检查照明条件提出要求，打开保护件后应尽快检查完成并恢复保护。交接检查中发现的多余物按照职责分工由相关单位负责排除，同时在交接记录表中进行详细记录，并留存多媒体记录，产品保证工程师应全程监督。

产品保证工程师应跟踪记录试验台定期清洗、检查过滤器的情况，要求试验台进行多媒体记录；在管路对接前应进行吹除，测点安装前进行清洗、脱脂处理；试验介质应清洁、无多余物；对试验产品和周围区域进行检查和清扫，不准存放与试验无关的物品，不准无关人员进入现场；系统清洁度必须始终满足任务书要求，一旦发现系统污染，产品保证工程师有权行使叫停，查明原因、清除污染、采取措施后，方可进行试验。

（5）系统气密性检查与调试

按专用技术文件要求组织对试验台液、气路供应系统和测量管路进行气密性检查并做记录。产品保证工程师应对其气密性检查的过程记录进行检查，并对低温发动机试验系统的低温密封性和低温绝热性能进行检查。在进行全系统气密性检查时，产品保证工程师应全程监督，通过现场见证的方式，控制发动机试验系统整体的气密性检查状态。

（6）试验介质准备

试验前对试验用的各种推进剂、气体介质和分析化验设备进行检查确认，各种推进剂、气体介质的技术指标应符合相关标准规范和专用技术文件的要求，各种分析化验记录数据应在试前的质量检查确认报告中体现，并在由产品保证工程师组织的事故预想会上进行报告。

（7）测量方法和软件确认

产品保证工程师在此过程中监控试验测量系统的设计、配置按相关标准规范和专用技术文件的规定执行，试验工艺系统及试验发动机产品的流量、压力、推力、温度、振动、应变、位移等各类参数在测量与数据处理软件中配置正确，试验台控制、测量及数据处理软件以及软件的版本在使用前应进行确认并做好记录。

（8）试验产品交接验收

交付发动机产品的交接、验收按其验收技术条件的有关规定进行，需试验委托单位、产品生产单位、试验任务承担单位和产品保证工程师共同参加。若产品发现存在不影响试验的一般缺陷，应填写验收记录单，有关各方在交接单上签字确认；若产品原始凭证不全或存在可能会影响试验的缺陷时，试验任务承担单位应做好记录，有关部门组织相关人员解决问题后再进行验收。试验任务承担单位接收试验产品后，应按照顾客（用户）和外部供方产品相关管理要求，做好试验产品的保管、存放、转运、安装等工作，确保试验产品完好。

（9）试验产品安装

试验产品的吊运、安装按其操作规程和有关技术文件进行。对于发动机在试验台的安装过程，产品保证工程师应采取现场见证的方式进行检查确认。试验产品与试验台对接前必须对试验液、气路系统进行吹除，在确保系统内无多余物的前提下对接。

对试验管路、传感器、测控电缆、火工品等实施安装时应按相关规定执行，全部安装过程需经自检、互检和专检“三检制”确认，同时做好多媒体记录。工艺管路及传感器安装时，应保护试验件和周边其他设备，严禁敲击、蹬踏试验件及周边设备，确保试验产品及人员设备安全，同时要严防多余物进入对接口内。

（10）单元测试

试验台液路、气路、控制、测量和其他辅助系统在试验前必须进行单元测试检查，其测试结果要符合有关专用技术文件的要求，并做好记录。试验产品测试中应密切注意各系统参数变化或状态变化，及时做好测试记录。极性测试应覆盖全面，方法有效。试验台测量系统专用测试设备的零位校准、推力校验、真空校验（比对）、压力校验等按有关技术标准和操作文件执行。产品保证工程师应对以上测试过程记录进行检查。

（11）综合测试

在试验各分系统单元测试合格后进行综合测试。进行综合测试时其各系统工作状态和工作程序应模拟校准试验真实过程，以验证试验产品和试验台各系统工作的正确性和协调性。对于综合测试全过程，产品保证工程师应全程监督，各试验相关系统均应参加。综合测试结束后，应对其测试结果进行分析，得出测试结论。经综合测试检查合格后，应严格控制发动机和试验系统的技术状态，产品保证工程师及试验台指挥员、技术负责人应严格履行技术状态控制相关要求，原则上不许改动；如确需改变试验产品的技术状态时，应由试验任务委托单位提出更改单或通知单，有关方会签后，履行审批程序，并重新进行单元、综合测试。

（12）关键过程和特殊过程控制

对校准试验过程中的关键/重要工序/环节、岗位、设备（部件），应在试验工艺规程中给出明确的控制要求，编制关键过程明细表，并执行关键过程控制文件，产品保证工程师应对关键过程控制文件的执行情况进行监督。

（13）技术状态控制

试验系统技术状态的更改，应遵循“论证充分、各方认可、试验验证、审批完备、落实到位”的原则进行，具体见第 5 章第 5.9 节中“技术状态管理”。校准试验技术状态发生更改时，相关单位应进行技术状态评审或确认，产品保证工程师参加。技术状态更改后，必须及时修改和执行相应的试验技术文件，根据需要应重新进行相关检查测试，做好记录，由产品保证工程师查验。

（14）召开事故预想会

产品保证工程师负责组织校准试验的试验事故预想会，相关单位均应参加。试验任务承担单位汇报试验准备质量检查确认情况及风险分析情况；设计单位汇报产品设计和制造质量检查确认情况；辅助保障单位汇报试验准备情况；各方对存在的问题、关键技术状态进行分析讨论，确定状态以及现场应急情况处理预案；根据各单位汇报与讨论情况，并给出试验能否按时进行的书面意见。试验事故预想会预防措施落实后，方可转入试验实施阶段。

26.4.2.2　试验实施阶段

校准试验实施包括试验当天的试验准备和点火试车。产品保证工程师全程参与试验实施过程，对试验准备和点火试车中发现的各类问题隐患进行记录，必要时通过预警、叫停等措施保证风险受控。

通常在试验发出第一次警报后，各系统的操作员和检验（查）员在试验前进行最后试验状态总检查，并填写“开车报告表”或“试验状态检查记录表”，签署完整后，送试验指挥员检查确认。试验指挥员填写“开车申请表”，经批准后，发出第二次警报（试验开车警报），现场所有人员撤离到安全区域。

人员全部撤离后，试验系统进入预冷或贮箱增压程序。试验系统和试验产品达到试验启动条件后，试验指挥员下达启动（点火）口令。此后，发动机按预定程序工作，试验指挥员应密切监视发动机试验情况和参数的变化情况，一旦发现或发生危及试验产品或试验设施安全的爆炸、起火等紧急情况或试验系统严重泄漏，无法继续试验或其他严重异常情况时，应按试验大纲规定立即发出紧急关机指令，实施紧急或自动关机，并立即采取应对措施；对临时出现的试验台或发动机故障应按照保护产品和试验台的原则决定是否实施关机程序或其他应急预案，现场人员必须听从指挥员应急处理指挥。

试验结束后，应按预定程序和要求泄出推进剂管路剩余的液体推进剂，对发动机或试验台系统实施吹除、置换等安全防护措施。确认现场无异常、发出第三次警报（试验解除警报）后，操作人员方可进入现场岗位。

26.4.2.3 试后处理阶段

试验后，产品保证工程师对试验任务承担单位收集、整理、测试及试验过程中记录的全部原始数据进行监督，试验数据记录应清晰、规范、完整。由试验指挥员负责按要求填写“试验工作日志”和“型号试验质量信息采集卡”，并及时传递。对试验中发生的质量问题，产品保证工程师按有关要求及时上报，并组织开展调查归零工作。

试验数据处理按试验任务书和有关技术文件的要求进行。一般在试验当天，试验任务承担单位对试验数据进行初步分析处理后，交付试验委托单位，并编制试验结果报告。试验结果报告包括试验基本信息、试验情况说明、试验数据结果说明和参数汇总等。

26.4.3 试验风险分析与控制

在发动机进行校准试验前，按照第 13 章的试验风险分析与控制要求，对发动机试验系统可能存在的潜在的安全隐患和风险进行全面地分析和识别，采取相应的防范措施，进行有针对性的控制。发动机校准试验重点从试验系统设备可靠性风险和工艺流程风险两方面进行分析，建立技术风险项目清单、技术风险项目控制检查表并进行动态更新，在试验前完成评估确认，不得存在影响试车成败的残余风险。设备可靠性系统风险项目清单示例见表 26-2，流程风险项目清单示例见表 26-3。

表 26-2 试验系统风险项目清单（示例）

序号	名称	故障模式	最终影响	严酷度	发生可能	风险指数	控制措施
1	电缆、插头	电缆、插头故障	影响进度或试验失败	Ⅱ	D	10	1）回路状态确认，绝缘导通测试 2)单元测试、综合测试 3）接插件防松、防火及试前确认 4)试验当天现场复查
2	PLC 程序控制器	电源模块损坏/输入输出模块损坏/逻辑错误	影响进度或试验失败	Ⅱ	D	10	1)模块冗余 2)程序测试及综合测试验证，强制检验 3)采用逻辑限制程序 4)……
3	程序记录系统	时序记录文件和通讯异常	影响试验进度	Ⅲ	D	14	1)冗余设置 2)极性测试 3)……
…	……	……	……	……	……	……	……

表 26 - 3　试验流程风险项目清单（示例）

工序名称	功能	故障模式	故障原因	故障影响			RPN				措施
				工序影响	系统影响	试验影响	S	O	D	R	
发动机验收	工艺、测控对接口的状态是否符合技术要求	接口缺陷未发现、未检查或未记录	验收人员未按规操作或环境因素	无法与验收/交付方达成一致	—	影响试验或交付进度	2	2	2	8	1)验收、检验人员培训 2)控制表完善 3)按多媒体记录要求进行多媒体记录
发动机上台	将发动机可靠地与试验台试车机架对接	发动机接口及其他位置意外损伤	未按操作规程安装	无法进行下一步工作	—	影响试验进度	3	1	1	3	1)操作规程培训 2)易磕碰部位防护措施 3)针对薄弱环节工艺改进
……	……	……	……	……	……	……	…	…	…	…	……

设备可靠性系统风险方面，在分系统 FME（C）A 分析的基础上进行全系统 FME（C）A 分析，结合三年以上试验经验，确定严酷度和风险等级，依据风险评价指数矩阵确定风险指数，形成风险评价，指导控制措施的制定和实施。

流程风险方面，试验流程固化后，识别工艺过程潜在的故障模式，梳理各系统间的耦合和关联，确定严酷度、发生度和检测度，计算风险优序数，指导制定改进措施。

发动机校准试验有其固有周期，针对每台次发动机产品的差异性、环境的差异性、技术状态的差异性、试验系统差异性和人员的差异性，制定动态更新的补充风险清单，每个试验周期梳理一次，定期进行汇总，有效落实措施且风险可控的进行删减。表 26-4 为某次发动机试车的补充风险清单示例。通过示例可以看出，它的内容有其特殊性。贮箱人孔盖进水风险，与季节有关，属于环境的差异性；系统转换，与长程与校准试车的切换有关，属于试验系统的差异性；管路发泡，相关方作业人员带进的风险，属于人员的差异性等。

表 26-4 试验补充风险项目清单（示例）

序号	试验代号	系统名称	新增故障模式原因	故障模式	最终影响	严酷度	可能性	风险指数	控制措施
1	××-×	氢氧供应系统	雨季，贮箱人孔盖密封不严可能导致进水	人孔盖进水导致液位计线缆短路或贮箱进水	影响试验进度	Ⅲ	D	14	1)开盖检查及维护 2)液位计线缆绝缘测量 3)对液氢、液氧贮箱进行露点化验
2	××-×	配气系统	外协人员进行管路发泡绝热，空间局促，可能造成气路管路损伤	发动机吹除管路漏气	影响试验进度	Ⅲ	D	14	1)进行充分技术交底 2)发泡绝热工作过程中，试验台人员旁站陪同 3)工艺管路额定压力保压试验
…	……	……	……	……	……	……	……	……	……

为确保风险分析的全面性和措施的有效性，型号发动机校准试验坚持“两评审一确认一分析”形式的评审会。根据实际情况，试验大纲和任务书评审和上次试验结果的分析总结合并进行，会议安排在气密性检查后，综合测试和质量确认及事故预想会前，达到定状态、识风险的目的。该评审独立于质量确认及事故预想会，由试验任务承担单位自行组织，产品保证工程师参加，目的是眼睛向内，识别试验系统和试验准备过程中的风险，在综合测试前确定最终技术状态。

26.4.4 控制项目管理

针对发动机校准试验特点，产品保证工程师以技术风险项目清单为线索，梳理并识别产品保证通用控制项目。试验任务承担单位在此基础上，识别发动机试验阶段产品保证专用控制项目。具体的方法和要求见第 13 章第 13.2.2“试验过程产品保证控制项目管理”一节。产品保证工程师根据检查表单进行过程监控，并在每次试验前通过事故预想会提供的《试验准备情况报告》，确认新增风险的识别与控制工作，实现风险项目的动态管理。

表 26－5 中的校准试验通用控制项目是根据氢氧发动机的试验特点，在试验系统、试验操作、试验流程三个方面识别的，其来源包括：试验系统的风险分析与控制报告、试验质量问题汇总表、关键设备及关键过程、试验流程中的关注点和关键点。表 26－6 中的专用控制项目，是在每一个通用控制项目下分析本系统在全流程中是否涉及通用控制项目涉及的风险项目，提出具体的控制要求、确认时机、合格判据和记录要求，并明确将控制要求落实到文件。

表 26－5　通用控制项目清单（示例）

序号	通用控制项目	控制要求	确认时机	合格判据	记录要求	识别线索
1	系统设备密封性控制	控制要求 1 控制要求 2 控制要求 3 ……	◇日常检查维护 ◇试验流程计划 ◇低温介质加注过程中	气密结果满足技术条件要求	表格化、量化记录真实漏率或状态	Ⅰ、Ⅱ类单点
2	阀门动作性能控制	控制要求 1 控制要求 2 控制要求 3 ……	◇单元测试	阀门动作满足技术条件要求	表格化记录测试结果	不可检、不可测
3	多余物控制	控制要求 1 控制要求 2 控制要求 3 ……	◇定期检查完好度 ◇接口对接前、拆除后	◇滤网无破损 ◇专用工装检查 ◇介质满足标准指标	表格化记录 多媒体记录 化验单/报告	曾经出现过质量问题
…	……	……	……	……	……	……

表 26－6　专用控制项目清单（示例）

序号	控制项目类别		控制要求或方法	确认时机	判据	记录要求	落实文件
	通用	专用					
1	系统设备密封性控制	液气路系统	控制方法 1 控制方法 2 控制方法 3 ……	确认时机 1 确认时机 2 确认时机 3 ……	判据 1 判据 2 判据 3 ……	◇纸质表格记录要求 ◇电子表格记录要求 ◇多媒体记录要求	◇某发动机试验操作规程 ◇技术要求/技术协议
2		发动机工艺管路系统	……	……	……	……	……
3	阀门动作性能控制	地面设备阀门动作性能	……	……	……	……	……
4		发动机端阀门动作性能					
…	……	……	……	……	……	……	……

注：通过“通用＋专用”的风险项目正向识别与控制，落实作业文件要求。

26.4.5　试验基线建立和控制

建立发动机校准试验基线工作主要包括试验基线的建立、确定和状态控制，具体要求见第 13 章第 13.3.3 节试验基线管控内容。校准发动机试验本身是成熟度较高的型号试验，必须对其试验基线进行有效管控。

发动机校准试验基线包括试验流程（参考图 26－1），受试产品状态（包括发动机额定设计状态及参数范围、发动机对试验系统、推进剂和用气的要求、火工品要求等），试验系统状态（试验台工艺、测控及其他分系统状态等），以及人员、设备、物料、过程文件、环境、外协外包、检验测试、多媒体记录等清单，如图 26－2 所示。产品保证控制项目清单的内容，纳入了试验基线的管理体系。试验基线中的“其他要求”，重点规范了发动机校准试验的多媒体记录要求。

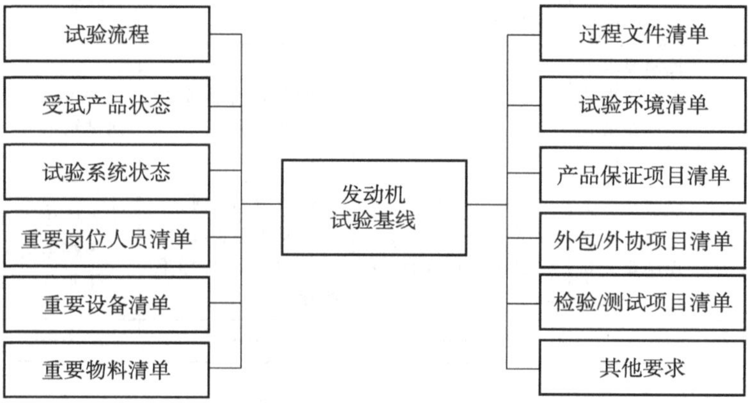

图 26－2　发动机试验基线内容

26.5　启示

氢氧液体火箭发动机校准试验产品保证工作实施以来，试验过程得到了有效控制，风险分析和控制能力显著提高，保证了试验质量和交付进度，有效支撑了探月、探火和空间站等国家重大航天任务的成功。取得的效果包括：

1）初步实现了依赖个人经验向依靠规范制度的转变。岗位作业指导书主要用于梳理操作过程中的风险和注意事项，将以往个人的操作经验进行了总结固化，以显性的方式展现在每一个操作人员面前，不再是个人掌握的经验，变成了显性化的知识。

2）达到了风险正向控制的目的。以通用的试验过程产品保证控制项目为指引，结合具体发动机试验任务特点识别出专用产品保证控制项目，将控制要求落实到试验操作文件中，设置检查点，形成了试验风险的正向识别与控制。

通过开展发动机校准试验产品保证工作，形成了以下几点经验，供读者参考。

1）要形成良好的全员产品保证氛围。产品保证不仅仅是产品保证工程师的事情，发动机试验的风险控制要全员形成产品保证理念，每个人都要发挥作用，在工作中践行正向识别控制风险的理念，形成“我要做好产品保证”的氛围。

2）要做好全过程产品保证工作策划。按照产品保证通用要素，以发动机产品保证大纲等文件为依据，充分分析试验台产品保证的重点工作，策划具体的产品保证项目，重点控制好试验系统固定的风险以及由于试验产品、试验内容变化引入的新风险。

要发挥产品保证队伍监督指导作用。各级产品保证人员要坚持融入一线，在一线发挥作用，利用产品保证工程师技术加管理的职能，发挥技术特长和管理优势，敢于提出问题，善于协助解决问题，加强关键节点的把控和闭环工作的落实，在保证过程质量和保证试验成功上发挥作用。

液体火箭发动机产品保证技术发展展望

伴随着我国航天事业的蓬勃发展，液体火箭发动机研制企业提出了一系列行之有效的管理措施，探索并推行了产品保证，在液体火箭发动机产品研制全层级、全过程、全流程系统全面开展技术风险识别与控制工作，保证了我国以神舟载人飞船、北斗导航、空间站建设等重大工程任务为代表的航天任务圆满成功，液体火箭发动机产品保证能力和水平得到了较大提升。当前国际航天领域竞争愈发激烈，我国航天强国建设任重道远，面对新时代、新形势、新局面，对液体火箭发动机稳定可靠保证航天任务成功将会有更高的要求，需要进一步发展液体火箭发动机产品保证理论和科学方法，特别是在发动机可靠性提升、试验验证充分性、可重复发动机保证、先进制造技术应用等方面，应大力提升产品保证工作的科学性、充分性、有效性。

（1）数字发动机保证技术

数字化手段是液体火箭发动机发展的必由之路。当前，液体火箭发动机产品的智能制造、自动化检测水平不断提升，信息化的手段得到广泛和深度应用，除了采集传统结构化数据外，有关产品质量的文档、图像、视频等半结构化和非结构化数据不断涌现，航天质量数据已符合大数据特征。但由于对数据缺乏有效的统计利用，基于数据的风险分析还存在较大差距，没有深度的数据挖掘，质量问题和改进点难以准确识别到位，导致风险与薄弱环节识别不够全面，这就制约了发动机成熟度的提高，距离保证连续成功、按时交付的要求还有一定距离。

新一代数字技术的发展驱动制造业迈向转型升级的新阶段。航天制造企业应实施基于数据驱动的研制流程，开展发动机整机、组件、零部件等产品全生命周期的质量数据信息化采集，实现过程数据可量化、可追溯、可分析，以提升产品制造过程质量管控能力，做到产品质量用数据说话。

用大数据创新发动机产品保证技术，建立一体化大数据平台，从标准化规范制定、平台建设、示范应用等方面展开探索研究，与生产流程深度融合，实现发动机数据统一管理与分发，到数据分析挖掘建模、数据可视化探索与展示，建立一套完整的面向发动机产品的质量分析模式，提升质量数据的分析能力、管理能力、应用能力、运营能力，实现由数据驱动的发动机产品保证新模式。同时，大数据平台的发展也会加速产品与服务的融合，实现数据的互连互通，提高产品迭代改进的响应速度，给用户提供更好的产品及服务体验。

（2）仿真与试验保证技术

为满足当前新形势、新任务的要求，支撑我国航天事业快速发展，目前多款具有国际一流水平的新型液体火箭发动机正在研制。无论是技术指标，还是产品可靠性，相较于在役发动机都有大幅提高，全面、深刻地掌握发动机工作各过程的变化规律，才能确保方案最优、工作安全可靠。

数值仿真具有周期短、成本低、安全准确等优点，是继试验之外研究发动机工作规律的另一重要手段。通过少量试验数据修正后的仿真模型能很好地反映产品实际运行过程，使得设计人员既可以“总揽全局”把握整机运行的协调性，又可“深入细节”研究各组件、零件的工作机理。实践中，通过广泛开展发动机系统、流动、燃烧、强度、疲劳等多学科、多维度仿真，提高设计可靠性，识别试验风险，实现了多个发动机型号半系统、整机试车一次成功。通过“虚拟世界多次迭代”，有力支撑“物理世界一次成功”，大大提升了产品研制效率。目前，我国发动机研制虽然在部分环节开展了数字化应用，但整体仍以基于文档的设计为主，无法满足未来重大航天工程对高性能、高可靠、高发射密度发动机快速的研制和批产的需要。

采用先进的数字化研制模式既是时代发展的需要，也是发动机自身研制的迫切需求。以数字化、信息化技术为支撑，构建以基于模型和数据、流程驱动、知识推送为特征的新型航天液体动力系统数字化研发体系，开发发动机需求管理、系统架构设计、组件协同论证、产品三维建模、系统仿真验证、专业仿真验证等专业设计软件，实现发动机数字化设计工作的全面贯通及高效协同。基于标准化、模板化、型谱化思路，开发以“郁金香模型库”为代表的发动机需求条目、设计方案、动态仿真等模型库和数据库，支撑发动机数字产品的快速建模。基于数字孪生技术，在赛博空间，构建不同型号、不同批次、不同台次发动机的数字样机，并根据研制阶段对数字样机进行版本管理，通过权威数据源保证数据的一致性、可信性和可追溯性，支撑发动机研制过程精益管控，大幅提升产品质量。

(3) 可重复使用发动机保证技术

可重复使用发动机已成为世界航天液体动力研究发展最重要的方向，其能够满足可重复使用运载器在发射返回过程中多次起动、关机、大范围推力调节要求。与一次性使用相比，发动机的可重复使用必然要求发动机具有更长的使用寿命、更高的可靠性、完备的测试性、良好的使用维护性等。这种技术涉及发动机疲劳设计技术、高可靠长寿命高效涡轮泵和热力组件技术、重复使用发动机健康管理技术等多项关键技术，需紧密围绕发动机任务特点和使用剖面来开展相关研究。

可靠性方面，应考虑发动机在使用次数、性能参数、可靠性、维修性以及结构动力特性等方面的需求，建立重复使用发动机学科数学模型，开展多学科多目标优化设计研究，提出重复使用发动机总体及组件指标要求；开展组件疲劳设计和耐久性设计，利用寿命评估流程和规范完成寿命设计指标迭代；开展组件可靠性仿真分析，获取敏感因素和薄弱环节，在设计阶段实现改进，实现可靠性设计指标闭合；基于寿命和可靠性要求，完成寿命试验、可靠性验收试验等，实现发动机指标鉴定。

测试性方面，需建立发动机控制率，并注入发动机控制器，利用半实物仿真系统或模拟器，实现对飞行剖面的覆盖测试；建立故障诊断模型和算法，利用故障注入的方法，实现对故障检出率和虚警率的覆盖测试；开展发动机结构健康监控，确认发动机能否具备下一次工作能力；发动机控制器配合火箭完成综合测试。

维修性方面，要基于发动机全寿命周期，以成本工程为基础，建立成本模型；将重复使用发动机视为可维修系统，以修复和更换为维修手段，建立发动机预防性维修策略型；基于维修策略和成本模型、可靠性模型，完成发动机维修性设计；开展发动机现场可更换单元设计；基于发动机可维修性设计，完成地面维修设备和后勤设施配套。

（4）可靠性量化设计、分析与评价

可靠性量化设计、分析与评价是液体火箭发动机研制的重要手段，能够有效控制产品风险，提升产品可靠性和成熟度。重点应研究推行强度-应力模型、基于贝叶斯多源信息融合的可靠性评估、基于事件树和故障树的概率风险评估、基于飞行成功数据包络分析和参数一致性分析的交付产品可靠性评价在航天液体动力领域发展与应用，逐步提升可靠性量化设计、分析与评价的覆盖性和模型准确性。

针对不同类型的液体火箭发动机，在认真梳理研制历史上出现的重大共性和常见多发可靠性问题的基础上，深入开展航天液体动力燃烧不稳定、烧蚀、疲劳、磨损、老化等典型故障机理研究和不同故障机理之间耦合作用研究，逐步建立并完善各种故障模式、单机产品、航天液体动力系统的可靠性统计模型、物理模型和逻辑模型，为航天液体动力可靠性量化设计、分析与评价奠定基础。

深入开展可重复使用和长期在轨液体火箭发动机 RMS 指标体系、疲劳设计、损伤容限设计、耐久性设计、故障诊断与健康管理、可靠性验证与评估等方面的量化技术研究，以支持可重复使用和长期在轨液体火箭发动机的发展。

结合液体火箭发动机数字化转型，深入开展液体火箭发动机可靠性基础数据库建设、工具软件开发与应用。基础数据库主要包括故障模式库、故障案例库、试车与飞行数据库、材料性能数据库、元器件数据库、可靠性模型库等。工具软件采用信息技术将可靠性基础数据库与成熟的可靠性量化设计、分析与评价方法相融合，可有效防止人为差错，并提高工作效率。

（5）先进制造保证技术

随着制造技术向集成化、智能化、精密化等方向的快速发展，为提高液体火箭发动机研制生产效率和质量，需要持续推动增材制造技术、数字化单元柔性制造模式、在线检测与动态测量技术等先进制造技术新鲜血液的注入，同时要深入开展与发动机产品实现过程匹配性的研究，加强新技术应用带来的相关新的风险管控，主要包括以下几个方面：

1）深化工艺仿真与工艺过程的融合，要强化面向制造/装配的设计协同，借助计算机辅助工具，在先进制造技术工艺设计阶段，深化工艺仿真在工艺设计上的指导作用，推进工艺仿真从工序向整个生产环节虚拟仿真与优化设计的应用。

2）强化工艺技术的基础研究，应合理策划实施先进制造技术的基础研究工作，摸清工艺技术的工艺参数边界，提高裕度设计，充分对先进制造技术的可靠性、稳定性和安全性等进行评价。

3）完善工艺技术规范标准建设，不断创新工艺技术管理模式，树立技术人员学标、贯标和建标的思想理念，持续完善工艺技术规范标准建设，支撑产品工艺设计和生产制造。

4）健全设计工艺协同机制，优化工艺工作流程，将工艺设计工作前移，设计与工艺并行开展工作，提前识别工艺瓶颈和重大工艺攻关项目，进行工艺技术储备，开展工艺技术研究，突破关键制造技术。

参考文献

[1] 李成智．中国航天技术发展史稿［M］．山东：山东教育出版社，2003.

[2] 张贵田．高压补燃液氧煤油发动机［M］．北京：国防工业出版社，2006.

[3] 朱森元．氢氧火箭发动机及其低温技术［M］．北京：中国宇航出版社，2016.

[4] 朱昌宁．液体火箭发动机设计［M］．北京：宇航出版社，1994.

[5] 杨月诚．火箭发动机理论基础［M］．西安：西北工业大学出版社，2010.

[6] 余后满．航天器产品保证［M］．北京：北京理工大学出版社，2020.

[7] 中国航天科技集团公司组织编写．产品保证［M］．北京：中国宇航出版社，2017.

[8] 熊伟．现代质量管理［M］．杭州：浙江大学出版社，2008.

[9] 袁家军．航天产品工程［M］．北京：中国宇航出版社，2011.

[10] 杨多和．航天工程任务保证：现代全面质量管理发展的新趋势［M］．北京：中国宇航出版社，2022.

[11] 马双民．液体火箭发动机质量管理与检测技术［M］．北京：中国宇航出版社，2017.

[12] 王卫东，等．宇航产品成熟度［M］．北京：国防工业出版社，2020.

[13] 庄国京，王卫东，卿寿松．航天产品可靠性增长方法与应用［M］．北京：中国宇航出版社，2020.

[14] 谭松林，李宝盛，等．液体火箭发动机可靠性［M］．北京：中国宇航出版社，2013.

[15] 遇今．航天器研制项目风险管理［M］．北京：航空工业出版社，2012.

[16] 魏超．液体火箭发动机特种制造技术［M］．北京：中国宇航出版社，2014.

[17] 王卫东，何阳，王志峰，等．液体火箭发动机产品保证精细化落地方法与实践［J］．质量与可靠性，2022（6）：1－8.

[18] 李斌．液体火箭主发动机技术现状与发展建议［J］．前瞻科技，2022（1）：75－85.

[19] 李丹，席隆凯，许春来．国内外航天领域产品保证模式探讨［J］．质量探索，2016，2（136）：84－87.

[20] 周海京，江雅芬．航天型号产品保证工作研究［J］．上海航天，2014（31）：116－121.

[21] 李德武．国内外产品保证建设的经验与启示［J］．质量与可靠性，2018（2）：35－39.

[22] 马志伟，遇今．航天型号技术风险分析与控制［J］．质量与可靠性，2014（4）：26－29.

[23] 樊伟，王林，龙雪丹，等．2022 年国外使用运载器发展综述［J］．中国航天，2023（2）：25－30.

[24] 张武昆，谭永华，高玉闪，等．液体火箭发动机增材制造技术研究进展［J］．推进技术，2022，43（5）：210235.

后　记

我国载人航天工程、空间站工程、北斗导航工程、探月工程等取得了举世瞩目的成就，宇航高密度发射已成为常态。“发展航天，动力先行”，这些成就的取得与液体火箭发动机高质量、高可靠性地工作是分不开的。习近平总书记在二十大报告中也提出了“加快构建新发展格局，着力推动高质量发展”。面对常态化高密度发射和支撑航天强国建设的迫切需求，近年来航天液体动力人不断结合国内外产品保证等先进质量管理经验和方法，在液体火箭发动机研制全过程推行并实施了产品保证，探索实践出了一套基于风险思维并适用于液体火箭发动机高质量保证成功的产品保证管理模式。本书系统总结了液体火箭发动机产品保证理论研究成果、体系建设成果以及工程实践经验，以期指导液体火箭发动机产品保证工作规范化、专业化开展，促进液体火箭发动机各级产品高质量保证成功能力的稳步提升，重点面向航天液体动力领域从事液体火箭发动机型号研制的工程技术人员、管理人员等。

本书由王卫东负责全文的总体策划及编写定稿。第 1 章至第 2 章由王志峰、袁烨、殷满虎、彭飞等撰写；第 3 章由王卫东、王志峰、袁烨、殷满虎等撰写；第 4 章由王卫东、王志峰、李志宇等撰写；第 5 章由王志峰、李志宇、殷满虎等撰写；第 6 章由李慧、韩冬梅、秦建刚、孙德等撰写；第 7 章夏开红、陈守芳、李宝荣、孙百红等撰写；第 8 章由马晓秋、康红雷、吕威等撰写；第 9 章由洪鑫、郭尚群、刘正华、丁卫华等撰写；第 10 章由杨卫鹏、黑爱卿、李洋、魏京芳等撰写；第 11 章由黄柳莺、朱皓、刘正华、施先旺等撰写；第 12 章由程磊、王伟青等撰写；第 13 章由刘莉、蔡强顺、孙德、李广会等撰写；第 14 章由王卫东、孙亮、邵飞燕等撰写；第 15 章由孙乐、孙亮等撰写；第 16 章由付莉莉、孙亮等撰写；第 17 章由李春红、孙亮等撰写；第 18 章由邓永锋、李淑艳、孙亮等撰写；第 19 章由邓光荣、孙亮、王吉星、程晓辉等撰写；第 20 章由王卫东、殷满虎、李志宇等撰写；第 21 章由李祥、殷满虎等撰写；第 22 章由彭超、刘少飞、李兴全、韩昌宏等撰写；第 23 章由陈守芳、赵瑞勇、孟天双等撰写；第 24 章由余继权、刘智欣等撰写；第 25 章由赵婷、孙鑫等撰写；第 26 章由郑寅、孙德、汤伟等撰写。液体火箭发动机产品保证技术发展展望主要由王卫东、夏开红、杨卫鹏、邓永锋、刘莉等撰写。

感谢中国航天科技集团有限公司、中国运载火箭技术研究院、中国空间技术研究院、上海航天技术研究院、中国航天标准化与产品保证研究院等单位在本书编写及出版过程中给予的大力支持。姜乙先、鲍智文、马双民、段增斌、肖明杰、谭松林、周学锋、徐浩海、陈新红、张金容、许湘君、韩冬梅、王占林等液体火箭发动机研制与管理专家在本书编写过程中参与了审查并提出了很多宝贵的意见和建议。王志峰、孙亮、殷满虎、李志宇、袁烨等在本书编写组织协调和全文校审工作中发挥了重要作用。

本书在出版过程中得到了航天科技图书出版基金的大力资助和中国宇航出版社的鼎力支持。

由于液体火箭发动机产品保证是一项需要持续创新和探索的工作，本书的内容难免存在错误或疏漏之处，恳请航天液体动力方面的专家、学者，以及广大读者批评指正。

编制组

二〇二四年七月

《液体火箭发动机产品保证》
审 查 组

组　　长　谭松林

专　　家　（按姓氏笔画顺序）

马双民　王占林　孙海雨　吉钢铁　许湘君
肖明杰　张立涛　张美书　张金容　陈新红
陈祖奎　李　辉　吴　涛　周学锋　姜乙先
段增斌　徐浩海　韩冬梅　谢光锋　鲍智文

《液体火箭发动机产品保证》
编 写 组

主　　编　王卫东

副 主 编　王志峰　孙　亮

成　　员　（按姓氏笔画顺序）

丁卫华　马晓秋　马海瑞　王　薇　王吉星
王亚军　王伟青　邓永锋　邓光荣　付莉莉
吕　威　朱　皓　朱　岩　刘　莉　刘少飞
刘正华　刘智欣　汤　伟　孙　乐　孙　德
孙　鑫　孙明锐　李　洋　李　莉　李　瑶
李　慧　李广会　李兴全　李志宇　李宝荣
李春红　李淑艳　杨卫鹏　杨永红　杨晓辉
何　阳　李　祥　余继权　陈守芳　邵飞燕
郑　寅　郑东晓　孟天双　赵　杨　赵　婷
赵瑞勇　施先旺　洪　岩　洪　鑫　姚　峰
秦建刚　袁　烨　袁晓东　夏开红　殷满虎
郭尚群　黄文烨　黄柳莺　康红雷　彭　飞
彭　超　韩昌宏　黑爱卿　程　磊　程晓卫
程晓辉　蔡　律　蔡强顺　熊莉芳　潘　亮
魏京芳